普通高等教育“十三五”规划教材

应用统计学

主　编　王生喜
副主编　吴丹丹　麻　露

科学出版社
北　京

内 容 简 介

本书系统介绍应用统计学的基本理论与基本方法，涵盖描述统计、概率论基础以及推断统计三个经典模块. 内容安排遵从分层递进、由浅入深的原则，章节段落力求条理清晰，文字表达力求简洁明快. 在理论与方法的阐述上，既有严谨规范的专业术语，又有通俗易懂的直观描述，借以帮助不同层次、不同专业背景的读者提高学习效率.

本书以较大的篇幅介绍了学习推断统计所必需的概率论基础知识，以帮助没有系统学习过概率论课程的读者有效掌握推断统计的方法.

本书可作为高等院校经济类、管理类各专业的本科生的应用统计学教科书.

图书在版编目(CIP)数据

应用统计学/王生喜主编. —北京：科学出版社，2018.8
普通高等教育"十三五"规划教材
ISBN 978-7-03-057544-9

I. ①应… II. ①王… III. ①应用统计学–高等学校–教材 IV. ①C8

中国版本图书馆 CIP 数据核字(2018)第 112358 号

责任编辑：任俊红 李香叶 / 责任校对：彭珍珍
责任印制：徐晓晨 / 封面设计：华路天然工作室

科 学 出 版 社 出版
北京东黄城根北街 16 号
邮政编码：100717
http://www.sciencep.com

北京中科印刷有限公司 印刷

科学出版社发行 各地新华书店经销

*

2018 年 8 月第 一 版 开本：787×1092 1/16
2021 年 1 月第三次印刷 印张：20
字数：450 000

定价：49.00 元

（如有印装质量问题，我社负责调换）

前　言

本书是为高等院校经济学类、管理学类各专业的本科生编写的应用统计学教科书.

改革开放以来, 我国高校普遍为经济管理类各专业的本科生开设了统计学课程. 在多年的统计学教学实践中, 曾经涌现出一批具有时代特色的优秀教材, 这些教材对培养合格的财经管理人才发挥了重要作用. 随着我国高等教育的发展变革, 统计学的教学模式、教学方法以及教学内容体系诸方面都在发生着深刻的变化, 改革和创新成为引领统计学课程发展的主线. 如何为经济管理类的本科生编写一本既体现改革精神又符合读者期望, 既传授统计思想又突出实际应用, 既介绍经典理论又贯穿现代理念的统计学新教材, 是本书作者夙愿.

基于上述构想, 作者深入研究了国内外统计学教育教学改革的成果, 借鉴了众多优秀教材的内容结构和处理方法, 并结合作者长期从事统计学的教学实践, 编写了本书.

本书系统介绍应用统计学的基本理论与基本方法, 涵盖描述统计、概率论基础以及推断统计三个经典模块. 具体内容包括数据的搜集、数据的整理与显示、数据分布特征的度量、随机事件及其概率、随机变量及其分布、抽样分布与大样本理论、参数估计、假设检验、方差分析、一元回归分析、多元回归分析、时间序列分析以及统计指数.

本书的特点主要体现在以下三个方面.

一、三位一体有机融合. 在对描述统计、概率论基础、推断统计三个模块之间的衔接及融合方面进行了新的尝试. 突出描述统计思想对推断统计方法的引领作用, 以统计思想及语言阐述概率论的一些基本概念及模型. 例如, 以频率直方图为桥梁, 用统计观点刻画和描述概率密度函数与分布函数; 强化大样本理论, 基于统计思想阐述大数定律与中心极限定理的意义和作用, 并由此导出大样本下样本比例的渐近分布, 等等.

二、严谨与直观互补. 内容、结构与体系安排遵从分层递进、由浅入深的原则, 章节段落力求条理清晰, 文字表达力求简洁明快. 在理论与方法的阐述上, 既有严谨规范的专业术语, 又有通俗易懂的直观描述, 借以帮助不同层次、不同专业背景的读者提高学习效率.

三、方法与应用并重. 在对较复杂问题的处理上, 着力引导读者理清问题的来龙去脉, 力求做到“知其然且知其所以然”. 本书以较大的篇幅介绍了学习推断统计所必需的概率论基础知识, 以帮助没有系统学习过概率论课程的读者有效掌握推断统计的方法. 对于学习过概率论课程的读者, 运用统计观点重温这部分内容, 也能使他们更好地理解并应用推断统计方法. 书中配备了大量联系经济管理实际的、富有启发性的例题、案例及课后练习, 借以训练读者的统计思维方式、综合应用能力以及开拓创新能力.

本书采用 Office 2010 版中的 Excel 为数据分析的基本软件. Excel 2010 版提供了专门的数据分析工具、丰富的统计函数、易于掌握的编辑方式和强大的图表绘制功能, 能够快速完成各类数据的整理、展示以及对统计模型的计算分析任务, 是非统计专业的读者学习应用统计学的理想软件之一.

本书尝试采用移动式课外学习模式，每章末尾嵌入了二维码课外学习平台，以方便读者利用智能手机的扫码功能获取本书的学习资料，借以巩固学习成果，开拓知识视野.

本书第 1、5~7、10~12 章由王生喜编写，第 2~4、9 章由吴丹丹编写，第 8、13、14 章由麻露编写. 每章末尾的二维码课外学习平台由吴丹丹负责设计嵌入. 全书由王生喜负责总纂、整理和定稿.

刘颖参与了本书初稿的讨论，提出了有益的修改建议，提供了第 10、11 章的部分资料及若干例题.

在本书的策划及编写过程中，朱智强先生、苏锦俊博士、卢晨博士给予了作者热情的鼓励、支持和帮助.

作者由衷感谢关心本书的所有亲朋好友和每一位读者朋友. 由于作者水平所限，书中难免有疏漏之处，欢迎读者批评指正.

作　者

2018 年 6 月

目　录

第1章　绪　　论

《无处不在的统计》

《无处不在的统计》是中国统计学会于2011年组织出版的统计科普丛书. 该书既有从不同角度解读GDP、CPI、PPI、ICP等宏观经济指标的文章, 也有从实际生活小事中引发的对概率问题、抽样问题的探讨, 更有对统计实际工作的全面展现, 为读者打开一扇了解统计、发现统计的窗口. 统计科普丛书涉及诸如“透过指标看经济”“大数据时代的政府统计”“统计改变人生”“统计学是一门艺术”“你有多幸福——漫谈幸福、幸福感及幸福指数”等各个方面的话题. 通过阅读这类书籍我们能够深切地感受到, 从关乎国计民生的大事, 到家庭生活的一些细节, 都会不同程度地涉及统计数字、统计思想和统计方法.

下面的案例印证了“统计无处不在”的断言.

总裁与出租车司机的聊天记录

2014 年的一天, 某跨国公司驻中国分支机构的总裁从上海徐家汇搭乘出租车赶往浦东机场. 这位总裁和健谈的司机路上聊过天. 到达机场后, 总裁留给司机一张名片, 说: “你有没有兴趣这个星期五到我办公室, 给我的员工们讲一讲你是怎么开出租车的? 你就当打着里程表, 60公里一小时, 你讲多久, 我就付你多少钱. ”总裁在飞行途中记录了这次聊天的内容并将其发到个人微博, 吸引了众多的读者. 以下是聊天记录中出租车司机的几段精彩对话:

“开出租车也要用科学的方法, 要懂得统计. ……我每天要交 380 元的份子钱(管理费), 油费大约210元. 我每天开17个小时的车, 平均下来, 每小时成本为34.70元, 其中固定成本(份子钱)22.35元, 油费12.35元.”

“成本是不能按公里数计算的, 只能按时间计算. 计价器有一个检查功能, 可以看到每天的详细记录. 我做过数据分析, 每两次载客之间的平均空驶时间为 7 分钟. 上来一个客人起步价10元, 大约要走10分钟, 也就是每一个10元的客人要花17分钟的成本, 就是9.83元, 不赚钱啊! ”

“有一次一位客人打车去火车站, 我问怎么走. 他说了一条路线, 我说慢, 于是我说了一条路线, 他又说绕远了. 我告诉他, 按他的路线打表要 50 元, 按我的走法, 等里程表显示超过50元了, 我就翻表, 他只给50元就好了, 多出来算我的. 最后按我的路线多走了4公里, 却快了25分钟, 我只收了50元, 乘客很高兴, 省了10元左右. 这4公里对我来说就是1元多的油钱, 我相当于用1元多买了25分钟. 我刚才说了, 我一小时的成本是34.70元, 你看我多合算啊!”

上述案例也印证了著名学者威尔斯(H.G.Wells)的名言: “统计思维总有一天会像读与写一样成为一个有效率公民的必备能力.”

本章简要介绍统计学的概念与性质、统计学的产生与发展、统计学的基本方法与应用，以及统计学的一些基本术语.

1.1　统计学的概念与性质

1.1.1　统计与统计学

“统计”一词源于德语“statistik”. 在不同的场合，“统计”具有三种不同的含义，即统计活动、统计资料和统计学.

1. 统计活动

统计活动又称为统计工作，是指收集、整理和分析统计数据，并探索数据的内在数量规律性的过程.

2. 统计资料

统计资料又称为统计数据，即在统计活动过程中获得的所有资料的总称. 统计资料表现为各种反映自然现象和社会经济现象数量特征的试验数据、调查数据、统计图表、数据分析报告、政府统计公报、统计年鉴等各种数字、文字等资料. 广义的统计资料还包括可数字化的数据，包括声音、图像、视频等音像资料.

3. 统计学

统计学是在统计实践活动的基础上产生并逐步发展起来的一门科学. 在统计学的发展和演变过程中，一些研究者对统计学给出了多种不同版本的定义. 韦伯斯特国际词典第 3 版对统计学概念作了如下简明的阐述：“统计学是一门收集、分析、解释和提供数据的科学.”换言之，统计学研究如何测定、收集、整理、归纳和分析反映客观现象总体数量的数据，以帮助人们正确认识客观世界的数量规律，是一门方法论科学.

统计工作、统计资料和统计学相互依存，相互联系，共同构成了完整的“统计”体系. 统计资料是统计工作的成果，统计学是对统计工作实践过程的理论概括和科学总结，统计学的发展和研究成果是支持和推动统计工作创新的原动力.

1.1.2　统计学的性质和特点

如上所述，统计学是研究客观现象总体数量方面的方法论科学. 作为方法论科学的统计学，不仅适用于对自然现象数量方面的研究和分析，同样适用于对社会经济现象数量方面的研究和分析.

在统计实践活动中，人们不仅要面对确定性现象的数量问题，还要面对不确定现象(即随机现象)的数量问题. 随机现象的特点是：人们虽然知道这种现象过去的状况，但其未来的发展不能完全确定. 例如，某种新产品投放市场后受消费者欢迎的程度、对某个房地产项目投资后的获利情况、股票的未来价格等, 这些都是不确定的随机现象. 所谓不确定, 只是对一次或少数几次观察或试验而言. 当我们在相同条件下进行大量观察时, 随机现象就会呈现出某种规律, 即随机现象具有统计规律性. 揭示随机现象的统计规律是统计学研究的核心问题.

从对统计学研究对象的考察分析, 可对统计学的主要性质和特点概括如下.

1. 数量性

数字是统计的语言, 统计数据是客观事物量的反映. 统计学的主要任务是处理和分析数据, 所以数量性是统计学研究对象的基本性质和特点之一.

2. 群体性

群体性也称为总体性, 即研究对象应包含不止一个个体(元素), 单个个体不需要做统计分析. 统计学的数量研究是对客观现象的群体中普遍存在的事实进行观察和分析, 从而得出反映现象总体的数量特征. 例如, 要了解某地区贫困人口的生活现状, 就不能局限于对个别贫困户的访问, 要着眼于该地区贫困人口这个群体, 继而对整个地区居民的人均收入、贫困人口的比例以及贫富差距等方面进行系统的考察.

3. 变异性

变异性也称为随机性, 即随机现象的不确定性及群体中个体之间的差异性. 一般情况下, 统计学研究面对的群体(总体)各单位的特征表现存在差异, 这些差异往往并不是事先可以预知的, 例如股票的价格和成交量每天都不相同. 面对这样的随机现象, 如何通过存在差异的数据揭示出总体数据的统计分布规律, 归纳和概括出其共同特征, 就成为统计学研究的重要任务.

1.2 统计学的产生与发展

1.2.1 统计学的产生

统计学形成于19世纪中叶, 它的产生主要源于国势学、政治算术和概率论三个学术流派.

国势学产生于17~18世纪的德国. 从17世纪中叶起, 在德国兴起的国势学派用记述的方法研究一国的地理、人口、财政、军事、政治、法律制度等方面的问题. 18世纪中期, 哥廷根大学教授戈特弗里德·阿亨瓦尔(G.Achenwall)首次提出了“统计学”这一名词, 并将其定义为国家显著事项的学问. 最初的“统计”主要是文字记载, 后来才涵盖了数字和图表.

政治算术学发源于英国伦敦, 产生于17世纪中叶. 英国是较早利用数字对人口、经济等方面进行记载和推断的国家. 约翰·格朗特(J. Graunt)于1661年首次发表了对人口出生率研究的结果，并观察到一切疾病和事故在全部死亡原因中占有稳定的百分比．与格朗特同时代的英国经济学家威廉·配第(W. Pett)在其著作《政治算术》中，运用观察和数量分析等方法对社会经济现象进行研究，为统计学的发展开辟了广阔的前景．威廉·配第等学者引入的国民收入估算方法，对经济学和统计学的发展具有重大的意义．这一派学者没有使用“统计学”这一术语，而是用“政治算术”来表明其研究的特色，因而被称为政治算术学派．

概率论起源于对赌博中输赢问题的研究．1714 年，瑞士数学家雅各布·伯努利(J.Bernoulli)的《推测术》问世，标志着概率论作为一种理论初具雏形．之后，概率的古典定义、乘法法则、正态分布、先验概率等理论相继问世，概率论逐渐发展成一门独具特色的数学分支．

将上述三方面成果融为一体而创立了统计学的学者是比利时统计学家阿道夫· 凯特莱（A. Quetelet)．他首次研究了天文与气象方面的统计资料，其后又利用统计数字研究植物界和人类社会．他以概率论作为理论基础，用大量观察和综合平均的方法来研究众多现实问题，进而将概率论、国势学、政治算术融合为具有现代意义的数理统计学．

1.2.2 统计学的发展

统计学的发展大致划分为如下三个阶段．

第一阶段：统计学的初创阶段．从 17 世纪中叶开始到 19 世纪末，经历了 200 多年的漫长时间，逐渐形成了描述统计和概率论的基本体系．

第二阶段：统计推断方法体系基本确定的阶段．从 20 世纪初“小样本 t 分布” 方法的问世，到 40 年代末“统计决策函数”与“序贯抽样”的提出，经历了近 30 年的时间．在这个阶段，估计理论、大样本理论、方差分析、非参数方法、时间序列分析、随机过程等方面的研究都获得了重大进展，推断统计理论迅速发展，概率论体系日臻完善．

第三阶段：统计方法与应用研究全面发展的阶段．从 20 世纪 50 年代起，统计学在计算机科学和信息论等现代科学技术的影响下，新的研究领域层出不穷，产生了多元统计分析、现代时间序列方法、人工智能等众多统计学新分支．在这个阶段，统计应用领域的不断拓展进一步促进了统计方法的创新．

从理论研究的发展趋势看，统计学日益凸显出交叉学科的性质，统计学将会不断出现新的分支．在理论与方法的创新上，统计学对现代数学的需求日益增大．在数据处理的手段上，统计学对计算机和数字网络技术的依赖日益增强．

从方法应用与技术推广的未来趋势看，统计学应用的范围将日益广泛，研究的对象将日益繁多．政治学、历史学、法学、文学等“非数据”人文学科，也已经在逐步地应用统计方法进行研究和分析所面临的问题．数据挖掘技术以及大数据分析技术的应用前景也很广阔．与经典统计学并驾齐驱的贝叶斯统计学在统计推断、经济预测、管理决策等领域将继续显示其强大的生命力，必将成为统计实践中的有力工具．

1.3 统计学的基本方法与应用

1.3.1 统计工作的基本环节

统计工作的全过程包括以下四个基本环节.

1. 统计设计

根据所要研究问题的性质, 基于相关学科理论的指导, 制定统计指标、指标体系和统计分类, 给出统一的概念和标准, 提出收集、整理和分析数据的方案与工作计划等. 统计设计是整个统计研究的前期工程. 做好统计设计不仅需要统计学一般理论和方法的指导, 而且要求设计者具备相关的学科知识, 对所要研究的问题本身具有深刻的认识. 例如, 要设计一套能够较好地评价企业经营状况的统计体系与方案, 设计者不仅要掌握一些统计方法, 还必须具备企业经营管理的经验和一定的理论素养.

2. 数据收集

经过统计设计, 形成方案之后, 就可以进入收集统计数据的程序. 统计数据的收集有两种基本方法: 实验方法和社会调查方法. 对于大多数自然科学和工程技术的研究, 一般通过有控制的科学实验获得数据, 即可以采用实验法. 对于社会经济现象的研究, 一般无法进行重复试验, 要取得相关数据, 就必须在总体中选取足够多的单位进行调查或观察. 如何科学地进行调查是统计学研究的重要内容.

3. 数据整理与分析

统计数据的收集完成之后, 还必须对原始数据进行整理、加工和分析.

数据整理是指根据统计研究的任务与要求, 对搜集来的各种原始资料进行科学的分类和汇总, 为统计分析提供系统化、条理化的综合资料的工作过程. 统计资料整理在统计工作中处于中间阶段, 它是统计调查的继续, 是统计分析的前提, 起着承前启后的作用.

数据分析是指应用适当的统计方法对经过整理的数据进行系统的研究, 从中获得有价值的信息或形成某些结论的研究过程. 统计分析能够有效地将数据、情况、问题、建议等融为一体, 是发挥统计的信息、咨询、管理、监督和决策功能的重要内容.

4. 统计资料的积累、开发与应用

统计数据经过整理和分析, 就形成了相关的统计资料. 统计研究的目的在于认识客观现象的数量规律, 所以统计资料的提供并不是统计研究的终结. 对于已经公开的统计资料, 可以进一步加工, 结合相关的实质性学科的理论知识进行分析和利用. 如何更好地将统计资料和统计方法应用于各个研究领域, 也是统计学研究的一个重要方面.

1.3.2　统计学的基本方法

1. 描述统计方法

描述统计也称统计描述，是指对采集的数据进行登记、审核、整理、归类及图表显示，在此基础上计算出各种能反映研究对象数量特征的综合指标，经过归纳分析得到各种有用的统计信息. 通过统计描述，可以对所研究对象的数据分布规律有一个基本的认识和直观的了解.

统计描述是统计研究的基础，它为统计推断、统计咨询及统计决策提供必要的依据. 统计描述也是对客观事物认识不断深化的过程，通过对分散无序的原始数据的整理归纳，揭示客观事物内在的数量规律性，以达到认识事物本质的目的.

2. 推断统计方法

推断统计方法也称归纳统计学，是研究根据样本数据推断总体特征的方法.

20 世纪以来，随着科技的进步和社会的发展，社会经济领域和自然科学技术领域都对统计学提出了更高的要求. 仅靠描述统计方法既不能解决现象间复杂的数量关系，也不能对未来做出估计和预测. 在这样的背景下，推断统计方法应运而生. 自 20 世纪下半叶，统计学的推断理论和方法逐渐成为现代统计的核心内容.

推断统计学方法的核心是“利用样本信息推断总体”. 该方法主要包括估计和检验两个方面，即利用获得的样本数据，对总体分布或总体参数进行科学估计，进而进行统计检验. 人们根据样本数据的分析结果，对研究对象的总体进行统计推断，包括推断研究对象的分布规律、推断不同因素间的相关性、判断多个总体间的差异性等.

1.3.3　统计学的应用

科学技术和社会经济的绝大多数领域都要用到统计方法. 经济学、金融学、管理学、工程学、气象学、生物学、医药学、遗传学、地质学、教育学等，这些学科都在大量使用统计方法. 随着大数据分析技术的发展，数据驱动管理决策的重要性日益凸显.

随着统计学在不同领域的应用和发展，先后出现了一些统计学的专业分支，例如“生物统计学”“教育统计学”等. 统计学在应用于社会经济领域的过程中，逐渐形成了“社会经济统计学”这一统计学分支. 本书主要从社会经济及管理科学的视角介绍统计学的基本概念、基本方法和基本应用，因此也可以称作“经济与管理统计学”.

统计学在社会经济及管理领域中的应用主要包括以下几个方面.

1. 企业发展战略规划

制定企业发展战略就是对企业的长远发展作出规划. 一方面，需要及时了解和把握整个宏观经济的状况及发展变化趋势，了解市场的变化；另一方面，企业要进行合理的市场定位，把握自身的优势和劣势. 这一决策过程需要统计工作提供可靠的数据，利用统计方法对数据进行科学的分析和预测等.

2. 产品质量管理

产品质量是企业可持续发展的基础，质量管理中离不开统计方法的应用. 质量控制已成为统计学在生产领域的一项重要应用，各种统计质量控制图广泛用于监测生产过程.

3. 市场调研

企业要在激烈的市场竞争中取得优势，就必须了解市场，进行市场调查，取得所需的信息，并对这些信息进行科学的分析，以此作为生产和营销的依据，这些都需要统计方法的支持.

4. 财务分析

企业的投资离不开对财务数据的分析. 投资管理者通过项目投资回报率及其风险的分析，确定是否对某个项目进行风险投资，其中要用到大量的统计方法. 上市公司的财务数据是股民投资的重要参考依据. 投资咨询公司根据上市公司提供的财务数据进行统计分析，为股民提供翔实的参考信息.

5. 经济预测

企业要对未来的市场状况进行预测，经济学家也要对宏观经济的某一方面进行预测. 在进行预测时要使用各种统计信息和统计方法. 比如，企业要对产品的市场潜力作出预测，以便及时调整生产计划，这就需要利用市场调查取得数据，并对数据进行统计分析. 经济学家在预测通货膨胀时，要利用有关生产价格指数、居民消费价格指数、失业率、生产能力利用等统计数据，然后通过统计模型进行预测.

6. 人力资源管理

企业利用统计方法对员工的年龄、性别、受教育程度、工资等进行分析，并作为企业制订工资计划及奖惩制度的依据.

7. 商业智能

对数据进行抽取、转换和装载，合并到数据库中，利用合适的数据挖掘技术以及联机处理工具等进行分析和处理，将数据转化为知识，为管理决策服务.

1.4 统计学的基本术语

1.4.1 总体与样本

1. 总体与总体单位

总体(population) 也称为母体(parent population)，是指在一定的研究目的下所要研究的、具有共同属性的事物的集合. 或者说, 总体是指满足同质性、群体性和变异性的全部元素的集合体. 例如, 我国城镇居民的家庭可以集合在一起构成总体, 这是因为它们具有共同的性质(同质性), 即它们都是我国的城镇居民, 都有一定的收入和支出, 都要消费一定的商品和服务. 有了这个总体, 我们就可以研究全国城镇居民的各种数量特征, 如人均收入、人均消费、低收入群体的比例等. 根据不同的研究目的, 可以确定不同的总体. 例如, 某专业同一年的所有考生, 一条生产线上生产出来的零件, 由多个企业构成的集合, 多个居民用户构成的集合等, 都可以看作不同的总体.

组成总体的每个元素称为总体单位(overall unit)或个体. 例如, 在由多个企业构成的总体中, 每个企业就是一个个体; 由多个居民构成的总体中, 每个居民就是一个个体等.

总体根据其所包含的单位数目可以分为有限总体和无限总体. 有限总体是指总体的范围能够明确界定, 而且元素的数目是有限可数的. 比如, 由若干个企业构成的总体就是有限总体.

无限总体是指总体所包括的元素是无限的(无限可列或不可列). 例如, 要检验一批灯泡的寿命, 这批灯泡构成的集合就是总体. 在这个总体中, 我们只关心每个灯泡的寿命, 而不是灯泡本身, 所以也可以把这批灯泡的寿命的集合作为总体. 如果我们要全面考察某企业生产的灯泡寿命, 可能的寿命是一个无限区间 $[0,+\infty)$, 这是一个无限总体. 此时该企业生产的灯泡寿命总体是取值于区间 $[0,+\infty)$ 上的一个变量.

2. 样本

样本(sample)是从总体中抽取的一部分元素(个体)的集合, 构成样本的元素的数目称为样本容量(sample size). 统计研究的主要任务之一是推断总体的数量特征. 在大多数情况下, 要么总体中的单位数量很大(甚至面对无限总体), 要么调查成本过高, 导致人们无法对总体做全面调查, 这时就需要借助样本来研究总体特征.

来自总体的样本包括随机样本(random sample)和非随机样本(unrandom sample). 推断统计学所使用的样本都是随机样本. 使用随机样本的目的是根据样本提供的信息推断总体的本质特征. 比如, 从一批灯泡中随机抽取100个, 就构成了一个容量为100的样本, 然后根据这 100 个灯泡的平均使用寿命去推断这批灯泡的平均使用寿命.

1.4.2 参数与统计量

1. 总体参数

总体参数简称参数(parameter), 是用来描述总体特征的概括性数字度量, 它是研究者想要了解的总体数量方面的某种特征值. 总体均值、总体标准差、总体比例(概率)是三个最常用的总体参数. 总体参数通常用希腊字母表示. 本书中, 总体均值、总体标准差、总体比例(概率)分别用 μ, σ, π 表示.

如上所述, 在实际中, 由于我们难以对总体进行全面调查, 所以总体数据及其分布状态通常是不知道的, 所以总体参数通常是一个未知的常数. 比如, 我们不知道某一地区所有人口的平均年龄，不知道一个城市所有家庭收入的平均差异，不知道某一批产品的合格率等. 正因为如此，我们就需要根据抽样得到的样本计算出的某些数值去估计总体参数.

2. 样本统计量

样本统计量简称统计量(statistic)，是描述样本特征的概括性数字度量. 一般将统计量定义为样本的函数，并且其中不含有未知参数. 当样本一定时，这个样本函数的取值称为统计量的值. 研究者所关心的统计量主要有样本均值、样本标准差、样本比例(频率)等. 样本统计量通常用英文字母来表示. 本书中，作为统计量的样本均值、样本标准差、样本比例分别用英文大写字母 $\bar{X}, S, P$ 表示，上述三个样本函数的取值分别用小写字母 $\bar{x}, s, p$ 表示. 在不引起歧义时，大小写字母可以相互替代.

由统计量的含义，当我们抽取样本后，统计量就是已知的数量. 抽样的目的就是要根据已知的样本统计量去估计未知的总体参数. 比如，我们可以分别用样本均值、样本标准差、样本比例的实现值 $\bar{x}$，s，p 估计总体均值 μ、总体标准差 σ、总体比例 π 等.

1.4.3 统计标志与统计指标

1. 统计标志

统计标志(statistical sign)简称为标志，是说明总体单位所具有的属性或特征的名称，即标志是依附和说明总体单位的概念.

一个总体单位(个体)在某种特征上的具体表现(对标志的描述或取值)，称为标志值或标志表现. 标志可分为数量标志和品质标志. 当标志表现反映总体单位的数量特征时，其标志称为数量标志，用数值来表示. 当标志表现反映总体单位的品质特征或属性时，其标志称为品质标志.

例如，要了解某大学市场营销专业本科生的情况，总体为该大学市场营销专业全体本科生的集合，总体单位为其中的每个学生. 每个学生都拥有以下特征或属性：性别、年龄、身高、体重、家庭收入、籍贯等，这些名称就是统计标志. 其中年龄、身高、体重和家庭收入为数量标志，性别和籍贯为品质标志.

数量标志和品质标志是形成统计指标的基础.

2. 统计指标

统计指标(statistical indicators)简称为指标，是说明统计总体综合数量特征的名称. 统计指标按所反映的总体特征的不同性质，分为数量指标和质量指标. 数量指标直接或间接地说明总体的规模大小和数量多少. 如某省总人口数量和粮食总产量，前者说明了该省人口总体的总规模，后者说明了该省粮食生产成果总体的总规模. 质量指标是能够说明总体内部数量关系和总体单位某种数量标志的标志值水平，如产品合格率和市场占有率、平均收益率等，反映了总体内部的数量关系.

1.4.4 统计变量与统计数据

统计变量(statistic variable)是统计指标与统计标志的总称，即表征研究对象特征信息的名称或概念，变量的具体表现或取值称为统计数据(statistic data). 统计变量强调统计指标与标志取值所呈现出的差别或变化. 如“商品销售额”“受教育程度”“产品的质量等级”等都是变量，其具体的取值就是数据.

本书强调统计变量的作用，在大多数场合都用统计变量(而不是指标或标志)表述相关问题.

1.5 变量与数据的分类

为了提高数据分析的效率，我们需要对统计变量和统计数据进行分类或分组处理. 对不同类型的数据，需要采用不同的方法分析和研究. 变量或数据分类的方式多种多样，根据不同的需要，基于不同的视角，可以对变量和数据进行不同的分类或分组.

1.5.1 变量与数据的基本分类

按照研究者所采用的计量尺度不同，统计变量可以分为分类变量、顺序变量与数值型变量三种，与上述变量相对应的取值分别称为分类数据、顺序数据与数值型数据.

1. 分类变量与分类数据

分类变量(categorical variable)是说明事物类别的名称或概念，其取值称为分类数据(categorical data). 分类数据是只能归于某一类别的非数字型数据，它是对事物进行分类的结果，数据表现为类别，一般用文字表述.

例如，人口按照性别分为男、女两类，企业按行业属性分为医药企业、家电企业、纺织品企业、旅游业等，这些变量的取值属于分类数据.

2. 顺序变量与顺序数据

顺序变量(rank variable)是说明事物有序类别的名称或概念，其取值称为顺序数据(rank data). 顺序变量其本质属于分类变量，但其类别呈现出有序状态.

例如，“产品等级”就是一个顺序变量，其变量值可以为一等品、二等品、三等品、次品等；“受教育程度”也是一个顺序变量，其变量值可以为小学、初中、高中、大学等；一个人对某种事物的看法也是一个顺序变量，其变量值可以取同意、中立、反对等值.

如上所述，分类变量和顺序变量说明的是事物的品质特征，通常是用文字来表述的，因而也可将他们统称为定性变量或品质变量(qualitative variable). 相应地，这类变量的取值统称为定性数据或品质数据(qualitative data).

3. 数值型变量与数值型数据

数值型变量(metric variable)是按照数字尺度说明事物数字特征的一个名称,其取值称为数值型数据(metric data). 数值型数据就是按数字尺度测量的观察值, 现实中所处理的大多数的数据都是数值型数据.

例如, 产品产量、商品销售额、零件尺寸、年龄等都是数值型变量, 这些变量所取得的不同的数值就是数值型数据.

数值型数据也称为定量数据(quantitative data).

1.5.2 变量与数据的其他分类

1. 离散型变量(数据)与连续型变量(数据)

对于数值型变量, 根据变量取值计数的形态, 可以分为离散型变量(discrete variable)和连续型变量(continuous variable), 相对应的取值就称为离散型数据(discrete data)和连续型数据(continuous data).

如果一个变量的取值在相邻的两个数值之间不再有其他的数值, 这样的变量称为离散型变量. 离散型变量或者取有限个数值, 或者取无限可列个数值, 即离散型数据可以一一列举. 例如某地区的企业数、某企业的产品数、某大学的学生数等就是离散型变量, 其具体的取值就是离散型数据.

如果一个变量可以在一个或多个区间中任意取值, 这样的变量称为连续型变量. 连续型变量的取值不能一一列举. 如企业利润、温度、零件尺寸的误差等都是连续型变量.

下面的两种分类方式仅涉及数据而不强调变量的作用.

2. 截面数据与时间序列数据

按照被描述的现象与时间的关系, 可以将统计数据分为截面数据和时间序列数据.

截面数据(cross-sectional data)是指在相同或近似相同的时间点上收集的数据, 这类数据通常是在不同的空间上获得的, 用于描述某现象在同一时刻或同一时期的规模或水平. 比如, 2017 年我国各地区的国内生产总值就是截面数据.

时间序列数据(time series data), 简称时序数据, 是指在不同时点上收集的数据. 这类数据是按时间顺序收集的, 用于所描述某现象随时间变化的发展趋势. 比如, 2000~2017 年我国国内生产总值就是时间序列数据.

3. 统计调查数据和实验数据

按照统计数据的收集方法, 可以将其分为统计调查数据和实验数据.

调查数据(survey data) 是通过调查或观测而收集到的数据, 这类数据是在没有对事物进行人为控制的条件下得到的, 有关社会经济现象的统计数据大多都是调查数据.

实验数据(experimental data)则是在实验中控制实验对象而收集到的数据. 比如, 对一种新药疗效的实验所获得的数据, 对一种新的农作物品种的实验所获得的数据等. 自然科学领域的大多数统计数据都是实验数据.

1.6 统计软件简介

随着科学技术与社会经济的发展, 统计分析面对的数据规模越来越大, 使用的分析手段和方法越来越复杂, 从而对处理和计算数据的工具提出了更高的要求. 伴随着计算机技术的进步, 用于处理和分析数据的统计软件运用而生. 作为应用工具的统计分析软件, 极大地提升了数据分析的效率, 为统计学的发展和应用做出了重要的贡献. 一方面, 一些专业统计软件为统计学的专业学习和研究提供了更好的操作平台和实验环境, 把统计学家从烦琐的计算中解放了出来; 另一方面, 一些非专业的统计软件, 为非统计学专业的各行各业人士应用统计学提供了极大的便利.

目前比较流行的统计软件有 SAS(Statistical Analysis System)、SPSS(Statistical Product and Service Solutions)、Minitab、R(由 Ross. Ihaka & Robert. Gentleman 开发)、EViews(Econometrics Views)以及 Excel(Microsoft Excel)等. 本书所使用的 Excel 统计分析工具库, 就是为广大非统计专业的用户提供的普及性软件.

Microsoft Excel 是美国微软公司 Microsoft Office 桌面办公软件的重要组成部分. 这是一款用于组织、计算和分析数据的通用电子表格软件. Excel 有多种版本, 不同版本的界面和功能有所差别. 本书所使用的是作为 Office 2010 版本组件的 Excel. 与专业软件相比, Excel 具有更富于亲和力的人机界面与更简单直观的操作程序.

Excel 具备如下的统计功能.

1. 分析工具库

Excel 提供了专门的数据分析工具, 能够快速完成描述统计、假设检验、方差分析及回归分析等统计模型的计算和分析任务.

2. 图表功能

Excel 具备强大的图表功能, 绘制的图表清晰美观, 使统计图表的制作变得简单而快捷.

3. 公式与函数

Excel 提供了丰富的数学公式和统计函数, 这些公式和函数操作简单, 能够快速准确地完成大多数统计指标的计算问题.

4. VBA 编程

在 Excel 中可以使用 VBA 进行编程, 为特定的统计分析任务制定解决方案.

除了统计计算功能、制表功能和绘图功能之外, Excel 还具备强大的财务分析能力. 发达国家的工商管理及金融领域广泛使用 Excel 软件, 大型投资银行及咨询公司的分析师往往把 Excel 作为主要的分析软件.

综上所述, 在学习和应用统计学知识的过程中, 掌握统计学方法和熟悉软件操作对本书读者具有同等重要的意义.

本 章 小 结

1. “统计”一词具有三种不同的含义, 即统计活动、统计资料和统计学; 数量性、群体性、变异性是统计学研究对象的主要性质.

2. 统计学形成于 19 世纪中叶, 经历了三个发展阶段: 统计学的初创阶段、统计推断方法体系基本确定的阶段, 以及统计方法与应用研究全面发展的阶段.

3. 统计工作包括统计设计、数据收集、数据整理与分析、统计资料的积累开发与应用四个基本环节.

4. 描述统计与推断统计是统计学的两个基本方法. 通过统计描述, 可以对所研究对象的数据分布规律有一个基本的认识和直观的了解; 推断统计方法的核心是“利用样本信息推断总体”. 科学技术和社会经济的大多数领域都要用到统计方法.

5. 总体是指在一定的研究目的下所要研究的、具有共同属性的事物的集合, 组成总体的每个元素称为总体单位或个体; 样本是从总体中抽取的一部分元素(个体)的集合, 构成样本的元素的数目称为样本容量.

6. 总体参数是用来描述总体特征的概括性数字度量; 样本统计量是描述样本特征的概括性数字度量. 根据样本统计量估计总体参数是统计学的重要内容之一.

7. 统计标志是说明总体单位所具有的属性或特征的名称; 统计指标是说明统计总体综合数量特征的名称. 统计变量是统计指标与统计标志的总称, 是表征研究对象特征信息的名称或概念. 统计变量的具体表现或取值称为统计数据.

8. 统计变量和统计数据有多种分类方法. 按照研究者所采用的计量尺度不同, 统计变量可以分为分类变量、顺序变量与数值型变量三种, 与上述变量相对应的取值分别称为分类数据、顺序数据与数值型数据. 根据变量取值计数的形态, 可以分为离散型变量与连续型变量, 相对应的取值就称为离散型数据与连续型数据. 另外还有截面数据与时间序列数据、统计调查数据和实验数据等分类形式.

9. 统计分析软件极大地提升了数据分析的效率, 掌握统计方法和熟悉软件操作对本书读者具有同等重要的意义.

《应用统计学》学习材料(1)

思考与练习

1.1 什么是统计学? 简述统计学在研究对象方面的特点.

1.2 简述统计工作过程的基本环节.

1.3 什么是描述统计方法? 什么是推断统计方法? 请各举一例予以说明.

1.4 举例说明总体、样本、参数、统计量、变量等概念的含义.

1.5 2017 年 1 月, 一家研究机构从我国银行从业者中随机抽取 2000 人的样本进行调查, 其中 60% 的人回答他们的月收入在 5000 元以上, 90%的人回答他们使用微信支付日常消费.

请回答以下问题:

(1) 这一研究的总体是什么？样本是什么？

(2) 月收入是分类变量、顺序变量还是数值型变量？

(3) 消费支付方式是分类变量、顺序变量还是数值型变量？

(4) 这一研究涉及截面数据还是时间序列数据？

1.6 一项抽样调查表明, X 市的消费者每月在网上购物的平均花费是 430 元, 他们选择在网上购物的主要原因是“价格便宜”. 请回答以下问题:

(1) 这一研究的总体是什么？

(2) “消费者在网上购物的原因”是分类变量、顺序变量还是数值型变量？

(3) 研究者所关心的参数是什么？

(4) 研究者所使用的主要是描述统计方法还是推断统计方法？

第 2 章　数据的搜集

"拍脑门"还是做调研?

当今中国食品行业的龙头企业康师傅，堪称利用市场调研辅助决策的典范企业. 它的新产品在上市之前均要进行一系列的数据搜集与调研工作，例如"消费者使用及购买习惯研究""产品概念测试""产品包装测试""产品价格测试""产品口味测试"等. 这些测试和调查覆盖了新产品决策的各个环节，即新产品生产的每一个环节都有消费者或竞争者的数据支持，其"万人口味测试"诞生出的红烧牛肉面早已传为经典案例.

为搜集有效数据，康师傅早在 20 世纪 90 年代初就成立了人数庞大的"自有"调研队伍，源源不断地向产品经理和管理层提供消费者习惯、产品接受程度、品牌影响力及市场表现等重要的决策信息.

康师傅在企业运作中有一句"名言"：说清楚、讲明白，业绩自然来. 多年来，康师傅业绩能够一路凯歌高奏，其强大而独特的市场调研系统起到了关键作用.

从上述案例中可以看到，对于许多市场经济问题的研究及决策，需要有高质量数据的支持. 在搜集数据过程中，调查对象的确定、调查方法的选择、问卷设计的优劣等，均会影响数据的质量.

案例来源：《新品上市困境突围(四)："拍脑门"还是做调研？》，第一营销网 http://www.cmmo.cn/article-867-1.html

数据搜集(收集)是统计工作的一个重要环节. 本章介绍数据搜集的基本内容，包括数据的来源、调查方案与组织形式、抽样方法、问卷设计以及误差分析等.

2.1　数据的来源

数据搜集是根据统计研究预定的目的、要求和任务，运用科学的方法与手段，有计划、有组织地向调查对象搜集数据资料的过程. 从统计工作过程的阶段性看，统计数据的搜集处于统计工作过程的基础阶段.

从数据使用者的角度划分，数据的来源可分为直接来源和间接来源.

直接来源数据，也称为一手数据，是由数据使用者经过亲自试验或调查获取的原始数据资料. 例如，要知道一种新型化肥对农作物是否有增产功效，研究者通过实验设计，在保证温度、湿度、土壤等相关因素相同的基础上，控制该化肥的使用量，观察并记录农作物的产量数据，从而获得第一手实验数据. 又如，在市场调查中，要了解某种商品的顾客满意度，通过实地发放调查问卷的方式，搜集顾客意见，从而获得第一手该商品满意度的数据资料.

间接来源数据, 也称为二手数据, 是数据使用者自身不直接参与调查或试验工作, 而是通过网络、期刊、书籍等渠道搜集到的数据, 经过加工整理, 形成自己研究所需的资料.

从搜集范围上看, 二手数据可取自公开发表的外部信息, 也可取自未公开发表的内部信息. 外部信息的主要渠道有: 统计部门和各级政府部门公布的有关资料, 如定期发布的统计公报、各类统计年鉴; 各类信息中心、咨询机构、专业调查机构、各行业协会和联合会提供的市场信息和行业发展的数据情报; 各类专业期刊、报纸、图书所提供的文献资料; 各种会议, 如博览会、展销会、交易会及学术研讨会上交流的有关资料; 从互联网或图书馆查阅到的相关资料等. 未公开的发表的内部信息, 主要取自相关单位或企业内部, 比如购货单、物品入库单等各种单据和记录, 经营活动过程中的各种统计报表, 各种财务核算资料等.

由于二手数据具有采集成本低、采集速度快等优点, 因此在确立研究问题时, 首先应搜集相关的二手数据资料. 其次二手数据资料采用的过程中应当注意数据的可靠性(是否为权威数据)、适用性(是否符合研究需要)、时效性(是否已经过时), 以及数据的计算口径, 避免错用、误用和滥用.

2.2 调查方案与组织形式

2.2.1 调查方案的设计

在统计调查工作正式开始之前, 要事先设计一个切实可行、周密细致的调查方案. 统计调查方案主要包括以下六项内容.

1. 确定调查目的

调查目的, 即明确统计调查要解决的问题. 例如, 我国经济普查的目的是要全面了解我国各产业的发展规模及布局, 了解我国产业组织、产业结构、产业技术的现状以及各生产要素的构成, 摸清我国各类企业和单位能耗的基本情况等; 又如, 企业拟研发一款面向年轻群体的新型运动饮料, 在研发前需了解不同性别年轻人对饮料类型及口感的偏好、对饮料功能的需求等.

2. 确定调查对象和调查单位

调查对象是指需要调查的现象总体, 该总体是由许多性质相同的被调查单位组成的. 调查单位是指所要调查的总体中的每一个个体, 即被调查的具体单位. 例如, 要了解 2016 年我国贫困标准线以下城镇居民的生活状况, 调查对象为符合我国 2016 年度划定的贫困标准线下的所有城镇居民. 调查单位为符合调查对象范围内的每一户城镇居民.

3. 确定调查项目

调查项目就是调查中所要登记的调查单位的特征或变量, 可以是品质特征的分类变量或顺序变量, 比如单位名称、单位类别、单位层级等; 也可以是数量特征的数值型变量, 比如营业收入、生产产量等.

4. 调查表格和问卷设计

将各个调查项目按照一定的顺序排列在一定的表格上, 就构成了调查表. 利用调查表, 能够有条理地填写所需要搜集的资料, 便于在调查后对资料进行汇总整理.

调查表格一般有两种形式, 一种是一览表, 另一种是单一表. 一览表是把许多调查单位填写在一张表上, 在调查项目不多时, 采用该类表格. 单一表是每个调查单位填写一份, 可容纳较多的调查项目, 又便于整理分类, 一般用于项目较多的调查. 统计调查要采用哪一种表格, 需要根据调查目的、调查任务来确定.

问卷调查是一种特殊的调查形式, 根据调查目的, 在调查对象中随机选择或有意识地确定调查单位, 以书面文字或表格形式了解被调查者的意见. 调查表格和问卷的设计应简明扼要, 以保证所搜集资料的准确. 关于问卷调查的编制详见 2.5 节.

5. 确定调查时间

统计调查时间是指调查资料所属的时间, 一般包括两种情况, 即调查时点和调查时期. 调查时点是针对时点现象而言, 调查时间就是规定的统一标准时点. 例如, 我国第六次人口普查, 规定的普查登记的标准时点为 2010 年 11 月 1 日零时. 调查时期则是针对时期现象而言, 在调查中要明确规定调查资料所反映的起止日期. 例如, 要调查 2013 年第一季度的商品房交易额, 则调查资料所属的时间期限为 1 月 1 日至 3 月 31 日.

6. 组织实施

调查组织实施工作包括确定调查机构、组织和培训调查人员、落实调查经费的来源和开支、确定调查资料的报送, 以及公布调查结果的时间等.

2.2.2　统计调查的组织形式

统计调查的组织形式是指组织统计调查、搜集信息资料的方式方法. 统计调查的组织形式多种多样, 图 2-1 给出了按照调查范围来分类的统计调查组织形式.

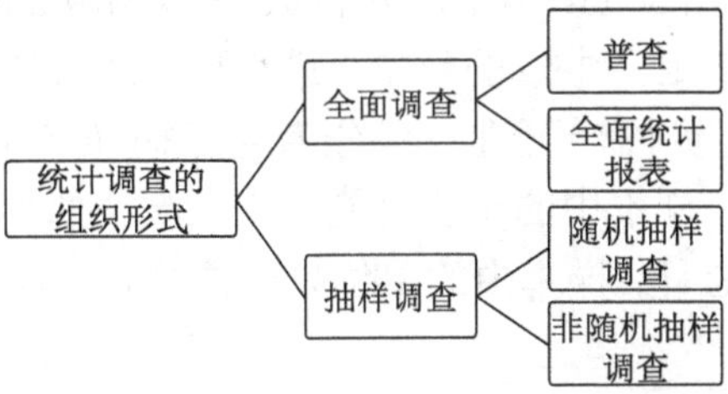

图 2-1　按调查范围划分的统计调查组织形式

全面调查, 是对调查对象总体中的所有个体逐一进行的调查. 普查、全面统计报表都属于全面调查. 普查是专门组织的一种全面调查, 它主要是用以调查某些不能或不宜用定期的全面统计报表搜集的统计资料. 政府部门组织的普查一般是针对关系国计民生的重大经济和社会问题, 比如人口普查、经济普查、农业普查等. 全面统计报表制度, 是依照国家有关法规, 自上而下地统一布置, 以一定的原始记录为依据, 按照统一的表式, 统一的指标项目, 统一的报送时间和报送程序, 自下而上地逐级地定期提供统计资料的一种调查方式. 例如, 《规模以上服务业统计报表制度》由国家、省、市、县各级统计局组织实施. 由于全面调查涉及范围广, 接受调查的单位多, 调查成本高, 因此, 目前大部分非政府行为的社会调查和经济调查均采用抽样调查的方式.

抽样调查是对总体中的一部分单位进行的调查. 根据调查单位抽取方式的不同, 可分为随机抽样调查和非随机抽样调查.

2.3　随机抽样与非随机抽样

2.3.1　随机抽样

随机抽样(random sampling)也称概率抽样, 是按照随机原则从调查对象总体中随机抽取一定数量的个体作为样本. 在随机抽样中, 总体中每个个体单位都有一定的机会被选入样本. 因而样本具有较好的代表性, 可以用来推断总体.

随机抽样的实施需要分两步进行.

(1) 根据调查对象(总体)建立抽样框. 抽样框即调查对象总体的名录库, 一般包含调查总体中所有个体的名称、基本资料、联系方式等. 随机抽样要求在抽样前必须取得调查对象总体的名录库, 建立起抽样框. 抽样框不仅可以提供调查对象总体的名录以供抽样, 还可以用于计算调查单位入样概率. 例如, 拟对全国货运车辆开展能耗调查, 首先需要掌握全国货运车辆名录库, 建立全国货运车辆抽样框.

(2) 根据调查实际和抽样框, 选择合适的随机抽样方式. 较为常用的随机抽样方式有: 简单随机抽样、分层抽样、整群抽样、等距抽样、多阶段抽样等.

1. 简单随机抽样

简单随机抽样(simple random sampling)也称等概率抽样, 是从有限总体的 N 个单位中任意抽取 n 个单位作为样本, 使每个单位被抽中的概率相等. 抽样之前, 要求对总体各单位加以编号, 继而根据随机原则生成随机数, 抽取相应的编号. 目前市面上有较多的随机数生成器软件, 可自定义生成的数量、最小值、最大值等. Excel 可以很便捷地实现随机数的生成[①]. 简单随机抽样可进一步分为重复抽样和不重复抽样. 重复抽样即每次抽中的单位仍放回总体, 样本中的单位可能不止一次被抽中, 例如彩票抽奖. 不重复抽样即抽中的单位不再放回总体, 样本中的单位只能被抽中一次, 例如抓阄. 社会经济的调

① 具体操作详见 2.7 节 Excel 操作部分.

查一般采用不重复抽样. 如果调查的总体单位较大, 则可将不重复抽样视为重复抽样.

简单随机抽样是最基本的随机抽样方法, 适用于分布较为均匀的总体. 其优点体现为:

(1) 总体中每个单位入选为样本的抽样概率相等, 用样本统计量对总体参数估计和计算估计误差较为方便;

(2) 抽样过程简单、直观、易于操作.

简单随机抽样的主要缺点体现为:

(1) 要求抽样框应包含总体所有单位的名单和信息, 当总体单位数 N 很大时, 构造抽样框名录并不容易;

(2) 随机抽取到的样本比较分散, 不便于组织实施;

(3) 对于结构复杂的总体, 样本的代表性难以保证.

2. 分层抽样

分层抽样 (stratified sampling) 也称类型抽样, 是运用较广的随机抽样方式. 分层抽样是先对总体各单位按某个特征进行分类, 然后在各类中独立进行简单随机抽样的抽样方式. 当总体是由差异明显的几部分组成时, 往往选择分层抽样的方法.

例 2-1　假定某企业有职工 500 人, 为了解该企业职工身体状况的某项指标, 需要从中抽取一个容量为 100 的样本. 请选择合适的抽样方法.

解　由于职工年龄与身体状况指标息息相关, 因此应采用按年龄分层的分层抽样方法进行抽取. 已知 500 名职工中, 35 岁以下的有 125 人, 35 岁至 49 岁的有 280 人, 50 岁以上的有 95 人. 由于我们要抽取的样本容量与总体的个数的比例为 1: 5, 所以在各年龄段随机抽取的人数依次为 125/5, 280/5, 95/5, 即各抽取 25 人、56 人、19 人.

分层抽样的样本包含了各种特征的抽样单位, 样本结构与总体结构相近, 从而保证了所抽取的样本具有足够的代表性. 分层抽样得到样本结果不仅可以对总体参数进行估计, 也可以对各层的目标量分别进行估计.

3. 整群抽样

整群抽样 (cluster sampling) 也称分群抽样, 是将总体中若干个单位合并为一个群. 抽样时以群为单位进行抽取, 对抽中的群中所有单位全部实施调查的抽样方式. 例如, 调查某高校学生消费情况时, 从该校全部班级中随机抽取若干个班级 (这里将班级视为群), 对被抽中班级中的所有学生都进行调查.

整群抽样可以简化编制调查对象总体抽样框的工作量. 在社会经济调查中, 往往以群为单位进行抽样调查. 例如, 以自然村为群单位时, 抽选的调查单位比较集中, 实施方便并且调查成本较低. 由于划分在同一群里的个体单位往往具有相似性, 在一定程度上也影响了样本分布的均衡性.

4. 等距抽样

等距抽样也称系统抽样 (systematic sampling), 是将总体中各单位按一定顺序排列,根据样本容量要求确定抽选间隔，然后随机确定起点，每隔一定的间隔抽取一个单位的一种抽样方式.

例 2-2 采用等距抽样调查某客运企业 500 辆客车的平均载客率、投诉率及准点率.

第 1 步，先将 500 辆客车按核定载客人数从小到大排序，并一一编号；

第 2 步，若抽取的样本量为 50，则可计算出抽样间距为 $K=500/50=10$，相当于每 10 辆车中抽选一辆；

第 3 步，确定随机起点. 在编号为 1~10 的前 10 辆车中，按照随机原则，随机选取一个起点 r，比如编号为 2 的客车被选中，则将该车作为初始单位，每隔 10 辆抽选一辆，则最后被抽中的车辆编号分别为: 2, 12, 22, 32,…, 492.

5. 多阶段抽样

多阶段抽样(multi-stage sampling)，是将抽样分为几个阶段来进行. 比如二阶段抽样，第一阶段采用类似整群抽样的方法，先抽取群，第二阶段再从选中的群里随机抽取部分单位调查，依次类推.

2.3.2 非随机抽样

非随机抽样(nonrandom sampling)，也称非概率抽样或主观抽样，是调查者根据自己的方便或主观判断抽取样本的方法. 非随机抽样适合于探索性研究，调查的结果用于发现问题，为更深入的数量分析做准备. 在很多社会调查和市场调查中，经常使用非随机抽样方法.

常用的非随机抽样有: 方便抽样、判断抽样、配额抽样、滚雪球抽样等.

1. 方便抽样

方便抽样是调查人员依据其便利性，把在一定时间、地点遇到的人或事物作为调查对象入选为样本的抽样方法. 通常被调查者被选中的原因只是他们当时碰巧在调研现场，比如调查员在街头、商场、公园等公共场所进行随访或拦截式访问. 这种调查方法适用于总体单位同质性较高的调研，即调查员随意拦截的被调查者不会因其性别、年龄、职业等不同而产生调查结果的系统性差异.

方便抽样的优点是便于实施，调查成本较低. 但由于其属于非概率抽样，因此无法根据样本信息推断总体特征.

2. 判断抽样

判断抽样是根据调查人员的主观经验，从总体中选择那些被判断为最能代表总体的单位作为样本的抽样方法. 判断抽样包含重点抽样和典型抽样.

重点抽样即重点调查，是从调查对象的全部单位中选择一部分重点单位实施调查的一种非全面调查方法. 重点单位是指那些数量不多，但在总体中具有举足轻重的作用的单位. 对重点单位进行调查所取得的统计数据能够反映现象总体发展变化的基本趋势.

根据调查目的任务的不同，重点单位可以是一些企业、行业、部门、城市或地区等. 例如，要了解我国钢铁企业的运营状况，可以选择鞍钢、首钢、宝钢等几家重点单位来调查，就可了解钢铁产量的大致情况及产量变化的基本走势.

典型抽样即典型调查，是根据调查目的和要求，在对调查对象进行初步分析的基础上，有意识的选取少数具有代表性的典型单位进行深入细致的调查研究，借以认识同类事物的发展变化规律及本质的一种非全面调查. 典型调查可以深入实际直接观察，也可开调查会或个别访问.

3. 配额抽样

配额抽样的要点是：先根据总体的某种结构特征将总体划分为若干类别，继而在各个类别中按与总体结构特征大体相似的比例分配相应的样本数量，再利用方便抽样法或判断抽样法实施抽样.

例 2-3　某国际商务学院为搜集本学院学生对教学改革的建议，拟抽取 100 名学生进行问卷调查. 考虑到性别与年级的不同会对调查产生影响，故而采用配额抽样法，先对全院学生按照性别与年级进行分类. 已知该学院共有学生 2000 名，其中，男女生各占 40%和 60%；一年级、二年级、三年级、四年级各占 30%, 30%, 20%, 20%.

按照总体构成比例分配样本数(表 2-1)，抽取规模为 100 人的群体作为调查样本.

表 2-1　配额分配表

年级	性别		合计
	男	女	
一年级	12	18	30
二年级	12	18	30
三年级	8	12	20
四年级	8	12	20
合计	40	60	100

由此，我们可以看出，配额抽样与分层抽样都是先将总体按照某个特征进行分层或分类来进行的. 但二者却有本质的不同：分层抽样属于随机抽样方法，是按每层分配的样本量，在随机原则的指导下于各层内独立地进行简单随机抽样来抽取调查单位. 而配额抽样则属于非随机抽样方法，是由调查人员在每一类的配额内主观判断选定调查单位. 比如例 2-3 中，一年级男生的配额数为 12 人，按配额抽样的方法，在所有一年级男生中，调查员可采用方便抽样的方法寻找 12 名学生来调查；若按照分层抽样方法，则事先需要所有一年级男生的名录(抽样框)，在完成编码后，按照随机抽样的方法生成12个随机数，并对这抽中的 12 个编码所对应的男生展开调查.

4. 滚雪球抽样

滚雪球抽样，是指先抽取一些对象并对其实施访问，再请他们提供另外一些属于所研究目标总体的调查对象，根据所形成的线索选择此后的调查对象. 这个过程持续下去，就会形成滚雪球效应. 滚雪球调查适合对特定群体进行研究, 当特定总体的成员难以找到时, 滚雪球抽样是一种合适的抽样方法. 例如, 滚雪球抽样对灰色收入者、流动劳工及非法移民等特定对象的调查就比较适用.

非随机抽样调查相对便利、成本较低, 根据样本调查的结果亦可在一定程度上说明总体的性质、特征, 但由于其抽样框不明确, 故不宜用于推断总体.

2.4 数据的搜集方法①

样本单位选定之后, 就需要对这些单位实施具体的调查, 即从样本单位获取数据. 统计调查中搜集数据的基本方法有: 访问法、网络调查法、邮寄调查法、留置调查法、电话调查法等. 本节仅介绍最常用的访问法和网络调查法.

2.4.1 访问法

访问法也称面谈法, 是调查人员通过面对面询问和观察被调查者而获取数据的方法. 访问法是市场调研中最通用、最灵活的一种调查方法. 根据调查地点的不同, 访问法可以分为入户访问、街头拦截访问等.

入户访问可以采用随机抽样方式, 也可以采用非随机抽样方式进行. 若采用随机抽样, 则调查人员需根据抽样方案的要求, 提前掌握调查户的总体名单, 建立抽样框. 根据随机抽样方法确定入选样本后, 到被抽中的调查样本所在地, 依照问卷或调查提纲进行面对面直接访问. 若采用非随机抽样, 则调查人员只要按照调查方案中规定的调查对象和范围, 根据自己主观意愿选择住户进行入户访问. 入户访问有效问卷的回收率相对较高, 调查人员容易控制问卷的质量. 但入户访问费用较高, 同时存在被拒之门外等入户困难的情形.

街头拦截访问属于方便抽样. 当调查对象在公众场合被拦截下来后, 就可以直接对其访问以获取相关的数据信息. 街头拦截访问成本低、方便实施, 但被调查对象拒绝的可能性较大, 且不适合较长或较复杂或带有私密性的问卷调查.

2.4.2 网络调查法

网络调查法目前在我国市场调查及社会调查中广泛应用. 由于抽样框不明确, 网络调查属于非随机抽样调查.

1. 网络调查平台

在网络调查系统方面, 国内的一些调查公司或研究机构开发了一些专用平台, 例如, “问卷星”“调研宝”“调查派”“腾讯问卷”“零点网上调查系统”“智库在线”等, 既有网下设计、数据分析及网上调查的 C/S 和 B/S 模式相结合的平台, 也有纯网上模式的

---

① 贾俊平, 何晓群, 金勇进. 2015. 统计学. 6 版. 北京: 中国人民大学出版社.

系统，所有操作均可在网上完成. 通过调查平台制作问卷后，调查者可在各类社交网络上发布信息，开展数据的搜集，亦可通过调查平台提供的中介服务功能，委托调查平台代为调查.

2. E-mail 调查

E-mail 调查是指将调查问卷通过电子邮件形式发送到已知的电子邮箱中，被调查者完成后回复给调研机构的调查方法. 例如，你所购买过的化妆品公司通过电子邮件了解你对该产品的使用效果与满意度. E-mail 调查方式实际上就是传统的邮寄调查法在互联网上的扩展，具备传统邮寄调查法的特点. E-mail 调查制作方便，分发迅速，比传统的邮寄调查法周期短. 这类邮件在朋友、同学、熟人中使用效果较好，有时也会被作为垃圾邮件拦截.

3. 网页调查

网页调查是调研人员将问卷置于网页上，人们登录网页并对问卷进行回答的调查方法. 网页调查是最基本也是最常用的网络调查方法. 具体的操作方法一般是：在一些预期能获得调查对象高访问率的网站上发布消息，解释该调查的性质并邀请受众参加. 调研人员在网页上设置多项需要调查的内容，吸引受众主动访问网站. 参与调查的人根据自己对调查内容的兴趣作答. 调查专页所在的网页访问率越高，反映调查对象总体意见的可能性越大. 另外，可通过 IP 地址控制调查的样本，防止同一个人多次回答问卷.

网络调查法具有发放及回收速度快、费用相对较低、调查对象广泛等优点，但调查对象仅局限于网民. 由于网络调查本身的特点以及现阶段我国网络调查存在的不足，目前我国网络调查的应用范围还受到一些限制.

2.5　调查问卷编制

2.5.1　问卷的基本结构

一份调查问卷应包含开头、问卷主体、背景资料、结束语等四个部分. 这几部分在结构上要合理安排，主体部分应占整个问卷内容的 2/3~4/5，开头、背景资料和结束语只需占 1/5~1/3 的比例即可.

1. 开头部分

开头部分相当于一份问卷的前言，主要说明调查的目的、意义及相关事项，使被调查者能消除顾虑，引起兴趣，从而获得他们的支持和合作. 开头部分一般包括标题、问候语及填写说明等.

标题. 问卷的标题概括说明调查的研究主题，使被调查者对所要回答问题的涉及面有一个大致的了解. 标题应该简明扼要，且易于引起被调查者的兴趣. 例如，“××市图书馆读者调查表”“××产品使用情况调查”等，不能只采用“问卷调查”这样笼统的标题.

问候语. 这是为了引起被调查者的重视, 打消他们一些不必要的顾虑, 使他们积极主动地配合调查工作. 问候语要礼貌诚恳, 措辞准确得体, 简洁地交代调查者的身份及保密事项, 在结尾处对被调查者的参与合作表示感谢. 例如, "某某市老年人基本情况调查问卷"的问候语:

> 尊敬的老年朋友:
>
> "老有所养、老有所医、老有所教、老有所为、老有所乐"是我们共同的愿望和追求. 为了解本市老年人的生活状况, 促进本市老龄事业的发展, 我们开展了这次调查. 我们对您的回答完全保密, 希望您能积极参与.
>
> 谢谢您的配合! 祝您健康长寿!
>
> 调查单位: ××大学公共管理学院

填写说明. 用文字说明问卷的填写方法, 帮助被调查者对问卷进行规范地回答. 这部分内容包括填表要求、项目含义、注意事项, 以及问卷返回方式等. 填写说明可以集中放在问卷前面, 也可以像考试题一样分散到各有关问题的前面. 对于自填式问卷, 填写说明一定要详细清楚, 格式位置要醒目, 避免被调查者曲解题意导致回答错误.

例如, "某某市老年人基本情况调查问卷"填写说明:

> 填写说明:
>
> 参加本次问卷调查的对象包括年龄在 60 岁及以上的老年人. 如本人在填写时有困难, 可请家人协助填写, 或本人口述, 由调查者如实填写. 请在选项前的□内打 √.

2. 问卷主体

问卷主体内容应包括相关问题和备选项, 是调查问卷中最重要的部分. 所有要调查的相关内容都可以转化为经过精心设计的问卷和选项. 问卷选项在问卷中要按逻辑顺序排列. 这部分内容设计的优劣, 直接影响到调查数据的质量.

3. 基本资料

基本资料即受访者的个人背景资料, 通常放在问卷主体部分之后. 因背景资料涉及个人隐私, 如年龄、文化程度、职业、收入等, 被调查者往往对这部分问题比较敏感. 因此调查者需具有良好的个人素养, 必须严守调查问卷的保密原则. 背景资料的内容可根据调查主题的特征精心设计.

基本资料部分体现了三个方面的功能. 首先, 背景资料提供的数据能获得具有代表性的样本, 从而对总体提供粗略的描述. 其次, 通过小样本的分析, 可以得出具有不同特点的小样本在作答上的差异, 例如不同年龄、层次的人对同一问题的不同反应. 最后, 可以获得可辨认的资料, 例如, 调查对象的住址和电话号码等.

4. 结束语

结束语放在问卷的最后，先用简短的语句对被调查者的合作表示感谢，继而设置一些开放性问题，询问被调查者的意见或感受，为以后的调查工作提供更好的建议. 结束部分必须填写调查者的姓名或编号、访问日期、时间、对被调查者回答的评价等.

2.5.2 调查问卷设计的注意事项

1. 避免诱导性和带有偏见性的问题

诱导性的问题往往向被调查者暗示了一个特定的答案，或者强烈地建议被调查者在某一问题上应采取什么立场. 偏见性的问题通常带有感情的色彩，暗示了一种赞成或不赞成的期望. 这类问题都会导致调查结果产生误差. 例如以下这些问题均犯了诱导性错误:

◇多数电视观众喜欢看武打片，你也喜欢吗？________

◇大多数人都认为广告使得商品的价格提高了，你认为呢？________

◇你通常如何支配你的业余时间，是看电视还是做些别的什么？________

2. 避免否定式问题

采用否定方式的提出问题，语气上带有诱导性，语义上不易理解. 被调查者在回答这类问题时，可能会试图猜测问题背后的目的，这样就容易扭曲被调查者的回答. 例如: “你难道不认为这项医疗改革方案是有效的吗？”

3. 避免模糊假设

设计问题的表达方式时，不要让被调查者的回答依赖于许多不清晰的假设. 在被调查者对所假设的事物没有清楚的认知的情况下，不同的被调查者会作出不同的假设，这样就得不到准确有用的信息. 例如: “如果在儿童饼干中减少糖的含量，你会购买这种儿童饼干吗？” 这个问题的假设并不清晰，因为它没有告诉被调查者，减少糖的含量后会产生什么结果，是好还是坏. 所以，不同的被调查者在回答这个问题时，依据的假设标准也不一样，调查的结果很可能与实际情况产生偏差.

4. 避免带有估计性质的问题

若让被调查者根据估计和推测来回答问题，得到的结果往往会偏离真实的情况. 例如: “你平均每月在绿色食品上的花费是多少？” 被调查者在回答这个问题时，很难给出准确的数据，从而达不到调查的目的. 调查人员在编写关于过去行为或事件的问题时，应该尽量地减少被调查者记忆的负担，不出现大概、大约等词句.

5. 避免理解误差的问题

不同被调查者对调查问题所设置的答案理解不同，每个人都按自己的理解来回答问题，标准不一致，所得的结果很容易造成理解误差. 例如，有一些表示频率的词，如“经常”“偶尔”“有时”等在一些调查中时常出现. 不同的人对这些词的理解是有差别的. 比如一项关于大学生参与手机网游的调查中有这样一个问题:

您玩手机网游吗？ □从来不 □偶尔 □有时 □经常 □每天

被调查者对这五项选择的理解可能是不同的. 例如某人一周玩 4 次手机网游，他认为属于“有时”，而另一个人同样一周玩 4 次，却可能选择“经常”. 应尽可能把这类容易让被调查者理解不同的频率词汇转换为数字. 例如:

您玩手机网游吗？ □从来不 □平均每周 1~2 次 □平均每周 3~4 次 □平均每周 5~6 次 □平均每周 7 次及以上

2.6 数据的误差与控制

评价统计调查质量的标准之一是数据的准确性. 一般用数据的误差衡量统计调查的准确性.

2.6.1 数据的误差

数据的误差，是指通过调查搜集到的数据与研究对象真实结果之间的差异. 不论是什么形式的统计调查，都可能出现误差. 按调查误差的性质和产生的原因划分，统计调查误差可分为抽样误差和非抽样误差两种.

1. 抽样误差

抽样误差(sampling error)是指在随机抽样中，由于随机因素引起的样本结果与总体真值之间的偏差. 例如，要了解某高校大二学生统计学期末考试的情况，随机抽取出一个 20 人组成的样本，计算得到样本均值(平均成绩) $\bar{x}=82$ 分. 这个 $\bar{x}$ 与总体均值 μ (全校大二学生统计学平均成绩)之间产生的偏差就是抽样误差. 如果我们继续抽取几个相同容量(n=20)组成的样本，得到的样本均值有可能是 80 分、78 分、83 分等. 不同的样本可能得到不同的调查结果，这个不同正是由抽样的随机性而产生的. 由此可知，抽样误差在随机抽样中是不可避免的.

2. 非抽样误差

非抽样误差(non-sampling error)是指除抽样误差以外所有误差的总称. 各种形式的调查(全面调查、随机抽样调查、非随机抽样调查)都可能出现非抽样误差. 调查的任何一个环节出错都有可能导致非抽样误差. 例如，在整理调查对象总体名录库时，信息不完善或名录过期都可能导致抽样结果产生偏差；在调查过程中，可能存在调查员误差(比如粗心录错，编造、修改或删除调查数据等)和被调查者误差(比如回答误差和无回答误差等). 由此可知，非抽样误差既可能出现在全面调查中，也可能出现在各种抽样调查中.

2.6.2　误差控制

如上所述，抽样误差是由抽样的随机性引起的，只要采用随机抽样(即概率抽样)，抽样误差就不可避免．但抽样误差可以事先估算并予以控制．在实际操作中，研究人员对抽样误差可以事先设定容忍度(误差的允许范围)，误差允许值一旦确定，便可以通过相应的样本量来进行控制．要求的抽样误差越小，所需的样本量就越大．这部分内容将在本书的推断统计部分详细介绍．

非抽样误差产生的原因复杂多样，难以准确计量．实际中可以通过对调查员的有效培训、对调查过程的监督、回访以及优化调查问卷等管理措施降低非抽样误差．

为了提高统计数据的准确性，在统计数据的搜集阶段，应科学地选择调查方式和确定调查数据的搜集方法．在调查的组织和实施过程中，应建立和维护调查单位的名录库，完善调查设计方案，提高调查员的业务素质和工作水平，并尽可能利用一切相关辅助信息，尽量降低调查误差，提高统计调查数据的质量．

2.7　Excel　操　作

本节介绍如何使用 Excel 生成随机数的操作步骤．例如，拟从 001~300 的单位编码中随机选取样本量 n=5 的样本．具体操作过程如下：

第 1 步，在空白单元格处，利用 Excel 中自带函数“RANDBETWEEN”即可生成位于任意两个指定数之间的一个随机数．其函数语法为：

RANDBETWEEN(bottom,top) 可返回大于等于指定的最小值且小于等于指定最大值之间的一个随机整数(图 2-2)．每次运行计算时都将返回一个新的数值．

Bottom 参数：RANDBETWEEN 将返回的最小整数．本例中取 1．

Top 参数：RANDBETWEEN 将返回的最大整数．本例中取 300．

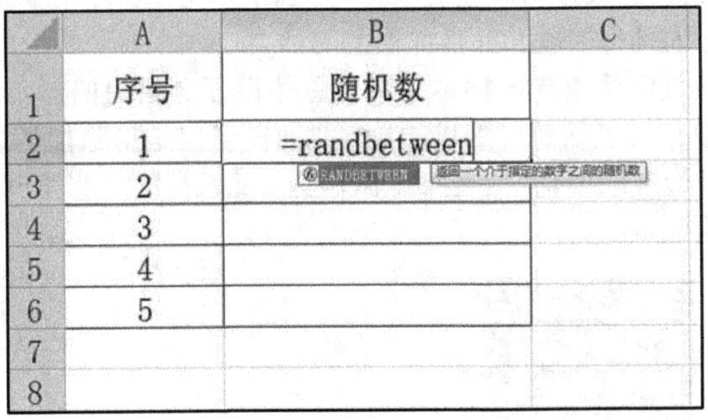

在 B2 单元格处输入：
= RANDBETWEEN（1, 300），
然后回车

图 2-2

第 2 步，利用 Excel 的公式填充功能，将鼠标移至 B2 单元格右下方，鼠标箭头转变为黑色实心十字“+”时，便可按住鼠标左键向下拖拽，即可将 B2 单元格中的公式填充至 B5，得到 5 个随机编号(图 2-3)．

	A	B	C
1	序号	随机数	
2	1	161	
3	2	51	
4	3	10	
5	4	161	
6	5	87	
7			
8			

图 2-3

本 章 小 结

1. 从使用者的角度，数据可分为直接来源数据和间接来源数据. 直接来源数据也称为一手数据，间接来源数据也称为二手数据.

2. 统计调查方案的设计应包括：确定调查目的、确定调查对象和调查单位、确定调查项目、调查表格和问卷设计、确定调查时间、组织实施计划等六项内容.

3. 按调查范围分，统计调查的组织形式可分为全面调查和非全面调查. 其中，非全面调查按照调查单位(个体)抽取方式的不同，可进一步分为随机抽样调查和非随机抽样调查.

4. 随机抽样也称概率抽样，是按照随机原则从调查对象总体中随机抽取一定数量的个体作为样本. 在随机抽样中，总体中每个个体单位都有一定的机会被选入样本. 常用的随机抽样方式有：简单随机抽样、分层抽样、整群抽样、等距抽样、多阶段抽样等.

5. 非随机抽样调查也称非概率抽样或主观抽样，是调查者根据自己的方便或主观判断抽取样本的方法. 非随机抽样的方法一般有方便抽样、判断抽样、配额抽样、滚雪球抽样等.

6. 随机抽样中，抽样框明确，故可以根据抽样得到的样本信息推断总体；非随机抽样中，抽样框不明确，其样本信息往往适用于探索性研究，不宜用于推断总体.

7. 数据搜集的方法有：访问法、网络调查法、邮寄调查法、电话调查法等.

8. 调查问卷的编制应包含开头、问卷主体、基本资料，结束语等四个部分.

9. 调查数据的误差，是指通过调查搜集到的数据与研究对象真实结果之间的差异. 按调查误差的性质和产生的原因划分，统计调查误差可分为抽样误差和非抽样误差两种.

10. 抽样误差，指在随机抽样中由于随机因素引起的样本指标与总体指标之间的偏差. 抽样误差仅存在于随机抽样中，其误差无法避免，但却可以估算并加以控制. 非抽样误差是指除抽样误差以外所有的误差的总称. 非抽样误差存在于各种形式的调查中，包括全面调查、随机抽样、非随机抽样. 其产生的原因复杂多样，在实际中难以准确地计量.

《应用统计学》学习材料(2)

思考与练习

2.1 使用二手数据时，应当注意哪些事项？

2.2 请指出概率抽样与非概率抽样的区别.

2.3 请比较分层抽样与配额抽样的异同.

2.4 数据误差有哪些类别？分别是如何产生的？其各自的特点有哪些？

2.5 请指出以下情形所采用的抽样方法.

(1) 为了解小区住户对物业服务的满意度，管理部门利用小区居民登记名单，按低层住户、中高层住户、高层住户三类，分别随机抽取 10 户展开调查.

(2) 质量管理人员为了判断某生产线上感冒冲剂的填装剂量是否符合标准，每隔 1 小时抽取 15 包进行检验.

(3) 某学生调研团队为了了解当地农产品的滞销情况，团队成员根据村委会提供的线索，找到若干产品滞销农户，并根据他们的介绍，进一步调查到更多农产品滞销的农户.

(4) 某企业为了解新口味蛋糕的市场需求，让调查员在主城区几个重要的客流点分发蛋糕，并请品尝者对口味进行打分.

(5) 某企业为了解新口味蛋糕的市场需求，让调查员在主城区几个重要的客流点分发蛋糕，并要求调查员需请 200 名女性和 100 名男性品尝者对口味进行打分.

2.6 请指出以下哪种抽样方法抽取得到的样本结果可以用于推断总体参数？

(1) 滚雪球抽样；　(2) 典型抽样；　(3) 系统抽样；　(4) 分层抽样；

(5) 配额抽样；　(6) 整群抽样；　(7) 多阶段抽样；　(8) 重点抽样.

2.7 请判断下述观点是否正确，若错误，请写出正确的表达.

(1) 当抽样框不完整时，无法进行判断抽样.

(2) 在其他条件不变的情况下，增加样本容量会降低抽样误差.

(3) 非抽样误差只存在于非概率抽样中.

(4) 与概率抽样相比，非概率抽样并不适合做探索性的研究.

(5) 非抽样误差是不可避免的，因为人们很难对它进行控制.

2.8 某政府部门为了了解本区域非法移民人员的情况，欲进行抽样调查请为其推荐一个合适的抽样方法，并阐述你的理由.

2.9 请根据你感兴趣的研究问题，撰写一份调查方案，设计一份调查问卷，并尝试展开调查.

第 3 章　数据的整理与显示

数据的整理与显示——从杂乱无章到井然有序

某科技公司管理者想要了解近期公司员工薪酬分布的情况, 随机调查了 140 位员工, 搜集了性别、岗位、年龄、薪酬、职称等级等资料(具体资料请扫本章二维码). 具体数据如下表所示.

××科技公司部分员工资料

序号	性别	年龄	岗位	薪酬/(元/年)	职称
1	女	37	产品工程师	51150	3
2	女	22	厂房职员	59976	3
3	男	31	系统工程师	71538	3
4	男	25	厂房职员	18　0	3
5	男	29	研发工程师	129750	5
6	女	27	系统工程师	85　01	4
7	男	22	厂房职员	67920	3
8	男	30	系统工程师	88988	4
9	女	46	厂房职员	57750	3
10	男	25	制造工程师	41550	2

根据上表我们不难发现, 经过调查或搜集得到的数据往往是零散的个体资料. 直接观察这些散乱无序的个体资料难以获得该公司员工薪酬的分布情况. 通过描述统计方法, 将表中零散的个体信息汇总整理成综合资料, 并按照不同的数据类别绘制合理的图表, 就能够直观而清晰地显示不同类型数据分布的情况, 进而得到有价值的信息.

数据的整理与显示是描述统计的重要内容, 旨在将搜集到的个体资料经过加工处理、分类汇总以及图表显示, 形成反映事物总体特征的综合资料.

本章介绍整理、加工数据与显示数据的基本内容, 包括数据的审核、分类(分组)汇总以及图表展示等.

3.1　数据的审核与预处理

数据的审核包含对原始数据的完整性与准确性的审核, 以及对二手数据时效性和适用性的审核. 数据的预处理则是针对零散的个体数据做初步的整理工作, 以此了解数据大致的情况, 为后续的数据分组做准备.

3.1.1　数据的审核

1. 原始数据的审核

(1) 完整性. 完整性审核, 是指对搜集到的原始数据资料有无缺失项所进行的判断. 比如应调查的单位有无遗漏, 调查项目填写是否齐全, 个体资料是否完整等.

(2) 准确性. 准确性审核, 是指对原始数据资料中有无错误值或异常值所进行的判断. 比如数据资料内容是否符合实际, 数据是否有错误, 计算是否正确等.

2. 二手数据的审核

(1) 时效性. 时效性审核, 是指对二手数据资料形成时间的及时性所进行的判断. 比如是否为已过期的数据资料.

(2) 适用性. 适用性审核, 是指对二手数据资料的来源、统计口径、背景材料以及与研究项目的匹配性所进行的判断. 比如是否符合自己分析研究的需要等.

对于二手数据, 还要确认有无必要做进一步的加工整理.

3.1.2　数据的预处理

数据预处理是数据分析前的重要工作. 数据的预处理包括数据的筛选、排序、分类汇总、标准化处理等环节.[①]

1. 数据的筛选

数据筛选是指按照一定的标准对数据进行过滤的过程. 在数据预处理阶段, 需要确定数据中应该包含及应该剔除的数据.

2. 数据的排序

数据的排序是指将数据按照某种特定的要求重新排列, 从而使数据的规则性或趋势性更加清晰地表现出来. 对定性数据排序, 实质上是对变量不同类别的取值做归类整理. 比如对“性别”排序, 则会将“男性”与“女性”分别归类.

3. 数据的分类汇总

分类汇总, 是指对数据资料按其性质和特点进行分组归类, 进而综合汇总成各项统计指标的过程. 通过对零散个体数据的分组或分类汇总, 可以清晰地看出不同类别(组别)数据的基本情况. Excel 中的数据透视表功能可以快速实现数据的分类汇总, 具体操作详见 3.4 节.

4. 数据的标准化处理

数据的标准化, 是指对不同水平或不同量纲的数据统一规格的过程. 数据标准化的

---

① 具体软件操作详见 3.4 节.

本质是统计数据的指数化. 数据的标准化过程将在 4.2 节介绍.

3.2 数据的分组

数据分组也称为数据分类, 是指根据研究的需要, 将经过预处理的数据按某种标准划分成不同的组别或类别的过程. 本章中, “数据分组”和“数据分类”表示同一个概念, 即组别就是类别.

数据的统计分组遵循穷尽原则和互斥原则, 即要做到“不重不漏”.

穷尽原则是指总体中的每一个单位都有组可归, 即不能有遗漏. 例如, 如果把从业人员按职称等级分为初级职称、中级职称、高级职称三组, 无职称的人员则无组可归. 应将组别调整为无职称、初级职称、中级职称、高级职称四组.

互斥原则是指总体中的任何一个单位仅有一组可归, 即不可重复. 例如, 某一高校把教职工党员分为女性党员、男性党员、新党员三组, 这种分组就不符合互斥原则, 因为新进党员也有女性和男性之分. 应先分为老党员和新党员两类, 然后每类再分为男女两组.

3.2.1 数据分组的方式

数据的分组一般有两种方式.

1. 简单分组与复合分组

简单分组是指对研究现象(变量)按一个特征进行分组. 复合分组是指按两个或两个以上特征(变量)分组, 即先按一个特征分组, 在此基础上再按第二个特征分小组, 以此类推.

例如, 对全国的工业企业进行分组.

简单分组方式: 按轻重工业性质, 分为重工业、轻工业; 或是按企业规模大小, 分为大型企业、中型企业、小型企业.

复合分组方式: 先按轻重工业性质分, 再按企业规模大小分, 如表 3-1 所示.

表 3-1　工业企业复合分组表

工业性质	企业规模
轻工业	大型轻工业企业
	中型轻工业企业
	小型轻工业企业
重工业	大型重工业企业
	中型重工业企业
	小型重工业企业

2. 定性数据分组与定量数据分组

定性数据分组也称为品质分组，是指按照数据的品质或属性进行的分组. 对于分类数据和顺序数据，一般采用品质分组.

定量数据分组也称为数量分组，是指对于数值型数据采用的分组.

3.2.2　定性数据分组

定性数据包含分类数据和顺序数据. 由于这两类数据本身就是按类别搜集的数据，因此对其的分组汇总主要是做分类整理，即采用品质分组的方法. 品质分组比较简单，分组变量一经确定，组别的名称和组数也随之确定. 例如，本章开头的引例中，按员工“性别”可分为男女两组；按“职等”从低到高可分为六个等级.

定性数据可以按其所分的类别组，计算每一类别组出现的频数、频率(比例)及比率等.

1. 频数、频率及其分布

设容量为 n 的样本数据按照变量的特征分为 k 组，第 i 组 ($i=1,2,\cdots,k$) 中的数据个数称为该组数据出现的频数，记为 n_i . 换言之，频数是指样本中某一组别变量值出现的次数. 容易看出

$$n_1+n_2+\cdots+n_k=n$$

对于相同的样本及相同的分组，第 i 组 ($i=1,2,\cdots,k$) 中数据的频数 n_i 与样本容量 n 的比值称为第 i 组数据出现的频率，记为 f_i ，也即 $f_i=n_i/n$. 换言之，频率是指样本中各组数据占样本总数的比重. 样本频率一般用百分比表示.

容易看出

$$f_1+f_2+\cdots+f_k=1$$

将变量值按各组别(类别)及其相应频数或频率列出，用表格形式表现出来，称为频数或频率分布.

对于总体数据，“频率”的概念用“比例”替代. 总体比例既表示一个总体中各个部分数据的个数占总体容量的比重，也表示总体中各个部分的数量指标占总体数量的比重. 总体比例反映了总体的构成或内部结构. 例如，我国 2016 年第三产业增加值占国内生产总值的比重为 51.56%，这里的“51.56%”即为总体比例.

总体或样本中不同类别间数值或频数的比值称为“比率”. 例如，我国 2016 年第三产业增加值与第二产业增加值的比率为1∶1.297.

例 3-1　根据 140 名科技公司员工数据资料，列出员工性别与岗位的频数-频率分布表(表 3-2 和表 3-3).

表 3-2　不同性别的频数-频率分布表

性别	频数	频率/%
女	84	60
男	56	40
总计	140	100

表 3-3　不同岗位情况的频数-频率分布表

岗位	频数	频率/%
产品工程师	11	7.86
厂房职员	94	67.14
系统工程师	8	5.71
研发工程师	4	2.86
制造工程师	23	16.43
总计	140	100

表 3-2 和表 3-3 均为只包含一个变量的频数-频率分布表，在实际运用中，往往可以把需要观察的两个或多个变量联合起来绘制频数（或频率）分布表. 如表 3-4 所示，这种由两个或两个以上变量交叉分类的频数分布表称为列联表. 仅两个变量交叉分类形成的表格则称为交叉表.

表 3-4　员工性别和岗位情况列联表

<table>
<tr><th colspan="2" rowspan="2">员工信息</th><th colspan="6">岗位情况</th></tr>
<tr><th>产品工程师</th><th>厂房职员</th><th>系统工程师</th><th>研发工程师</th><th>制造工程师</th><th>总计</th></tr>
<tr><td rowspan="3">性别</td><td>女</td><td>1</td><td>21</td><td>7</td><td>4</td><td>23</td><td>56</td></tr>
<tr><td>男</td><td>10</td><td>73</td><td>1</td><td>—</td><td>—</td><td>84</td></tr>
<tr><td>总计</td><td>11</td><td>94</td><td>8</td><td>4</td><td>23</td><td>140</td></tr>
</table>

2. 累积频数-频率分布

累积频数是将各类有序类别（顺序数据或数值型数据）的频数逐级累加起来得到的频数. 累积频率即对应各类别（组别）的频率逐级累加起来得到的频率. 频数（频率）累积分为向上累积和向下累积两种方式. 向上累积即从类别排序最低的一方开始依次向排序较高的一方累加频数（频率）的过程；向下累积即从类别排序最高的一方依次向排序较低的一方累加频数（频率）的过程.

例 3-2　某公司拟对产品质量满意度展开调查. 随机抽取了 100 位顾客，其调查结果用累积频数-频率分布表示，如表 3-5 所示.

表 3-5　客户满意度的累积频数-频率分布表

满意度	人数/个	频率/%	向上累积		向下累积	
			累积频数	累积频率/%	累积频数	累积频率/%
非常满意	26	13	200	100	26	13
满意	90	45	174	87	116	58
一般	60	30	84	42	176	88
不满意	24	12	24	12	200	100
总计	200	100	—	—	—	—

通过表 3-5 可以得到，对该公司产品客户满意度在满意及以上的人数有 116 人，占调查总数的 58%. 一般及以下的人数有 84 人，占调查总数的 42%.

3.2.3　定量数据分组

定量数据即数值型数据. 定量数据需要根据研究和分析的需求，将数据资料排序分组，进而计算各组的频数，形成频数-频率分布表.

根据变量值的性质与分组形式的不同，定量数据可使用单项式分组和组距式分组两种分组形式.

1. 单项式分组

单项式分组，也称单变量值分组，是用一个变量值作为一组，形成单项式变量数列的分组方式. 单项式分组一般适用于离散型变量且变量值较少的场合. 表 3-6 显示了某地区育龄妇女已生育孩子个数的情况.

表 3-6　某地区育龄妇女已生育孩子情况

已生育孩子数/个	人数/人	频率/%
0	48	16.55
1	106	36.55
2	83	28.62
3	39	13.45
4	14	4.83
合计	290	100

2. 组距式分组

组距式分组，是将变量取值依次划分为若干个区间，把每个区间内的所有变量值归为一组，形成组距式变量. 连续型变量或变量值较多的离散型变量，适宜采用组距式分组. 例如，反映乘客年龄情况，按年龄变量分组可分为 1 岁以下、1～18 岁、18～40 岁、40～60 岁、60 岁以上.

1) 间断组距式分组与连续组距式分组

在组距式分组中，每组区间范围的最小值称为下限，最大值称为上限. 组距是上、下限之间的距离. 相邻两组的界限，称为组限. 若相邻组的组限不相连(或称不重叠)，称为间断组距式分组. 例如停车场按其容纳的车辆数分为: 30 辆以下、31 ~ 100 辆、101 辆~200 辆、200 辆以上. 相邻组的组限相连，称为连续组距式分组. 例如，反映学生学习情况，按成绩分为: 60 分以下、60 ~ 70 分、70 ~ 80 分、80 ~ 90 分、90 分以上.

对于离散型变量，比如产品件数、企业数、人口数等，可采用间断组距式分组，也可采用连续组距式分组；对于连续型变量，比如年龄、收入、价格、产值等，只能采用连续组距式分组.

如前所述，统计分组应遵循穷尽和互斥原则. 在连续组距式分组中，以同一个数值作为相邻两组共同的界限，这并不符合互斥原则. 我国统计制度规定，凡是总体某一单位的变量值是相邻两组的界限值，则将这一单位归入该变量值作为下限的那一组内，即遵从“上限不在内”原则. 例如，反映学生学习情况，按成绩分为: 60 分以下、60 ~ 70 分、70 ~ 80 分、80 ~ 90 分、90 分以上，若某学生的成绩恰好为 80 分，则根据连续组距式分组的“上限不在内”原则，应将其归至“80~90 分”这一组中.

2) 等距分组与异距分组

等距分组是各分组保持相等的组距，即各组的变量值变动都限于相同的范围. 一般用于变量值变动比较均匀的场合. 比如，某班车每隔 20 分钟发一趟车，则乘客的等待时间可分为 0~5 分钟、5~10 分钟、10~15 分钟、15~20 分钟.

异距分组是各组的组距不相等. 主要用于变量值分布很不均匀的场合或是变量值相等的量具有不同意义的场合；或是变量值按一定比例发展变化的场合. 例如，学生成绩如果密集与 70 ~ 80 分，其他成绩十分稀少，在这种情况下，若仍以 10 分为组距进行等距分组，则对于 70 ~ 80 这一密集的分数段上的分布信息损失过大. 因此，在分布较为密集的区间内使用较短的组距，在分布稀少的区间使用较长的组距，形成各种组距不相等的异距分组则更为合适. 比如 60 分以下、60 ~ 70 分、70 ~ 75 分、75 ~ 80 分、80 ~ 90 分、90 分以上的分组.

组距式分组的步骤如下.

步骤 1 确定组数和组距. 数据资料分组，组数的多少并没有客观标准. 组数不宜太少也不宜过多，组数的确定应以能够显示数据的分布特征和规律为目的. 一般而言，变量值越多，组数也就越多. 通常情况下，组数应为 5 ~ 15 确定. 组距即组内区间的长度，是一个组上限与下限的差值. 实际操作中，往往选择 5 的倍数作为组距. 根据不重不漏原则，分组应包含该数据的最小值和最大值，因此，可先对数据按从小到大的顺序进行排序，起始组的下限应小于该数据的最小值，结束组的上限应大于该数据的最大值.

步骤 2 计算组中值. 组中值是每一组下限值与上限值的中间值. 分组数据以组中值作为本组数据一般水平的代表值. 其计算公式为

$$\text{组中值}=\frac{\text{下限值}+\text{上限值}}{2}$$

需要注意的是，使用组中值代表一组数据一般水平时，前提条件是各组数据在本组内应呈相对均匀地分布，或者是以组中值为中心呈对称分布.

在分组中，“××以下”或“××以上”这样的组，称为开口组. 开口组的组中值计算公式为

$$\text{缺上限的开口组(××以上)：组中值} = \text{下限} + \frac{\text{邻组组距}}{2}$$

$$\text{缺下限的开口组(××以下)：组中值} = \text{上限} - \frac{\text{邻组组距}}{2}$$

步骤 3　记录各组的频数或频率，形成频数或频率分布表.

例 3-3　某生产车间 50 名工人日加工零件数如下(单位：个)，试对其进行分组.

117　122　124　129　139　107　117　130　122　125　108　131　125
117　122　133　126　122　118　108　110　118　123　126　133　134
127　123　118　112　112　134　127　123　119　113　120　123　127
135　137　114　120　128　124　115　139　128　124　121

解　该组日产量共 50 个数据，可考虑分为 5～7 组.

对数据从小到大排序，找到最大值为 139 件，最小值为 107 件. 若分为 5 组，则每组组距为 6.4；若分为 6 组，则每组组距约为 5.3；若分为 7 组，则组距为 4.6. 一般而言，组距选择 5 的整数倍更符合人们的阅读习惯，因此可按等距分组分为 7 组，组距为 5.

分组要遵循穷尽和互斥原则，在所分的组里应包含最大值和最小值：105～110、110～115、115～120、120～125、125～130、130～135、135～140，共 7 组.

建立频数-频率分布表(表 3-7).

表 3-7　某车间 50 名工人日加工零件数分布表

按零件数分组	组中值	频数 n_i/人	频率 f_i/%
105～110	107.5	3	6
110～115	112.5	5	10
115～120	117.5	8	16
120～125	122.5	14	28
125～130	127.5	10	20
130～135	132.5	6	12
135～140	137.5	4	8
合计	—	50	100

根据表 3-7 可得，工人日产量在 120～125 这一组的人最多，共 14 人，占工人总数的 28%.

分组数据的频数-频率分布表可以在 Excel 中快速完成，具体操作方法参见 3.4 节.

3.3　数据的显示

正确制作和使用统计图表是统计工作的一项基本要求.

3.3.1　统计表

统计表是显示数据的基本工具，也是绘制统计图的基础. 在数据的搜集、整理、描述和分析过程中，都需要使用统计表. 统计表一般由四部分构成：表头、横行标题、纵栏标题、数据资料. 表 3-8 就是一张规范的统计表.

表 3-8　2016 年房地产开发和销售主要指标及其增长速度

<table>
<tr><td></td><td>指　标</td><td>单　位</td><td>绝对数</td><td>比上年增长/%</td><td>列标题</td></tr>
<tr><td rowspan="14">行标题</td><td>投资额</td><td>亿元</td><td>102581</td><td>6.9</td><td rowspan="14">数据资料</td></tr>
<tr><td>其中：住宅</td><td>亿元</td><td>68704</td><td>6.4</td></tr>
<tr><td>其中：90 平方米及以下</td><td>亿元</td><td>24772</td><td>0.5</td></tr>
<tr><td>房屋施工面积</td><td>万平方米</td><td>758975</td><td>3.2</td></tr>
<tr><td>其中：住宅</td><td>万平方米</td><td>521310</td><td>1.9</td></tr>
<tr><td>房屋新开工面积</td><td>万平方米</td><td>166928</td><td>8.1</td></tr>
<tr><td>其中：住宅</td><td>万平方米</td><td>115911</td><td>8.7</td></tr>
<tr><td>房屋竣工面积</td><td>万平方米</td><td>106128</td><td>6.1</td></tr>
<tr><td>其中：住宅</td><td>万平方米</td><td>77185</td><td>4.6</td></tr>
<tr><td>商品房销售面积</td><td>万平方米</td><td>157349</td><td>22.5</td></tr>
<tr><td>其中：住宅</td><td>万平方米</td><td>137540</td><td>22.4</td></tr>
<tr><td>本年到位资金</td><td>亿元</td><td>144214</td><td>15.2</td></tr>
<tr><td>其中：国内贷款</td><td>亿元</td><td>21512</td><td>6.4</td></tr>
<tr><td>个人按揭贷款</td><td>亿元</td><td>24403</td><td>46.5</td></tr>
</table>

数据来源：国家统计局《中华人民共和国 2016 年国民经济和社会发展统计公报》.

表头是统计表的名称，说明表的基本内容，一般需要包含时间和范围，置于表格正上方. 横行标题，也称为行标题，是横行数据的名称，一般在表格左方. 纵栏标题，也称为列标题，是纵列数据的名称，一般在表格的上方. 横行标题和纵栏标题共同说明了表格中数据资料的内容. 位于表格中间的数据资料是统计表的核心. 另外，对表格中数据需要说明的，比如数据的计算口径、数据的计算方法等，需要在表格下方增加表附加或备注. 还需特别注意的是，表下方一般要注明数据来源，以尊重他人劳动成果，以备读者查阅.

统计表的设计应当要简洁、美观、便于比较. 在设计统计表时需注意以下几个问题：

(1) 表格的横行标题与纵栏标题可以根据研究或分析的需要进行互换.

(2) 统计表格两端应“开口”. 我国政府统计表格的左右两端一般不画线，采用“开口式”.

(3) 对于缺失数据，应在相应的单元格内用“—”表示，表格内不应出现空白单元格.

3.3.2　统计图

统计图是对统计资料进行图形化处理的一种方式. 用统计图展示数据, 能直观地反映数据分布的形状和特征. 统计图形种类繁多, 功能和特点各有不同. 本节介绍一些常用的图形及其适用情况. 需要指出, 凡适用于定性数据的统计图, 也适用于定量数据; 反过来, 适用于定量数据的统计图, 一般不适用于定性数据.

1. 定性数据的图示

(1) 饼图. 饼图也称为圆形图, 是用圆形及圆内扇形的面积来表示数值大小的图形. 主要用于表示总体中各组成部分所占的比例, 一般多用于研究总体内部结构问题.

例如, 图 3-1 给出了例 3-1 中科技公司员工性别岗位分布情况的饼图.

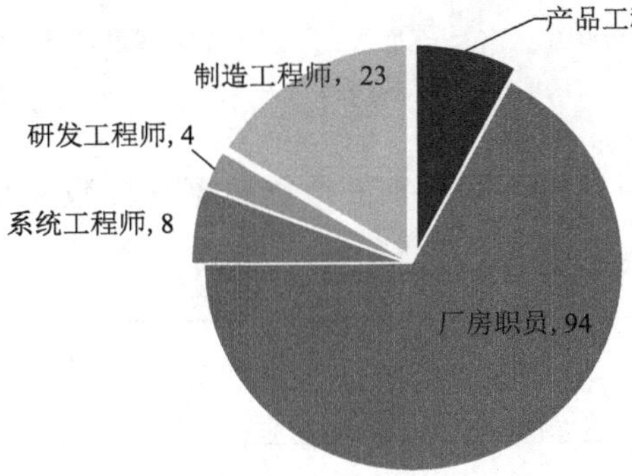

图 3-1　员工岗位构成图

绘制图形目的是有效地展示数据情况, 让读者一目了然. 当所绘制的饼图中所有扇形块的大小相似时, 便难以根据扇形块尺寸上的微小差别进行判别高低大小. 这时候就需要利用条形图来实现, 条形图在展示数据细微差别上更胜一筹.

(2) 条形图. 条形图是用宽度相同的若干个矩形代表各个类别, 类别的频数或频率大小则用矩形的高度或长度来表示. 条形图主要用于表示定性数据类别的频数或频率分布. 类别标签置于水平轴的, 也称为柱形图. 条形(柱状)图 3-2(a)和图 3-2(b)直观显示了企业员工岗位的分布状态.

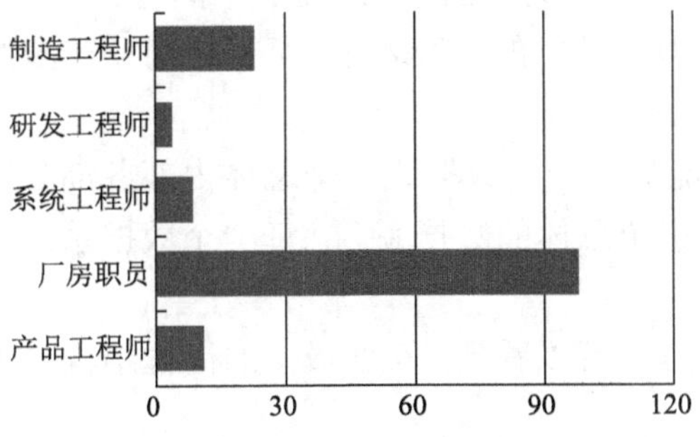

(a) 员工岗位分布条形图

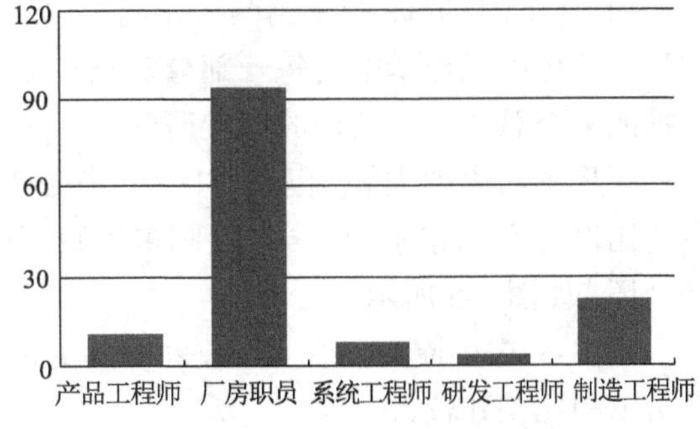

(b) 员工岗位分布柱形图

图 3-2

条形图还可分为简单条形图和复合条形图. 图 3-2(a)与图 3-2(b)均属于简单条形图. 复合条形图通常包含两种或两种以上数据系列, 如图 3-3(a)和图 3-3(b)所示. 其中图 3-3(b)也称对比条形图, 常用于人口金字塔的数据显示中.

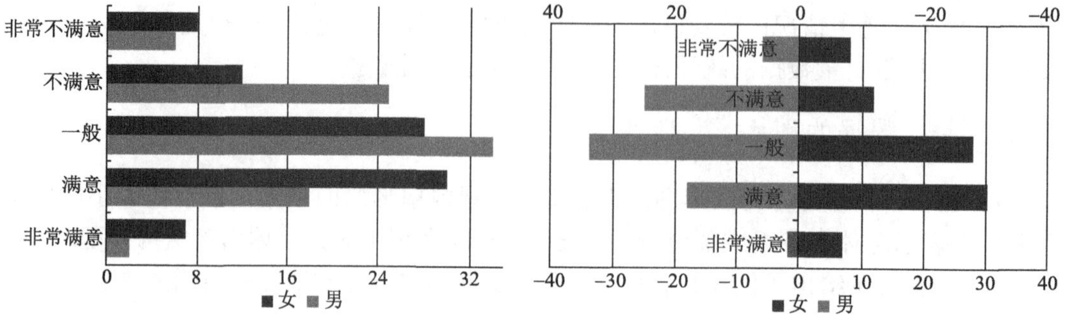

(a)某产品满意度评价复式条形图　　(b)某产品满意度评价对比条形图

图 3-3

(3)帕累托图. 帕累托图是将不同类别的数据根据其频数大小降序排列绘制的条形图. 如图 3-4 所示.

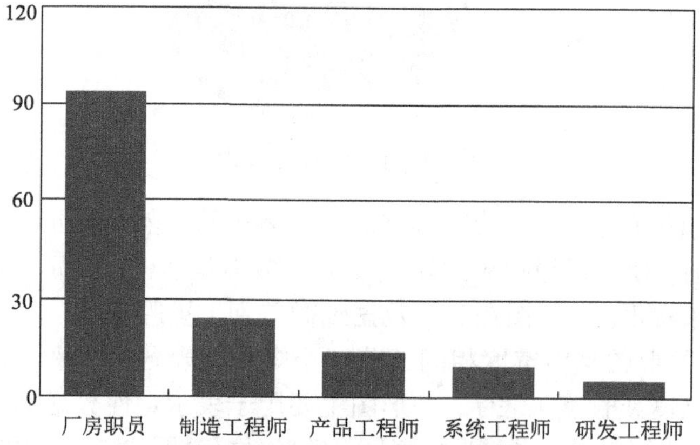

图 3-4　员工岗位分布的帕累托图

(4)环形图. 环形图是由两个及两个以上大小不一的饼图叠在一起, 中间有一个"空洞", 总体中或样本中的每一部分数据(或比例)用环中的一段表示. 环形图可用于多组数据或多个总体内部结构的比较研究.

环形图与饼图类似, 但又有区别: 饼图只能显示一组数据或一个总体内部各部分所占的比例. 环形图则可以同时绘制多组数据或多个总体的数据系列, 每一个数据系列为一个环. 如图 3-5 所示.

图 3-5 中内圈为女性员工, 外圈为男性员工. 可以看到, 女性员工的岗位结构与男性员工相比差异较大.

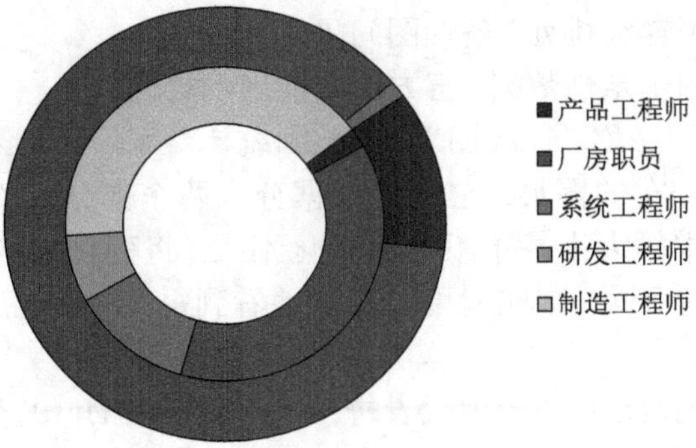

图 3-5　科技公司男女员工岗位分布对比情况

2. 定量数据的图示

对数值型数据绘制图形，应首先对数据进行观察. 分组数据可以采用直方图；未分组的原始数据可以采用茎叶图或箱线图①；时间序列数据可绘制线性趋势图；研究两个变量间关系的可绘制散点图，多变量间的比较则可以用雷达图来体现.

(1) 直方图. 直方图是用矩形的面积表示各组的频数或频率的图形，适用于组距式分组数据. 在直角坐标中，横轴表示数据分组及组距. 频数直方图的纵轴表示频数，频率直方图的纵轴表示频率与组距的比值，依据各组组距的宽度(矩形宽度)和比值(矩形高度)绘制成直方形. 例如，根据表 3-7 某车间 50 名工人日加工零件数分组数据，绘制频率分布直方图，如图 3-6 所示.

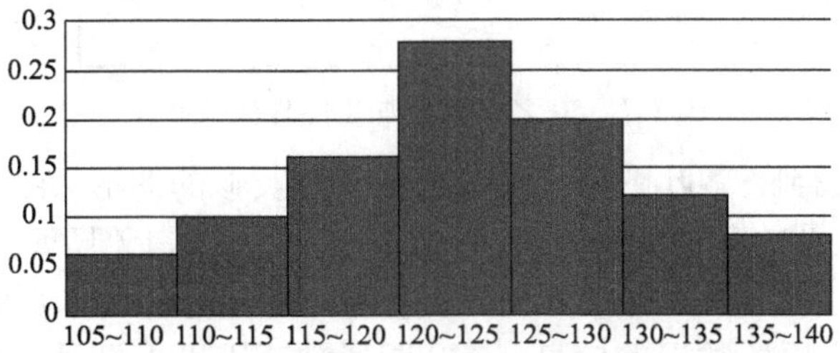

图 3-6　某车间 50 名工人日加工零件数频率直方图

图 3-6 是依据等距分组的组距式变量数列绘制的直方图. 可以看出，图中每个小矩形的宽为分组数据的组距(记为 Δt)，高为每组对应的频率/组距($f_i / \Delta t$). 小矩形的面积即为各组工人日加工零件的频率($(f_i / \Delta t)\Delta t = f_i$). 所有小矩形的面积之和

$$f_1 + f_2 + \cdots + f_k = 1$$

从图 3-6 可以直观地看出，工人日加工零件的分布不完全对称，分布左边的尾部比右边略长，呈现轻微的左偏分布.

直方图与条形图虽然外表相似，但二者在运用中却有明显的区别.

(i) 直方图用小矩形的面积度量频数或频率，其中频数直方图中所有小矩形的面积之和等于总频数(样本容量) n，而频率直方图中所有小矩形的面积之和等于 1. 条形图(柱形图)用长(高)表示频数或频率，宽度无实际意义.

① 箱线图的介绍详见本书第 4 章.

（ii）直方图的矩形连续排列，条形图间隔排列.

（iii）条形图主要用于定性数据，直方图只能用于定量数据.

（2）茎叶图. 茎叶图又称“枝叶图”，由英国统计学家阿瑟 · 鲍利（Arthur Bowley）设计，是反映原始数据分布的图形. 它是将数据分为两个部分，将数的高位数作为一个主干（茎），茎在数组中的大小基本不变或变化不大；将变化大的低位数作为相应茎上所生长的叶，列在茎的后面，这样就可以清楚地看到每个“茎”上有几个数，每个数具体是多少.

茎叶图一般有三列数：左边一列代表每一主干（茎）上的叶片数量（频数），中间列代表茎，右边列代表叶. 例如，根据例 3-3 中 50 名工人日加工零件数原始数据，用软件 SPSS 22.0 绘制的茎叶图如图 3-7 所示.

日产零件数 Stem-and-Leaf Plot

Frequency	Stem &	Leaf
3.00	10 .	788
5.00	11 .	02234
8.00	11 .	57778889
14.00	12 .	00122223333444
10.00	12 .	5566777889
6.00	13 .	013344
4.00	13 .	5799

Stem width:　10

Each leaf:　1 case(s)

图 3-7　50 名工人日加工零件数茎叶图

从图 3-7 可以得到，茎叶图是一个与直方图相类似的图形，它们都可以显示数据的分布状况. 若将茎叶图的茎和叶逆时针方向旋转 90°，实际上便形成了一个直方图，可以从中统计出频数. 但茎叶图又与直方图不同，茎叶图充分保留了原始数据的信息，而直方图则失去了各组内原始数据的信息. 茎叶图通常适用于小批量的原始数据，而直方图通常适用于大批量的分组数据.

（3）线图. 线图也称为时间序列图，用以反映某些指标或变量随时间的变化趋势. 例如 2012~2017 年我国社会消费品零售总额变化趋势就可以用线图表示出来（图 3-8）.

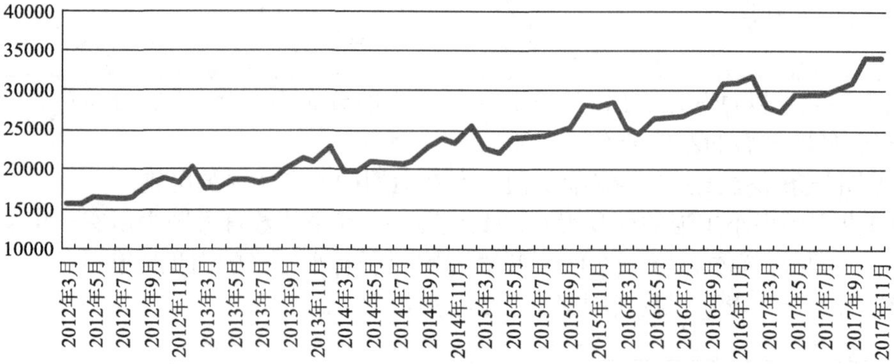

图 3-8　2012~2017 年我国社会消费品零售总额

从图 3-8 中可以看出，我国社会消费品零售总额总体上呈现出稳定上升的趋势，但存在着明显的季节波动，消费品零售总额在每年的 10 月份和 11 月份较高，而 12 月份和年初则较低.

(4) 散点图. 散点图是用于描述两个数值型变量之间关系的图形. 在散点图中，每一个点代表一个观测值，其横坐标和纵坐标则分别代表相对应的两个变量的取值. 例如，研究我国 2000~2015 年教育经费与国内生产总值之间的关系，通过散点图 3-9 可以清楚地看出教育经费与国内生产总值之间存在正向的线性相关关系.

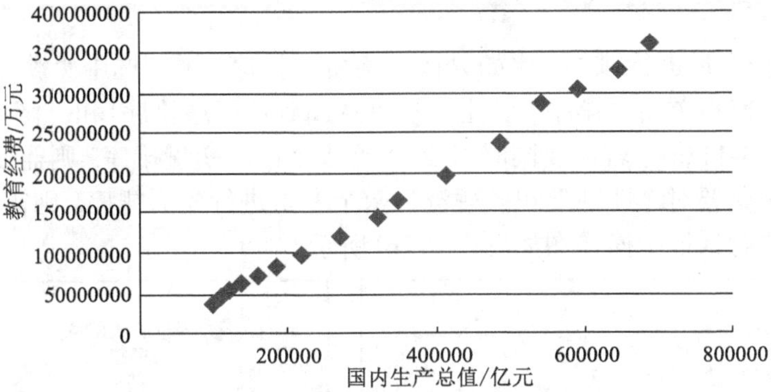

图 3-9　2000~2015 年我国教育经费和国内生产总值的散点图

(5) 雷达图. 雷达图又称为蛛网图，是用于显示多个变量数量特征的图形. 它是把圆等分为 n 等份，以 n 个辐射半径作为 n 个变量的坐标轴，从圆心到圆周的距离表示变量值的大小，将这 n 个变量值连线，形成的多边形就是雷达图. 雷达图不仅可以表示多变量之间的相关关系，还可以比较多个对象多组数据的结构是否相似.

例如，图 3-10 所示的雷达图直观地展现了我国初级产品，食品及主要供食用的活动物，非食用原料，轻纺产品、橡胶制品、矿冶产品及其制品，矿物燃料、润滑油及有关原料，化学品及有关产品等六种货物种类进出口额的情况.

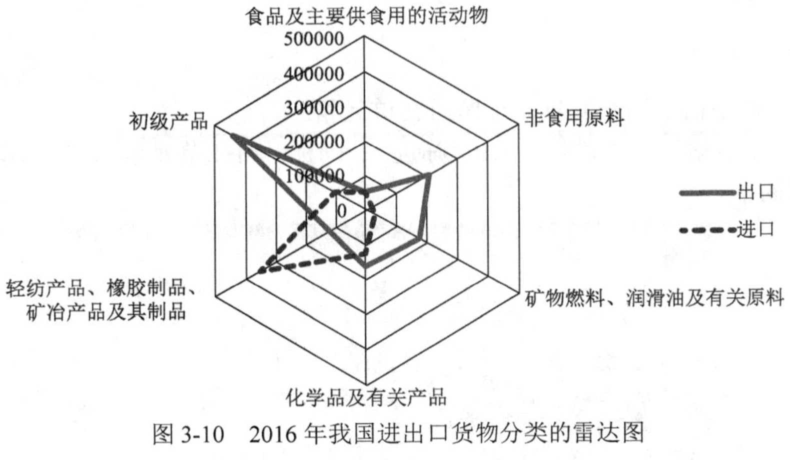

图 3-10　2016 年我国进出口货物分类的雷达图

根据图 3-10，可以看出六种货物的进口结构与出口结构差异较大. 初级产品出口总量最高，食品及主要供食用的活动物出口总量最低；轻纺产品、橡胶制品、矿冶产品及其制品进口总量最高.

3.4　Excel　操　作

3.4.1　数据预处理的 Excel 功能

对数据的预处理往往需要用到排序、筛选、数据透视表功能. 这三个功能均可以通过 Excel 软件自带的菜单选项实现.

1. 排序

若只对一个变量进行排序, 比如只按“薪资”排序, 则可选中“薪资”数据列中的任意一单元格, 然后单击“排序”边上“↓”(从高到低降序排序)和“↑”(从低到高升序排序)即可得图 3-11(a). 若需要同时对 2 个或 2 个以上变量排序, 则需要确定排序变量的先后顺序, 比如要对“性别”和“薪资”两个变量进行先后排序, 则需要单击“排序”图标, 在弹出的对话框中操作图如图 3-11(b)所示.

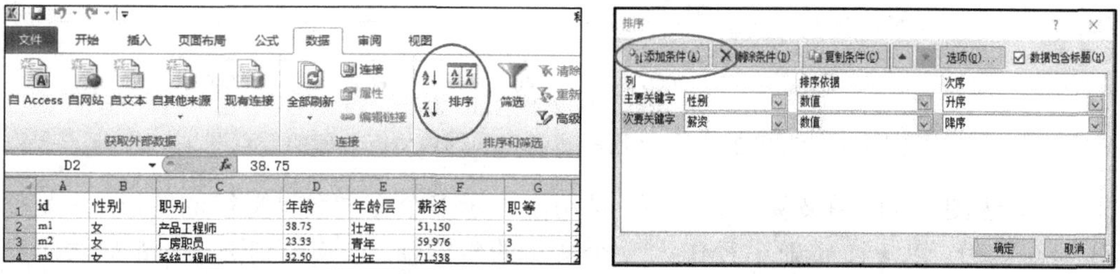

(a)　　(b)

图 3-11

第 1 步, 在“主要关键字”中选择“性别”, 按数值升序(或降序)排序.

第 2 步, 单击左上角的“添加条件”, 在出现的“次要关键字”中选择“薪资”, 按数值升序(降序)排序, 点击确定即可.

2. 筛选

第 1 步, 选中需要筛选变量的标题所在单元格.

第 2 步, “数据”选项卡中, 单击“筛选”, 则标题所在单元格的右方出现选择按钮, 如图 3-12 所示.

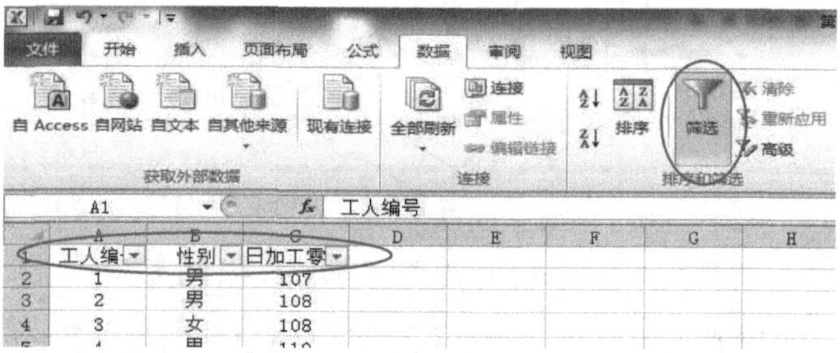

图 3-12

第 3 步, 根据需求选择需要保留的类别. 比如, 按性别筛选, 保留男性, 剔除女性,则在性别下拉菜单中，在“男”的复选框前面打勾，单击确定即可.

3. 数据透视表

数据透视表是 Excel 软件中非常实用的功能之一. 通过操作数据透视表，可以快速实现大批量数据的汇总、整理与计算工作，形成交互式表格. 数据透视表可以动态地改变其版面布置，以便按照不同方式分析数据，也可以重新安排行号、列标和字段. 每一次改变版面布置时，数据透视表会立即按照新的布置重新计算数据. 如果原始数据发生变化，则可以很方便地更新数据透视表. 本书仅介绍如何用数据透视表制作列联表，关于透视表的其他功能，请参考相关的计算机软件书籍.

下面以本章引例中的数据为例，介绍形成透视表操作步骤.

第 1 步，在 Excel “插入”选项卡中单击“数据透视表”，在弹出的数据透视表对话框中，选择相应的数据源(注意此时需要将数据源的标题一同选入)后，单击“确定”.

第 2 步，生成的数据透视表布局区域中，左侧单元格内为数据显示区域，右侧为操作区域. 在操作区域中，可根据需求任意拖动拟分析的变量名称到右下角相应方框内. 例如，将“职别”和“年龄层”拖入行标签，将“性别”拖入列标签，将“性别”拖入数值方框中，并将数值显示方式修改为“平均值”. 最终生成的数据透视表如图 3-13 所示.

	A	B	C	D	E
1	平均值项:薪资		性别		
2	职别	年龄层	男	女	总计
3	⊟产品工程师	青年	42300	43763	43470
4		中年		74775	74775
5		壮年		42338	42338
6	产品工程师 汇总		42300	49395	48750
7	⊟厂房职员	青年	52478	40075	43496
8		中年	73182	64020	66311
9		壮年	40908	36513	37410
10	厂房职员 汇总		51948	43012	45109
11	⊟系统工程师	青年	107157		107157
12		壮年	110000	71538	90769
13	系统工程师 汇总		107563	71538	103060
14	⊟研发工程师	青年	151357		151357
15	研发工程师 汇总		151357		151357
16	⊟制程工程师	青年	48360		48360
17		中年	79307		79307
18		壮年	49383		49383
19	制程工程师 汇总		58179		58179
20	总计		67821	44086	53646

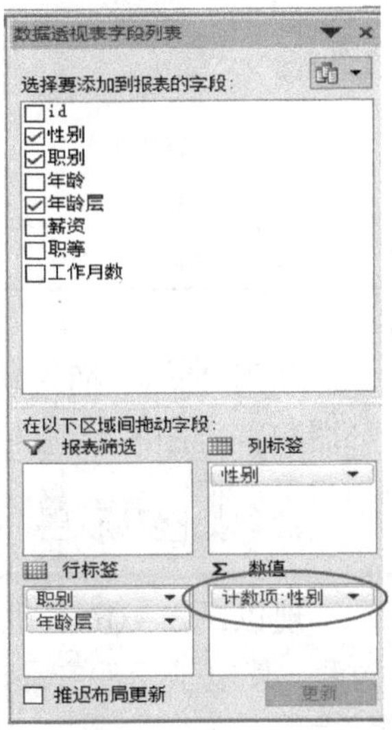

图 3-13

其中，更改数值显示的步骤为：单击“计数项：性别”右侧小三角箭头，选中“值字段设置”，在弹出的对话框中，选择需要显示的计算类型即可(图 3-14).

3.4.2　统计图

本章介绍的饼图、条形图、环形图、散点图、线图、雷达图等均可以通过 Excel 软件的图形工具实现，但茎叶图则借助 SPSS 软件操作实现，亦可以手工绘制. Excel 软件

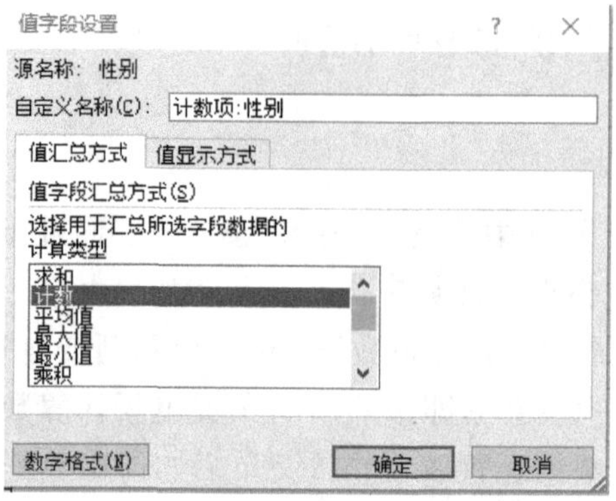

图 3-14

绘制图形的操作方法比较相似，在绘制图形前均须打开数据文件，根据选项和对话框点击操作即可．表 3-9 给出了 Excel 的绘图选项．

表 3-9

图形	绘图的基本选项
条形图	插入—图表—条形图/柱形图
饼图	插入—图表—饼图
环形图	插入—图表—圆环图
散点图	插入—图表—散点图
线图	插入—图表—折线图
雷达图	插入—图表—雷达图
箱线图	插入—图表—股价图
直方图	数据—数据分析—直方图

利用 Excel 插入功能绘制图表的方法简单易行，本书不再赘述．下面仅介绍对比条形图和直方图的绘制方法．

1．对比条形图

现以图 3-3(b)某电子元件产品满意度评价的对比条形图为例，介绍绘制的具体操作过程．某电子元件产品满意度评价的原始数据如表 3-10 所示．

表 3-10

	非常满意	满意	一般	不满意	非常不满意
男	2	18	34	25	6
女	7	30	28	12	8

第 1 步，选中拟绘图的表格内容(包含数据行列标题)，在菜单栏“插入”—“图表”—“条形图”中选择“簇状条形图”．系统自动生成的复式条形图如图 3-15 所示．

第 2 步，单击条形图中任意一系列，比如女性系列的条形，单击鼠标，选中“数据系列格式”．在对话框“系列选项”中“系列绘制在”改为“次坐标轴”．则条形图中女

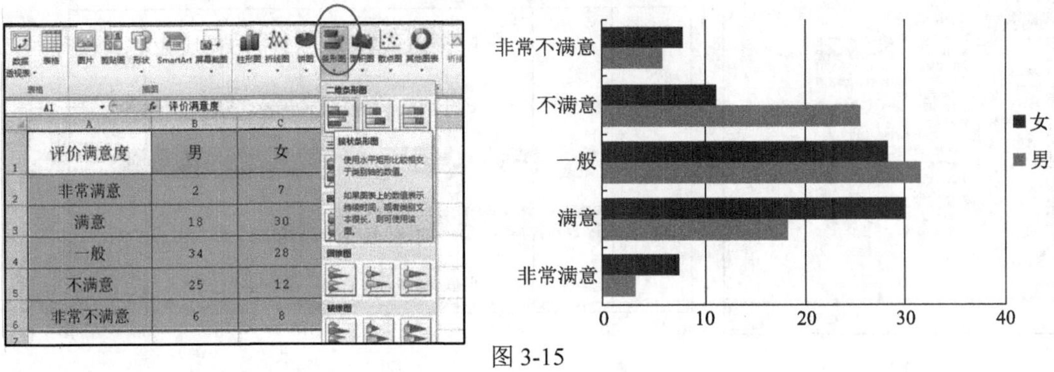

图 3-15

性系列对应的坐标轴调整为图形上方. 如图 3-16 所示.

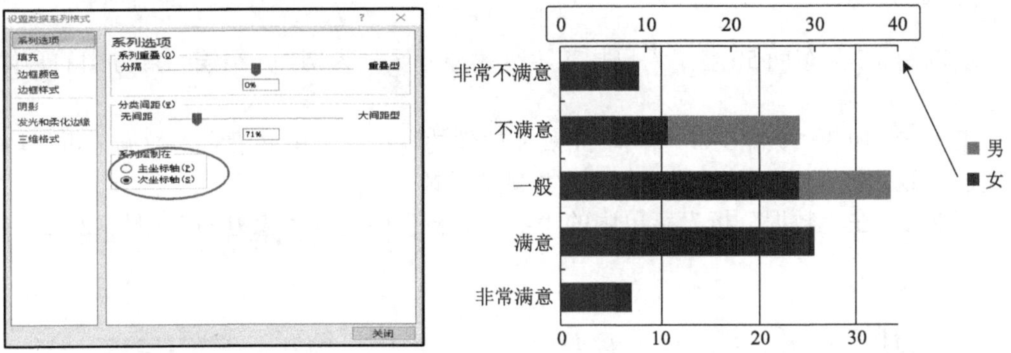

图 3-16

第 3 步, 右击“次数值轴”—“设置坐标轴格式”—“坐标轴选项”中进行如下设置: ①将“最小值”设置为“最大值”的负值(要求必须关于原点对称); ②勾选“逆序刻度值”; ③“坐标轴交叉”要求必须设置为“0”. 如图 3-17 所示.

图 3-17

第 4 步, 右击条形图下方“主数值轴”—“设置坐标轴格式”—“坐标轴选项”中进行如下设置: ①将“最小值”设置为“最大值”的负值(要求必须关于原点对称, 且与次坐标轴的最小值与最大值相同); ②将“坐标轴交叉”设置为“0”. 如图 3-18 所示.

第 5 步, 调整图形美观度(图 3-19).

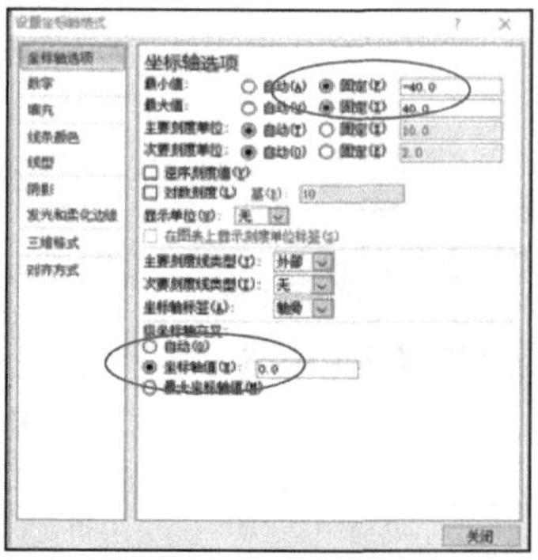

图 3-18

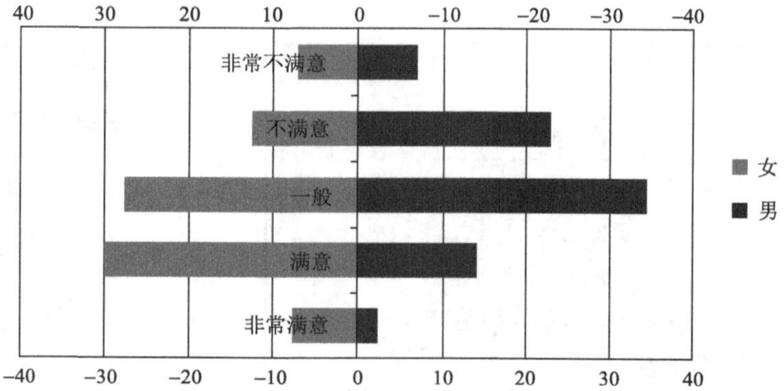

图 3-19

2. 直方图

现以例 3.3 某车间 50 名工人日加工零件的原始数据为例，介绍绘制直方图的具体操作过程.

第 1 步，加载“数据分析”模块. Excel 软件的默认安装中并没有“数据分析”功能，需通过加载才能显示. Excel 不同版本的加载方式略有差异.

第 2 步，在“数据分析”菜单中的“数据分析”中选择“直方图”(图 3-20).

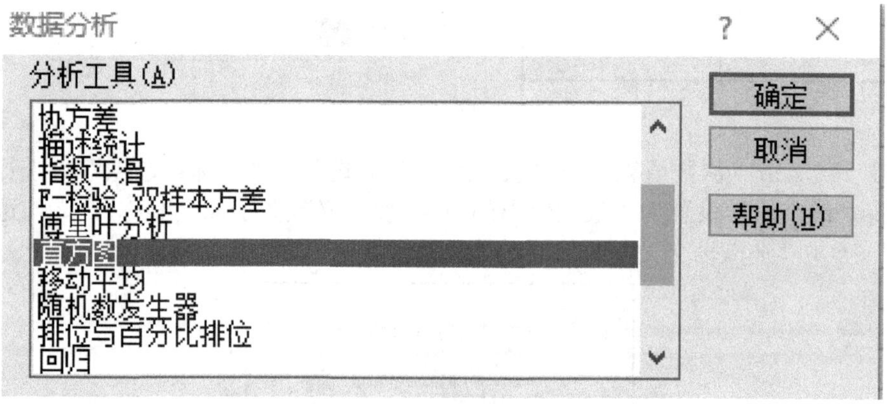

图 3-20

第3步，在弹出的直方图对话框中输入相关参数. 其中“输入区域”为数据源所在的单元格区域，本例中为日加工零件 B2: B51；“接收区域”为事先设置好的分组组限，即每组的上限值. 若为连续组距式分组，需要特别注意，Excel 里默认将上限值归在本组，而非执行“上限不在内”原则，为了解决这一问题，组限设置可采用比原始数据最小位数更低一位的方式，比如原始数据为成绩(89,63,77,…)最低位为个位，则设置 Excel 接收区域的组限可设置为59.9, 69.9, 79.9, 89.9，以此来表达实际分组60以下, 60~70, 70~80, 80~90, 90以上(图3-21).

第 4 步，选择图表输出，单击“确定”即可(图 3-22).

第5步，修正及美化图形. 将“接收”改为“日产量”；将接收下方的分组组限修改为分组区间表达方式；调整直方图的矩形. 最后结果如图3-23所示.

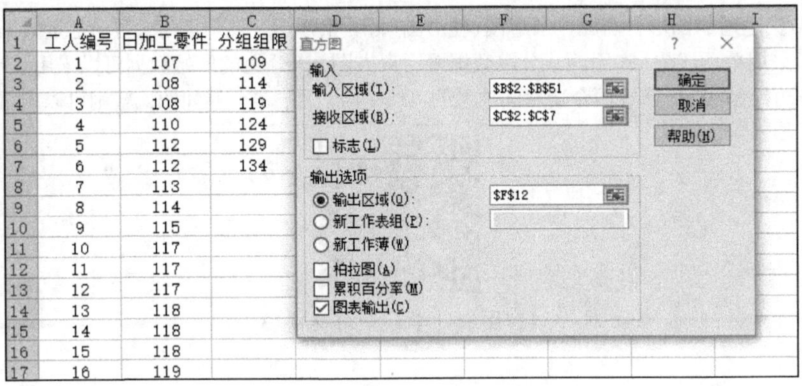

图 3-21

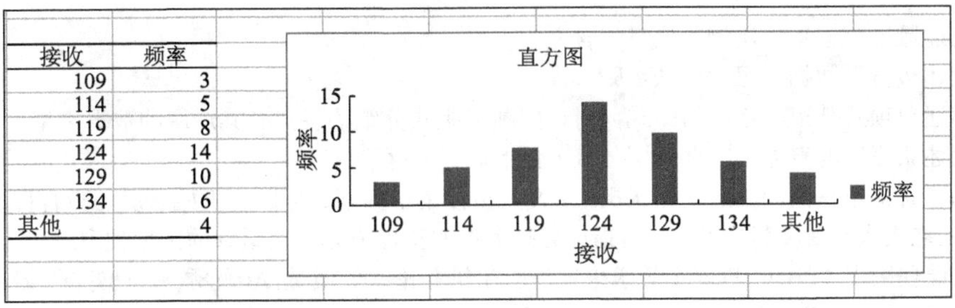

图 3-22

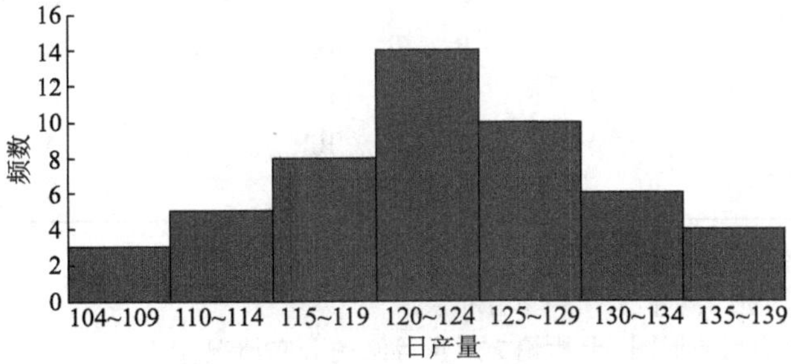

图 3-23

本 章 小 结

1. 数据审核可分为原始数据的审核与二手数据的审核. 原始数据审核包括完整性审核、准确性审核; 二手数据审核包括时效性审核、适用性审核.

2. 数据预处理包括对数据进行筛选、排序以及利用 Excel 中的数据透视表功能实现大批量数据的汇总与整理.

3. 统计分组遵循穷尽原则和互斥原则. 穷尽原则是让总体中的每一个单位都有组可归. 互斥原则是总体中的任何一个单位有且仅有一组可归.

4. 定性数据的整理主要是按原有的类别进行分类整理; 定量数据的整理可以按照某个特征指标为标准, 进行分组整理和计算. 分组根据变量值的性质与分组形式的不同, 可分为单项式分组和组距式分组. 连续型变量或者变量值较多的离散型变量, 适宜采用组距式分组.

5. 统计表一般由四部分构成: 表头、横行标题、纵栏标题、数据资料.

6. 定性数据适用的图形有饼图、条形图(柱形图)、帕累托图、环形图等; 对于定量数据, 小批量的离散型数据一般采用单项式分组, 组距式分组数据采用直方图. 未分组的原始数据可以采用茎叶图或箱线图. 时间序列数据可绘制线图. 研究两个变量间关系的可绘制散点图, 多变量间的比较则可以用雷达图体现.

《应用统计学》学习材料(3)

思考与练习

3.1 简述频数、频率、比例、比率的含义.

3.2 简述数值型数据分组的方法步骤.

3.3 简述单项式分组、连续组距式分组、间断组距式分组的特点及其适用的数据类型.

3.4 简述条形图与直方图、茎叶图与直方图的联系与区别.

3.5 为了解某市在岗职工的生活状况, 研究人员搜集了性别、年龄、婚姻状况、教育程度、月薪、负担赡养的老人人数等变量的数据. 请指出这些数据的整理方式以及适宜的图形类型.

3.6 某课程采用 A, B, C, D 四个等级来评价学生结业论文的质量, A=优秀, B=良好, C=及格, D=不及格. 随机抽取 50 名学生为样本, 结果如下表所示.

B	B	C	C	C	B	C	C	A	C
B	C	D	C	B	B	A	A	B	C
D	C	A	D	C	D	B	C	A	C
D	A	B	C	C	B	D	D	A	B
C	C	C	B	B	B	C	B	A	C

(1) 指出上面数据的类型.

(2) 用 Excel 制作一张频率和累积频率分布表.

(3) 根据以上数据绘制条形图, 分析论文质量等级的分布情况.

(4) 绘制论文质量等级的帕累托图.

3.7 下表列出了 30 名中学生每日用手机上网的时长(单位: 小时).

0.5	0.5	0.6	0.8	1.1	1.2	1.4	1.4	1.5	1.5
1.9	2	2.3	2.5	2.6	2.6	2.6	2.7	2.8	2.8
2.8	2.9	3	3.5	3.5	3.8	4.5	4.6	5.5	5.8

(1) 根据以上数据绘制茎叶图, 并描述上网时长的分布状况.

(2) 对数据进行适当分组, 制作分组数据频率分布表和累积频率分布表.

(3) 绘制直方图, 并与第(1)题中的茎叶图做比较.

3.8 一家外贸企业的年度出口情况如下表所示, 请你用一张适当的图或表来概述这些信息.

国家	年出口额/万元
韩国	960
日本	1500
美国	1016

续表

国家	年出口额/万元
越南	540
新加坡	660
合计	4676

3.9 下表为我国 2002~2014 年能源加工转换总效率(%)和能源生产弹性系数数据.

年份	2002	2003	2004	2005	2006	2007	2008	2009	2010	2011	2012	2013	2014
能源加工转换总效率/%	69	69.4	70.6	71.1	70.9	71.2	71.5	72.4	72.5	72.2	72.7	73	73.5
能源生产弹性系数	0.66	1.41	1.54	0.98	0.54	0.56	0.52	0.33	0.86	0.95	0.4	0.28	0.12

(1) 绘制散点图, 分析能源加工转换总效率与能源生产弹性系数间的相关关系.

(2) 绘制一张线图, 分析能源加工转换总效率与能源生产弹性系数的变化发展趋势.

3.10 下表为某连锁服装店 35 天的销售数据(单位: 件).

265	270	255	231	247	240	233	210	205	199	195	194
182	181	175	174	169	165	165	163	158	155	143	142
118	118	200	185	175	193	189	183	136	127	126	

(1) 根据以上数据进行适当的分组, 编制频率分布表, 并绘制频率直方图.

(2) 指出频率直方图中, 矩形的高、宽、面积分别代表的含义.

3.11 甲乙两车间各随机抽取了 100 件产品, 检验得到产品质量的分布如下表所示.

产品质量	甲厂	乙厂
一等品	65	52
二等品	17	31
三等品	12	14
次品	6	3

(1) 根据上面数据, 绘制甲乙两厂产品质量的对比条形图和环形图.

(2) 比较甲乙两厂产品质量分布特点.

3.12 下表为我国 2016 年和 1997 年按资金来源分的社会固定资产投资额.

项目	2016 年		1997 年	
	金额/亿元	占比/%	金额/亿元	占比/%
国家预算内资金	36211.67	5.87	696.74	2.76
国内贷款	67200.3	10.89	4782.55	18.93
利用外资	2270.34	0.37	2683.89	10.63
自筹资金	413828.6	67.08	12556.1	49.71
其他资金	97422.59	15.79	4540.4	17.97
全社会固定资产本年资金来源(合计)	616933.5	100	25259.68	100

(1) 根据上表数据, 绘制 2016 年全社会固定资产资金来源情况的饼图.

(2) 根据比例数据, 绘制一张雷达图, 分析 2016 年与 1997 年全社会固定资产资金来源结构的相似程度.

第 4 章　数据分布特征的度量

透过统计指标看经济发展

2017 年 7 月 6 日国家统计局发布公告:“2016 年我国居民收入增速快于经济增速, 全国居民人均可支配收入 23821 元, 比 2012 年增长 44.3%. 扣除价格因素, 实际增长 33.3%, 年均实际增长 7.4%, 高于同期 GDP 年均增速 0.2 个百分点, 并且高于同期人均 GDP 年均增速 0.8 个百分点.”

本次发布的公告还提到,“2016 年全国居民人均消费支出 17111 元, 比 2012 年增长 33.1%, 年均增长 7.4%. 分城乡看, 城镇居民人均消费支出 23079 元, 比 2012 年增长 26.2%, 年均增长 6.0%; 农村居民人均消费支出 10130 元, 比 2012 年增长 43.4%, 年均增长 9.4%”.

从以上资料我们可以看到, 统计指标是描述社会经济发展状态的核心元素. 报道中的一系列描述总体的指标性数据, 都是由大量的统计调查数据经过系统的加工整理, 应用统计分析方法计算得到的. 为了准确把握数据分布的特征, 我们不能局限于简单的图表显示, 还要进一步研究如何定量测度数据分布的各种指标及相关的特征值.

数据来源: 国家统计局《居民收入持续较快增长, 人民生活质量不断提高——党的十八大以来经济社会发展成就系列之七》2017 年 7 月 6 日报道.

数据分布特征的度量主要从以下三个方面来进行: 一是数据分布集中趋势的度量, 即度量各数据向其一般水平值或中心值聚集或靠拢的趋势; 二是数据分布离散程度的度量, 即度量各数据远离其中心值的程度; 三是数据分布几何形状的度量, 即度量数据分布的偏斜程度和陡峭(扁平)程度.

4.1　集中趋势的度量

集中趋势(central tendency)是指一组数据向其中心值靠拢的程度, 它反映了一组数据中心点的位置所在. 描述数据分布的集中趋势, 就是要寻找数据一般水平的代表值或中心值. 度量一组数据集中趋势的主要指标有众数、中位数和分位数、平均数. 这三个指标适应于不同类别的数据.

4.1.1　众数

众数(mode)是一组数据中出现次数最多的变量值, 用 M_0 表示, 一般适用于数据量较大的情况.

例 4-1　某公司随机抽取了 25 名职工，得到其岗位的频数分布表如表 4-1 所示.

表 4-1　某公司 25 位职工岗位的频数分布表

职工岗位	人数
会计员	3
接线员	5
销售员	10
售后服务员	6
主管	1
总计	25

解　这里的变量为“职工岗位”，属于分类变量，其变量值为分类数据(各具体岗位). 在调查的 25 位职工中，销售员的频数最高(为 10 人)，因此众数 M_0=销售员.

例 4-2　根据 2015 年我国 31 个省(区、市)城镇和农村居民人均可支配收入，计算我国城镇居民人均可支配收入的众数.

表 4-2　2015 年我国 31 个省(区、市)城镇和农村居民人均可支配收入[①]　(单位：万元)

省(区、市)	城镇居民	农村居民	省(区、市)	城镇居民	农村居民
北京	5.3	2.1	湖北	2.7	1.2
天津	3.4	1.8	湖南	2.9	1.1
河北	2.6	1.1	广东	3.5	1.3
山西	2.6	0.95	广西	2.6	0.95
内蒙古	3.1	1.1	海南	2.6	1.1
辽宁	3.1	1.2	重庆	2.7	1.1
吉林	2.5	1.1	四川	2.6	1.0
黑龙江	2.4	1.1	贵州	2.5	0.74
上海	5.3	2.6	云南	2.6	0.82
江苏	3.7	1.6	西藏	2.5	0.82
浙江	4.4	2.1	陕西	2.6	0.87
安徽	2.7	1.1	甘肃	2.4	0.69
福建	3.3	1.4	青海	2.5	0.79
江西	2.7	1.1	宁夏	2.5	0.91
山东	3.2	1.3	新疆	2.6	0.94
河南	2.6	1.1			

解　这里的变量为“城镇居民人均可支配收入”，属于数值型变量，其变量值为具体的收入数值. 在 31 个省(区、市)中，城镇居民人均可支配收入在 2.6 万元的省(区、市)最多

① 数据来源：《中国统计年鉴(2016 年)》表 6-23、表 6-29.

(共 9 个), 因此众数 M_0=2.6(万元).

众数具有如下特点:

(1) 众数是一组数据分布的最高点所对应的变量值, 不受数据中极端值的影响.

(2) 众数具有不唯一性, 即如果数据存在两个或多个最高点, 则该组数据有两个或多个众数.

(3) 众数作为衡量集中趋势的代表值, 主要用于分类数据, 也可用于顺序数据和数值型数据.

Excel 中计算一组数据众数的统计函数是“MODE”.

4.1.2　中位数和分位数

1. 中位数

中位数(median)是一组数据排序后处于最中间位置上的变量值, 用 M_e 表示. 如果数据量 n 是奇数, 那么中位数是第 $(n+1)/2$ 个变量值; 如果 n 是偶数, 那么中位数取第 $n/2$ 个与第 $n/2+1$ 个变量值的平均数.

例 4-3　根据例 4-2 的数据, 计算“城镇居民人均可支配收入”的中位数.

解　将数据从小到大排序:

2.4　2.4　2.5　2.5　2.5　2.5　2.5　2.6　2.6　2.6　2.6　2.6　2.6　2.6　2.6　2.6
2.7　2.7　2.7　2.7　2.9　3.1　3.1　3.2　3.3　3.4　3.5　3.7　4.4　5.3　5.3

样本数据量 $n=31$ 为奇数, 其中位数应取从小到大排序后的第 16 位所对应的变量值, 因此中位数 $M_e=2.6$(万元).

2. 分位数

分位数(fractile)是将全部数据按从小到大的顺序排列后, 处于各等分位置的变量值, 包括中位数、四分位数(quartile)、十分位数(decile)、百分位数(percentile)等.

四分位数也称四分位点, 它是一组数据排序后处于1/4位置上的变量值(称为下四分位数, 记为 Q_L)和处于 3/4 位置上的变量值(称为上四分位数, 记为 Q_U). 下四分位数、中位数、上四分位数将数据等分为 4 部分, 每部分包含 25% 的数据. 如果计算得到的位置为整数, 四分位数就是该位置对应的变量值; 如果不是整数, 则四分位数等于该位置的下侧值加上按比例分摊位置两侧数值的差值. 四分位数位置[①]的确定如下:

$$\text{下四分位数 } Q_L \text{ 的位置}=\frac{n}{4};\quad \text{上四分位数 } Q_U \text{ 的位置}=\frac{3n}{4}$$

十分位数和百分位数, 分别指处于十等分和百等分位置上的数, 其计算方法与四分位数相类似. 本书从略.

① 确定四分位数位置的方法有多种，本书介绍的方法与 Excel 计算四分位数的方法略有差异，详见本章 Excel 操作部分.

例 4-4　根据例 4-2 的数据，计算“城镇居民人均可支配收入”的四分位数.

解　按例 4-3 的排序，下四分位数 Q_L 的位置$=\frac{n}{4}=7.75$，即在第 7 个变量值和第 8 个变量值之间 0.75 的位置上，因此 $Q_L=2.5+(2.6-2.5)\times 0.75=2.575$；上四分位数 Q_U 的位置$=\frac{3n}{4}=23.25$，即在第 23 个变量值和第 24 个变量值之间 0.25 的位置上，因此 $Q_U=3.1+(3.2-3.1)\times 0.25=3.125$. 由此可知，大约有一半省(区、市)的城镇居民可支配收入在 2.575 和 3.125 之间.

中位数与分位数具有如下特点:

(1) 中位数(分位数)是一个位置代表值，不受数据中极端值的影响.

(2) 中位数(分位数)作为衡量集中趋势的代表值，主要用于顺序数据，也可用于数值型数据，但不能用于分类数据.

Excel 中计算一组数据中位数的统计函数是“MEDIAN”，计算各分位数(最小值，Q_L，$\bar{x}$，Q_U 以及最大值)的统计函数是“QUARTILE”.

4.1.3　平均数

平均数(mean)也称为平均值或均值，是一组数值型数据一般水平的代表值. 根据数据资料的不同，可进一步分为算术平均数、几何平均数、调和平均数①等.

1. 算术平均数

根据所掌握的资料不同，算术平均数可分为简单算术平均数和加权算术平均数两种. 简单算术平均数适用于未经分组的原始数据资料，加权算术平均数适用于已分组的数据资料.

1) 简单算术平均数

计算公式为

$$\bar{x}=\frac{1}{n}(x_1+x_2+\cdots+x_n)=\frac{1}{n}\sum_{i=1}^{n}x_i \tag{4-1}$$

式中，n 表示样本容量，x_i 表示各变量值.

例 4-5　根据例题 4-2 的数据，计算全国城镇居民人均可支配收入.

解　全国城镇居民人均可支配收入为 $\bar{x}=\frac{5.3+3.4+\cdots+2.6}{31}=2.99$ (万元).

Excel 中计算未分组数据算术平均数的统计函数是“AVERAGE”.

2) 加权算术平均数

根据分组形式的不同，加权算术平均数(weighted mean)有单项式分组和组距式分

---

① 本书不介绍调和平均数，有兴趣的读者可参考统计学相关书籍.

组数据两种加权方式.

（i）单项式分组的情形

$$\bar{x}=\frac{1}{n}\sum_{i=1}^{k}x_i n_i=\sum_{i=1}^{k}x_i\frac{n_i}{n}. \tag{4-2}$$

式中, k 表示分组的项数; x_i 表示第 i 项的水平(该项的变量值); n_i 表示第 i 项出现的频数, 也称为权数; n 表示样本数据总数 $n=\sum_{i=1}^{m}n_i$.

（ii）组距式分组的情形

$$\bar{x}=\frac{M_1n_1+M_2n_2+\cdots+M_kn_k}{n_1+n_2+\cdots+n_k}=\frac{1}{n}\sum_{i=1}^{k}M_in_i \tag{4-3}$$

式中, k 表示分组的组数; M_i 表示分组数据第 i 组的组中值; n_i 表示第 i 组数据出现的频数, 即权数.

在分组数据计算平均数或综合水平的过程中, 权数对各个数据起着权衡轻重的作用. 它可以是绝对数形式(比如公式(4-2)和(4-3)中的次数或频数 n_i), 也可以是相对数形式$\left(比如比重或频率 f_i=n_i\middle/\sum n_i\right)$. 以分组数据的加权算术平均数计算公式为例, 可将公式(4-2)和(4-3)分别转换成

$$\bar{x}=\frac{1}{n}\sum_{i=1}^{k}x_in_i=\sum_{i=1}^{k}x_i\frac{n_i}{n}=\sum_{i=1}^{k}x_if_i \tag{4-4}$$

$$\bar{x}=\frac{1}{n}\sum_{i=1}^{k}M_in_i=\sum_{i=1}^{k}M_i\frac{n_i}{n}=\sum_{i=1}^{k}M_if_i \tag{4-5}$$

式中, f_i 为分组数据中每个组出现的频率.

例 4-6 根据 2015 年我国 31 个省(区、市)城镇居民人均可支配收入(单位: 万元)分组资料, 计算全国城镇居民人均可支配收入.

表 4-3 2015 年我国 31 个省(区、市)城镇居民人均可支配收入

按收入分组/万元	组中值 M_i	频数 n_i	M_in_i
2.4~2.6	2.5	7	17.5
2.6~2.8	2.7	13	35.1
2.8~3.0	2.9	1	2.9
3.0~3.2	3.1	2	6.2
3.2~3.4	3.3	2	6.6
3.4~3.6	3.5	2	7
3.6 以上	3.7	4	14.8
合计	—	31	90.1

$$\overline{x}=\frac{17.5+35.1+\cdots+14.8}{7+13+\cdots+4}=\frac{90.1}{31}=2.91\text{（万元）}$$

由例 4-5 与例 4-6 计算出来的全国城镇居民人均可支配收入值不同，可以发现在采用组距式分组数计算平均数的过程中，使用了各组的组中值来代表各组的实际数据. 当各组组内数据分布不均匀或不对称时，则会出现一定的偏差.

算术平均数具有如下特点:

(1) 极易受极端值影响. 平均数是一个水平代表值，它是将所有的数据都纳入计算，因此极易受数据中极端值的影响. 比如一组数据 5, 6, 7, 8, 9 其平均数为 7. 若将该组数据中的极小值 5 改为 1，则平均数下降为 6.2.

(2) 平均数作为衡量集中趋势的代表值，只能用于数值型数据，不能用于分类数据和顺序数据.

算术平均数具有如下的数学性质.

性质 1 算术平均数与变量值个数的乘积等于各个变量值的总和，即 $n\overline{x}=\sum_{i=1}^{n}x_i$.

性质 2 各变量值与算术平均数的离差的总和等于零，即 $\sum_{i=1}^{n}(x_i-\overline{x})=0$.

性质 3 各变量值与算术平均数的离差平方的总和为最小，即 $\sum_{i=1}^{n}(x_i-\overline{x})^2=\min$.

下面给出性质 3 的简要证明.

证 设有任意实数 c，且 $c\neq\overline{x}$，则有

$$\begin{aligned}\sum(x_i-c)^2&=\sum\left[(x_i-\overline{x})+(\overline{x}-c)\right]^2\\&=\sum\left[(x_i-\overline{x})^2+2(x_i-\overline{x})(\overline{x}-c)+(\overline{x}-c)^2\right]\\&=\sum(x_i-\overline{x})^2+2(\overline{x}-c)\cdot\sum(x_i-\overline{x})+\sum(\overline{x}-c)^2\end{aligned}$$

因为

$$\sum(x_i-\overline{x})=0 \quad \text{且} \quad \sum(\overline{x}-c)^2>0$$

所以 $\sum(x_i-c)^2>\sum(x_i-\overline{x})^2$，结论得证.

性质 1 与性质 2 说明，用算术平均数代表个别变量值时，确实存在误差，但用其代表一组数据的一般水平时，并不存在系统误差. 性质 3 说明了在所有可能衡量总体一般水平的代表值中，算术平均数与各变量值的离差平方和是最小的. 由此可见，算术平均数是一组数据一般水平的最优代表值.

2. 几何平均数

例 4-7 设某风险投资者以本金 G_0 长期投资某个项目，连续四年的收益率分别为 r_1, r_2, r_3, r_4，用 $\overline{r}$ 表示这四年的平均收益率，则有

$$G_0(1+\bar{r})^4 = G_0(1+r_1)(1+r_2)(1+r_3)(1+r_4)$$

解得平均收益率

$$\bar{r} = \sqrt[4]{(1+r_1)(1+r_2)(1+r_3)(1+r_4)} - 1$$

我们将数值 $\sqrt[4]{(1+r_1)(1+r_2)(1+r_3)(1+r_4)}$ 称为 $(1+r_1)$，$(1+r_2)$，$(1+r_3)$，$(1+r_4)$ 的几何平均数.

一般地，定义 n 个正数 $x_1, x_2, x_3, \cdots, x_n$ 连乘积的 n 次方根为 $x_1, x_2, x_3, \cdots, x_n$ 的几何平均数(geometric mean)，记为 G. 其公式为

$$G = \sqrt[n]{x_1 \times x_2 \times \cdots \times x_n} = \sqrt[n]{\prod_{i=1}^{n} x_i} \tag{4-6}$$

几何平均数适用于比率形式的数据，且各个变量值之间存在时间上相互衔接的关系. 它主要用于计算平均比率(比如平均增长率、平均收益率等).

Excel 中计算一组数据几何平均数的统计函数是“GOEMEAN”.

例 4-8 一位投资者持有一种股票，连续 3 年的收益率分别为 5%, 26%, 12%. 计算该投资者在这 3 年内的平均收益率.

解 设平均收益率为 G, 则有

$$G = \sqrt[3]{\prod_{i=1}^{3} x_i} - 1 = \sqrt[3]{105\% \times 126\% \times 112\%} - 1 = 14\%$$

即该投资者的投资年平均收益率为 14%.

4.1.4 众数、中位数和平均数的关系

众数、中位数和平均数其确定方法各有不同，但作为反映数据一般水平的平均指标，这三者彼此间存在着一定的数量关系. ①

(1) 在对称分布的条件下，众数、中位数和平均数相等，即 $\bar{x} = M_e = M_o$，见图 4-1(a).

(2) 在数据非对称分布的情况下，众数、中位数和平均数三者的差别取决于数据分布偏斜的程度，偏斜的程度越大，它们之间的差别越大. 其大小关系可能出现各种不同组合. 统计学家皮尔逊(K. Pearson)总结了如下的经验规则(即皮尔逊规则)：在钟形分布且只存在适度或轻微偏斜的情形下，中位数一般介于众数与算术平均数之间；并且中位数与算术平均数的距离，大约只是中位数与众数距离的一半.

一般情况下，当数据呈左偏(负偏)分布时，说明数据存在极端小的数值，影响平均

① 本书仅考虑存在明显集中趋势的钟形分布，因为在这种情形下，平均数、中位数、众数三者均可测定且具有实际分析意义.

数向左侧偏移，而中位数和众数则不受极端值影响，因此三者之间的关系则表现为：$\bar{x} < M_e < M_o$，见图 4-1(b)．同样的道理，当数据呈右偏(正偏)分布时，说明数据存在极端大的数值，影响平均数向右侧偏移，三者之间的关系则表现为：$M_o < M_e < \bar{x}$，见图 4-1(c)．

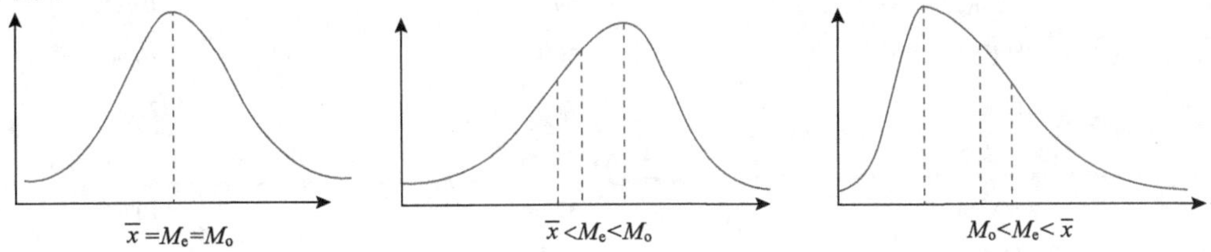

(a) 对称分布　(b) 左偏分布　(c) 右偏分布

图 4-1

从平均数、中位数、众数三者的代表性上看，在单峰情况下，当数据呈对称分布或接近对称分布时，平均数、中位数、众数相等或接近相等，这时应选择平均数作为集中趋势的代表值．而在偏态数据中，平均数由于极易受极端值的干扰，其代表性较差，若数据偏斜程度较大，可考虑选择中位数或众数，这时它们的代表性要比平均数好．

需要指出，当一组数据容量较大，形成轻微偏斜的钟形分布，并且在分布曲线相对光滑的情形下，才会近似呈现出关系：$\bar{x} < M_e < M_o$ 或 $M_o < M_e < \bar{x}$．对于不符合上述要求的数据组，其中位数未必居中．例如，1, 2, 3, 40, 40 这 5 个数的平均数、中位数、众数三者之间的关系是 $M_e < \bar{x} < M_o$．

4.2　离散程度的度量

离散程度反映的是各变量值远离其中心值的程度．数据分布越分散，集中趋势的测度值对该组数据的代表性就越差．根据适用范围不同，数据离散程度的测度值主要有异众比率、四分位差、方差和标准差，以及相对离散程度的变异系数等．

4.2.1　异众比率

异众比率(variation ratio)是指非众数组的频数占总频数的比例，用 V_r 表示．其计算公式为

$$V_r = \frac{\sum n_i - n_m}{\sum n_i} = 1 - \frac{n_m}{\sum n_i} \tag{4-7}$$

式中，$\sum n_i$ 为变量值的总频数；n_m 为众数组的频数．

异众比率主要用于衡量众数对一组数据的代表程度．异众比率越大，说明众数的频数占比越小，众数的代表性越差；异众比率越小，说明众数的频数占比越大，众数的代表性越好．异众比率主要适用于度量分类数据的离散程度，也可以用于顺序数据和数值型数据．

例 4-9　某就业服务平台为了解大学生择业的首要考虑因素，随机调查了 300 位应

届毕业生, 得到结果如表 4-4 所示.

表 4-4

首要因素	频数	频率/%
工作稳定性	59	19.67
发展机会	30	10.00
工作地点	71	23.67
薪酬待遇	82	27.33
专业对口	32	10.67
其他	26	8.66
合计	300	100.00

解 根据调查结果易知, 众数 M_o=薪酬待遇, 其频数 $n_m=82$, 从而异众比率

$$V_r=\frac{\sum n_i-n_m}{\sum n_i}=1-\frac{n_m}{\sum n_i}=1-\frac{82}{300}=72.67\%$$

即在 300 位应届毕业生中, 首要因素不是"薪酬待遇"的约占 72.67%, 异众比率较大. 因此在该组数据中, 如果采用"薪酬待遇"代表大学生择业的首要考虑因素, 其代表性并不高.

4.2.2 四分位差与箱线图

1. 四分位差

四分位差(quartile deviation)也称为内距或四分间距, 是上四分位数与下四分位数之差, 用 Q_d 表示,

$$Q_d=Q_U-Q_L$$

四分位差不受极端值的影响, 反映了中间 50% 数据的离散程度. 四分位差越大, 表明中间 50%的数据越分散, 整组数据的离散程度相对越大; 四分位差越小, 表明中间 50%的数据越集中, 整组数据的离散程度相对越小. 四分位差也可用于衡量中位数的代表性, 主要用于测度顺序数据的离散程度, 也适用于数值型数据, 但不适用于分类数据.

例 4-10 根据例 4-2 的数据, 计算城镇居民人均可支配收入的四分位差.

解 根据例题 4-4 的计算结果可知, $Q_L=2.575$, $Q_U=3.125$, 则四分位差为

$$Q_d=Q_U-Q_L=3.125-2.575=0.55\text{ (万元)}$$

2. 箱线图

箱线图又称为盒须图, 是用来反映一组原始数据分布状况的统计图. 它还可以用来做多组数据分布特征的比较. 其绘制依托于 5 个统计量: 最小值、最大值、中位数、下四分位

数、上四分位数. 其绘制方法为: 求出这 5 个统计量值, 连接上四分位数和下四分位数画出箱体, 标出中位数, 再将最大值和最小值与箱体相连. 箱线图的形式如图 4-2 所示.

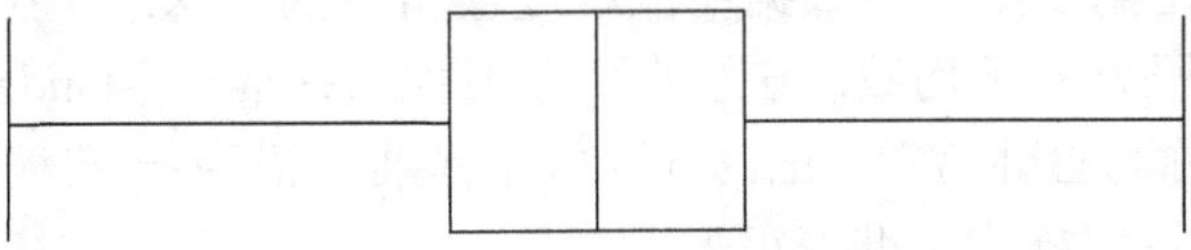

图 4-2　箱线图

通过箱线图(图 4-3), 可以直观地观察数据组中间 50% 数据(箱体的长度, 即上、下四分位差值)的集中或分散情况, 箱体越长, 说明数据越分散. 此外, 还可以通过观察中位数所在的位置判断数据分布的偏斜情况.

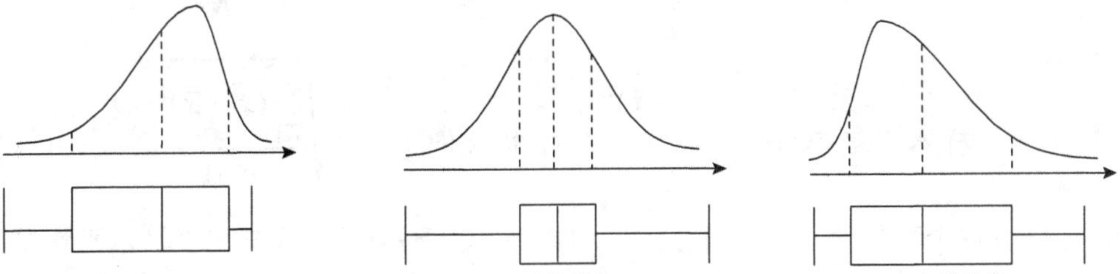

图 4-3　不同分布下对应的箱线图

在多个同类现象比较时, 可以将不同对象的数据用箱线图并列起来, 进行数据分布特征的比较.

例 4-11　某工厂 5 个车间各 60 名工人日产量分布箱线图如图 4-4 所示.

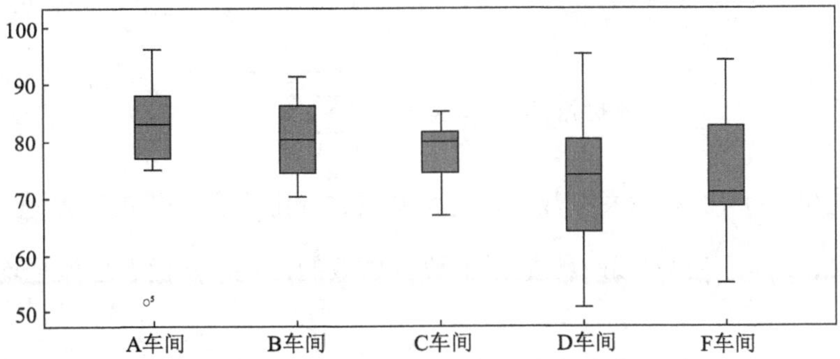

图 4-4　5 个车间工人日产量箱线图

从日产量一般水平上, 可以看出五个车间中, A 车间中位数最高, 其工人的日产量平均水平高于其他车间; 从日产量分布的分散程度来看, D 车间箱体长度最长, 数据最分散, 其工人的日产量差异较大; 从分布的对称上看, B 车间中位数居中, 近似对称分布, C 车间呈明显的左偏(负偏)分布, F 车间则呈明显的右偏(正偏)分布. 另外, A 车间存在一个离群点, 在图中体现为“○5”①, 是该车间日产量的最低值.

① 在箱线图的绘制中, 一般用“○”表示离群点, 用于标注超过四分位差 1.5 倍的个案.

4.2.3 方差与标准差

方差和标准差是测度数值型数据离散程度最常用的方法. 方差(variance)是各变量值与其平均数离差平方的平均数. 方差的平方根称为标准差(standard deviation). 根据总体数据计算的, 称为总体方差, 记为σ^2(总体标准差记为σ); 根据样本数据计算的, 称为样本方差, 记为s^2(样本标准差记为s).

1. 未分组数据的情形

$$总体方差\quad \sigma^2=\frac{\sum_{i=1}^{N}(x_i-\mu)^2}{N},\quad 总体标准差\quad \sigma=\sqrt{\frac{\sum_{i=1}^{N}(x_i-\mu)^2}{N}} \tag{4-8}$$

$$样本方差\quad s^2=\frac{\sum_{i=1}^{n}(x_i-\bar{x})^2}{n-1},\quad 样本标准差\quad s=\sqrt{\frac{\sum_{i=1}^{n}(x_i-\bar{x})^2}{n-1}} \tag{4-9}$$

式中, x_i代表各个变量值, μ代表总体平均数, N代表总体个数, $\bar{x}$代表样本平均数, n代表样本容量.

2. 已分组数据的情形

(1) 单项式分组的情形

$$总体方差\quad \sigma^2=\frac{1}{N}\sum_{i=1}^{k}(x_i-\mu)^2N_i=\sum_{i=1}^{k}(x_i-\mu)^2\frac{N_i}{N}=\sum_{i=1}^{k}(x_i-\mu)^2\pi_i \tag{4-10}$$

$$总体标准差\quad \sigma=\sqrt{\sigma^2}=\sqrt{\sum_{i=1}^{k}(x_i-\mu)^2\pi_i} \tag{4-11}$$

式(4-10)和式(4-11)中, k代表组数, x_i代表单项式分组中第i组的变量值, N_i代表第i组数据的个数, $\pi_i=\frac{N_i}{N}$代表第i组数据个数占总数的比例, μ代表总体平均数.

$$样本方差\quad s^2=\frac{1}{n-1}\sum_{i=1}^{k}(x_i-\bar{x})^2n_i \tag{4-12}$$

$$样本标准差\quad s=\sqrt{s^2}=\sqrt{\frac{1}{n-1}\sum_{i=1}^{k}(x_i-\bar{x})^2n_i} \tag{4-13}$$

式(4-12)和式(4-13)中, k代表组数, x_i代表单项式分组中第i组变量值, n_i代表第i组数据出现的频数, n代表样本容量. 样本方差是用样本数据个数减1后去除离差平方和, $n-1$

称为自由度[①].

Excel 中计算未分组数据的方差、标准差的统计函数分别是“VAR”、“STDEV”.

(2) 组距式分组的情形

$$\text{总体方差}\ \sigma^2=\frac{1}{N}\sum_{i=1}^{k}(M_i-\mu)^2N_i=\sum_{i=1}^{k}(M_i-\mu)^2\frac{N_i}{N}=\sum_{i=1}^{k}(M_i-\mu)^2\pi_i \tag{4-14}$$

$$\text{总体标准差}\quad \sigma=\sqrt{\sigma^2}=\sqrt{\sum_{i=1}^{k}(M_i-\mu)^2\pi_i} \tag{4-15}$$

式 (4-14) 和式 (4-15) 中, k 代表组数, M_i 代表分组第 i 组数据的组中值, N_i 代表第 i 组数据的个数, $\pi_i=N_i/N$ 代表第 i 组数据个数占总体数据 N 的比例.

$$\text{样本方差}\quad s^2=\frac{1}{n-1}\sum_{i=1}^{k}(M_i-\bar{x})^2n_i \tag{4-16}$$

$$\text{样本标准差}\quad s=\sqrt{\frac{1}{n-1}\sum_{i=1}^{k}(M_i-\bar{x})^2n_i} \tag{4-17}$$

式 (4-16) 和式 (4-17) 中, k 代表组数, M_i 代表分组第 i 组数据的组中值, n_i 代表第 i 组数据出现的频数.

例 4-12　根据表 4-5 的样本数据, 分别计算东北三省 (黑龙江、吉林、辽宁) 城镇居民人均可支配收入的方差和标准差.

表 4-5　东北三省城镇居民人均可支配收入情况　　(单位: 万元)

省份	城镇居民人均可支配收入 x_i	$(x_i-\bar{x})^2$
辽宁	3.1	0.1849
吉林	2.5	0.0289
黑龙江	2.4	0.0729
合计	—	0.2867

解　可求得 $\bar{x}=2.67$ (万元), 根据公式 (4-9) 可得样本方差和标准差为

$$s^2=\frac{\sum_{i=1}^{3}(x_i-\bar{x})^2}{n-1}=\frac{0.2867}{2}=0.143$$

$$s=\sqrt{s^2}=\sqrt{0.143}=0.378\ (\text{万元})$$

可得该三个省份的城镇人均可支配收入与三省平均数相比, 平均相差 0.378 万元.

由于标准差具有量纲, 它与变量值的计量单位相同, 其实际含义要比方差清楚. 在实际问题的分析和解释中, 标准差的应用更为广泛.

① 关于自由度的概念, 将在本书第 7 章予以解释.

例 4-13　根据表 4-6 抽样得到的 50 名工人日产量的分组数据，分析这 50 名工人日产量的离散情况.

表 4-6　某车间 50 名工人日加工零件数分布表

按零件数分组	组中值 M_i	频数 n_i	频率 $f_i=\frac{n_i}{n}$ /%	M_if_i
105 ~ 110	107.5	3	6	6.45
110 ~ 115	112.5	5	10	11.25
115 ~ 120	117.5	8	16	18.8
120 ~ 125	122.5	14	28	34.3
125 ~ 130	127.5	10	20	25.5
130 ~ 135	132.5	6	12	15.9
135 ~ 140	137.5	4	8	11
合计	—	50	100	123.2

解　根据组距式分组数据加权算术平均和方差计算公式(4-3)，(4-16)可得

$$\bar{x}=\frac{1}{n}\sum_{i=1}^{k}M_in_i=\sum_{i=1}^{k}M_i\frac{n_i}{n}=\sum_{i=1}^{k}M_if_i=123.2\text{ (件)}$$

$$s^2=\frac{1}{n-1}\sum_{i=1}^{k}(M_i-\bar{x})^2n_i=\frac{1}{49}\left[(107.5-123.2)^2\times3+\cdots+(137.5-123.2)^2\times4\right]\approx63.37$$

$$s=\sqrt{s^2}=\sqrt{63.37}\approx7.96\text{ (件)}$$

即该车间 50 名工人日产量与平均产量相比，平均相差 7.96 件.

4.2.4　相对离散程度的测度

前文介绍的各类度量数据离散程度的指标，包括异众比率、四分位差、方差及标准差等均为反映数据离散程度的绝对指标. 这些指标的取值大小不仅取决于变量值的离散程度，而且还与变量本身绝对水平的高低密切相关. 对于平均水平或计量单位不同的多个变量值，不宜直接用离散指标来比较它们的离散程度，而要采用相对离散程度的度量指标——变异系数.

变异系数也称为离散系数(coefficient of variation)，是各离散指标与其算术平均数的比值. 标准差系数为最常用的变异系数，是标准差与其平均数的比值. 下文所涉及的变异系数或离散系数，均指标准差系数. 其计算公式如下:

$$\text{总体变异系数 } v_\sigma=\frac{\sigma}{\mu}\text{；样本变异系数 } v_s=\frac{s}{\bar{x}} \tag{4-18}$$

例 4-14　根据例 4-2 的数据，比较我国 2015 年城镇和农村居民人均可支配收入的差异.

解　根据平均数和标准差的计算公式，可得

$$\mu_{城镇}=2.99\text{（万元）},\quad \sigma_{城镇}=0.76\text{（万元）}$$

$$\mu_{农村}=1.20\text{（万元）},\quad \sigma_{农村}=0.43\text{（万元）}$$

可以看出，虽然城镇人均可支配收入标准差大于农村人均可支配收入标准差，但由于各省(区、市)城镇和农村人均可支配收入的平均水平不同，不能直接比较二者的标准差，因此还需进一步计算变异系数.

$$v_{城镇}=\frac{0.76}{2.99}=0.2542,\quad v_{农村}=\frac{0.43}{1.20}=0.3583$$

通过变异系数的计算，可以得到各省(区、市)农村人均可支配收入的差异程度大于城镇.

4.2.5　相对位置的测度

1. 标准分数

标准分数(standard score)，也称为标准化值或 Z 分数，是变量值与其平均数的离差除以标准差后的值. 标准分数可用于测度每个数值在该组数据中的相对位置，也可以用于判断一组数据中是否有离群点. 其计算公式为

$$z_i=\frac{x_i-\bar{x}}{s} \tag{4-19}$$

式中，i 表示第 i 个变量，x_i 表示第 i 个变量值，z_i 表示第 i 个变量值标准化后的 z 值.

标准分数实际上是将均值和标准差不同的数据组都转换为均值为 0，标准差为 1 的数据组，相当于是将原始数据进行了线性变换，将个体数据转换为它在数据组中的相对位置，其并没有改变该个体数据在原始数据中的位置.

标准分数具有以下特点：

(1) 标准分数 z_i 的均值 $\bar{z}=0$，标准差 $s_z=1$；

(2) 标准分数 z_i 与标准差 s 的乘积衡量了变量值 x_i 与平均数 $\bar{x}$ 间的个体差异. 由公式(4-19)得 $x_i-\bar{x}=z_i s$，说明了标准分数实际上是将所有变量值与平均值之间的平均差异转换为单个变量值与平均值之间的相对差异，即变量值与平均值相差 z_i 个标准差.

(3) 标准分数反映各数据以平均数为中心的相对位置，一组数据平均数的标准分数为 0，平均数以上各点的标准分数为正值，在平均数以下各点的标准分数为负值，即

$$若\ z_i>0\ ，则有\ x_i>\bar{x}；若\ z_i<0\ ，则有\ x_i<\bar{x}；若\ z_i=0\ ，则有\ x_i=\bar{x}$$

(4) 标准分数不改变原数据大小的位序，即若 $x_i>x_j$ 则必有 $z_i>z_j$.

标准分数通过将个体数据与其均值的差异标准化，消除变量值间量纲与水平的不同，实现不同变量值的比较和运算. 在很多经济管理领域的研究中，人们对多个具有不

同量纲或不同水平的变量展开分析前，往往需要先对这些变量的取值进行统计标准化处理，计算各变量值的标准分数.

例 4-15 为了了解某小区老年人的独居情况，随机抽取了 9 位老人，其年龄为：61, 65, 70, 73, 76, 78, 84, 87, 90. 其样本平均数为 76 岁，标准差为 9.85 岁，计算各年龄的标准分数.

解 根据公式(4-19)计算可得 9 位老人年龄的标准分数，如表 4-7 所示.

表 4-7 老人年龄标准分数计算表

序号	年龄 x_i	$x_i-\bar{x}$	$z_i=\dfrac{x_i-\bar{x}}{s}$
1	90	14	1.42
2	87	11	1.12
3	84	8	0.81
4	78	2	0.20
5	76	0	0.00
6	73	−3	−0.30
7	70	−6	−0.61
8	65	−11	−1.12
9	61	−15	−1.52

根据表 4-6，可知 9 位老人年龄各自的标准分数. 其中，

$z_1=1.42$ 表明序号为 1 的老人年龄高于平均年龄 1.42 倍的标准差；

$z_5=0$ 表明序号为 5 的老人年龄正好与平均年龄相等；

$z_7=-0.61$ 表明序号为 7 的老人年龄低于平均年龄 0.61 倍的标准差.

例 4-16 某班学生先后两次进行了难度不同的综合考试，两次考试的情况如表 4-8 所示，小王同学在第一次和第二次考试中的成绩分别为 92 分和 80 分，那么与全班同学相比较而言，小王同学哪一次考试表现更好呢？

表 4-8 两次考试班级成绩情况

考试	全班平均分	全班成绩标准差
第一次考试	80	10
第二次考试	70	7

解 由于两次考试成绩的均值和标准差不同，每个学生两次考试的成绩不宜直接比较. 下面利用标准分数进行对比：

$$z_1=\frac{92-80}{10}=1.2,\quad z_2=\frac{80-70}{7}=1.43$$

$z_1<z_2$ 表明小王在第二次考试中表现更好一些.

2. 经验法则[①]

经验法则也称为对称钟形分布的 3σ 法则(图 4-5). 当一组数据对称分布时, 约有 68% 的数据在平均数加减 1 个标准差的范围之内; 约有 95%的数据在平均数加 减 2 个标准差的范围之内; 约有 99%的数据在平均数加减 3 个标准差的范围之内.

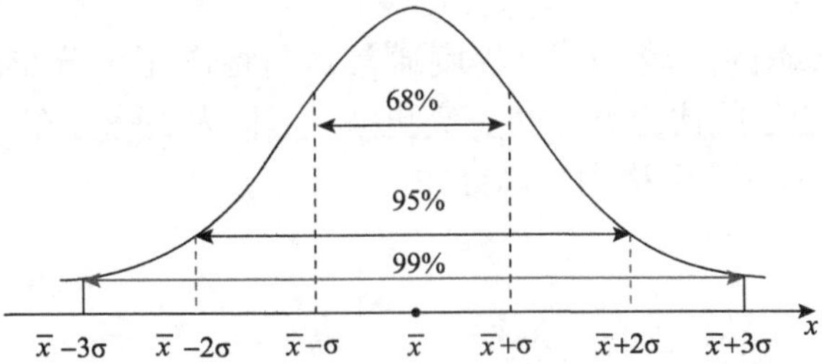

图 4-5　3σ 法则示意图

对于呈对称钟形分布的变量, 变量值几乎全部集中在其均值左右 3 个标准差的范围内. 因此通常将落在区间 $[-3\sigma, +3\sigma]$ 之外的数据称为异常数据.

4.3　数据分布几何特征的度量

集中趋势和离散程度是数据分布的两个重要特征, 但要全面了解数据分布的特点, 还需要掌握数据分布的几何形态, 即要测度数据分布的对称性(偏斜程度)以及扁平或陡峭的程度等. 反映这些分布几何特征的测度值分别称为偏态系数和峰态系数.

4.3.1　偏态系数

在实际中, 大多数总体或样本的数据分布是非对称型的, 如居民收入、市场占有率、资源配置数量等, 其分布往往呈现出偏态分布. 偏态系数(coefficient of skewness)是对分布偏斜方向和程度的测度值, 记为 SK. 其计算方法有多种, 通常采用如下公式:

未分组数据: $$\mathrm{SK} = \frac{n\sum_{i=1}^{n}(x_i - \bar{x})^3}{(n-1)(n-2)s^3}; \tag{4-20}$$

单项式分组数据: $$\mathrm{SK} = \frac{\sum_{i=1}^{k}(x_i - \bar{x})^3 n_i}{ns^3}; \tag{4-21}$$

组距式分组数据: $$\mathrm{SK} = \frac{\sum_{i=1}^{k}(M_i - \bar{x})^3 n_i}{ns^3}. \tag{4-22}$$

一般而言, 当偏态系数 SK=0 时, 数据呈对称分布; 当 SK>0 时, 数据呈右偏分布(正偏分布); 当 SK< 0 时, 数据呈左偏分布(负偏分布). 偏态系数越接近 0, 偏斜程度就越

① 本书第 6 章将给出经验法则的理论解释.

低. 在应用中约定, 若偏态系数绝对值 $|\mathrm{SK}|>1$, 则认为数据呈高度偏态分布; 若 $0.5<|\mathrm{SK}|<1$, 数据呈中等偏态分布; 若 $0<|\mathrm{SK}|<0.5$, 数据呈轻微偏态分布.

Excel 中计算未分组数据偏态系数的统计函数是“SKEW”.

4.3.2 峰态系数

数据分布几何形态的陡峭(扁平)程度通常是与标准正态分布的曲线相比较而言的(图 4-6). 如果分布的形状比正态分布更高更瘦, 则称为尖峰分布; 反之, 如果分布的形状比正态分布更矮更扁平, 则称为平峰分布.

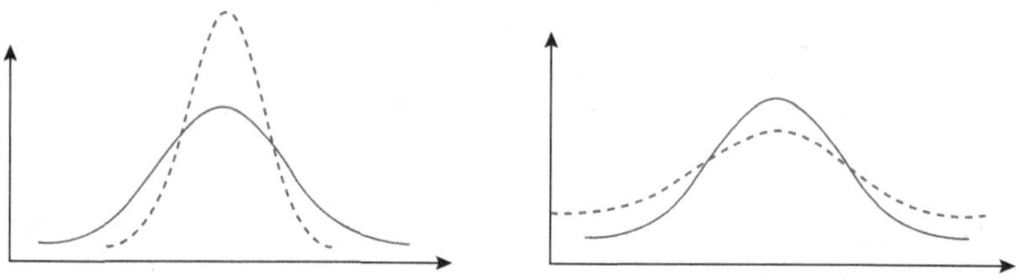

图 4-6　尖峰、平峰分布示意图

峰态系数(coefficient of kurtosis)是对数据分布平峰或尖峰程度的测度值, 也是对数据集中(分散)程度的统计描述.

峰态系数记为 K. 其计算公式如下:

未分组数据: $$K=\frac{n(n+1)\sum_{i=1}^{n}(x_i-\bar{x})^4-3\left[\sum_{i=1}^{n}(x_i-\bar{x})^2\right]^2(n-1)}{(n-1)(n-2)(n-3)s^4};\tag{4-23}$$

单项式分组数据: $$K=\frac{\sum_{i=1}^{k}(x_i-\bar{x})^4 n_i}{ns^4}-3;\tag{4-24}$$

组距式分组数据: $$K=\frac{\sum_{i=1}^{r}(M_i-\bar{x})^4 n_i}{ns^4}-3.\tag{4-25}$$

标准正态分布的峰态系数 $K=0$; 当峰态系数 $K<0$ 时, 数据呈平峰分布, 数据分布相对于标准正态分布而言更为分散; 当峰态系数 $K>0$ 时, 数据呈尖峰分布, 数据分布相对于标准正态分布而言更为集中.

Excel 中计算未分组数据偏态系数的统计函数是“KURT”.

4.4　数据分布特征的综合分析

本章介绍了数据分布集中趋势、离散程度、几何形态的各个测度值. 这些测度值可以通过操作 Excel 中“描述统计”的模块集中完成.

以例 4-2 为例，比较 2015 年我国 31 个省(区、市)城镇和农村居民人均可支配收入的数据分布状况.

打开 Excel 中的“数据分析-描述统计”对话框，选定“城镇居民人均可支配收入”数据组，简单操作后立即得到表 4-9 所示的描述统计综合报告. 对“农村居民人均可支配收入”施行同样的操作可以得到表 4-10.

表 4-9　城镇居民人均收入描述统计

平均	2.990322581
标准误差	0.136653934
中位数	2.6
众数	2.6
标准差	0.760856902
方差	0.578903226
峰度	4.208074292
偏度	2.136433079
区域	2.9
最小值	2.4
最大值	5.3
求和	92.7
观测数	31

表 4-10　农村居民人均收入描述统计

平均	1.196129
标准误差	0.077693
中位数	1.1
众数	1.1
标准差	0.432579
方差	0.187125
峰度	3.174624
偏度	1.770201
区域	1.91
最小值	0.69
最大值	2.6
求和	37.08
观测数	31

从数据分布的集中趋势上看:

(1) 人均可支配收入为数值型变量，其变量值体现为数值型数据. 从城镇与农村的平均数来看，城镇居民人居可支配收入的平均水平高于农村居民人均可支配收入.

(2) 考虑到城镇与农村两组数据的偏斜程度均较大(城镇数据偏度系数 SK=2.14，为高度右偏分布；农村人均收入偏度系数 SK=1.77，亦为高度右偏分布)，平均数作为集中趋势代表值的代表性较差，宜采用中位数或众数来代表，可得城镇居民人均可支配收入在 2.6 万元附近集中，农村居民人均可支配收入在 1.1 万元附近集中. 两者相差较大，说明 2015 年农村居民人均可支配收入的水平仍然远低于城镇居民人均可支配收入.

从数据分布的离散程度上看，由于城镇与农村居民人均可支配收入的平均水平不同，因此无法通过直接比较两者的标准差大小来比较离散程度的大小. 应分别计算其离散系数.

$$V_{城镇}=\frac{s_{城}}{\bar{x}_{城}}=\frac{0.7609}{2.9903}=0.2545\text{，}\quad V_{农村}=\frac{s_{农}}{\bar{x}_{农}}=\frac{0.4326}{1.1961}=0.3617$$

$V_{城镇}<V_{农村}$，城镇居民人均可支配收入的离散程度低于农村. 表明城镇居民人均可支配收入数据相较于农村居民人均可支配收入而言更为集中.

从数据分布的几何形态上看:

(1) 城镇与农村居民人均可支配收入的峰度系数 K 均远高于 0, 表明城镇与农村居民人均可支配收入相对于标准正态分布而言, 更加陡峭, 均为尖峰分布.

(2) 城镇与农村居民人均可支配收入均为高度右偏分布, 说明两组数据中均存在收入较低的人比收入较高的人多的情况, 且城镇偏度系数 SK=2.14 高于农村人均收入偏度系数 SK=1.77, 因此可认为城镇居民人均可支配收入数据中有更多收入偏低的人.

4.5　Excel　操　作

本章所介绍的各类数据分布度量指标, 均可以利用 Excel 软件中的统计模块或函数功能来实现.

4.5.1　数据分析模块的运用

1. 加载“数据分析”模块

Excel 软件的默认安装中并没有“数据分析”功能, 需通过加载才能显示. Excel 不同版本的加载方式略有差异, 本书以 Excel 2010 版的加载为例.

在 Excel“文件”选项卡中, 找到“帮助”下的“选项”, 单击“选项”(图 4-7(a)). 在弹出的对话框菜单中, 单击“加载项”(图 4-7(b)).

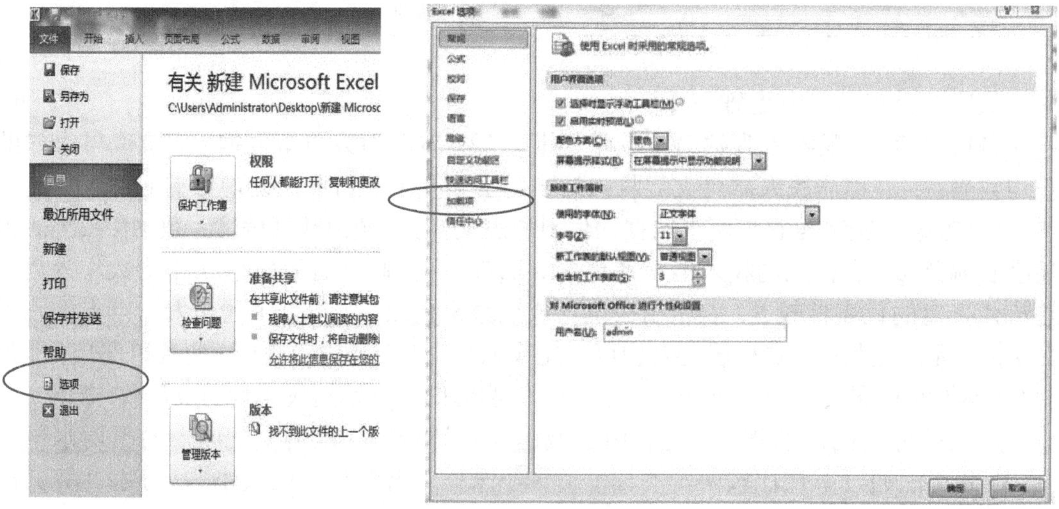

(a)　　(b)

图 4-7

在对话框下侧“管理”中选择“Excel 加载项”, 单击“转到”,在弹出的对话框中, 选择“分析工具库”, 单击“确定”(图 4-8). 即在 Excel 软件的“数据”菜单栏最右侧显示“数据分析”.

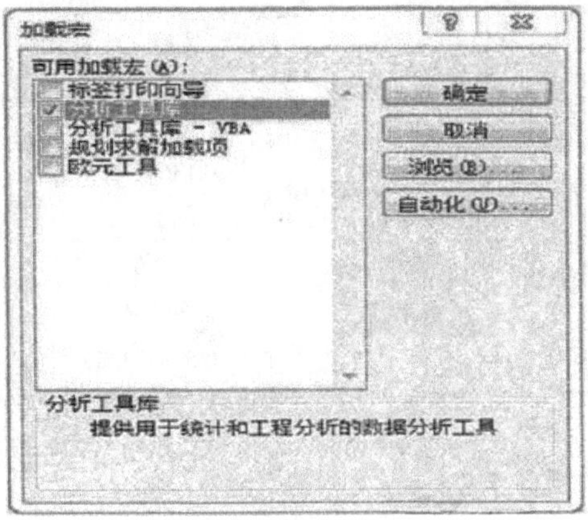

图 4-8

2. 运用“描述统计”计算数列相关指标

单击“数据分析”，在弹出对话框中选择“描述统计”，单击“确定”(图 4-9).

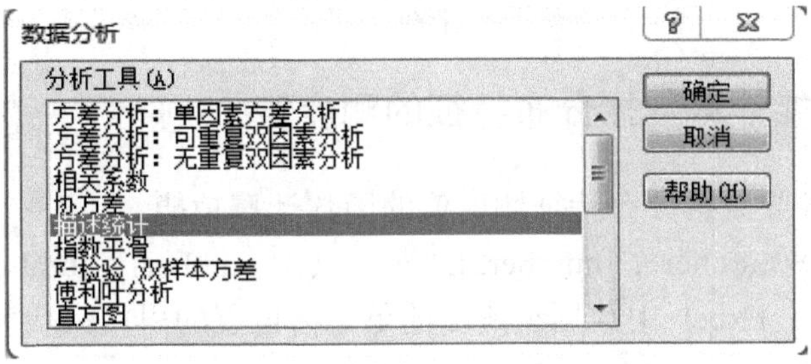

图 4-9

在输入区域中输入拟分析的数据列，继而选择输出区域，可选择某一空白单元格输出，亦可选择在新工作表 sheet 输出，也可以选择在新工作簿输出.

在复选项中，勾选“汇总统计”，单击“确定”即可输出数据描述统计分析结果(图 4-10). 以本章例 4-2 我国 31 个省(区、市)2015 年城镇居民人均可支配收入数据为例，结果如图 4-11 所示.

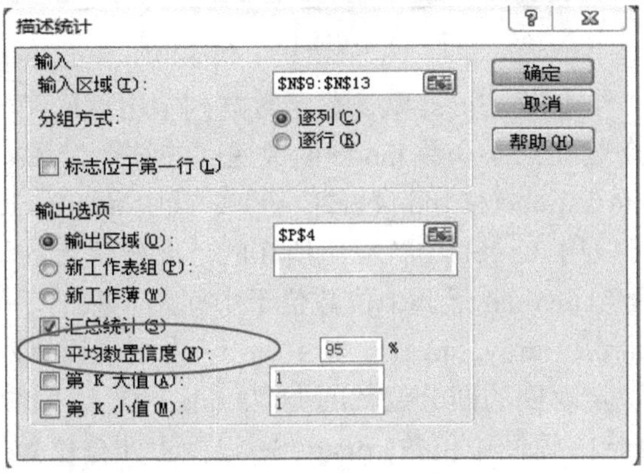

图 4-10

列 1	
平均	2.990322581
标准误差	0.136653934
中位数	2.6
众数	2.6
标准差	0.760856902
方差	0.578903226
峰度	4.208074292
偏度	2.136433079
区域	2.9
最小值	2.4
最大值	5.3
求和	92.7
观测数	31

图 4-11

4.5.2　用函数功能计算数据分布特征的测度值

Excel 提供了各类数据分布特征测度值的函数计算功能.

（1）众数 mode(number1, [number2], …)，其中 number1, number2 等是用于计算众数的参数，也可以用 Excel 中数据组所在的单元格位置的引用来代替. 例如，有数据列: 1, 1, 3, 2, 2, 2, 3, 4, 3, 5, 6, 则 Excel 操作，如图 4-12 所示.

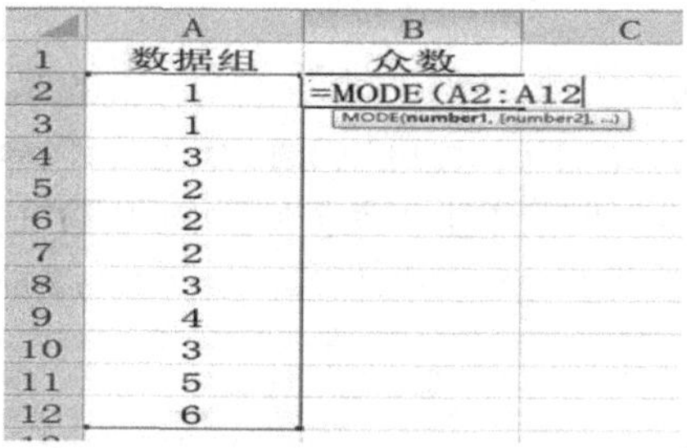

	A	B	C
1	数据组	众数	
2	1	=MODE (A2:A12	
3	1	MODE(number1, [number2], ...)	
4	3		
5	2		
6	2		
7	2		
8	3		
9	4		
10	3		
11	5		
12	6		

图 4-12

若数据组中存在多个众数, Excel 默认显示数据列中出现的第一个众数. 比如上例数据列中有 2 和 3 两个众数, Excel 众数 mode 函数返回的结果为 3.

（2）中位数 median(number1, [number2], …)，其中 number1, number2 等是用于计算中位数的参数，也可以用 Excel 中数据组所在的单元格位置的引用来代替. 若数据列中包括偶数个数，则函数 median 返回中位数位于中间两个数的平均值.

（3）四分位数 quartile(array, quart)，其中 array 为用于计算四分位数的数据组所在的单元格位置. quart 决定返回的四分位数的类型，quart=0，返回数据组最小值；quart=1，返回下四分位数；quart=2，返回中位数；quart=3，返回上四分位数；quart=4，返回数据组最大值(图 4-13).

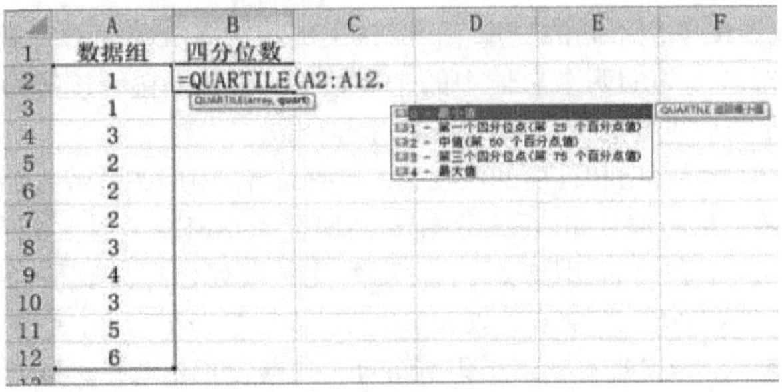

图 4-13

需说明的是，Excel 中的四分位数的计算方法与本章介绍的方法有所差异. Quartile 函数计算时，将 n 个数据分割为 4 等分，每个分割点所分割的比率记为 a:b，则分割点的位置为 $q=(a*n+b)/(a+b)$. 据此，下四分位数位置 $Q_{\mathrm{L}}=(n+3)/4$，中位数位置 $Q_{\mathrm{m}}=(2n+2)/4$，上四分位数位置 $Q_{\mathrm{u}}=(3n+1)/4$.

(4) 算术平均数 average(number1, [number2], …) 和几何平均数 geomean(number1, [number2], …)，其中 number1, number2 等是用于计算平均数的参数，可以为 Excel 中数据组所在的单元格位置的引用.

(5) 方差和标准差，Excel 中用于计算样本方差的函数为 VAR (number1, [number2], …)，样本标准差函数为 STDEV (number1, [number2], …)；用于计算总体方差的函数为 VARP(number1, [number2], …) 和 STDEVP(number1, [number2], …).

(6) 峰度系数 KURT (number1, [number2], …)，其中 number1, number2 等是用于计算峰度系数的参数. 若数据点个数少于 4 个，或样本标准差为 0，则函数 KURT 将返回错误值#DIV/0!. 偏度系数 SKEW (number1, [number2], …) 其中 number1, number2 等是用于计算峰度系数的参数. 若数据点个数少于 3 个，或样本标准差为 0，则函数 SKEW 将返回错误值#DIV/0!.

本 章 小 结

1. 集中趋势是数据向中心聚集的程度，通常用统计平均指标度量数据的集中趋势. 不同数据类型适用不同的测度值.

2. 众数是一组数据中出现次数最多的变量值. 众数不受极端值影响；众数具有不唯一性；众数作为衡量集中趋势的代表值，主要用于分类数据，也可用于顺序数据和数值型数据.

3. 中位数是一组数据排序后处于最中间位置上的变量值. 中位数不受极端值的影响；中位数作为衡量集中趋势的代表值，主要用于顺序数据，也可用于数值型数据，但不能用于分类数据.

4. 平均数也称为平均值或均值，是一组数据一般水平的代表值. 根据数据资料的不同，可进一步分为算术平均数、几何平均数、调和平均数等. 简单算术平均数适用于未经分组的原始数据资料，加权算术平均数适用于已分组的数据资料. 几何平均数适用于数据本身是比率的形式，且数据之间存在时间上相互衔接关系.

5. 数据的离散程度是分析数据分布另一个重要特征，它反映的是各变量值远离其中心值的程度.

6. 度量数据离散程度的常用指标有异众比率、四分位差、方差和标准差等. 异众比率主要用于分类数据，也可用于顺序数据和数值型数据；四分位差主要用于顺序数据，也可用于数值型数据，但不能用于分类数据；方差和标准差只能用于数值型数据.

7. 对于平均水平或计量单位不同的变量值, 应该采用相对离散程度的度量指标——变异系数来度量. 对于来自均值和标准差不同的两个总体中的个体数据, 需要将它们转化为同一规格与尺度的数据后再比较. 转换的方法是将数据进行标准化后计算标准分数.

8. 偏态系数是对分布偏斜方向和程度的测度值, 一般而言, 当偏态系数 SK= 0 时, 数据呈对称分布; 当偏态系数 SK > 0 时, 数据呈右偏分布(正偏分布); 当偏态系数 SK < 0 时, 数据呈左偏分布(负偏分布).

9. 峰态通常是与标准正态分布相比较而言, 观察变量数列分布曲线顶峰的尖平程度. 一般而言, 标准正态分布的峰态系数 $K=0$; 当峰态系数 $K<0$ 时, 数据呈扁平分布, 数据分布相对于标准正态分布而言更分散; 当峰态系数 $K>0$ 时, 数据呈尖峰分布, 数据分布相对于标准正态分布而言更集中.

《应用统计学》学习材料(4)

思考与练习

4.1 指出测度数据集中趋势的指标及其适用范围.

4.2 指出测度数据离散程度的指标及其适用范围.

4.3 指出众数、中位数、平均数之间的联系与区别.

4.4 简述标准分数的用途.

4.5 为了了解某商品在不同地区的销售价格, 随机抽取了 15 个地区, 得到销售价格(单位: 元)如下:

144, 141, 135, 141, 142, 139, 137, 140, 138, 143, 142, 141, 139, 141, 139

(1) 计算销售价格的众数、中位数、四分位数、平均数.

(2) 计算销售价格的方差和标准差.

(3) 简要说明销售价格的分布特征.

4.6 某企业 2014 年的产量为 260 万吨, 其在 2015~2017 年的年增长率分别为 8%, 15%, 20%, 求该企业三年的平均增长率.

4.7 某工厂想要了解 A 和 B 两个车间的生产情况, 分别从 A 车间抽取了 50 人, B 车间抽取了 60 人, 得到某天的日产量数据如下表所示.

A 车间		B 车间	
日产量/件	人数/人	日产量/件	人数/人
100~200	3	450~550	2
200~300	9	550~650	15
300~400	10	650~750	30
400~500	20	750~850	10
500~600	8	850~950	3
合计	50	合计	60

(1) 分别计算两个车间的平均日产量和日产量标准差;

(2) 试比较哪个车间日产量水平的差异程度更大?

(3) 若 A 车间日产量的偏态系数 $SK=-0.45$, 请解释其所代表的分布形态.

4.8 某公司招聘员工时, 对应聘者进行了 A, B 两项能力测试. 在 A 项测试中, 应聘者的平均分为

90 分，标准差为 15 分；在 B 项测试中，应聘者的平均分为 385 分，标准差为 60 分．一位应聘者在 A 项测试中得分为 105 分，在 B 项测试中得分为 420 分．与平均相比，该应聘者哪一项测试更为理想？

4.9 现有某种在生产线上自动填充的液体清洁剂，其填充的重量呈对称分布．如果测得该液体清洁剂的平均重量为 450 克，标准差是 5 克，试问约有多少清洁剂的重量为 440~460 克？

4.10 某集团企业下属 5 家企业的产品销售数据如下表所示，试比较其产品销售额和销售利润的离散情况．

企业	销售额/万元	销售利润/万元
1	220	40
2	340	56
3	280	41
4	460	70
5	400	66

4.11 某投资公司拟投资一组普通股票，经测算得知该股票组合在过去一个月的平均市盈率为 9.8，标准差为 1.5；平均投资收益率为 22%，标准差为 4.9%．试比较该股票组合的市盈率和投资收益率的波动情况．

4.12 某政府部门为了了解辖区内儿童的生长发育情况，随机抽取了 10 名儿童，测得其身高(单位：厘米)和体重(单位：千克)的数据如下表所示．

身高	105	102	110	107	104	105	108	111	106	101
体重	17.8	15	20	18	17	16.8	18.6	21	17.2	16.2

根据表格数据，对儿童的身高和体重做综合的描述性分析．

4.13 某商场随机抽取 30 名顾客，得到这 30 名顾客对商场服务的满意度评分如下．

85	80	40	77	70	80
63	92	66	61	60	83
55	63	74	80	55	90
76	50	63	64	65	78
90	69	85	76	88	75

请利用 Excel 计算顾客满意度评分的描述统计量，并对顾客满意度评分的分布特征进行综合分析．

4.14 某家致力于提高儿童专注力的研究机构随机抽取男孩女孩各 48 名，分别进行测试，得到如下专注力得分数据．

男孩	22	29	32	38	39	41	42	43	43	43	44	44
	45	45	46	46	46	47	50	51	52	54	54	55
	56	57	58	58	58	58	58	59	61	61	61	61
	64	68	68	68	69	70	70	73	74	76	76	77
女孩	20	39	40	45	46	46	46	46	48	48	48	53
	55	55	55	55	55	56	57	60	60	60	60	64
	67	67	69	70	73	73	73	75	76	76	76	76
	77	79	80	80	80	80	80	81	81	81	82	90

(1) 根据以上数据绘制箱线图．

(2) 判断数据是否存在离群点或异常值？

(3) 对比男孩与女孩专注力得分的箱线图, 分析得分的分布状况.

4.15 某跨国企业在招聘员工时进行了 6 项能力考核, 已知各项考核的平均分和标准差如下表所示.

考核项目	总平均分	标准差	原始成绩			标准化成绩		
			甲	乙	丙	甲	乙	丙
专业知识	70	8	91	71	70			
逻辑能力	56	4	50	64	55			
观察能力	42	5	40	51	40			
语言表达能力	80	10	85	80	75			
应变能力	50	4	60	70	50			
团队协作能力	40	12	75	45	42			
合计	—	—	401	381	332			

请根据甲、乙、丙三位考生的原始成绩, 并讨论如下几个问题:

(1) 计算甲、乙、丙三位考生各项考核的标准分数和各自的标准分数总分, 并填入上表.

(2) 若企业按原始成绩总分大于 390 分的标准来录取, 请问谁能被录用?

(3) 若企业按照标准化成绩总分大于 8 的标准来录取, 请问谁能被录用?

(4) 如果你是该跨国公司的招聘主管, 你会采取哪种成绩作为录取的依据, 为什么?

第 5 章　随机事件及其概率

彩票中的概率

彩票的历史悠久. 早在二千多年前的古罗马, 为了筹集国库资金, 就常常开展一些博彩活动. 有计划的彩票发行发端于1930年的意大利佛罗伦萨. 自2001年10月起, 中国开始发行福利彩票. 目前我国政府允许发行两种彩票: 福利彩票和体育彩票. 两种彩票均采用电脑乐透(Lotto)型的发行方案, 具体投注方式包括常见的 "35 选 7" "25 选 7" "18 选 7" 等组合型投注方式. 下面以"35 选 7" 投注方式为例分析彩票中奖的概率.

"35 选 7" 的投注规则: 投注者从 1~35 个号码中任选择 7 个号码(不可重复)作为投注号码进行投注. 由彩票发行单位通过摇奖机从 1~35 个号码中不重复地随机摇出 7 个基本号码和 1 个特别号码, 作为中奖号码. 通过比较投注者的投注号码与中奖号码相符的个数多少(不考虑号码顺序)确定相应的中奖等级. 中奖等级设置如下表:

中奖等级	35 选 7		
	基本号码	特别号码	说明
特等奖	●●●●●●●		选 7 中(7)
一等奖	●●●●●●○	★	选 7 中(6+1)
二等奖	●●●●●●○		选 7 中(6)
三等奖	●●●●●○○	★	选 7 中(5+1)
四等奖	●●●●●○○		选 7 中(5)
五等奖	●●●●○○○	★	选 7 中(4+1)

注: ●为选中的基本号码; ○为未选中的基本号码; ★为选中的特别号码.

应用本章所学知识可以得到"35 选 7" 投注方式中各等级中奖的概率如下: 特等奖约为 1.48709×10^{-7}; 一等奖约为 1.04097×10^{-6}; 二等奖约为 2.81061×10^{-5}; 三等奖约为 8.43183×10^{-5}; 四等奖约为 0.00109614; 五等奖约为 0.0018269. 为了提高投注者投注兴趣, 一些彩票机构还设立了若干小奖, 例如选中 3 个基本号码作为末等奖, 则中末等奖的概率约为 0.0913448.

本书前四章介绍了统计学的一些概念和方法, 这些概念和方法构成了描述统计的基本内容. 如果我们收集和整理的数据是描述总体特征的数据, 则描述统计方法足以使我们认识和把握总体的数量特征和分布状态. 在大多数的现实问题中, 人们无法或者很难获得总体的数据, 研究者收集和整理的仅仅是总体中的一个或几个样本数据. 描述统计方法对样本数据的处理和分析还停留在较低的层次上，仅凭描述统计得到的信息还不足以使人们对总体的特征有一个全面的了解. 如何根据样本信息对总体的数量特征进行有效的估计和推断，就成为统计学最重要的任务之一. 推断统计就是在收集和整理随机性样本数据的基础上，运用概率论方法，对总体的数量特征做出推断，从而帮助人们认识事物的本质.

统计学与概率论都以研究和揭示随机现象的统计规律为己任. 但统计学与概率论在研究方法上是有区别的. 统计学一般从样本数据出发，推断总体模型，属于归纳推断方法；而概率论往往从总体模型出发，深入认识和发掘总体特征，进而描述和总结事物变化的统计规律，属于逻辑演绎方法.

本章和第 6 章将介绍构成推断统计理论基础的概率论知识. 这两章的内容我们将以较为严谨的方式予以表述.

5.1 随机事件

5.1.1 随机现象

自然界和人类社会的现象大致可分为两类：一类是在一定条件下必然出现的现象，称为确定性现象(deterministic phenomenon). 例如，在标准大气压下，100 ℃的水必然沸腾；在自然状态下，水从高处向低处流淌. 另一类则是在一定条件下人们事先无法准确预知其结果的现象，称为随机现象(random phenomenon). 例如，抛掷一枚硬币，人们不能事先预知将出现正面还是反面；买卖股票，人们不能事先预知股市下一个交易日某只股票的具体价格.

虽然随机现象在一定的条件下可能出现这样或那样的结果，而且在每一次观测之前不能预知该次试验的确切结果，但经过长期的、反复的观察和实践，人们逐渐发现了所谓结果的不能预知，只是对一次或少数几次观测而言的. 当在相同条件下进行大量重复试验和观测时，其结果就会呈现出某种规律性.

5.1.2 随机试验

为了研究随机现象的统计规律，需要对随机现象进行重复观察. 我们把对随机现象的观察活动称为随机试验(random test)，简称试验.

研究随机现象最著名的试验是抛掷硬币的试验. 表 5-1 是历史上一些学者抛掷硬币试验的记录. 不难发现，尽管每次抛掷硬币前我们无法准确预知将出现正面还是反面，但随着试验次数的增加(即进行大量的重复试验)我们可以发现，硬币出现正面和出现反面的次数大致相等，即正面出现的频率大致为 0.5，并且频率逐渐稳定于 0.5. 随机现象的这种在大量重复试验中呈现出来的稳定性或固有的规律性称为统计规律性. 这种统计规律性的存在使得利用数学工具研究随机现象成为可能.

表 5-1　历史上抛掷硬币试验的记录

试验者	抛掷次数 n	正面次数 n_H	正面频率 n_H/n
德摩根	2048	1061	0.5181
蒲丰	4040	2048	0.5069
K·皮尔逊	12000	6019	0.5016
K·皮尔逊	24000	12012	0.5005
罗曼诺夫斯基	80640	39699	0.4923

为表述方便，随机试验通常用字母 E 表示. 下面是一些随机试验的例子:

E_1：抛一枚硬币，观察正面 H 、反面 T 出现的情况;

E_2：将一枚硬币连续抛两次，观察正面 H 、反面 T 出现的情况;

E_3：掷一颗骰子，观察出现的点数;

E_4：对某一目标进行射击，直至击中为止，观察射击次数;

E_5：观测某种灯管的寿命.

从上述例子可以看出，随机试验具有下列共同性质.

性质 1　可重复性：试验可在相同的条件下重复进行;

性质 2　可观察性：每次试验的可能结果不止一个，事先知道试验的所有可能结果;

性质 3　不确定性：进行试验之前不能确定哪一个结果会出现.

换言之，对随机现象的观察过程只有满足上述三条性质，才能称其为随机试验.

5.1.3　样本空间

随机试验的一切可能基本结果组成的集合称为样本空间(sample space)，记为 $\Omega=\{\omega\}$，其中 ω 表示基本结果，又称为样本点. 认识随机现象首先要知道它的样本空间.

上述试验 $E_1,\cdots, E_5$ 所对应的样本空间 $\Omega_1,\cdots,\Omega_5$ 为

$$\Omega_1=\{H,T\};\quad \Omega_2=\{HH,HT,TH,TT\};\quad \Omega_3=\{1,2,3,4,5,6\}$$

$$\Omega_4=\{1,2,3,\cdots\};\quad \Omega_5=\{t\,|\,t\geqslant 0\}$$

5.1.4　随机事件

随机试验 E 的样本空间 Ω 的某些子集称为随机事件(random event)，简称事件(严格来说，事件应该是 Ω 中满足一定条件的子集组成的集合类中的元素). 随机事件一般用大写字母 $A,B,C,\cdots$ 表示. 设 A 是一个事件，当且仅当试验中出现的样本点 $\omega\in A$ 时，称事件 A 在该次试验中发生. 例如，在掷一颗骰子的试验中，事件 A 表示出现奇数点，即 $A=\{1,3,5\}$. 如果试验结果为 5 点，则我们就说在该次试验中事件 A 发生了，如果试验结果为 2 点，则我们说在该次试验中事件 A 没有发生. 对一次试验来说，A 可能发生也可能不发生. 这就是随机事件的特点，它的发生与否具有偶然性.

由于样本空间 Ω 是其自身的最大子集，且包含了全体样本点，故任何一次试验必然

会出现 Ω 中的某一样本点，即在任何一次试验中，Ω 必然会发生. 因此我们又把 Ω 称为必然事件. 与之相反，空集 $\varnothing$ 是样本空间 Ω 的最小子集，它不包含任何样本点. 任何一次试验出现的样本点都不属于 $\varnothing$，即在每次试验中 $\varnothing$ 都不会发生，我们称 $\varnothing$ 为不可能事件. 必然事件和不可能事件已失去了“不确定性”，即它们不属于随机事件. 但为方便起见，我们还是将它们作为随机事件处理，可以理解为随机事件的两个极端情况.

我们将仅含有一个样本点的 Ω 的子集(单点集)称为基本事件，一般的事件可看成是由基本事件复合而成的. 比如，掷一颗骰子，观察它出现的点数，共有 6 个基本事件：“点数为 1”……“点数为 6”. $A=\{1,3,5\}$ 可看成由基本事件“点数为 1”“点数为 3”“点数为 5”复合而成.

5.1.5 事件间的关系与运算

由于事件是样本空间的一个子集，因此事件间的关系与运算可按集合间的关系与运算来处理，下面给出这些关系和运算在概率论中的含义.

1. 包含关系

若事件 A 发生必然导致事件 B 发生，则称事件 B 包含事件 A，或事件 A 包含于事件 B，或称 A 是 B 的子事件，记为 $A\subset B$. 显然，对于任意事件 A 都有 $\varnothing\subset A\subset\Omega$.

例如，在掷一颗骰子的试验中，设 $A=\{\text{出现6点}\}=\{6\}$，$B=\{\text{出现偶数点}\}=\{2,\ 4,\ 6\}$，事件 A 发生必然导致事件 B 发生，所以 $A\subset B$.

2. 相等关系

若事件 A 包含事件 B，且事件 B 又包含事件 A，即 $B\subset A$ 且 $A\subset B$，则称事件 A 与事件 B 相等，记为 $A=B$.

例如，在掷一颗骰子的试验中，设 $B=\{\text{出现偶数点}\}$，$C=\{2,4,6\}$，显然，$B\subset C$ 且 $C\subset B$，所以 $B=C$.

3. 事件的并(和)

“事件 A 与事件 B 至少有一个发生”这一事件称为事件 A 与事件 B 的并(或和)，记作 $A\cup B$. $A\cup B$ 是由事件 A 与 B 中所有的样本点组成的新事件，这与集合的并集含义是一致的，即 $A\cup B=\{\omega|\omega\in A\text{ 或 }\omega\in B\}$.

例如，在掷一颗骰子的试验中，设 $C=\{2,4,6\}$，$D=\{5,6\}$，则 $C\cup D=\{2,4,5,6\}$.

类似地，“事件 $A_1,A_2,\cdots,A_n$ 中至少有一个发生”这一事件称为 $A_1,A_2,\cdots,A_n$ 这 n 个事件的并(或和)，记作 $A_1\cup A_2\cup\cdots\cup A_n$，简记为 $\bigcup\limits_{i=1}^{n}A_i$.

“可列个事件 $A_1,A_2,\cdots$ 至少有一个发生”这一事件称为 $A_1,A_2,\cdots$ 的可列并，记为 $\bigcup\limits_{i=1}^{\infty}A_i$.

4. 事件的交(积)

“事件 A 与事件 B 同时发生”这一事件称为事件 A 与事件 B 的交(或积)，记为 $A\cap B$ 或 AB．显然，$A\cap B$ 是由 A 与 B 的公共样本点构成的事件．即

$$A\cap B=\{\omega|\omega\in A \text{且} \omega\in B\}.$$

例如，在掷一颗骰子的试验中，$D=\{5,6\}$，$G=\{1,3,5\}$，则 $D\cap G=\{5\}$.

类似地，“事件 $A_1,A_2,\cdots,A_n$ 同时发生这一事件”称为 $A_1,A_2,\cdots,A_n$ 这 n 个事件的交(或积)，记作 $A_1\cap A_2\cap\cdots\cap A_n$，或 $A_1A_2\cdots A_n$，简记为 $\bigcap_{i=1}^{n}A_i$．

“可列个事件 $A_1,A_2,\cdots$ 同时发生”这一事件称为 $A_1,A_2,\cdots$ 的可列交，记为 $\bigcap_{i=1}^{\infty}A_i$．

5. 事件的差

“事件 A 发生而事件 B 不发生”这一事件称为事件 A 与事件 B 的差，记为 $A-B$．$A-B$ 是由属于 A 而不属于 B 的样本点构成的新事件，即

$$A-B=\{\omega|\omega\in A \text{且} \omega\notin B\}$$

例如，在掷一颗骰子的试验中，$D=\{5,6\}$，$G=\{1,3,5\}$，则 $G-D=\{1,3\}$．

6. 互不相容事件

若事件 A 与事件 B 不能同时发生，即 $AB=\varnothing$，则称事件 A 与事件 B 互不相容，或称事件 A 与事件 B 互斥.

例如，在掷一颗骰子的试验中，$A=\{6\}$，$G=\{1,3,5\}$，$AG=\varnothing$，因此 A 与 G 是互不相容的两个事件.

设有事件 $A_1,A_2,\cdots,A_n,\cdots$，如果满足：$A_iA_j=\varnothing$，$i\neq j$ 且 $i,j=1,2,\cdots$，则称事件 $A_1,A_2,\cdots,A_n,\cdots$ 两两互不相容.

7. 对立事件

“事件 A 不发生”这一事件称为事件 A 的对立事件(或逆事件)，记作 $\overline{A}$．易见，$\overline{A}=\Omega-A$，$\overline{\overline{A}}=A$．在一次试验中，如果 A 发生，则 $\overline{A}$ 一定不发生；如果 A 不发生，则 $\overline{A}$ 一定发生，也就是说 A 与 $\overline{A}$ 一定也只能发生其中之一．因此有

$$A\overline{A}=\varnothing,\quad A\cup\overline{A}=\Omega$$

例如，在掷一颗骰子的试验中，若 $A=\{6\}$，则 $\overline{A}=\{1,2,3,4,5\}$．

两个事件 A 与 B 互为对立事件的充要条件是 $A\cup B=\Omega$，$AB=\varnothing$．此时有 $\overline{A}=B$，$\overline{B}=A$．对于两个非对立事件 A 与 B，显然有 $A-B=A\overline{B}$．

为了给上述的含义一个直观的几何解释，英国逻辑学家维恩(Venn)提供了一种简

易工具，即使用图示法来表示事件之间的各种关系，这种图形称为维恩图(图 5-1).

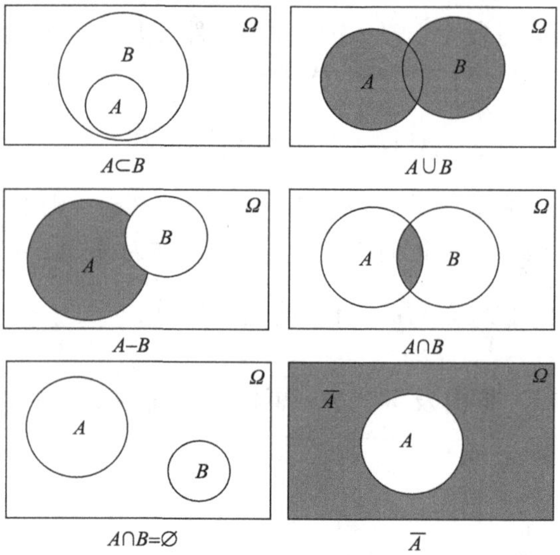

图 5-1

为便于理解，我们把事件间的关系与运算的两种解释对照列表(表 5-2)如下.

表 5-2

符号	概率论的解释	集合论的解释
$A \subset B$	事件 A 发生必然导致事件 B 发生	A 是 B 的子集
$A=B$	事件 A 与事件 B 相等	集合 A 和集合 B 相等
$A \cup B$	事件 A 和事件 B 至少有一个发生	A 与 B 的并集
$A \cap B$	事件 A 和事件 B 同时发生	A 与 B 的交集
$A-B$	事件 A 发生而事件 B 不发生	A 与 B 的差集
$AB=\varnothing$	事件 A 与事件 B 不能同时发生	A 与 B 没有公共元素
$\overline{A}$	事件 A 的对立事件	A 的补集

由集合的运算律，不难得到事件间的运算律. 设 A, B, C 为同一随机试验 E 中的事件，则有

(1) 交换律：$A \cup B = B \cup A$，$A \cap B = B \cap A$；

(2) 结合律：$(A \cup B) \cup C = A \cup (B \cup C)$，

$(A \cap B) \cap C = A \cap (B \cap C)$；

(3) 分配律：$(A \cup B) \cap C = (A \cap C) \cup (B \cap C)$，

$(A \cap B) \cup C = (A \cup C) \cap (B \cup C)$；

(4) 对偶律：$\overline{A \cup B} = \overline{A} \cap \overline{B}$，$\overline{A \cap B} = \overline{A} \cup \overline{B}$.

上述运算律可推广到有限个或可列个事件的情形.

例 5-1　设 A, B, C 为随机事件，则下列事件及其符号表示如下：

(1) A 发生而 B 与 C 都不发生：$A\overline{B}\,\overline{C}$ 或 $A-B-C$；

(2) A 与 B 发生而 C 不发生：$AB\overline{C}$ 或 $AB-C$；

(3) 三个事件都发生：ABC；

(4) 三个事件恰好有一个发生：$A\overline{B}\,\overline{C}\cup\overline{A}B\overline{C}\cup\overline{A}\,\overline{B}C$；

(5) 三个事件恰好有两个发生：$AB\overline{C}\cup A\overline{B}C\cup\overline{A}BC$；

(6) 三个事件中至少有一个发生：

$$A\cup B\cup C \quad 或 \quad A\overline{B}\,\overline{C}\cup\overline{A}B\overline{C}\cup\overline{A}\,\overline{B}C\cup AB\overline{C}\cup A\overline{B}C\cup\overline{A}BC\cup ABC$$

(7) 三个事件都不发生：

$$\overline{A}\,\overline{B}\,\overline{C} \quad 或 \quad \overline{A\cup B\cup C} \quad 或 \quad \Omega-(A\cup B\cup C);$$

(8) 三个事件中至少有一个不发生：$\overline{A}\cup\overline{B}\cup\overline{C}$ 或 $\overline{ABC}$.

5.2 随机事件的概率

5.2.1 概率的统计定义

如前所述，随机事件在一次试验中可能发生也可能不发生. 我们希望知道事件在一次试验中发生的可能性有多大，并且希望找到一个合适的指标来度量事件在一次试验中发生的可能性大小，这个度量指标就称为概率. 为此，我们先要对频率的定义作出严格的陈述，并由此引出概率的定义.

定义 5.1 设在相同条件下进行 n 次试验，如果事件 A 发生的次数为 n_A，则称比值 n_A/n 为事件 A 发生(出现)的频率(frequency)，记为 $f_n(A)$，即 $f_n(A)=\dfrac{n_A}{n}$.

对于必然事件 Ω，由于 $n_A=n$，因此 Ω 发生的频率为 1；对于不可能事件 $\varnothing$，$n_\varnothing=0$，因此 $\varnothing$ 发生的频率为 0. 易知一般事件 A 发生的频率在 0 与 1 之间.

频率 $f_n(A)$ 具有下述基本性质：

性质 1 非负性：$0\leqslant f_n(A)\leqslant 1$；

性质 2 规范性：$f_n(\Omega)=1$；

性质 3 有限可加性：设 $A_1,A_2,\cdots,A_n$ 是两两互不相容的事件，则

$$f_n\left(\bigcup_{i=1}^{n}A_i\right)=\sum_{i=1}^{n}f_n(A_i)$$

频率的大小反映了事件 A 发生的频繁程度. 频率大，事件 A 的发生就频繁，意味着 A 在一次试验中出现的可能性就大，反之亦然. 因此，用频率 $f_n(A)$ 来度量事件 A 在一次试验中发生的可能性大小，是一个直观而又自然的想法.

我们再来看一下表 5-1 给出的历史上抛掷硬币试验的记录. 记 $A=\{$出现正面 $H\}$，

由表 5-1 可知，当 $n=4040$ 时，$f_n(A)=0.5069$；当 $n=12000$ 时，$f_n(A)=0.5016$；当 $n=24000$ 时，$f_n(A)=0.5005$．当试验次数不同时，得到的频率常常也不一样，这表明频率具有一定的随机波动性．但是另一方面，从表 5-1 可以看到，随着试验次数 n 的增大，频率总是围绕在 0.5 上下波动，并且随着试验次数的增加逐渐稳定于 0.5.

大量试验证实，当试验的次数 n 逐渐增大时，频率会呈现出稳定性，即逐渐稳定于某个常数．由此可见，用频率的稳定值来度量事件 A 发生的可能性大小是一个合理的设想.

下面我们给出概率(probability)的统计定义.

定义 5.2　设在相同条件下重复进行 n 次试验，若事件 A 发生的频率随着试验次数 n 的增大而稳定地在某个常数 p $(0 \leqslant p \leqslant 1)$ 附近波动，则称 p 为事件 A 发生(出现)的概率，记作 $P(A)=p$.

根据这一定义，我们可以用大量重复试验下某事件出现的频率来估计该事件概率的大小．例如，在足球比赛中，罚点球是一个扣人心弦的场面，若记事件 $A=\{$罚点球射中破门$\}$，判罚点球的命中率(概率) $P(A)$ 是多少?这可以通过重复试验所得数据资料计算频率得到概率 $P(A)$ 的估计值．曾经有人对 1930 年至 1988 年世界各地 53274 场重大足球比赛作了统计，在判罚的 15382 个点球中，有 11172 个射中破门，频率为 11172/15382=0.726，这就是罚点球命中概率 $P(A)$ 的估计值.

但是，实际生活中并不是所有试验都可以大量重复进行．有些试验由于耗费的成本太高而不能多次进行，有些试验具有破坏性而不能大量重复进行，还有些试验根本不能重复进行等．这些情形均无法利用频率来估计概率.

历史上还曾有过概率的古典定义、概率的几何定义及概率的主观定义，这些定义各自适合某一类随机现象．1933 年，苏联数学家柯尔莫哥洛夫提出了概率的公理化定义．这个定义既概括了历史上几种概率定义的共同特性，又避免了上述定义的局限性.

5.2.2*　概率的公理化定义

定义 5.3　设 Ω 是随机试验 E 的样本空间，对于 E 的每一个事件 A，将其对应于一个实数，记作 $P(A)$，若 $P(A)$ 满足下列三个条件：

(1) 非负性：对任意事件 A，有 $P(A)\geqslant 0$；

(2) 规范性：$P(\Omega)=1$；

(3) 可列可加性：设 $A_1, A_2, \cdots, A_n, \cdots$ 是两两互不相容的事件，则有

$$P\left(\bigcup_{i=1}^{\infty} A_i\right)=\sum_{i=1}^{\infty} P(A_i)$$

称 $P(A)$ 为事件 A 发生的概率.

5.2.3　概率的性质

由概率的公理化定义，可以推导出概率的一些重要性质.

性质 1　$P(\varnothing)=0$；

性质 2（有限可加性）　设 $A_1,A_2,\cdots,A_n$ 是两两互不相容的事件，则有

$$P(A_1\cup A_2\cup\cdots\cup A_n)=P(A_1)+P(A_2)+\cdots+P(A_n)$$

性质 3　对任意事件 A，有 $P(\overline{A})=1-P(A)$；

性质 4　对任意两个事件 A,B，有 $P(A-B)=P(A)-P(AB)$；

特别地，若 $B\subset A$，则

(1) $P(A-B)=P(A)-P(B)$；

(2) $P(A)\geqslant P(B)$.

性质 5　对任意事件 A，$0\leqslant P(A)\leqslant 1$；

性质 6　对任意两个事件 A,B，有 $P(A\cup B)=P(A)+P(B)-P(AB)$.

性质 6 可推广到有限个事件的并的情形，例如

$$P(A\cup B\cup C)=P(A)+P(B)+P(C)-P(AB)-P(AC)-P(BC)+P(ABC)$$

例 5-2　已知 $P(\overline{A})=0.5$，$P(\overline{A}B)=0.2$，$P(B)=0.4$，求

(1) $P(AB)$；　(2) $P(A-B)$；　(3) $P(A\cup B)$；　(4) $P(\overline{A}\overline{B})$.

解　(1) 因为 $AB\cup\overline{A}B=B$，且 AB 与 $\overline{A}B$ 是不相容的，故有

$$P(AB)+P(\overline{A}B)=P(B)$$

于是 $P(AB)=P(B)-P(\overline{A}B)=0.4-0.2=0.2$；

(2) $P(A)=1-P(\overline{A})=1-0.5=0.5$，$P(A-B)=P(A)-P(AB)=0.5-0.2=0.3$；

(3) $P(A\cup B)=P(A)+P(B)-P(AB)=0.5+0.4-0.2=0.7$；

(4) $P(\overline{A}\overline{B})=P(\overline{A\cup B})=1-P(A\cup B)=1-0.7=0.3$.

例 5-3　某城市发行 A,B 两种报纸. 经调查，在该市的居民中，订阅 A 报的有 45%，订阅 B 报的有 35%，同时订阅两种报纸的有 10%. 求只订一种报纸的概率 α.

解　记事件 $A=\{$订阅 A 报$\}$，$B=\{$订阅 B 报$\}$，$C=\{$只订阅一种报纸$\}$，则

$$C=A\overline{B}\cup B\overline{A}=(A-AB)\cup(B-AB)$$

由于事件 $A\overline{B}$ 与 $B\overline{A}$ 是互不相容的，且 $AB\subset A, AB\subset B$，利用有限可加性及性质 4，有

$$\begin{aligned}\alpha&=P(A-AB)+P(B-AB)=P(A)-P(AB)+P(B)-P(AB)\\&=0.45-0.1+0.35-0.1=0.6\end{aligned}$$

5.3　古 典 概 型

5.3.1　古典概型

古典概型 (classical probability) 是指满足下列两个条件的随机试验模型:

(1) 样本空间有限，即 $\Omega=\{\omega_1,\omega_2,\cdots,\omega_n\}$；

(2) 每个基本事件的概率相同，即 $P(\{\omega_1\})=P(\{\omega_2\})=\cdots=P(\{\omega_n\})=\frac{1}{n}$.

古典概型的特点是有限等可能，这种模型在现实生活中既简单又广泛存在，正是基于这个原因，古典概型曾经是概率论发展初期主要的研究对象.

设事件 A 包含 m 个基本事件，即

$$A=\{\omega_{i_1}\}\cup\{\omega_{i_2}\}\cup\cdots\cup\{\omega_{i_m}\}$$

则事件 A 发生的概率

$$P(A)=P\left(\bigcup_{j=1}^{m}\{\omega_{i_j}\}\right)=\sum_{j=1}^{m}P\{\omega_{i_j}\}=mP\{\omega_{i_j}\}=\frac{m}{n}$$

即

$$P(A)=\frac{A\text{包含的基本事件数}}{\Omega\text{中的基本事件总数}}$$

上述公式是把特定条件下的概率计算问题转化为对基本事件的计数问题. 这样的计数问题可以通过排列组合方法予以解决.

5.3.2　排列、组合与概率统计

1. 基本计数原理

加法原理　设完成一件事有 m 种方式，第 i 种方式有 n_i 种方法，$i=1,2,\cdots,m$, 则完成该件事的方法总数为 $n_1+\cdots+n_m$.

乘法原理　设完成一件事情有 m 个步骤，其中第 i 步有 n_i 种方法，$i=1,2,\cdots,m$, 若必须通过 m 个步骤的每一步骤才能完成该事情，则完成该件事情的方法总数为 $n_1\times n_2\times\cdots\times n_m$.

2. 排列数与组合数

1) 排列公式

从 n 个不同元素中任取 k ($1\leqslant k\leqslant n$) 个的不同排列数为

$$\mathrm{A}_n^k=n(n-1)(n-2)\cdots(n-k+1)=\frac{n!}{(n-k)!}$$

$k=n$ 时称其为全排列：$\mathrm{A}_n^n=n(n-1)(n-2)\cdots2\cdot1=n!$.

2) 组合公式

从 n 个不同元素中任取 k ($1\leqslant k\leqslant n$) 个的不同组合数为

$$C_n^k = \frac{A_n^k}{k!} = \frac{n!}{(n-k)!k!}$$

C_n^k有时记作$\begin{pmatrix} n \\ k \end{pmatrix}$，称为组合系数. 排列数与组合数的关系：$A_n^k = C_n^k \cdot k!$.

3. 概率计算例题

例 5-4　一个袋子中装有 10 个大小相同的球，其中 3 个黑球，7 个白球.

(1) 从袋子中任取一球，求这个球是黑球的概率；

(2) 从袋子中任取两球，求恰好为一白一黑的概率以及两个全是黑球的概率.

解　(1) 10 个球中任取一个，共有$C_{10}^1 = 10$种取法，10 个球中有 3 个黑球，取到黑球的取法有$C_3^1 = 3$种，记事件A={取到的球为黑球}，则

$$P(A) = \frac{C_3^1}{C_{10}^1} = \frac{3}{10}$$

(2) 10个球中任取两球的取法有C_{10}^2种，其中恰好一个白球，一个黑球的取法有$C_3^1 \cdot C_7^1$种，两个球均是黑球的取法有C_3^2种，记事件B={恰好取到一个白球一个黑球}，C={两个球均为黑球}，则

$$P(B) = \frac{C_3^1 C_7^1}{C_{10}^2} = \frac{21}{45} = \frac{7}{15},\quad P(C) = \frac{C_3^2}{C_{10}^2} = \frac{3}{45} = \frac{1}{15}$$

例 5-5　一口袋装有 6 只球，其中 4 只白球、2 只红球. 从袋中取球两次，每次随机地取一只. 有两种取球方式：

(1) 第一次取一只球，观察其颜色后放回袋中，搅匀后再取一球. 这种取球方式叫做放回抽样或重复抽样.

(2) 第一次取一球不放回袋中，第二次从剩余的球中再取一球. 这种取球方式叫做不放回抽样或不重复抽样. 试就两种情况下分别计算取到的两只球都是白球的概率.

解　记事件A= {取到的两只球都是白球}.

(1) 放回抽样的情况下:第一次从袋中取球有 6 只球可供抽取，第二次也有 6 只球可供抽取. 由乘法原理，共有6×6种取法. 对A而言，由于第一次有4只白球可供抽取，第二次也有 4 只白球可供抽取，由乘法原理，共有4×4种取法. 于是

$$P(A) = \frac{4\times4}{6\times6} = \frac{4}{9}$$

(2) 不放回抽样的情况下：

$$P(A) = \frac{C_4^2}{C_6^2} = \frac{2}{5}$$

例 5-6　(1) 500 人中，至少有一个的生日是 7 月 1 日的概率是多少(1 年按 365 日

计算)?

(2)6 个人中，恰好有 4 个人的生日在同一个月的概率是多少?

解 (1)设 $A=\{$至少有一个人生日在 7 月 1 日$\}$，则

$$P(A)=1-P(\overline{A})=1-\frac{364^{500}}{365^{500}}=0.746$$

(2)设 $B=\{$恰好有 4 个人的生日是在同一个月$\}$，所求的概率为

$$P(B)=\frac{\mathrm{C}_6^4\times\mathrm{C}_{12}^1\times 11^2}{12^6}=0.0073$$

5.4 条件概率

5.4.1 条件概率

在实际问题中，人们往往要考虑在一个事件已经发生的条件下，另一个事件发生的概率. 我们把在事件 A 发生条件下，事件 B 发生的概率称为条件概率(conditional probability)，记为 $P(B|A)$.

例 5-7 设 100 件产品中有 60 件是一等品，30 件二等品，10 件废品. 规定一、二等品都为合格品. 现从 100 件产品中任意抽取一件，假定每件产品被抽到的可能性都相同，求

(1)抽到的产品是一等品的概率;

(2)已知抽到的产品是合格品的条件下，产品是一等品的概率.

解 记 $A=\{$抽到的产品是合格品$\}$，$B=\{$抽到的产品是一等品$\}$.

(1)由于 100 件产品中有 60 件是一等品，按古典概型计算，得

$$P(B)=\frac{60}{100}$$

(2)由于事件 A 的发生给人们带来新的信息：A 的对立事件 $\overline{A}=\{$抽到的产品是废品$\}$是不可能发生了. 因此 $\overline{A}$ 中的 10 个基本结果立即从考察中剔去，所有可能发生的基本结果仅限于 A 中的 90 个基本结果. 这意味着，事件 A 的发生改变了样本空间，从原样本空间 Ω(含 100 个基本结果)缩减为新的样本空间 $\Omega_A=A$(含 90 个基本结果)，这时事件 B 所含的基本结果在 Ω_A 中所占的比率为60/90，这就是在事件 A 已发生下，事件 B 的条件概率，即

$$P(B|A)=\frac{60}{90}$$

$P(B)=60/100$ 是整批产品中的一等品率，而 $P(B|A)=60/90$ 是合格品中的一等品率. 虽然这两个概率不同，但两者之间有一定的关系.

因为 100 件产品中有 90 件是合格品，所以 $P(A)=90/100$．$P(AB)$ 是“抽到的产品是合格品且是一等品”的概率，由 100 件产品中有 60 件既是合格品又是一等品，得 $P(AB)=60/100$．

$$P(B|A)=\frac{60}{90}=\frac{60/100}{90/100}=\frac{P(AB)}{P(A)}$$

上式具有一般性(要保证上式中的分母不为零)．这样我们就得到条件概率的一般定义．

定义 5.4　设 A 和 B 是两个事件，且 $P(A)>0$，称

$$P(B|A)=\frac{P(AB)}{P(A)}$$

为在事件 A 发生的条件下，事件 B 发生的条件概率．

条件概率满足概率的三个条件：

(1) 非负性：对任意事件 B，有 $P(B|A)\geqslant 0$；

(2) 规范性：$P(\Omega|A)=1$；

(3) 可列可加性：若 $B_1,B_2,\cdots$ 两两互不相容，则有

$$P\left(\bigcup_{i=1}^{\infty}B_i\,\middle|\,A\right)=\sum_{i=1}^{\infty}P(B_i|A)$$

由此可知，条件概率也具有概率的三个条件导出的性质，如

(1) $P(\varnothing\mid A)=0$；　(2) $P(\overline{B}|A)=1-P(B|A)$；

(3) $P(B_1\cup B_2|A)=P(B_1|A)+P(B_2|A)-P(B_1B_2|A)$．

例 5-8　有 10 个签，其中 4 个难签，6 个容易签，甲、乙两人依次各抽取一个签，甲抽取一个难签记为 A，乙抽取一个难签记为 B．求

(1) 甲抽到一个难签的概率；

(2) 已知甲抽到一个难签的情况下乙抽到一个难签的概率．

解　(1) 由古典概型，甲抽到一个难签的概率为

$$P(B)=\frac{4}{10}=\frac{2}{5}$$

(2) 若已知甲抽到一个难签，则还剩 9 个签，其中 3 个难签 6 个容易签，乙再抽取一个，取到难签的条件概率为

$$P(B|A)=\frac{3}{9}=\frac{1}{3}$$

注：上例的样本空间 Ω 是由10个签构成的，在计算条件概率时，剔除掉甲抽到的一个难签，把剩下的 9 个签看成是缩减了的样本空间 Ω_A，在 Ω_A 中再利用古典概型计算出 $P(B|A)$，这是利用条件概率的含义直接计算 $P(B|A)$．此外，也可以按照条件概率的定

义 $P(B|A)=\dfrac{P(AB)}{P(A)}$ 来计算.

例 5-9 人寿保险公司常常需要知道存活到某一个年龄段的人在下一年仍然存活的概率. 根据统计资料, 某城市的居民由出生活到 50 岁的概率为 0.90718, 存活到 51 岁的概率为 0.90135. 问现在已经 50 岁的人, 能够活到 51 岁的概率是多少?

解 设 A={活到 50 岁}, B={活到 51 岁}. 显然 $B\subset A$. 因此, $AB=B$, 要求 $P(B|A)$. 因为 $P(A)=0.90718, P(B)=0.90135, P(AB)=P(B)=0.90135,$ 从而

$$P(B|A)=\frac{P(AB)}{P(A)}=\frac{0.90135}{0.90718}\approx 0.99357$$

由此可知, 该城市的人在 50 岁到 51 岁之间死亡的概率约为 $1-0.99357=0.00643$, 即在平均意义下, 该年龄段中每一千个人中间约有 6.43 人死亡.

5.4.2 乘法公式

由条件概率的定义, 可以直接得到下述定理.

定理 5.1 (乘法公式) 对于两个事件 A 与 B,

若 $P(A)>0,$ 则有 $P(AB)=P(A)\ P(B|A)$;

若 $P(B)>0$, 则有 $P(AB)=P(B)P(A|B)$.

乘法公式可计算两个事件同时发生的概率, 并且可以推广到有限多个事件. 例如, 对于三个事件 A,B,C, 若 $P(AB)>0$, 则有

$$P(ABC)=P(A)P(B|A)P(C|AB)$$

一般地, 对于 $n(n\geqslant 2)$ 个事件 $A_1,A_2,\cdots,A_n$, 若 $P(A_1A_2\cdots A_{n-1})>0$, 则有

$$P(A_1A_2\cdots A_n)=P(A_1)P(A_2|A_1)P(A_3|A_1A_2)\cdots P(A_n|A_1A_2\cdots A_{n-1})$$

注: $P(A_1A_2\cdots A_{n-1})>0,$ 自然就有 $P(A_1)>0$, $P(A_1A_2)>0,\ \cdots$, $P(A_1A_2\cdots A_n)>0$, 从而使得乘法公式中出现的各个条件概率均有意义.

例 5-10 一个袋子中装有 10 个大小相同的球, 其中 3 个黑球, 7 个白球, 先后两次从中随机各取一球(不放回), 求两次取到的均为黑球的概率.

解 设 A_i={第 i 次取到的是黑球} (i=1,2),则 A_1A_2 表示事件“两次取到的均为黑球”. 由题设

$$P(A_1)=\frac{3}{10},\quad P(A_2|A_1)=\frac{2}{9}$$

于是根据乘法公式, 有

$$P(A_1A_2)=P(A_1)P(A_2|A_1)=\frac{3}{10}\times\frac{2}{9}=\frac{1}{15}$$

这一概率我们曾用古典概型方法计算过, 这里我们使用乘法公式来计算. 在本例中,

问题本身提供了分两步完成一个试验的结构，这恰恰与乘法公式的形式相对应，合理地利用问题本身的结构来使用乘法公式往往是使问题得到简化的关键.

例 5-11　签筒中放有 10 支签，其中只有一支写有“中奖”字样．10 个人依次随机地从中取走一签，求第 i 个人中奖的概率，$i=1,2,\cdots,10$.

解　设 $A_i=\{第 i 个人中奖\}(i=1,2,\cdots,10)$，则

第 1 人中奖的概率 $P(A_1)=\dfrac{1}{10}$；

第 2 人中奖的概率 $P(\overline{A}_1A_2)=P(\overline{A}_1)P(A_2|\overline{A}_1)=\dfrac{9}{10}\times\dfrac{1}{9}=\dfrac{1}{10}$；

第 3 人中奖的概率 $P(\overline{A}_1\overline{A}_2A_3)=P(\overline{A}_1)P(\overline{A}_2|\overline{A}_1)P(A_3|\overline{A}_1\overline{A}_2)=\dfrac{9}{10}\times\dfrac{8}{9}\times\dfrac{1}{8}=\dfrac{1}{10}$；

……

第 10 人中奖的概率

$$P(\overline{A}_1\overline{A}_2\cdots\overline{A}_9A_{10})=P(\overline{A}_1)P(\overline{A}_2|\overline{A}_1)P(\overline{A}_3|\overline{A}_1\overline{A}_2)\cdots P(A_{10}|\overline{A}_1\overline{A}_2\cdots\overline{A}_9)=\frac{9}{10}\times\frac{8}{9}\times\frac{7}{8}\times\cdots\times\frac{1}{2}\times1=\frac{1}{10}$$

由此可见，每个人中奖的概率相同，中奖与否与抽签顺序无关.

5.4.3　全概率公式

计算一个复杂事件的概率，可先把复杂事件分解为若干个简单事件的并，分别计算出这些简单事件的概率，然后再利用概率的性质计算出复杂事件的概率，这是计算复杂事件概率的常用的一种方法.

定义 5.5　如果事件 $A_1,A_2,\cdots,A_n$ 满足下列条件:

(1) $A_iA_j=\varnothing$，$i\neq j$，$i,j=1,2,\cdots,n$；

(2) $\bigcup\limits_{i=1}^{n}A_i=\Omega$，

则称 $A_1,A_2,\cdots,A_n$ 是一个完备事件组. 显然，A 与 $\overline{A}$ 构成一个最简单的完备事件组.

设 B 为任意一个事件，则我们可以用完备事件组 $A_1,A_2,\cdots,A_n$ 对事件 B 进行如下划分:

$$B=\Omega B=(A_1\cup A_2\cup\cdots\cup A_n)B=A_1B\cup A_2B\cup\cdots\cup A_nB$$

上式中 $A_1B,A_2B,\cdots,A_nB$ 之间两两互不相容，再由概率的有限可加性及乘法公式得到

$$\begin{aligned}P(B)&=P(A_1B)+P(A_2B)+\cdots+P(A_nB)\\&=P(A_1)P(B|A_1)+P(A_2)P(B|A_2)+\cdots+P(A_n)P(B|A_n)\\&=\sum_{i=1}^{n}P(A_i)P(B|A_i)\end{aligned}$$

上式即为全概率公式(total probability formula).

定理 5.2（全概率公式）　设 $A_1,A_2,\cdots,A_n$ 是一个完备事件组，且 $P(A_i)>0$，$i=1,2,\cdots,n$，则对任意的事件 B，有

$$P(B) = \sum_{i=1}^{n} P(A_i)P(B|A_i)$$

全概率公式是统计学的基本公式之一. 在实际问题中, 当事件 B 比较复杂, 可根据情况构造一组完备事件 $\{A_i\}$, $i=1,2,\cdots,n$, 若 $P(A_i)$ 和 $P(B|A_i)$ 已知或比较容易计算时, 则可以利用全概率公式计算事件 B 发生的概率. 直观示意如图 5-2 所示.

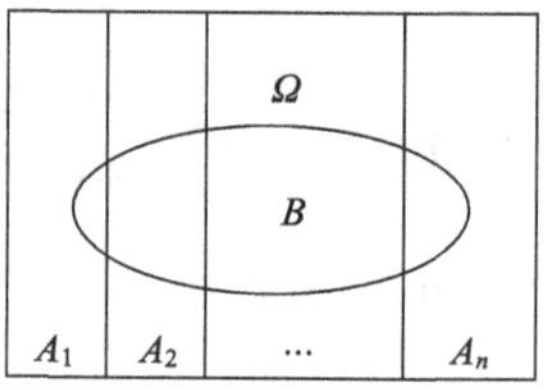

图 5-2

特别地, 若取 $n=2$, 并将 A_1 记为 A,则 A_2 就是 $\overline{A}$, 于是, 可得全概率公式最简单的形式(图 5-3):

$$P(B) = P(A)P(B|A) + P(\overline{A})P(B|\overline{A})$$

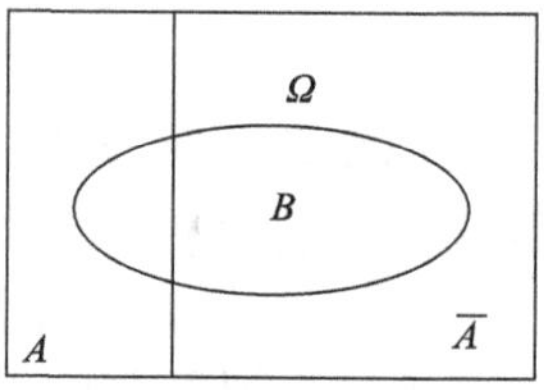

图 5-3

例 5-12　假设在某时期内影响股票价格变化的因素只有银行存款利率的变化. 经分析, 该时期内利率不会上调, 而利率下调的概率为 60%, 利率不变的概率为 40%. 根据经验, 在利率下调时某只股票上涨的概率为 80%, 在利率不变时, 该股票上涨的概率为 40%. 求该股票上涨的概率.

解　记事件 $A=\{$利率下调$\}$, 那么 $\overline{A}=\{$利率不变$\}$, 记事件 $B=\{$股票价格上涨$\}$. 由题设知

$$P(A)=60\%,\quad P(\overline{A})=40\%,\quad P(B|A)=80\%,\quad P(B|\overline{A})=40\%,$$

则

$$\begin{aligned} P(B) &= P(AB)+P(\overline{A}B) = P(A)P(B|A)+P(\overline{A})P(B|\overline{A}) \\ &= 60\%\times 80\% + 40\%\times 40\% = 0.64 \end{aligned}$$

例 5-13　库房内有三个车间生产的同类产品, 其中第一、二、三车间的产品各占库房总量的 50%, 30%, 20%. 已知三个车间产品的次品率分别为 0.01, 0.02, 0.04. 现从库房中任取一件产品, 问取出的产品是次品的概率有多大?

解　设 $A_i=\{$取出的产品是第 i 个车间生产的$\}$ $(i=1,2,3)$, $B=\{$取出的一件产品是次

品}，显然 A_1, A_2, A_3 是一个完备事件组. 由题设知

$$P(A_1)=0.5,\quad P(A_2)=0.3,\quad P(A_3)=0.2$$

$$P(B|A_1)=0.01,\quad P(B|A_2)=0.02,\quad P(B|A_3)=0.04$$

由全概率公式,

$$P(B)=\sum_{i=1}^{3}P(A_i)P(B|A_i)$$
$$=0.5\times0.01+0.3\times0.02+0.2\times0.04=0.019$$

5.4.4　贝叶斯公式

全概率公式的要点是借助于一个完备事件组 $A_1, A_2, \cdots, A_n$ 计算某一事件 B 发生的概率. 下面要介绍的公式恰好与此相反，是在已知某一事件 B 发生的条件下，求完备事件组中某个事件 A_i 发生的条件概率.

定理 5.3（贝叶斯公式）　设 $A_1, A_2, \cdots, A_n$ 为一完备事件组，对任意的事件 B，且 $P(B)>0$，则

$$P(A_i|B)=\frac{P(A_i)P(B|A_i)}{\sum_{j=1}^{n}P(A_j)P(B|A_j)}\quad (i=1,2,\cdots,n)$$

上述公式称为贝叶斯公式(Bayes formula). 由条件概率公式及全概率公式即可到贝叶斯公式.

贝叶斯公式也称为逆概率公式(Inverse probability formula)，是一个重要的概率计算公式. 如果我们把 A_i 看作是造成结果 B 发生的各原因(或条件)，则该公式表达的意义是：已知出现了试验结果 B，要求找出使得结果 B 发生的各个原因(或条件) A_i 的可能性大小.

贝叶斯公式中的 $P(A_i)$ 和 $P(A_i|B)$ 分别称为原因 A_i 的先验概率和后验概率. $P(A_i)$ 是在没有信息(不知道事件 B 是否发生)的情况下各个原因发生的可能性大小. 当进一步获得新的信息(知道 B 发生)后，人们对各个原因发生的可能性大小 $P(A_i|B)$ 有了新的估计. 贝叶斯公式从数量上刻画了这种变化.

例 5-14　在例 5-13 中，如果已知抽到的产品是次品，问该次品由第一、二、三车间生产的概率分别是多少?

解　由贝叶斯公式

$$P(A_1|B)=\frac{P(A_1B)}{P(B)}=\frac{P(A_1)P(B|A_1)}{P(B)}=\frac{0.5\times0.01}{0.019}=0.26$$

$$P(A_2|B)=\frac{P(A_2B)}{P(B)}=\frac{P(A_2)P(B|A_2)}{P(B)}=\frac{0.3\times0.02}{0.019}=0.32$$

$$P(A_3|B)=\frac{P(A_3B)}{P(B)}=\frac{P(A_3)P(B|A_3)}{P(B)}=\frac{0.2\times0.04}{0.019}=0.42$$

由于 $P(A_3|B)$ 最大，故抽到的次品最有可能来源于第三车间.

例*5-15　癌症的早期诊断和治疗是提高疗效的关键. 近年来，甲胎蛋白免疫检测法(简称 AFP 检测法)被普遍应用于肝癌的普查和诊断. 记事件 A={肝癌患者}，B={AFP 检验反应为阳性}，且已知 AFP 检测方法的真阳性率 $P(B|A)=0.94$，假阳性率 $P(B|\overline{A})=0.04$，在人群中肝癌的发病率一般只有 $P(A)=0.0004$. 今有一人 AFP 检测结果为阳性，现问该人患肝癌的可能性有多大？

解　由贝叶斯公式

$$P(A|B)=\frac{P(A)P(B|A)}{P(A)P(B|A)+P(\overline{A})P(B|\overline{A})}$$

$$=\frac{0.0004\times0.94}{0.0004\times0.94+0.9996\times0.04}=0.93\%$$

也就是说，AFP 检测结果为阳性的人，实际患肝癌的可能性只有 0.93%，即不到 1%.

$P(A|B)$ 值不大，这主要是因为肝癌的发病率非常低，仅有 0.0004. 因此，在对稀有病例的普查中，一次检测为阳性者，实际患此病的概率并不大.

5.5　事件的独立性

如果 $P(B)\neq P(B|A)$，则表明事件 A 的发生对事件 B 发生的概率产生了影响，即事件 A 与事件 B 是有关联的. 在实际问题中，经常也会遇到两个事件中任何一个的事件发生都不会对另一个事件的发生与否产生影响，即事件 A 与 B 之间存在某种“独立性”，即有 $P(B)=P(B|A)$. 此时乘法公式化为

$$P(AB)=P(A)P(B|A)=P(A)P(B)$$

5.5.1　事件的独立性

定义 5.6　若事件 A 与事件 B 满足

$$P(AB)=P(A)P(B)$$

则称事件 A 与 B 相互独立(mutual independence)，简称事件 A 与 B 独立.

由定义 5.6 容易得到:

若 $P(A)>0$，则事件 A 与 B 相互独立 $\Leftrightarrow P(AB)=P(A)P(B)\Leftrightarrow P(B|A)=P(B)$；

若 $P(B)>0$，则事件 A 与 B 相互独立 $\Leftrightarrow P(AB)=P(A)P(B)\Leftrightarrow P(A|B)=P(A)$.

定理 5.4　设事件 A,B 相互独立，则事件 A 与 $\overline{B}$、$\overline{A}$ 与 B 以及 $\overline{A}$ 与 $\overline{B}$ 也相互独立.

在现实问题中，往往要根据问题的实际意义去判断两事件是否独立. 若事件 A,B 之间没有关联或关联很弱，就可以判定它们是相互独立的. 例如，甲、乙两人向同一目标射击，记事件 $A=\{$甲命中$\}$，$B=\{$乙命中$\}$，因“甲命中”并不影响“乙命中”的概率，故 A,B 相互独立. 又如一批产品共 n 件，从中抽取 2 件，设事件 $A_i=\{$第 i 件是合格品$\}$ $(i=1,2)$，若抽取是有放回的，那么第二次抽取的结果不受第一次抽取结果的影响，故 A_1，A_2 相互独立. 若抽取是无放回的，则 A_1，A_2 不独立.

例 5-16　甲乙两射手独立地射击同一目标，他们击中目标的概率分别为 0.9 和 0.8. 求每人射击一次后，目标被击中的概率.

解　设 $A=\{$甲击中目标$\}$，$B=\{$乙击中目标$\}$，则 $P(A)=0.9$，$P(B)=0.8$，则目标被击中的概率为

$$
\begin{aligned}
P(A\cup B)&=P(A)+P(B)-P(AB)=P(A)+P(B)-P(A)P(B)\\
&=0.9+0.8-0.9\times 0.8=0.98
\end{aligned}
$$

必须指出，两事件 A 与 B 互不相容与相互独立是完全不同的两个概念. 互不相容是表述在一次随机试验中两事件不能同时发生，要用事件等式 $AB=\varnothing$ 判断；而相互独立是表述在一次随机试验中一事件发生与否对另一事件发生的概率没有影响，要用概率等式 $P(AB)=P(A)P(B)$ 判断.

独立性的概念可以推广到三个及以上事件的情形.

定义 5.7　设 A_1,A_2,A_3 为三个事件，若满足等式

$$
\begin{cases}
P(A_1A_2)=P(A_1)P(A_2)\\
P(A_2A_3)=P(A_2)P(A_3)\\
P(A_1A_3)=P(A_1)P(A_3)\\
P(A_1A_2A_3)=P(A_1)P(A_2)P(A_3)
\end{cases}
$$

则称事件 A_1,A_2,A_3 相互独立.

若 A_1,A_2,A_3 只满足定义 5.6 中的前三个等式，则称事件 A_1,A_2,A_3 两两独立. 相互独立要强于两两独立，两两独立未必相互独立.

直观地讲，如果 n 个事件 $A_1,A_2,\cdots,A_n$ 相互独立，那么其中任何一个或多个事件的发生不会对其他事件发生产生影响.

5.5.2　独立事件的性质

性质 1　若事件 $A_1,A_2,\cdots,A_n\,(n\geqslant 2)$ 相互独立，则其中任意 $k(1<k\leqslant n)$ 个事件也相互独立.

性质 2　若 n 个事件 $A_1,A_2,\cdots,A_n\,(n\geqslant 2)$ 相互独立，则将 $A_1,A_2,\cdots,A_n$ 中任意 $m(1\leqslant m\leqslant n)$ 个事件换成它们的对立事件，所得的 n 个事件仍相互独立.

推论　若事件 $A_1,A_2,\cdots,A_n\,(n\geqslant 2)$ 相互独立，则 $\overline{A}_1,\overline{A}_2,\cdots,\overline{A}_n$ 也相互独立.

性质 3　若事件 $A_1,A_2,\cdots,A_n$ 相互独立，则这 n 个事件中至少有一个发生的概率为

$$P\left(\bigcup_{i=1}^{n} A_i\right)=1-\prod_{i=1}^{n}[1-P(A_i)]$$

如果各个事件是相互独立的, 则许多概率问题的计算可以大为简化. 例如:

(1) 计算 n 个相互独立的事件 $A_1,A_2,\cdots,A_n$ 同时发生的概率可简化为

$$P(A_1A_2\cdots A_n)=P(A_1)P(A_2)\cdots P(A_n)$$

(2) 计算 n 个相互独立的事件 $A_1,A_2,\cdots,A_n$ 至少有一个发生的概率可简化为

$$P(A_1\cup A_2\cup\cdots\cup A_n)=1-\prod_{i=1}^{n}P(\overline{A}_i)$$

例 5-17　甲、乙、丙三人各射一次靶, 他们各自中靶与否相互独立. 已知他们各自中靶的概率分别为 0.5, 0.6, 0.8, 求下列事件的概率.

(1) 恰有一人中靶;　(2) 至少有一人中靶.

解　设 A_1,A_2,A_3 分别表示甲、乙、丙中靶三个事件, 则"恰有 1 人中靶"这一事件可表示为 $A_1\overline{A}_2\overline{A}_3\cup\overline{A}_1A_2\overline{A}_3\cup\overline{A}_1\overline{A}_2A_3$, "至少有一人中靶" 可表示为 $A_1\cup A_2\cup A_3$.

(1)
$$\begin{aligned}&P(A_1\overline{A}_2\overline{A}_3\cup\overline{A}_1A_2\overline{A}_3\cup\overline{A}_1\overline{A}_2A_3)\\&=P(A_1\overline{A}_2\overline{A}_3)+P(\overline{A}_1A_2\overline{A}_3)+P(\overline{A}_1\overline{A}_2A_3)\\&=P(A_1)P(\overline{A}_2)P(\overline{A}_3)+P(\overline{A}_1)P(A_2)P(\overline{A}_3)+P(\overline{A}_1)P(\overline{A}_2)P(A_3)\\&=0.5\times0.4\times0.2+0.5\times0.6\times0.2+0.5\times0.4\times0.8=0.26\end{aligned}$$

(2)
$$P(A_1\cup A_2\cup A_3)=1-P(\overline{A}_1)P(\overline{A}_2)P(\overline{A}_3)=1-0.5\times0.4\times0.2=0.96$$

例 5-18　设有 n 个人向保险公司购买 1 年期人身意外保险, 假定投保人在一年内发生意外的概率均为 0.01.

(1) 求保险公司发生赔付业务的概率;

(2) 当 n 多大时, 使得上述赔付的概率超过 $1/2$.

解　(1) 记 $A_i=\{$第 i 个投保人出现意外$\}$ $(i=1,2,\cdots,n)$, $A=\{$保险公司赔付$\}$, 则由实际问题可知, $A_1,A_2,\cdots,A_n$ 相互独立, 且 $A=\bigcup\limits_{i=1}^{n}A_i$. 因此

$$P(A)=P\left(\bigcup_{i=1}^{n}A_i\right)=1-\prod_{i=1}^{n}P(\overline{A}_i)=1-(0.99)^n$$

(2) 由 $P(A)\geqslant0.5$, 得 $(0.99)^n\leqslant0.5$, 即 $n\geqslant\dfrac{\lg2}{2-\lg99}\approx684.16$.

即当投保人数不小于 685 时, 保险公司赔付的概率超过 $1/2$.

该例表明, 虽然概率为 0.01 的事件是小概率事件, 它在一次试验中实际上几乎是不会发生的, 但若重复进行试验, 只要次数 $n\geqslant685$, 这些小概率事件至少发生一次的概率就会超过 0.5, 且显然, 当 $n\to\infty$ 时, $P(A)\to1$. 即在大样本情形下, 小概率事件

不容忽视.

5.5.3 伯努利概型

设随机试验只有 A 和 $\overline{A}$ 两种可能的结果，则称这样的试验为伯努利(Bernoulli)试验.

记 $P(A)=p$，$P(\overline{A})=1-p=q \quad (0<p<1, p+q=1)$，将伯努利试验在相同条件下独立地重复进行 n 次，称为 n 重伯努利试验，或简称为伯努利概型(Bernoulli probability model).

n 重伯努利试验是一种很重要的概率模型，在实际问题中具有广泛的应用. 其特点是：事件 A 在每次试验中发生的概率均为 p，且不受其他各次试验中 A 是否发生的影响.

例 5-19　某射手对目标独立射击 5 次，每次命中目标的概率为 p，求恰有 k 次命中的概率（$k=0,1,2,3,4,5$）.

解　设事件 A_i 表示"第 i 次射击时命中目标"，$i=1,2,3,4,5$，则 A_1, A_2, A_3, A_4, A_5 相互独立且 $P(A_i)=p$，$i=1,2,3,4,5$.

射手 5 次射击全部脱靶的概率(记作 $P_5(0)$)为

$$P_5(0)=P(\overline{A}_1\overline{A}_2\overline{A}_3\overline{A}_4\overline{A}_5)=\left[P(\overline{A}_i)\right]^5=(1-p)^5$$

射手 5 次射击中恰有一次命中的概率(记作 $P_5(1)$)为

$$\begin{aligned}P_5(1)&=P(A_1\overline{A}_2\overline{A}_3\overline{A}_4\overline{A}_5\cup\overline{A}_1A_2\overline{A}_3\overline{A}_4\overline{A}_5\cup\overline{A}_1\overline{A}_2A_3\overline{A}_4\overline{A}_5\cup\overline{A}_1\overline{A}_2\overline{A}_3A_4\overline{A}_5\cup\overline{A}_1\overline{A}_2\overline{A}_3\overline{A}_4A_5)\\&=\mathrm{C}_5^1p(1-p)^4\end{aligned}$$

以此类推，射手 5 次射击中恰有 k 次命中的概率(记作 $P_5(k)$)为

$$P_5(k)=\mathrm{C}_5^k p^k(1-p)^{5-k}, \quad k=0,1,2,3,4,5$$

定理 5.5（伯努利定理）　设在一次试验中，事件 A 发生的概率为 $p(0<p<1)$，则在 n 重伯努利试验中，事件 A 恰好发生 k 次的概率为

$$P_n(k)=\mathrm{C}_n^k p^k q^{n-k}, \quad p+q=1, \quad k=0,1,2,\cdots,n$$

由伯努利定理发展出来的二项分布在大样本的离散数据处理中具有重要的作用.

例 5-20　某人投篮的命中率为 0.6，若连续投篮 4 次，求最多投中 2 次的概率.

解　记 $B=\{$最多投中两次$\}$，由题意知，这是 4 重伯努利试验. 因此，4 次投篮中恰好投中 k 次的概率为

$$P_4(k)=\mathrm{C}_4^k p^k q^{4-k}, \quad k=0,1,2,3,4$$

其中 $p=0.6, q=0.4$. 故所求概率为

$$P(B) = P_4(0) + P_4(1) + P_4(2)$$
$$= C_4^0 \times 0.6^0 \times 0.4^4 + C_4^1 \times 0.6^1 \times 0.4^3 + C_4^2 \times 0.6^2 \times 0.4^2$$
$$= 0.5248$$

例 5-21 一条自动生产线上的产品，次品率为4%，求：

(1) 从中任取 10 件，求至少有两件次品的概率；

(2) 一次一件，无放回地抽取，求当取到第二件次品时，之前已取到8件正品的概率.

解 (1) 若是有放回抽取，每抽一件产品看成是一次试验，抽 10 件产品相当于做 10 次重复独立试验. 但实际中往往采取无放回抽取. 由于一条自动生产线上的产品很多，当抽取的件数相对较少时，即使无放回抽取也可以看成是独立试验，而且每次试验只有“次品”或“正品”两种可能结果，所以可以看成 10 重伯努利试验.

记 A={任取一件是次品}，则 $p = P(A) = 0.04, q = P(\overline{A}) = 0.96$，又设 B = {任取 10 件中至少有 2 件次品}，则由伯努利定理

$$P(B) = \sum_{k=2}^{10} P_{10}(k) = 1 - P_{10}(0) - P_{10}(1) = 1 - 0.96^{10} - C_{10}^1 \times 0.04 \times 0.96^9 = 0.0582$$

(2) 由题意，至第二次抽到次品时，共抽取了 10 次，前 9 次中抽到 8 件正品 1 件次品，设 C 表示“前 9 次中抽到 8 件正品 1 件次品”，D 表示“第 10 次抽到次品”，则由独立性和伯努利公式，所求的概率为

$$P(CD) = P(C)P(D) = C_9^1 \times 0.04 \times 0.96^8 \times 0.04 = 0.0104$$

本 章 小 结

1. 在一定条件下人们事先无法准确预知其结果的现象称为随机现象，人们对随机现象的观察称为随机试验，随机试验的一切可能基本结果组成的集合称为样本空间.

2. 样本空间 Ω 的某些子集称为随机事件. 随机事件的关系与运算与集合的关系与运算基本相同.

3. 概率的定义的主要形式有统计定义与公理化定义两种. 古典概型是一种常见的概率模型.

4. 在事件 A 发生的条件下，事件 B 发生的概率称为条件概率. 乘法公式、全概率公式及贝叶斯公式是计算有关条件概率问题的重要公式.

5. 若事件 A 与事件 B 满足 $P(AB) = P(A)P(B)$，则称事件 A 与 B 相互独立. 若事件 A,B 相互独立，则事件 A 与 $\overline{B}$、$\overline{A}$ 与 B 以及 $\overline{A}$ 与 $\overline{B}$ 也相互独立.

6. 伯努利定理：设在一次试验中，事件 A 发生的概率为 $p\,(0<p<1)$，则在 n 重伯努利试验中，事件 A 恰好发生 k 次的概率为 $P_n(k) = C_n^k p^k q^{n-k}, p + q = 1, k = 0,1,2,\cdots,n$.

《应用统计学》学习材料(5)

思考与练习

5.1 什么是随机试验？随机试验的基本性质是什么？

5.2 随机事件出现的频率和概率有什么关系？

5.3 在什么条件下才会出现“事件 A 与 B 相互独立并且互不相容”的情形？

5.4 写出下列随机试验的样本空间:

(1) 抛三枚硬币;

(2) 抛两颗骰子;

(3) 观察一只灯泡的寿命;

(4) 记录某城市一天内的用电量.

5.5 设 A , B , C 表示 3 个随机事件, 试将下列事件用 A , B , C 表示.

(1) 3 个事件中恰好有 2 个出现;

(2) 3 个事件中至少有 2 个出现;

(3) 3 个事件中不多于 1 个出现.

5.6 已知 $A \subset B$, $P(A)=0.4$, $P(B)=0.6$. 求

(1) $P(\bar{A}), P(\bar{B})$; (2) $P(AB)$; (3) $P(A \cup B)$; (4) $P(\bar{A}B)$; (5) $P(\bar{A}\bar{B}), P(\bar{B}A)$.

5.7 已知 A, B 为两事件, 且 $P(A)=0.5, P(B)=0.7$, $P(A \cup B)=0.8$. 试求 $P(B-A)$ 与 $P(A-B)$.

5.8 某市发行 A , B 两种报纸. 在该市的居民中, 订阅 A 报的占45%, 订阅 B 报的占35%, 同时订阅 A 报及 B 报的占 10%. 求下列事件的概率:

(1) 只订阅 A 报的; (2) 至少订阅一种报纸的.

5.9 从一批由 45 件正品、5 件次品组成的产品中任取 3 件产品, 求其中恰有 1 件次品的概率.

5.10 已知 $P(A)=0.5$, $P(B)=0.6$, $P(B \mid A)=0.8$, 求 $P(AB)$ 及 $P(\bar{A}\bar{B})$.

5.11 某企业产品的合格率为 98%, 合格品中的一级品率为 40%. 求从产品中任取一件为一级品的概率是多少?

5.12 某人有一笔资金, 他投资基金(记作 A)的概率为 0.58, 投资股票(记作 B)的概率为 0.28, 两项同时都投资的概率为 0.19.

(1) 已知他已购买基金, 再购买股票的概率是多少?

(2) 已知他已购买股票, 再购买基金的概率是多少?

5.13 用三个机床加工同一种零件, 加工该零件的占比分别为 50%, 30%, 20%, 各机床加工的零件的合格率分别等于 94%, 90%, 95%.

(1) 求全部产品的合格率;

(2) 从加工好的产品中随机地抽取一件, 发现是次品, 试问这件次品由哪一台车床生产的可能性最大?

5.14 三人独立地去破译一个密码, 他们能译出该密码的概率分别为 1/5, 1/3, 1/4, 问此密码能被破译的概率是多少?

5.15 有甲、乙两批种子, 发芽率分别是 0.8 和 0.7. 在两批种子中各任取一粒, 求

(1) 两粒种子都能发芽的概率;

(2) 至少有一粒种子能发芽的概率;

(3) 恰好有一粒种子能发芽的概率.

5.16 对同一目标进行三次独立射击, 第一次、第二次、第三次射击的命中率分别为 0.4, 0.5, 0.7.

(1) 求在三次射击中, 恰好有一次击中目标的概率;

(2) 求在三次射击中, 至少有一次击中目标的概率.

5.17 某机构有一个 9 人组成的顾问小组, 若每个顾问贡献正确意见的百分比是 0.7, 现在该机构对某事可行与否分别征求各位顾问意见, 并按多数人意见作出决策, 求作出正确决策的概率.

5.18 在 4 重伯努利试验中，已知事件 A 至少出现一次的概率为 0.5，求在一次试验中事件 A 发生的概率.

5.19为了防止意外，在矿内同时设甲、乙两种报警系统，每种系统单独使用时，其有效率分别为0.92和0.93. 在甲系统失灵的条件下，乙系统仍有效的概率为0.85. 求:

(1) 发生意外时，这两个报警系统至少有一个有效的概率;

(2) 在乙失灵的条件下，甲仍有效的概率.

5.20玻璃杯整箱出售，每箱 20 只，其中含 0,1,2 只残次品的概率分别为 0.8,0.1,0.1，一顾客欲购一箱玻璃杯，由售货员任取一箱，经顾客开箱随机查看 4 只，若无残次品，则买下此箱玻璃杯，否则不买. 求:

(1) 顾客决定购买此箱玻璃杯的概率 α；

(2) 在顾客购买的此箱玻璃杯中，确实没有残次品的概率 β.

第 6 章　随机变量及其分布

圣彼得堡悖论

所谓“圣彼得堡悖论”，涉及的是一场猜硬币的赌博. 假设第 1 次猜对，赌徒可得 2 元；第 1 次没猜对，第 2 次猜对，赌徒可得 4 元；前两次没猜对，第 3 次猜对，赌徒可得 8 元. 一般情形是：如果前 $n-1$ 次都没猜对，第 n 次猜对，赌徒可得 2^n 元. 现在要问，为使一个赌徒有权参加这样的赌博，他应先交多少钱才能使这场赌博成为“公平赌博”？

假设硬币本身是均匀的，即认为参赌者每次猜中的概率是 $1/2$. 这样他第 1 次猜中的概率是 $1/2$，第 1 次没猜中，第 2 次猜中的概率是 $1/2^2$，如此等等. 一般为：前 $n-1$ 次没猜中，第 n 次才猜中的概率为 $1/2^n$. 因此，参赌者可能赢得的平均钱数(数学期望)应该为

$$2\cdot\frac{1}{2}+2^2\cdot\frac{1}{2^2}+2^3\cdot\frac{1}{2^3}+\cdots+2^n\cdot\frac{1}{2^n}+\cdots=\infty$$

上式表明，参赌者无论押多少钱的赌注，这场赌博都是对他有利的.

然而，如果真的有人要把这场赌博付诸实现，即使参赌者是个敢冒任何风险的赌徒，当参与这场赌博的权利的标价非常高时，他同样会踌躇不前. 于是就产生了一个悖论：为什么一场理论上的“有利赌博”，实际上只有疯子才会愿意出高价去投入?这个问题的研究涉及经济学中的期望效用理论.

在任何一项风险投资中，投资者未来的回报或收益都是不确定的. 随机变量就是描述这类投资收益(未定权益)的有效工具. 1944 年，普林斯顿大学的数学家冯・诺依曼(von Neumann)与经济学家摩根斯坦恩(Morgenstern)合作出版了具有划时代意义的著作《博弈论与经济行为》(*The Theory of Games and Economic Behaviour*)，书中根据随机变量数字特征的性质，首次提出了期望效用理论，为人们在风险环境下投资行为的研究开辟了新的路径.

许多统计变量的取值依赖于随机试验或随机抽样的结果，这类变量的取值具有不确定性，通常被称为随机变量. 与普通变量所不同的是，人们无法事先预知随机变量的确切取值，但可以研究其取值的统计规律性. 引入随机变量之后，我们就能够将随机事件进行定量分析，从而更系统更全面地把握随机现象的统计规律. 从推断统计学的角度看，随机变量是刻画总体数据统计分布规律主要的数学工具.

6.1　随 机 变 量

为了利用数学工具对随机试验的结果进行深入的研究，有效揭示随机现象的统计规

律性，我们将随机试验的结果与实数对应起来，试图把随机试验的结果数量化.

有一些随机试验的结果本身就是由数量来表示的. 例如，在观察一颗骰子出现的点数的试验中，试验的结果就可以分别由数1, 2, 3, 4, 5, 6来表示. 再如，观察一个灯管的使用寿命，其寿命可能是$[0,+\infty)$中的任何一个实数.

在另一些随机试验中，试验结果虽然与数量无关，但我们可以用指定的数字分别表示不同的试验结果. 例如，在抛掷一枚硬币观察其出现正面或反面的试验中，若规定"出现正面"对应数 1，"出现反面"对应数 0，则该试验的每一种可能结果，都有唯一确定的实数与之对应.

上述分析表明，随机试验的结果都可以用一个实数来表示，这个实数随着试验结果的不同而不同，因此它是样本点的函数，这个函数称为随机变量.

定义 6.1　设随机试验的样本空间为Ω，定义在样本空间Ω上的实值函数$X = X(\omega)$称为随机变量(random variable).

图 6-1 给出了样本点与实数$X = X(\omega)$对应的示意图.

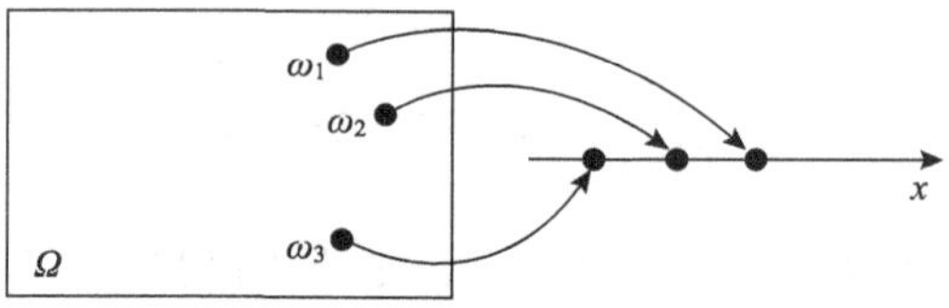

图 6-1

随机变量通常用大写字母X,Y,Z或希腊字母ξ,η等表示，而随机变量所取的值一般采用小写字母x,y,z等表示.

随机变量是定义在样本空间Ω上的单值实函数. 随机变量的取值是随机的，试验前只知道它可能取值的范围，而不能预先确定它将取哪一个值；试验的每一个结果的出现都有一定的概率，因而随机变量各取值都有一定的概率. 这就是随机变量与普通变量的本质区别.

需要指出的是，上述随机变量的定义仅适应于比较简单的离散样本空间. 如果样本空间的结构比较复杂，随机变量的定义还须进行修改和完善.

例 6-1　一射手对目标进行射击，击中目标得 1 分，击不中目标得 0 分. 其样本空间为$\Omega = \{$击中，脱靶$\}$，记得分数为随机变量X，则X作为Ω上的实值函数可表示为

$$X(\omega) = \begin{cases} 0, & \omega = \text{脱靶} \\ 1, & \omega = \text{击中} \end{cases}$$

可以看出，随机变量X的取值由样本点ω决定. 反之，使X取某一特定值a的那些样本点的全体构成样本空间Ω的一个子集，即

$$A = \{\omega | X(\omega) = a\} \subset \Omega$$

A是一个事件，当且仅当事件A发生时才有$\{X = a\}$，为简便起见，可以将事件$A =$

$\{\omega|X(\omega)=a\}$ 简记为 $\{X=a\}$.

例 6-2　将一枚硬币抛掷三次, 观察正面 H、反面 T 出现的情况, 其样本空间

$$\Omega=\{HHH, HHT, HTH, THH, HTT, THT, TTH, TTT\}$$

设 X 表示每次试验出现正面的总次数, 则 X 是随机变量. $X=X(\omega)$ 作为样本空间 Ω 上的函数, 其取值列表如表 6-1 所示.

表 6-1

ω	HHH	HHT	HTH	THH	HTT	THT	TTH	TTT
X	3	2	2	2	1	1	1	0

易见, 使 X 取值为 2 的样本点构成的子集为

$$A=\{HHT, HTH, THH\}$$

故

$$P\{X=2\}=P(A)=3/8$$

类似地, $P\{X\leqslant 1\}=P\{HTT, THT, TTH, TTT\}=4/8$.

例 6-3　在测试灯泡的使用寿命的试验中, 每一个灯泡的使用寿命可能是区间 $[0,+\infty)$ 中的任何一个实数, 若用 X 表示灯泡的寿命(小时), 则 X 是定义在样本空间 $\Omega=\{t|t\geqslant 0\}$ 上的函数, 即 $X=X(t)$ 是随机变量.

6.2　离散型随机变量

6.2.1　离散型随机变量的概率分布

设 X 是一个随机变量, 若 X 全部可能的取值为有限个或无限可列个, 则称 X 为离散型随机变量(discrete random variable).

对于离散型随机变量, 我们不仅想知道它可能的取值, 而且还想知道它以多大的概率取这些值. 例如, 根据资料显示, 某地新生婴儿的男女概率分别为 0.517 和 0.483. 则婴儿的性别可用性别变量 X 来表示: 若出生男性婴儿则 X 取 0, 相应的概率为 0.517; 若出生女性婴儿则 X 取 1, 相应的概率为 0.483. 随机变量 X 取值的统计规律为

$$P\{X=0\}=0.517,\quad P\{X=1\}=0.483$$

或列成表格(表 6-2).

表 6-2

X	0	1
P	0.517	0.483

定义 6.2　设离散型随机变量 X 的所有可能取值为 $x_i(i=1,2,\cdots)$，相应的概率为

$$P\{X=x_i\}=p_i,\ \ i=1,2,\cdots$$

称上述这组概率为离散型随机变量 X 的概率分布或分布律(probability distribution).

随机变量 X 的概率分布也可用表格形式表示(表 6-3).

表 6-3

X	x_1	x_2	$\cdots$	x_i	$\cdots$
P	p_1	p_2	$\cdots$	p_i	$\cdots$

易知 X 的概率分布有如下性质:

性质 1　$p_i \geqslant 0(i=1,2,\cdots)$；

性质 2　$\sum\limits_{i=1}^{\infty} p_i = 1$.

例 6-4　已知随机变量 X 只能取−1, 0, 1, 2 四个值, 相应概率依次为 $\frac{1}{2c}$，$\frac{3}{4c}$，$\frac{5}{8c}$，$\frac{7}{16c}$.

(1) 确定变量 X 的具体分布;

(2) 计算概率 $P\{X<0\}$ 及 $P\{X \geqslant 0\}$.

解　(1) 由随机变量的性质, $\frac{1}{2c}+\frac{3}{4c}+\frac{5}{8c}+\frac{7}{16c}=1$,解得 $c=37/16$, 其具体分布为

X	−1	0	1	2
P	8/37	12/37	10/37	7/37

(2) $P\{X<0\}=P\{X=-1\}=8/37$； $P\{X \geqslant 0\}=1-P\{X<0\}=29/37$.

例 6-5　某系统有两台机器相互独立地运转. 设第一台和第二台机器发生故障的概率分别为 0.1, 0.2. 以 X 表示系统中发生故障的机器数, 求 X 的分布律.

解　记 $A_i=\{$第 i 台机器发生故障$\}$, $i=1,2$, 则

$$P\{X=0\}=P(\bar{A}_1\bar{A}_2)=P(\bar{A}_1)P(\bar{A}_2)=0.9\times 0.8=0.72$$

$$P\{X=1\}=P(A_1\bar{A}_2)+P(\bar{A}_1A_2)=0.1\times 0.8+0.9\times 0.2=0.26$$

$$P\{X=2\}=P(A_1A_2)=0.1\times 0.2=0.02$$

从而 X 的分布律为

X	0	1	2
P	0.72	0.26	0.02

下面的例子表明，随机变量可视为总体中的某一个统计指标或变量.

设某个总体由 10000 个数据组成，这 10000 个数据分别由 0, 1, 2, 3, 4, 5 共六个数字重复构成. 用 X 表示从这个总体中随机抽取的一个数字，则 X 就是一个离散型随机变量，可能的取值为 0, 1, 2, 3, 4, 5. 如果对该总体进行单项式分组，则各数字出现的频数是确定的. 比如，分组后各数字的频数分布如表 6-4 所示.

表 6-4

X (总体取值)	0	1	2	3	4	5
n_i (总体频数)	1000	2000	2500	3000	800	700

显然，六个数字重复出现的比例(即在总体中的占比)分别为 0.1, 0.2, 0.25, 0.3, 0.08, 0.07，这也是随机变量 X 分别取值为 0, 1, 2, 3, 4, 5 的概率 $P\{X=x_i\}$. 换言之，X 具有分布律如表 6-5 所示.

表 6-5

X	0	1	2	3	4	5
$P\{X=x_i\}$	0.1	0.2	0.25	0.3	0.08	0.07

如果我们无法知道六个数字在总体中出现的概率(比例)，就只能通过随机抽样去估计这个概率. 假设我们进行了 100 次重复抽样，即可获得一个容量为 100 的简单随机样本，并且抽样结果如表 6-6 所示.

表 6-6

X_i（样本取值）	0	1	2	3	4	5
n_i（样本频数）	8	18	23	32	13	6
f_i（样本频率）	0.08	0.18	0.23	0.32	0.13	0.06

本例中概率与频率的对比条形图如图 6-2 所示.

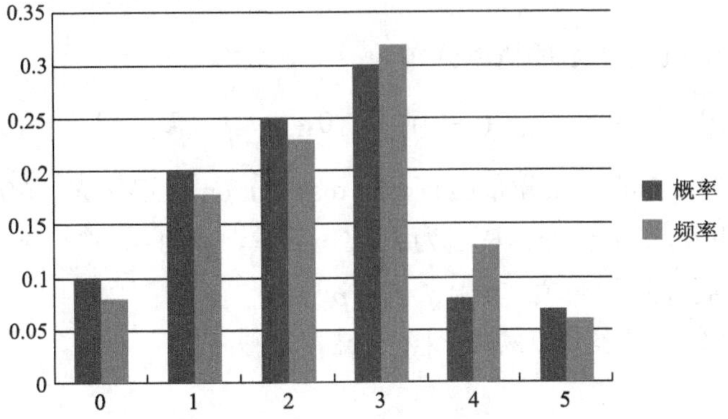

图 6-2　概率与频率对比条形图

由图 6-2 可知，概率与频率是有差别的，这种差别就是抽样误差. 随着抽样次数的增加(即扩大样本容量)，随机误差在平均意义下会逐渐缩小，即样本频率会逐渐稳定于总体概率.

6.2.2 常用离散型随机变量的概率分布

1. 两点分布

定义 6.3 若随机变量 X 只有两个可能取值，且其概率分布为

$$P\{X=x_1\}=p,\ P\{X=x_2\}=1-p \quad (0<p<1)$$

称随机变量 X 服从参数为 p 的两点分布(two-point distribution).

特别地，当 $x_1=1, x_2=0$ 时，该两点分布也称为 0－1 分布. 其概率分布为

$$P\{X=k\}=p^k(1-p)^{1-k},\quad k=0,1;\ 0<p<1$$

或者表示为如表 6-7 所示.

表 6-7

X	0	1
P	$1-p$	p

对于只有两个可能结果的随机试验，都可用 0-1 分布来描述. 例如，对即将出生的婴儿的性别判断；抛掷硬币观察正面出现的试验；检查产品是否合格的试验等.

2. 二项分布

在 n 重伯努利试验中，设每次试验中事件 A 发生的概率为 p. 用 X 表示该试验中事件 A 发生的次数，则 X 的可能取值为 $0,1,2,\cdots,n$，且对每一个取值 $k(0\leqslant k\leqslant n)$，事件 $\{X=k\}$ 表示"n 重伯努利试验中事件 A 发生 k 次"，根据伯努利定理，有

$$P\{X=k\}=\mathrm{C}_n^k p^k(1-p)^{n-k},\quad k=0,1,2,\cdots,n$$

定义 6.4 若随机变量 X 的概率分布为

$$P\{X=k\}=\mathrm{C}_n^k p^k(1-p)^{n-k},\quad 0<p<1,\quad k=0,1,2,\cdots,n$$

则称 X 服从参数为 n,p 的二项分布(binomial distribution)，记作 $X\sim b(n,p)$.

这里之所以称为二项分布，是因为 $P\{X=k\}=\mathrm{C}_n^k p^k(1-p)^{n-k}$（$k=0,1,2,\cdots,n$）恰好是二项式 $(p+q)^n$ 展开式的通项，其中 $q=1-p$.

显然，二项分布的概率分布满足 $P\{X=k\}\geqslant 0$，并且

$$\sum_{k=0}^{n}\mathrm{C}_n^k p^k q^{n-k}=(p+q)^n=1$$

当 $n=1$ 时，二项分布 $b(1,p)$ 就是参数为 p 的 0-1 分布，即 0-1 分布是二项分布的特例.

例 6-6　已知 100 个产品中有 5 个次品，现从中有放回地取 3 次，每次任取一个，求所取的 3 个中恰有 2 个次品的概率.

解　因为是有放回地取 3 次，所以，这 3 次试验的条件完全相同且独立，可视为伯努利试验. 依题意，每次试验取到次品的概率为 0.05. 设 X 为所取的 3 个产品中的次品数，则 $X\sim b(3,0.05)$，于是，所求概率为

$$P\{X=2\}=C_3^2(0.05)^2(0.95)=0.007125$$

若将本例中的“有放回”改为“无放回”，那么各次试验条件就不相同了，所以不再是伯努利概型. 此题可用古典概型求解:

$$P\{X=2\}=\frac{C_{95}^1C_5^2}{C_{100}^3}=0.00588$$

例 6-7　某导弹发射塔发射导弹的成功率为 0.9，求在 10 次发射中，

(1) 至少成功 2 次的概率；　(2) 至多成功 8 次的概率.

解　设 X 为 10 次发射中成功的次数，则 $X\sim b(10,0.9)$ ，所以

(1) 至少成功 2 次的概率为

$$\begin{aligned}P\{X\geqslant 2\}&=1-P\{X<2\}=1-P\{X=0\}-P\{X=1\}\\&=1-0.1^{10}-C_{10}^1\cdot 0.9\cdot 0.1^9\approx 1\end{aligned}$$

(2) 至多成功 8 次的概率为

$$\begin{aligned}P\{X\leqslant 8\}&=1-P\{X>8\}=1-P\{X=9\}-P\{X=10\}\\&=1-C_{10}^9\cdot 0.9^9\cdot 0.1^1-C_{10}^{10}0.9^{10}\cdot 0.1^0=0.2639\end{aligned}$$

例 6-8　已知某类产品的次品率为 0.2，现从一大批这类产品中随机地抽查 20 件，问恰好有 k 件（$k=1,2,\cdots,20$）次品的概率是多少?

解　这是无放回抽样. 但由于这批产品的总数很大，且抽查的产品的数量相对于产品的总数来说又很小，因而可以当作放回抽样来处理. 我们将检查一件产品看成是一次试验，检查 20 件产品相当于做 20 重伯努利试验. 记 X 为抽出的 20 件产品中次品的件数，则 X 是随机变量，且有 $X\sim b(20,0.2)$，故所求的概率为

$$P\{X=k\}=C_{20}^k0.2^k0.8^{20-k},\quad k=0,1,\cdots,20$$

将计算结果列表(表 6-8)，并作出条形图(图 6-3).

从图 6-3 可以看出，当 k 增加时，概率 $P\{X=k\}$ 先是随之增加，直至达到最大值，随后单调减少. 一般地，对于固定的 n 和 p，二项分布 $b(n,p)$ 都有类似的结果.

表 6-8

k	$P\{X=k\}$	k	$P\{X=k\}$
0	0.012	6	0.109
1	0.058	7	0.055
2	0.137	8	0.022
3	0.205	9	0.007
4	0.218	10	0.002
5	0.175	⩾11	<0.001

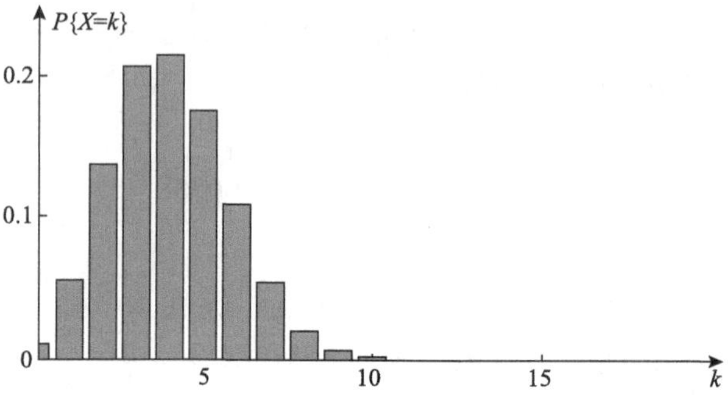

图 6-3

二项分布$b(n,p)$和 0-1 分布$b(1,p)$有着密切的关系. 仍设随机试验只有两个可能结果: A和$\overline{A}$, 且$P(A)=p$. 现将试验独立进行 n 次, 记X为 n 次试验中结果A出现的次数, 则$X\sim b(n,p)$. 若记X_i为第i次试验中结果A出现的次数, 即

$$X_i=\begin{cases}1, & 第i次试验中结果A出现\\ 0, & 第i次试验中结果A不出现\end{cases}$$

则$X_i\sim b(1,p)$, 根据X和$X_1,X_2,\cdots,X_n$的定义, 显然有

$$X=X_1+X_2+\cdots+X_n$$

这个式子表明, 一个服从二项分布的随机变量可以表示成n个相互独立且服从 0-1 分布的随机变量之和, 这是一个重要的结果.

二项分布的相关概率计算可以使用 Excel 中的统计函数“BINOM.DIST”完成. 6.6 节将介绍函数“BINOM.DIST”的操作方法及步骤.

3. 泊松分布

定义 6.5　若随机变量X的概率分布为

$$P\{X=k\}=\frac{\lambda^k}{k!}\mathrm{e}^{-\lambda},\quad \lambda>0,\ k=0,1,2,\cdots$$

则称随机变量X服从参数为λ的泊松分布(Poisson distribution), 记为$X\sim P(\lambda)$. 容易看出, $P\{X=k\}\geqslant 0, k=0,1,2,\cdots$, 且有$\sum\limits_{k=0}^{\infty}\frac{\lambda^k}{k!}\mathrm{e}^{-\lambda}=\mathrm{e}^{-\lambda}\sum\limits_{k=0}^{\infty}\frac{\lambda^k}{k!}=\mathrm{e}^{-\lambda}\mathrm{e}^{\lambda}=1$.

服从泊松分布的随机变量在实际应用中是很多的. 例如, 在单位时间内, 总机接到用户呼唤的次数; 一铸件上的砂眼数; 一本书一页中的印刷错误数; 某医院一天内接诊的急诊病人数; 某地区一个时间间隔内发生的交通事故数; 某地区一个时间间隔内发生的火灾次数, 等等.

例 6-9　某一城市每天发生火灾的次数 X 服从参数 $\lambda = 0.8$ 的泊松分布, 求该城市一天内发生 3 次或 3 次以上火灾的概率.

解

$$\begin{aligned} P\{X \geqslant 3\} &= 1 - P\{X < 3\} = 1 - P\{X = 0\} - P\{X = 1\} - P\{X = 2\} \\ &= 1 - \frac{0.8^0}{0!}e^{-0.8} - \frac{0.8^1}{1!}e^{-0.8} - \frac{0.8^2}{2!}e^{-0.8} \approx 0.0474 \end{aligned}$$

泊松分布相关概率计算可以通过查泊松分布概率值表(附表 5)得到, 也可以使用 Excel 中的统计函数“POISSON.DIST”完成. 函数“POISSON.DIST”的操作方法与二项分布类似.

6.3　随机变量的分布函数

我们已经知道, 离散型随机变量的取值只限于有限个或无限可列个. 许多非离散型的随机变量, 它们的可能取值是充满某个区间或整个实数轴的, 例如某种电池的寿命. 对于这一类随机变量, 由于其可能的取值不能一一列举出来, 因而就不能像离散型随机变量那样可以用概率分布律来描述它. 为了对各类随机变量的分布情况能够给出统一的描述, 我们将引入随机变量的分布函数的概念.

在描述统计中, “累积频率”是一个重要的概念. 对于样本数据, 只要知道累积频率就能得到样本数据的频率分布. 同样地, 对于总体数据, 只要知道“累积概率”, 就能得到总体数据的概率分布, 这就是随机变量分布函数的直观含义.

6.3.1　经验分布函数

样本频率直方图可以形象地描述总体分布的大致形态, 而本节介绍的样本分布函数则可以用来描述总体“累积分布”的大致轮廓.

设从总体中抽取容量为 n 的样本, 样本观测值为 $x_1, x_2, \cdots, x_n$, 如果样本容量 n 较大, 则相同的观测值可能重复出现若干次. 假如在 n 个样本观测值 $x_1, x_2, \cdots, x_n$ 中有 k 个不同的值, 按由小到大的顺序依次记为 $x_{(1)}, x_{(2)}, \cdots, x_{(k)}$, $k \leqslant n$, 并假设各 $x_{(i)}$ 出现的频数为 n_i, 则各 $x_{(i)}$ 出现的频率为

$$f_i = \frac{n_i}{n}, \quad i = 1, 2, \cdots, k, \quad k \leqslant n$$

显然有

$$\sum_{i=1}^{k} n_i = n, \quad \sum_{i=1}^{k} f_i = 1$$

设函数

$$F_n(x)=\begin{cases}0\\ \sum_{j=1}^{i} f_j, & i=1,2,\cdots,k\\ 1\end{cases}$$

称 $F_n(x)$ 为经验分布函数或样本分布函数(empirical distribution function). $F_n(x)$ 的图形如图 6-4 所示.

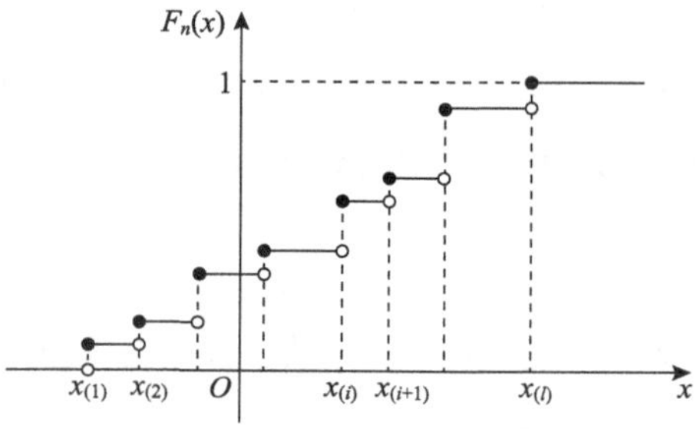

图 6-4

易知, 经验分布函数就是累积频率函数. 该函数具有以下性质:

(1) $0\leqslant F_n(x)\leqslant 1$;　(2) $F_n(x)$ 是非减函数;　(3) $F_n(-\infty)=0, F_n(+\infty)=1$;

(4) $F_n(x)$ 在每个观测值 $x_{(i)}$ 处是右连续的, 点 $x_{(i)}$ 是 $F_n(x)$ 的跳跃间断点, $F_n(x)$ 在该点的跃度就是频率 f_i ($i=1,2,\cdots,k$).

6.3.2　随机变量的分布函数

按照经验分布函数"累积频率"的含义, 我们给出随机变量分布函数的定义.

定义 6.6　设 X 是一个随机变量, x 是任意实数, 函数

$$F(x)=P\{X\leqslant x\}$$

称为随机变量 X 的分布函数.

这个函数具有双重含义: 一方面, 它完整地描述了随机变量的统计规律性, 根据分布函数可以算得与随机变量 X 有关事件的概率. 另一方面, 这个分布函数就是普通的实函数, 因此我们可以利用微积分的方法来全面研究随机变量.

根据本书第 7 章的大样本理论, 当 $n\to\infty$ 时(即样本容量无限增大), 对于任意的正数 ε, 有

$$\lim_{n\to\infty} P\{|F_n(x)-F(x)|<\varepsilon\}=1$$

即当 $n\to\infty$ 时, 经验分布函数 $F_n(x)$ 与 X 的概率分布函数 $F(x)$ 在概率意义下无限接近. $F_n(x)$ 与 $F(x)$ 两者的关系如图 6-5 所示.

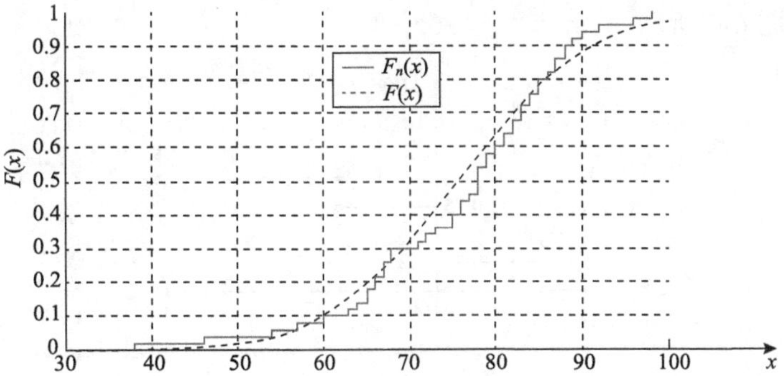

图 6-5

由此可见，分布函数是经验分布函数的稳定形式.

由分布函数的定义可知，若将 X 看作数轴上随机点的坐标，则分布函数 $F(x)$ 的值就表示 X 落在区间 $(-\infty, x]$ 的概率，因而 $0 \leqslant F(x) \leqslant 1$.

分布函数有如下的基本性质.

性质1　单调性：$F(x)$ 是定义在 $(-\infty,+\infty)$ 上的单调不减函数. 即对任意实数 x_1，x_2，如果 $x_1 < x_2$，则有 $F(x_1) \leqslant F(x_2)$；

性质 2　有界性：对任意实数 x，有 $0 \leqslant F(x) \leqslant 1$，且

$$F(-\infty) = \lim_{x \to -\infty} F(x) = 0,\quad F(+\infty) = \lim_{x \to +\infty} F(x) = 1$$

性质 3　右连续性：$F(x)$ 在任何点 x 处右连续，即 $F(x+0) = F(x)$；

性质 4　对于任意实数 x_1，x_2，且 $x_1 < x_2$，X 落在区间 $(x_1, x_2]$ 的概率为

$$P\{x_1 < X \leqslant x_2\} = P\{X \leqslant x_2\} - P\{X \leqslant x_1\} = F(x_2) - F(x_1)$$

例 6-10　设随机变量 X 的分布律为

X	-1	0	1
P	0.25	0.5	0.25

求 X 的分布函数，并求 $P\{0 \leqslant X \leqslant 1\}$.

解　当 $x < -1$ 时，$F(x) = P\{X \leqslant x\} = 0$；

当 $-1 \leqslant x < 0$ 时，$F(x) = P\{X \leqslant x\} = P\{X = -1\} = 0.25$；

当 $0 \leqslant x < 1$ 时，$F(x) = P\{X \leqslant x\} = P\{X = -1\} + P\{X = 0\} = 0.25 + 0.5 = 0.75$；

当 $x \geqslant 1$ 时，$F(x) = P\{X \leqslant x\} = P\{X = -1\} + P\{X = 0\} + P\{X = 1\} = 1$，

所以，有

$$F(x) = \begin{cases} 0, & x < -1 \\ 0.25, & -1 \leqslant x < 0 \\ 0.75, & 0 \leqslant x < 1 \\ 1, & x \geqslant 1 \end{cases}$$

$F(x)$ 的图形如图 6-6 所示.

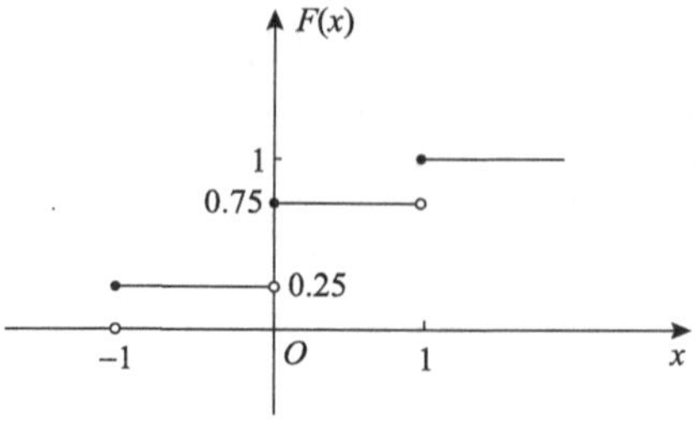

图 6-6

由图 6-6 可以看到，这个离散型随机变量的分布函数 $F(x)$ 的图形是一条阶梯形线，它在 $X=-1,0,1$ 处有跳跃，其跳跃值分别是 X 取 $-1,0,1$ 的概率 0.25，0.5，0.25 .

一般地，设离散型随机变量 X 的概率分布为

$$P\{X=x_k\}=p_k,\ k=1,2,\cdots$$

由概率的可列可加性，得 X 的分布函数为

$$F(x)=P\{X\leqslant x\}=\sum_{x_k\leqslant x}P\{X=x_k\}=\sum_{x_k\leqslant x}p_k$$

并且分布函数 $F(x)$ 在 $x=x_k(k=1,2,\cdots)$ 处有跳跃，其跳跃值为 $p_k=P\{X=x_k\}$. 在下面的连续型随机变量模型中，我们将会看到分布函数的重要作用.

6.4 连续型随机变量

6.4.1 连续型随机变量及其概率密度

对于离散型随机变量，用分布律来描述其统计规律既简单又直观. 对于连续型随机变量X，由于其取值不是集中在有限个或者无限可列个点上，而是充满某个区间，因此考察 X 取值于一点的概率意义不大. 只有确知 X 取值于任一区间上的概率，才能掌握它取值的统计规律. 对于连续型随机变量，我们希望有一种比分布函数更为直观的描述方式. 为此，引入概率密度函数的概念.

在描述统计中，连续型数据通常采用分组处理. 下面要介绍的概率密度曲线，就是由连续总体数据经分组处理后的频率直方图演变而来.

1. 频率直方图

研究连续型随机变量 X（总体）的样本的分布时，通常需要作出样本的频率直方图(简称直方图)，作直方图的严格步骤如下:

(1) 找出样本观测值 $x_1,x_2,\cdots,x_n$ 中最小值 x_1^* 和最大值 x_n^*，即

$$x_1^*=\min\{x_1,x_2,\cdots,x_n\},\quad x_n^*=\max\{x_1,x_2,\cdots,x_n\}$$

选取略小于 x_1^* 的常数 a 和略大于 x_n^* 的常数 b.

(2) 选取分点 $a=t_0<t_1<\cdots<t_{i-1}<t_i<\cdots<t_k=b$ 将区间 $[a,b]$ 等分成 k 个子区间 $[t_{i-1},t_i)$，区间长度 $\Delta t=t_i-t_{i-1}=(b-a)/k$，$i=1,2,\cdots,k$ 称为组距.

(3) 设样本观测值 $x_1,x_2,\cdots,x_n$ 落入每个小区间 $[t_{i-1},t_i)$ 内的频数为 n_i，频率

$$f_i=\frac{n_i}{n},\quad i=1,2,\cdots,k$$

(4) 在 Ox 轴上，以每个子区间 $[t_{i-1},t_i]$ 的长度 Δt 为底，以 $y_i=\dfrac{f_i}{\Delta t}$（$i=1,2,\cdots,k$）为高，这样作出的所有小矩形就构成了频率直方图. 此时第 i 个小矩形的面积为

$$\Delta S_i=\Delta t\cdot\frac{f_i}{\Delta t}=f_i,\quad i=1,2,\cdots,k$$

即每个小矩形的面积等于样本观测值落在该子区间内的频率，因此有

$$\sum_{i=1}^{k}\Delta S_i=\sum_{i=1}^{k}f_i=1$$

即频率直方图的面积等于 1. 根据概率的统计定义，当 n 充分大(即分组很细)时，随机变量 X 落在第 i 个小区间 $[t_{i-1},t_i)$ 内的频率近似等于其概率，即

$$f_i\approx P\{t_{i-1}\leqslant X<t_i\},\quad i=1,2,\cdots,k$$

所以直方图大致反映了随机变量(总体) X 的概率分布.

下面通过例题演示频率直方图的形成步骤.

例 6-11　从一批机械零件中抽取 120 个，测得其质量如表 6-9 所示(单位：克).

表 6-9

296	291	306	301	307	300	307	306	303	300
309	307	301	293	302	301	303	309	304	303
299	315	321	298	312	308	315	290	299	305
313	292	313	311	301	290	300	299	302	290
303	287	282	301	302	290	300	301	282	301
295	317	300	300	294	303	296	282	285	299
301	301	325	291	290	303	294	282	308	307
299	292	293	285	297	298	309	293	298	319
314	287	303	304	315	298	287	314	284	303
307	312	296	305	318	309	297	321	297	299
304	315	313	303	287	294	274	302	292	300
294	318	293	281	304	298	308	283	307	294

试根据这些数据作出直方图，并推断该批零件质量的大致分布.

解　首先从 $n=120$ 个数据中找出最小值 $x_1^*=274$ 和最大值 $x_n^*=325$，取 $a=272$，$b=327$，将区间[272, 327]分成 11 个子区间，组矩 $\Delta t=\dfrac{327-272}{11}=5$，其频数/频率表及频率直方图分别如表 6-10 和图 6-7 所示.

表 6-10

零件质量	频数 n_i	频率 f_i	高 $h_i=f_i/\Delta t$
272～277	1	0.0083	0.0017
277～282	1	0.0083	0.0017
282～287	8	0.0667	0.0133
287～292	11	0.0917	0.0183
292～297	16	0.1333	0.0267
297～302	30	0.2500	0.0500
302～307	21	0.1750	0.0350
307～312	14	0.1167	0.0233
312～317	11	0.0917	0.0183
317～322	6	0.0500	0.0100
322～327	1	0.0083	0.0017
合计	120	1.0000	

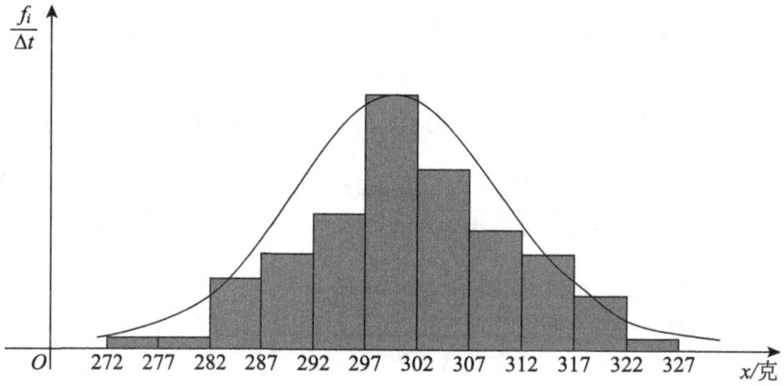

图 6-7

从图 6-7 中可以看出，频率直方图呈中间高、两头低的形态，可以认为这种零件的质量服从对称(正态)分布，其平均值在 300 附近.

图 6-7 中直方图上方的曲线与直方图本身都能够反映样本数据的分布状态. 随着样本容量的持续增大以及分组的不断加细(组距越来越小)，这条曲线就能够更准确地刻画连续总体数据的分布形态，这就是引入概率密度函数(曲线)的统计意义.

2. 概率密度函数

定义 6.7　设 X 为连续型随机变量，如果存在非负可积函数 $f(x)$，使得对于任意的实

数 $x_1, x_2 (x_1 < x_2)$,都有

$$P\{x_1 \leqslant X < x_2\} = \int_{x_1}^{x_2} f(x)\mathrm{d}x$$

成立, 则称 $f(x)$ 称为 X 的概率密度函数(density function), 简称为 X 的概率密度.

概率密度函数具有如下性质:

(1) $f(x) \geqslant 0$, 即概率密度曲线 $y=f(x)$ 位于 x 轴上方;

(2) $\int_{-\infty}^{+\infty} f(x)\mathrm{d}x = 1$, 即概率密度曲线 $y=f(x)$ 与 x 轴围成的图形的面积等于 1(图 6-8).

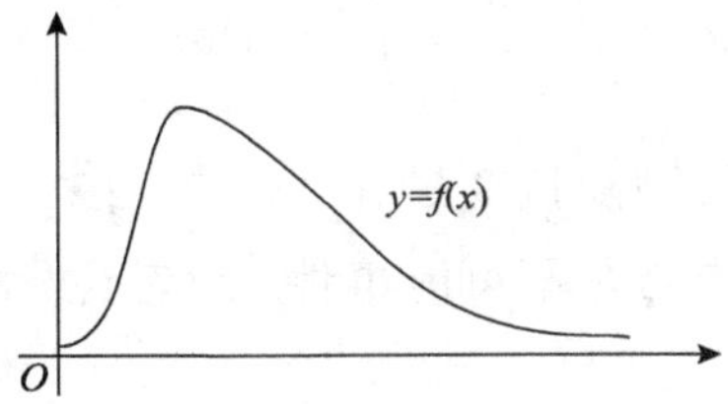

图 6-8

由密度函数的定义, X 落在任意区间 $(x_1, x_2]$ 上的概率 $P\{x_1 < X \leqslant x_2\}$ 等于区间 $(x_1, x_2]$ 上曲线 $f(x)$ 之下的曲边梯形的面积,即 $P\{x_1 \leqslant X < x_2\} = \int_{x_1}^{x_2} f(x)\,\mathrm{d}x$, 如图 6-9 所示. 由微积分知识, 当 Δx 充分小时, 随机变量 X 落在区间 $(x, x+\Delta x]$ 上的概率 $P\{x < X \leqslant x + \Delta x\} = \int_{x}^{x+\Delta x} f(x)\,\mathrm{d}x \approx f(x)\Delta x$. 而 $f(x)\Delta x$ 恰好等于图 6-10 中阴影部分(矩形)的面积, 这个面积可视为形成密度曲线 $y = f(x)$ 的频率直方图在区间 $(x, x+\Delta x]$ 上取值的频率.

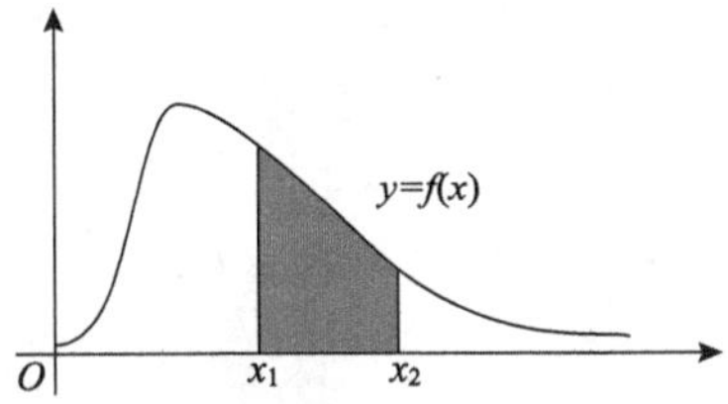

图 6-9

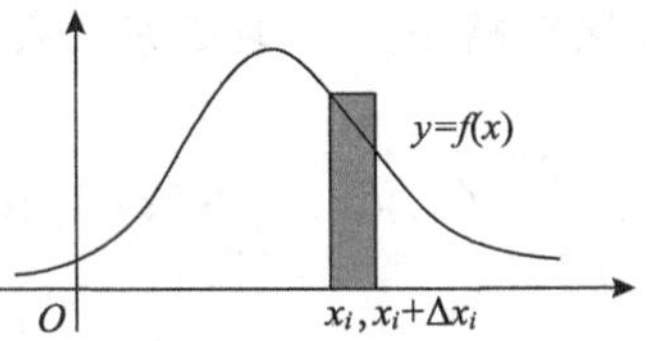

图 6-10

设 X 的分布函数为 $F(x)$, 由上面的讨论容易看出

$$F(x) = P\{X \leqslant x\} = \int_{-\infty}^{x} f(t)\,\mathrm{d}t$$

因此 X 的分布函数 $F(x)$ 在 x_0 处的函数值在几何上就是图 6-11 中阴影部分的面积.

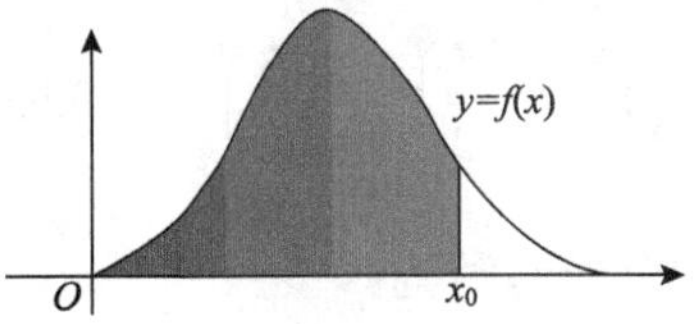

图 6-11

由微积分学基本定理，在 $f(x)$ 的连续点处，必有 $F'(x)=f(x)$，即分布函数 $F(x)$ 是密度函数 $f(x)$ 的一个原函数. 进一步，还有

$$\begin{aligned}P\{x_1<X\leqslant x_2\}&=P\{X\leqslant x_2\}-P\{X\leqslant x_1\}\\&=F(x_2)-F(x_1)=\int_{x_1}^{x_2}f(t)\mathrm{d}t\end{aligned}$$

由此可知，当连续型随机变量 X 的密度函数 $f(x)$ 已知时，X 在任意区间 $(x_1,x_2]$ 上取值的概率可以用牛顿-莱布尼茨公式计算，即

$$P\{x_1<X\leqslant x_2\}=\int_{x_1}^{x_2}f(x)\mathrm{d}x=F(x)\Big|_{x_1}^{x_2}$$

需要指出的是，对于连续型随机变量 X，恒有 $P\{X=a\}=0$，其中 a 为任意常数. 由此可见，概率为零的事件未必是不可能事件，或者说，概率为 1 的事件未必是必然事件.

由此可知，对于连续型随机变量 X，以下等式成立：

$$P\{x_1<X\leqslant x_2\}=P\{x_1<X<x_2\}=P\{x_1\leqslant X\leqslant x_2\}$$

例 6-12　已知连续型随机变量 X 概率密度为

$$f(x)=\begin{cases}kx+1, & 0\leqslant x\leqslant 2\\0, & 其他\end{cases}$$

试求：(1) 常数 k；(2) 分布函数 $F(x)$；(3) $P\left\{\frac{3}{2}<X<\frac{5}{2}\right\}$.

解　(1) 根据概率密度函数的性质，

$$\int_{-\infty}^{\infty}f(x)\mathrm{d}x=\int_0^2(kx+1)\mathrm{d}x=\left[\frac{k}{2}x^2+x\right]\Big|_0^2=2k+2=1\Rightarrow k=-\frac{1}{2}$$

(2) $$F(x)=\int_{-\infty}^{x}f(t)\mathrm{d}t=\begin{cases}0, & x<0,\\-\frac{1}{4}x^2+x, & 0\leqslant x\leqslant 2,\\1, & x>2.\end{cases}$$

(3) $$P\left\{\frac{3}{2}<X<\frac{5}{2}\right\}=\int_{\frac{3}{2}}^{\frac{5}{2}}f(x)\mathrm{d}x=\int_{\frac{3}{2}}^{2}\left(-\frac{1}{2}x+1\right)\mathrm{d}x=\frac{1}{16}$$ 或

$$P\left\{\frac{3}{2}<X<\frac{5}{2}\right\}=F\left(\frac{5}{2}\right)-F\left(\frac{3}{2}\right)=1-0.9375=0.0625$$

例 6-13　设随机变量 X 的分布函数为

$$F(x)=\begin{cases}0, & x<1\\ \ln x, & 1\leqslant x<\mathrm{e}\\ 1, & x\geqslant \mathrm{e}\end{cases}$$

求: (1) $P\{0<X\leqslant 3\}$; (2) X 的概率密度函数.

解　(1) $P\{0<X\leqslant 3\}=F(3)-F(0)=1-0=1$.

(2) $f(x)=F'(x)=\begin{cases}\dfrac{1}{x}, & 1<x<\mathrm{e},\\ 0, & \text{其他}.\end{cases}$

6.4.2　常用连续型随机变量的分布

1. 均匀分布

定义 6.8　如果随机变量 X 的概率密度为

$$f(x)=\begin{cases}\dfrac{1}{b-a}, & a<x<b\\ 0, & \text{其他}\end{cases}$$

则称 X 在区间 (a,b) 上服从均匀分布(uniform distribution), 记为 $X\sim U(a,b)$.

若 X 在区间 (a,b) 上服从均匀分布, 则对区间 (a,b) 上的任意子区间 $(c,c+l)$ 有

$$P(c<X<c+l)=\int_c^{c+l}\frac{1}{b-a}\,\mathrm{d}x=\frac{l}{b-a}$$

上式表明 X 落在 (a,b) 区间内任意等长度子区间内的概率是相等的. 这个概率与子区间的长度 l 成正比, 而与该区间在 (a,b) 内的具体位置无关.

X 的分布函数为

$$F(x)=\begin{cases}0, & x<a\\ \dfrac{x-a}{b-a}, & a\leqslant x<b\\ 1, & x\geqslant b\end{cases}$$

均匀分布概率密度曲线与分布函数曲线如图 6-12 及图 6-13 所示.

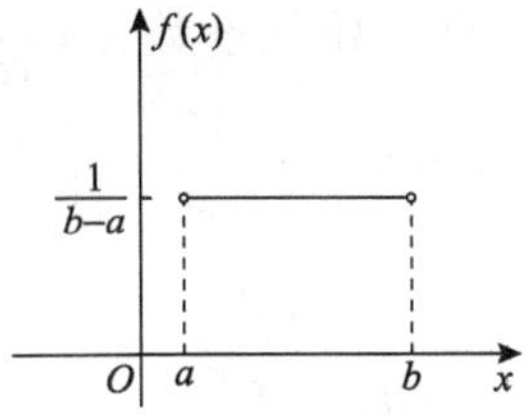

图 6-12

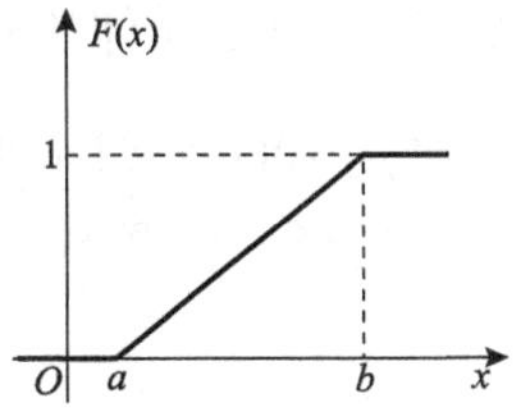

图 6-13

例 6-14　某公共汽车站每10分钟有一辆汽车通过，一位乘客对于汽车通过该站的时间完全不知道，他在任一时刻到达车站的可能性相同，试求他到达车站 3 分钟内就有公共汽车到站的概率.

解　设 X 表示该乘客候车时间，由题设 $X \sim U(0,10)$，其概率密度为

$$f(x)=\begin{cases}\dfrac{1}{10}, & 0<x<10\\ 0, & \text{其他}\end{cases}$$

所求概率为

$$P\{7<X<10\}=\int_7^{10}\frac{1}{10}\mathrm{d}x=\frac{3}{10}$$

2. 指数分布

定义 6.9　设随机变量 X 的概率密度为

$$f(x)=\begin{cases}\lambda \mathrm{e}^{-\lambda x}, & x>0\\ 0, & x\leqslant 0\end{cases}$$

其中 $\lambda>0$ 为常数，则称随机变量 X 服从参数为 λ 的指数分布(exponential distribution)，记为 X~$E(\lambda)$.

指数分布的分布函数为

$$F(x)=\begin{cases}1-\mathrm{e}^{-\lambda x}, & x>0\\ 0, & x\leqslant 0\end{cases}$$

指数分布概率密度曲线和分布函数曲线图形分别如图 6-14 及图 6-15 所示.

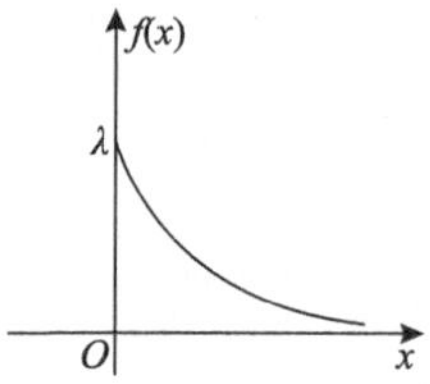

图 6-14

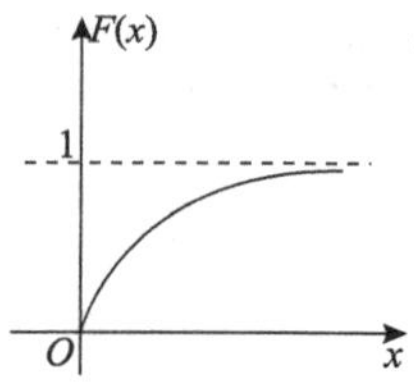

图 6-15

指数分布广泛应用于保险精算及随机服务系统等领域.

例 6-15　已知某种电子元件的寿命 X（单位：小时）服从参数 $\lambda=\dfrac{1}{1000}$ 的指数分布，求 3 个这样的元件使用 1000 小时至少有一个已损坏的概率.

解　由题意，X 的概率密度为

$$f(x)=\begin{cases}\dfrac{1}{1000}\mathrm{e}^{-\frac{x}{1000}}, & x>0\\ 0, & x\leqslant 0\end{cases}$$

于是,

$$P\{X>1000\}=\int_{1000}^{\infty}f(x)\mathrm{d}x=\int_{1000}^{\infty}\frac{1}{1000}\mathrm{e}^{-\frac{x}{1000}}\mathrm{d}x=\mathrm{e}^{-1}$$

各元件的寿命是否超过 1000 小时是独立的, 因此 3 个元件使用 1000 小时都未损坏的概率为 $(\mathrm{e}^{-1})^3=\mathrm{e}^{-3}$, 从而至少有一个已损坏的概率为 $1-\mathrm{e}^{-3}$.

3. 正态分布

定义 6.10　如果随机变量 X 的概率密度为

$$f(x)=\frac{1}{\sqrt{2\pi}\sigma}\mathrm{e}^{-\frac{(x-\mu)^2}{2\sigma^2}},\quad -\infty<x<+\infty$$

其中 μ 为常数, σ 为正常数, 则称 X 服从参数为 μ,σ 的正态分布(normal distribution), 记作

$$X\sim N(\mu,\sigma^2)$$

利用泊松积分 $\int_{-\infty}^{+\infty}\mathrm{e}^{-x^2}\mathrm{d}x=\sqrt{\pi}$, 可得 $\int_{-\infty}^{+\infty}f(x)\mathrm{d}x=1$.

若 $X\sim N(\mu,\sigma^2)$, 则其分布函数为

$$F(x)=\frac{1}{\sqrt{2\pi}\sigma}\int_{-\infty}^{x}\mathrm{e}^{-\frac{(t-\mu)^2}{2\sigma^2}}\mathrm{d}t$$

正态分布概率密度曲线和分布函数曲线图形分别如图 6-16 及图 6-17 所示.

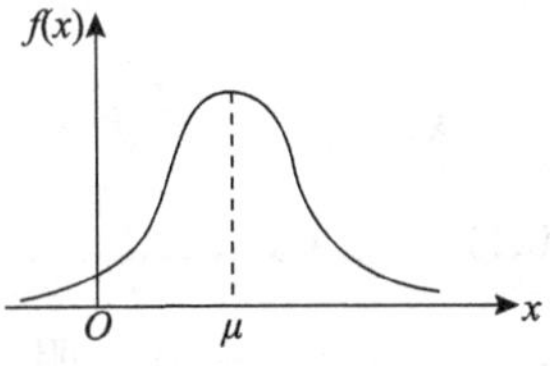

图 6-16

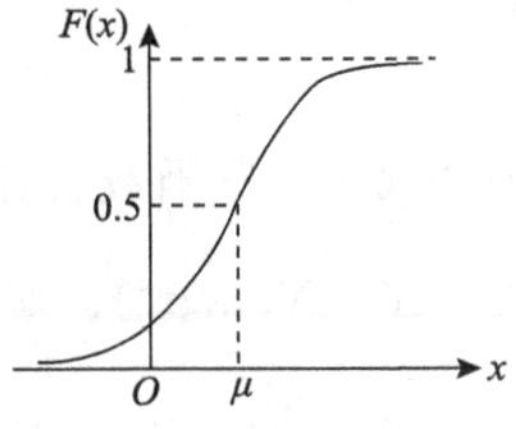

图 6-17

应用微分学知识, 可以得到概率密度函数 $f(x)$ 有如下性质:

(1) 曲线 $f(x)$ 关于直线 $x=\mu$ 对称;

(2) 当 $x=\mu$ 时, $f(x)$ 取得最大值;

(3) 曲线 $f(x)$ 在 $x=\mu\pm\sigma$ 处有拐点, 且以 x 轴为水平渐近线;

(4) 固定 σ, 当 μ 值变化时, 曲线 $f(x)$ 沿 x 轴平移, 形状不变. 即 μ 的值确定图形的中心位置, μ 称为位置参数(图 6-18).

(5) 固定 μ, 当 σ 增大时, 图形趋于矮而胖(扁平状); 当 σ 减小时, 图形趋于高而瘦(尖峰状), 即 σ 的值确定图形中的峰态. σ 称为形状参数(图 6-19).

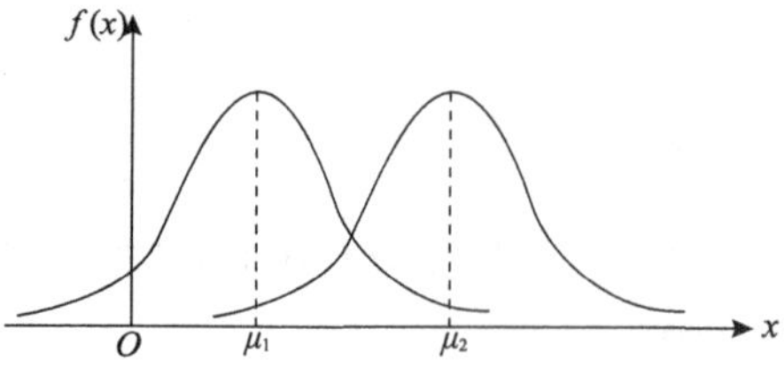

图 6-18　不同 μ 的正态分布概率密度函数

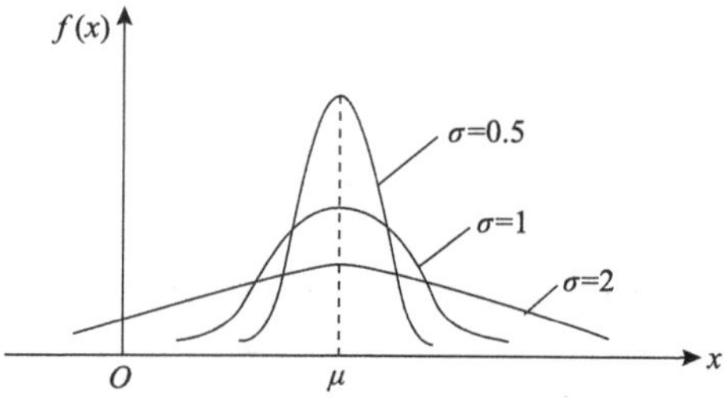

图 6-19　不同 σ 的正态分布概率密度函数

通常，把 $\mu=0,\sigma=1$ 时的正态分布 $N(0,1)$ 称作标准正态分布. 其密度曲线及分布函数曲线如图 6-20 及图 6-21 所示. 标准正态分布的概率密度函数和分布函数分别记作

$$\varphi(x)=\frac{1}{\sqrt{2\pi}}\mathrm{e}^{-\frac{x^2}{2}};\quad \Phi(x)=\int_{-\infty}^{x}\varphi(t)\mathrm{d}t=\frac{1}{\sqrt{2\pi}}\int_{-\infty}^{x}\mathrm{e}^{-\frac{t^2}{2}}\mathrm{d}t$$

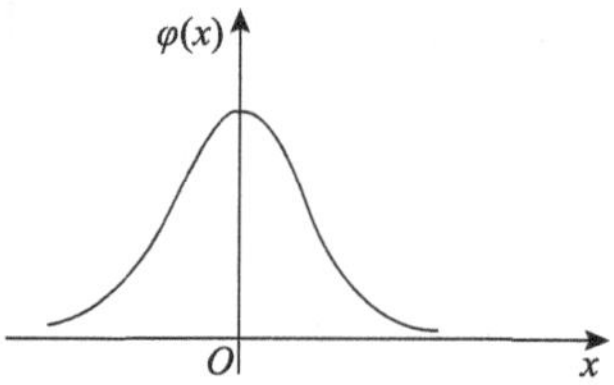

图 6-20

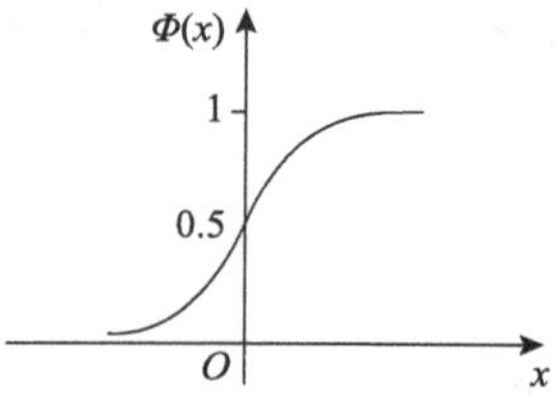

图 6-21

由于标准正态分布的概率密度函数是偶函数，图形关于 y 轴对称（图 6-20），故当随机变量 $X\sim N(0,1)$ 时，对任意实数 x，有

$$\Phi(-x)=P\{X\leqslant -x\}=P\{X\geqslant x\}=1-P\{X<x\}=1-\Phi(x)$$

即

$$\Phi(-x)=1-\Phi(x)$$

标准正态分布函数 $\Phi(x)$ 有函数表（附表 1）供计算时查找.

定理 6.1　设 $X\sim N(\mu,\sigma^2)$，则 $Z=\dfrac{X-\mu}{\sigma}\sim N(0,1)$.

定理 6.2　设 $X\sim N(\mu,\sigma^2)$，则 X 的线性函数 $Y=aX+b(a\neq 0)$ 也服从正态分布，并且 $Y\sim N(a\mu+b,a^2\sigma^2)$.

特别地，在定理 6.2 中取 $a=\dfrac{1}{\sigma},b=-\dfrac{\mu}{\sigma}$，即得 $Y=\dfrac{X-\mu}{\sigma}\sim N(0,1)$.

定理 6.1 及定理 6.2 表明：

(1) 任何一个服从正态分布的随机变量都可以通过线性变换转化为标准正态分布；

(2) 服从正态分布的随机变量的线性函数仍然服从正态分布.

在使用标准正态分布函数表时，应注意以下几点：

(1) 表中给出了 $x\geqslant 0$ 时 $\Phi(x)$ 的数值；当 $x<0$ 时，利用 $\Phi(x)=1-\Phi(-x)$ 即得.

(2) 若 $X\sim N(0,1)$，有

$$P\{a\leqslant X<b\}=P\{a<X\leqslant b\}=P\{a<X<b\}=P\{a\leqslant X\leqslant b\}=\Phi(b)-\Phi(a)$$

(3) 若 $X\sim N(\mu,\sigma^2)$，则 $Y=\dfrac{X-\mu}{\sigma}\sim N(0,1)$，故 X 的分布函数

$$F(x)=P\{X\leqslant x\}=P\left\{\frac{X-\mu}{\sigma}\leqslant\frac{x-\mu}{\sigma}\right\}=\Phi\left(\frac{x-\mu}{\sigma}\right)$$

$$P\{a<X\leqslant b\}=P\left\{\frac{a-\mu}{\sigma}<Y\leqslant\frac{b-\mu}{\sigma}\right\}=\Phi\left(\frac{b-\mu}{\sigma}\right)-\Phi\left(\frac{a-\mu}{\sigma}\right)$$

例 6-16　设 $X\sim N(0,1)$，查表求: (1) $P\{X\leqslant 1.96\}$； (2) $P\{X\leqslant -1.96\}$；
(3) $P\{|X|\leqslant 1.96\}$； (4) $P\{|X|>1.96\}$； (5) $P\{-1<X\leqslant 2\}$； (6) $P\{X\leqslant 5.9\}$.

解　(1) $P\{X\leqslant 1.96\}=\Phi(1.96)=0.975$；

(2) $P\{X\leqslant -1.96\}=\Phi(-1.96)=1-\Phi(1.96)=1-0.975=0.025$；

(3) $P\{|X|\leqslant 1.96\}=P\{-1.96\leqslant X\leqslant 1.96\}=\Phi(1.96)-\Phi(-1.96)$
$=2\Phi(1.96)-1=0.95$;

(4) $P\{|X|>1.96\}=1-P\{|X|\leqslant 1.96\}=2[1-\Phi(1.96)]=0.05$；

(5) $P\{-1<X\leqslant 2\}=\Phi(2)-\Phi(-1)=\Phi(1)+\Phi(2)-1=0.81855$；

(6) $P\{X\leqslant 5.9\}=\Phi(5.9)\approx 1$.

例 6-17　设 $X\sim N(1.5,4)$，计算 $P\{X\leqslant 3.5\}$，$P\{X>2.5\}$，$P\{|X|<3\}$.

解
$$P\{X\leqslant 3.5\}=P\left\{\frac{X-1.5}{2}\leqslant\frac{3.5-1.5}{2}\right\}=\Phi(1)=0.8413$$

$$P\{X>2.5\}=1-P\{X\leqslant 2.5\}=1-P\left\{\frac{X-1.5}{2}\leqslant\frac{2.5-1.5}{2}\right\}$$
$$=1-\Phi(0.5)=1-0.6915=0.3085$$

$$P\{|X|<3\}=P\{-3<X<3\}=P\left\{\frac{-3-1.5}{2}<\frac{X-1.5}{2}<\frac{3-1.5}{2}\right\}$$
$$=\Phi(0.75)-\Phi(-2.25)=\Phi(0.75)+\Phi(2.25)-1=0.7612$$

例 6-18　若 $X\sim N(\mu,\sigma^2)$，求 $P\{|X-\mu|<\sigma\}$，$P\{|X-\mu|<2\sigma\}$，$P\{|X-\mu|<3\sigma\}$.

解
$$P\{|X-\mu|<\sigma\}=P\left\{-1<\frac{X-\mu}{\sigma}<1\right\}=\Phi(1)-\Phi(-1)$$
$$=2\Phi(1)-1=0.6827$$

同理，有

$$P\{|X-\mu|<2\sigma\}=2\Phi(2)-1=0.9545$$

$$P\{|X-\mu|<3\sigma\}=2\Phi(3)-1=0.9973$$

则

$$P\{|X-\mu|\geqslant 3\sigma\}=1-P\{|X-\mu|<3\sigma\}=0.0027<0.003$$

由此可见，X 落在 $(\mu-3\sigma,\mu+3\sigma)$ 以外的概率小于 0.003，由于这一概率很小，在实际问题中常认为它是不会发生的，基本上可以把区间 $(\mu-3\sigma,\mu+3\sigma)$ 看作是随机变量 X 实际可能的取值区间．这一说法称之为正态分布的 3σ 原则．描述统计中的“经验法则”源于此处的 3σ 原则．

正态分布相关概率的计算以及正态分布的密度曲线、分布函数曲线都可以通过 Excel 中的统计函数“NORM.DIST”快速完成，6.6 节将介绍函数“NORM.DIST”的具体操作过程．

6.5　随机变量的数字特征

前面讨论了随机变量的分布函数，可以看到分布函数能够完整地描述随机变量的统计特性．但在实际问题中，随机变量的分布函数并不容易得到．许多情况下，我们并不关心随机变量变化的完整情况，只是对随机变量的某些特征指标感兴趣，例如分布的中心位置、分散程度，以及不同随机变量之间的相关性等，一般称之为随机变量的数字特征．本节将介绍随机变量的数学期望、方差以及相关系数等常用的数字特征．

6.5.1　随机变量的数学期望

1．离散型随机变量的数学期望

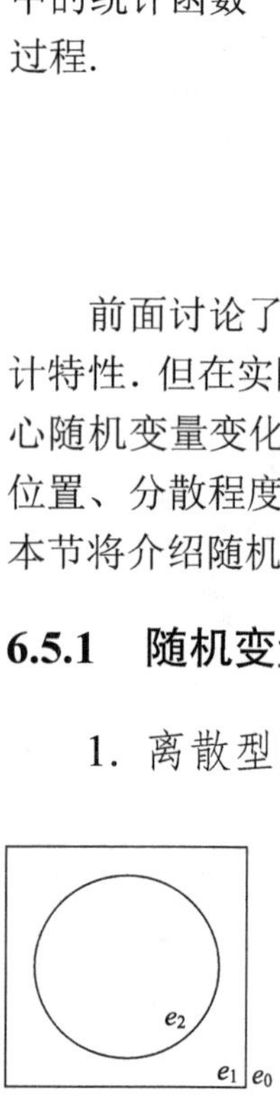

图 6-22

引例　一射手进行打靶练习，规定射入区域 e_2 得 2 分，射入区域 e_1 得 1 分，脱靶即射入区域 e_0 得 0 分（图 6-22）．射手一次射击所得分数 X 是一个随机变量．设 X 的概率分布为

$$P\{X=k\}=p_k,\quad k=0,1,2$$

若该射手射击 n 次，其中得 0 分、1 分、2 分的频数分别为 n_0 次、n_1 次、n_2 次，显然 $n_0+n_1+n_2=n$．射击 n 次得分的总和为 $n_0\times 0+n_1\times 1+n_2\times 2$，于是平均一次射击的所得分数为

$$\frac{n_0\times 0+n_1\times 1+n_2\times 2}{n}=\sum_{k=0}^{2}k\times\frac{n_k}{n}$$

$f_k=\dfrac{n_k}{n}$ 是事件 $\{X=k\}$ 出现的频率．由概率的统计定义，事件 $\{X=k\}$ 发生的概率 p_k 是当射击次数 n 不断增大时频率 f_k 的稳定值．因而在求平均值时，应该用概率 p_k 代替频率 f_k 才更为合理．指标 $\sum\limits_{k=0}^{2}kp_k$ 就是理论上的平均值，通常称为 X 的数学期望．

定义 6.11　设离散型随机变量 X 的概率分布为

$$P(X=x_i)=p_i,\quad i=1,2,\cdots$$

若级数 $\sum_{i=1}^{\infty} x_i p_i$ 绝对收敛，则称级数 $\sum_{i=1}^{\infty} x_i p_i$ 为随机变量 X 的数学期望（mathematical expectation）或理论均值，记为 $E(X)=\sum_{i=1}^{\infty} x_i p_i$.

当离散型随机变量 X 取无限可列个值时，"级数 $\sum_{i=1}^{\infty} x_i p_i$ 绝对收敛"可以保证 $E(X)$ 的值不因随机变量 X 取值的次序不同而改变.

例 6-19　甲、乙两个工人生产同一种产品，日产量相等，一天中甲、乙出现的废品数分别记为 X,Y，其分布律如下:

X	0	1	2	3
p_i	0.4	0.3	0.2	0.1

Y	0	1	2	3
p_i	0.5	0.1	0.2	0.2

试比较这两个工人的生产的平均废品数.

解　$E(X)=0\times 0.4+1\times 0.3+2\times 0.2+3\times 0.1=1$;

$E(Y)=0\times 0.5+1\times 0.1+2\times 0.2+3\times 0.2=1.1$.

即平均而言，乙每天生产的废品数比甲多. 从这个意义上说，甲的技术好于乙.

例 6-20　在有奖销售彩票活动中，每张彩票面值 2 元，每一千万张彩票设有一等奖 20 名，奖金 20 万元；二等奖 1000 名，奖金 3000 元；三等奖 2000 名，奖金 1000 元；四等奖 100 万名，奖金 2 元. 买一张彩票收益的数学期望(平均收益)及平均利润是多少?

解　设 X 为获奖金额，则容易得到 X 的分布律:

X	200000	3000	1000	2	0
P	1/500000	1/10000	1/5000	1/10	0.899698

$E(X)=200000\times 1/500000+3000\times 1/10000+1000\times 1/5000+2\times 1/10=1.1$ (元)

因而，买一张彩票平均收益是 1.1 元. 由于买一张彩票的成本为 2 元，故购买一张彩票的平均利润为 $1.1-2=-0.9$ 元.

2. 连续型随机变量的数学期望

在描述统计中，对连续型数据(样本) $x_1,x_2,\cdots,x_n$ 分组后，采用加权平均式

$$\overline{x}=\frac{M_1 n_1+M_2 n_2+\cdots+M_k n_k}{n_1+n_2+\cdots+n_k}=\sum_{i=1}^{k} M_i \frac{n_i}{n}=\sum_{i=1}^{k} M_i f_i$$

即平均值为所有组中值的加权和，M_i 的权重为频率 f_i .

正如图 6-10 所示，对于密度为 $f(x)$ 的连续型随机变量 X，通过观察 X 的取值(即获得样本) $x_1,x_2,\cdots,x_n$ 之后，其取值在区间 $[x_i,x_i+\Delta x\ ]$ 上的概率 $f(x)\mathrm{d}x$ 近似等于样本频率

$f_i = f(x_i)\Delta x_i$. 用 x_i 替代组中值 M_i, X 的近似平均值为 $\sum x_i f(x_i)\Delta x_i$. 随着分组的不断加细(组距 Δx_i 越来越小), 该平均值逐渐接近于一个广义积分, 即

$$\sum x_i f(x_i)\Delta x_i \xrightarrow{\Delta x_i \to 0} \int_{-\infty}^{+\infty} x f(x)\mathrm{d}x$$

上述极限值就是连续型随机变量 X 的均值的广义积分表达式, 这个均值通常称为 X 的数学期望.

定义 6.12　设连续型随机变量 X 的概率密度函数为 $f(x)$, 若积分

$$\int_{-\infty}^{+\infty} x f(x)\mathrm{d}x$$

绝对收敛, 则称积分 $\int_{-\infty}^{+\infty} x f(x)\mathrm{d}x$ 的值为随机变量 X 的数学期望, 记作 $E(X)$. 即

$$E(X) = \int_{-\infty}^{+\infty} x f(x)\mathrm{d}x$$

在定义 6.12 中, "积分 $\int_{-\infty}^{+\infty} x f(x)\mathrm{d}x$ 绝对收敛" 指的是 $\int_{-\infty}^{+\infty} |x| f(x)\mathrm{d}x$ 收敛, 因而并非所有随机变量都存在数学期望.

例 6-21　已知随机变量 X 的分布函数

$$F(x) = \begin{cases} 0, & x < 0 \\ \dfrac{x}{4}, & 0 \leqslant x \leqslant 4 \\ 1, & x \geqslant 4 \end{cases}$$

求 $E(X)$.

解　随机变量 X 的概率密度为

$$f(x) = F'(x) = \begin{cases} \dfrac{1}{4}, & 0 < x < 4 \\ 0, & \text{其他} \end{cases}$$

故　$E(X) = \int_{-\infty}^{+\infty} x f(x)\mathrm{d}x = \int_0^4 x \cdot \dfrac{1}{4}\mathrm{d}x = \dfrac{x^2}{8}\Big|_0^4 = 2$.

3*. 随机变量函数的数学期望

设 $y = g(x)$ 为连续函数, X 为分布已知的随机变量. 为了计算随机变量函数 $Y = g(X)$ 的数学期望 $E(Y)$, 我们可以先求出随机变量 Y 的分布律或概率密度, 然后按照数学期望定义计算 $E(Y)$, 也可以按照下面定理直接求 $E(Y)$.

设 X 是一个随机变量, $Y = g(X)$, 且 $E(Y)$ 存在.

(1) 若 X 为离散型随机变量, 其分布律为 $P\{X = x_i\} = p_i$, $i = 1,2,\cdots$, 则 Y 的数学期望为

$$E(Y)=E[g(X)]=\sum_{i=1}^{\infty}g(x_i)p_i$$

(2) 若 X 为连续型随机变量，其概率密度函数为 $f(x)$，则 Y 的数学期望为

$$E(Y)=E[g(X)]=\int_{-\infty}^{+\infty}g(x)f(x)\mathrm{d}x$$

根据定理，在计算 $E(Y)=E[g(X)]$ 时，不必知道 $g(X)$ 的分布，只需知道 X 的分布即可，这为计算随机变量函数的数学期望带来很大方便.

例 6-22　设随机变量 X 的分布律为

X	-2	-1	0	1	2	3
P_X	0.10	0.20	0.25	0.20	0.15	0.10

求随机变量函数 $Y=X^2$ 的数学期望.

解　我们用两种方法计算:

方法 1: 先求 Y 的分布律.

Y	0	1	4	9
P_Y	0.25	0.40	0.25	0.10

由数学期望的定义得

$$E(Y)=0\times0.25+1\times0.40+4\times0.25+9\times0.10=2.30$$

方法 2: 利用随机变量函数的数学期望公式.

$$E(Y)=(-2)^2\times0.10+(-1)^2\times0.20+0^2\times0.25+1^2\times0.20+2^2\times0.15+3^2\times0.10=2.30$$

例 6-23　设随机变量 X 服从 $(2,4)$ 上的均匀分布，求 $E(X^2)$.

解　X 的概率密度为

$$f(x)=\begin{cases}\dfrac{1}{2}, & 2\leqslant x\leqslant 4\\ 0, & \text{其他}\end{cases}$$

由定理 6.3，$E(X^2)=\int_{-\infty}^{+\infty}x^2f(x)\,\mathrm{d}x=\int_2^4 x^2\cdot\dfrac{1}{2}\,\mathrm{d}x=\dfrac{28}{3}$.

4. 数学期望的性质

数学期望具有以下四条重要的性质(假设下列随机变量的数学期望都存在).

性质 1　设 C 为常数，则 $E(C)=C$.

性质 2　设 X 为任意随机变量，C 是常数，则 $E(CX)=CE(X)$.

根据性质 1 和性质 2, 容易得到

$$E(aX \pm b) = aE(X) \pm b \text{, 其中 } a,b \text{ 是常数}$$

性质 3　设 X,Y 是任意两个随机变量, 则有

$$E(X+Y) = E(X) + E(Y)$$

这一性质可以推广到任意有限个随机变量之和的情况. 对于任意 n 个随机变量 $X_1, X_2, \cdots, X_n$, 有

$$E(X_1 + X_2 + \cdots + X_n) = E(X_1) + E(X_2) + \cdots + E(X_n)$$

根据性质 2 和性质 3, 有

$$E\left(\sum_{i=1}^{n} C_i X_i\right) = \sum_{i=1}^{n} C_i E(X_i), \quad \text{其中 } C_i \ (i=1,2,\cdots,n) \text{ 是常数}$$

性质 4　设随机变量 X 与 Y 相互独立(X 与 Y 的取值互不影响), 则

$$E(XY) = E(X)E(Y)$$

这一性质可以推广到任意有限个相互独立的随机变量之积的情况: 对于任意 n 个相互独立的随机变量 $X_1, X_2, \cdots, X_n$, 有

$$E(X_1 X_2 \cdots X_n) = E(X_1)E(X_2)\cdots E(X_n)$$

6.5.2　随机变量的方差

无论是样本数据还是总体数据, 我们既要考察和度量数据的集中趋势, 也要考察和度量数据的偏离(分散)程度. 例如, 企业在选取投资方案时, 既要注意每种投资方案的平均收益, 还要注意每种投资方案与其平均收益的偏离程度. 由此可见, 研究随机变量的取值与其平均值的偏离程度是十分必要的.

对于任一随机变量 X, 称 $X - E(X)$ 为随机变量 X 与其均值 $E(X)$ 的偏差或离差. 由于偏差的均值 $E[X - E(X)] = E(X) - E(X) = 0$, 因此不能用 $E[X - E(X)]$ 来描述 X 与 $E(X)$ 的偏离程度. 与描述统计类似, 我们通常用 $E[X - E(X)]^2$ 刻画随机变量 X 与 $E(X)$ 的偏离程度, 称其为随机变量 X 的方差.

定义 6.13　设 X 是一个随机变量, 若 $E[X - E(X)]^2$ 存在, 则称其为随机变量 X 的方差(variance), 记为 $\mathrm{Var}(X)$ 或 $D(X)$, 即

$$\mathrm{Var}(X) = E[X - E(X)]^2$$

如同描述统计, 方差的算术平方根 $\sqrt{\mathrm{Var}(X)}$ 称为标准差(standard deviation)或均方差(mean square deviation). 它与 X 具有相同的度量单位, 在实际中经常使用.

按定义, 随机变量 X 的方差刻画了 X 的取值与其数学期望 $E(X)$ 的平均偏离程度.

若 X 取值比较集中，则 $\mathrm{Var}(X)$ 较小；反之，若 X 取值比较分散，则 $\mathrm{Var}(X)$ 较大. 如同样本方差 S^2，$\mathrm{Var}(X)$ 是衡量 X 取值分散程度的一个尺度.

由于方差就是随机变量 X 的函数 $g(X)=[X-E(X)]^2$ 的数学期望，由此容易得到下面的结果.

(1) 若 X 是离散型随机变量，且其分布律为

$$P(X=x_i)=p_i,\quad i=1,2,\cdots$$

则

$$\mathrm{Var}(X)=\sum_{i=1}^{\infty}[x_i-E(X)]^2 p_i$$

(2) 若 X 是连续型随机变量，其概率密度函数为 $f(x)$，则

$$\mathrm{Var}(X)=\int_{-\infty}^{+\infty}[x-E(X)]^2 f(x)\mathrm{d}x$$

由方差的定义容易推导出下面的简化公式

$$\mathrm{Var}(X)=E(X^2)-[E(X)]^2$$

随机变量的方差具有下列性质（假设下面各随机变量的方差存在）.

性质 1　设 C 为常数，则 $\mathrm{Var}(C)=0$.

性质 2　设 X 是任意随机变量，C 为常数，则 $\mathrm{Var}(X+C)=\mathrm{Var}(X)$.

性质 3　设 X 是任意随机变量，C 为常数，则 $\mathrm{Var}(CX)=C^2\mathrm{Var}(X)$.

性质 4　设 X,Y 为任意两个随机变量，则

$$\mathrm{Var}(X\pm Y)=\mathrm{Var}(X)+\mathrm{Var}(Y)\pm 2E\{[X-E(X)][Y-E(Y)]\}$$

特别地，若 X,Y 相互独立（X 与 Y 的取值互不影响），则有 $\mathrm{Var}(X\pm Y)=\mathrm{Var}(X)+\mathrm{Var}(Y)$.

这一性质可以推广到任意有限多个相互独立的随机变量之和的情况：对于任意 n 个相互独立的随机变量 $X_1,X_2,\cdots,X_n$，有

$$\mathrm{Var}(X_1+X_2+\cdots+X_n)=\mathrm{Var}(X_1)+\mathrm{Var}(X_2)+\cdots+\mathrm{Var}(X_n)$$

以及

$$\mathrm{Var}\left(\sum_{i=1}^{n}C_iX_i\right)=\sum_{i=1}^{n}C_i^2\mathrm{Var}(X_i),\quad \text{其中 } C_i\,(i=1,2,\cdots,n) \text{ 是常数}$$

例 6-24　设随机变量 X 服从 0-1 分布，求 $E(X),\mathrm{Var}(X)$.

解　随机变量 X 的分布律为

$$P\{X=0\}=1-p,\quad P\{X=1\}=p$$

所以 $E(X)=0\cdot(1-p)+1\cdot p=p$, $E(X^2)=0^2\cdot(1-p)+1^2\cdot p=p$ 故

$$\mathrm{Var}(X)=E(X^2)-[E(X)]^2=p-p^2=p(1-p)$$

例 6-25　设随机变量 $X\sim b(n,p)$，求 $E(X),\mathrm{Var}(X)$.

解　由二项分布的性质，$X=\sum_{i=1}^{n}X_i$, 其中 $X_1,X_2,\cdots,X_n$ 相互独立且都服从 0-1 分布: $X_i\sim b(1,p)$. 由例 6-24, 得

$$E(X_i)=p,\ \mathrm{Var}(X_i)=p(1-p),\quad i=1,2,\cdots,n$$

于是

$$E(X)=\sum_{i=1}^{n}E(X_i)=np,\ \mathrm{Var}(X)=\sum_{i=1}^{n}\mathrm{Var}(X_i)=np(1-p)$$

设随机变量 X 服从参数为 λ 的泊松分布, 即 $X\sim P(\lambda)$, 由无穷级数理论可以得到

$$E(X)=\mathrm{Var}(X)=\lambda$$

由此可见, 泊松分布的数学期望和方差相等, 都等于参数 λ. 因为泊松分布只含有一个参数 λ, 故只要知道它的数学期望或方差就能完全确定它的分布.

例 6-26　设随机变量 X 服从均匀分布, 即 $X\sim U(a,b)$, 求 $E(X),\mathrm{Var}(X)$.

解　随机变量 X 的概率密度函数为

$$f(x)=\begin{cases}\dfrac{1}{b-a}, & a<x<b\\ 0, & \text{其他}\end{cases}$$

所以 $E(X)=\int_{-\infty}^{+\infty}xf(x)\mathrm{d}x=\int_a^b\dfrac{x}{b-a}\mathrm{d}x=\dfrac{a+b}{2}$, 故方差为

$$\mathrm{Var}(X)=E(X^2)-[E(X)]^2=\int_a^b\frac{x^2}{b-a}\mathrm{d}x-\left(\frac{a+b}{2}\right)^2=\frac{(b-a)^2}{12}$$

例 6-27　设随机变量 X 服从指数分布, 即 $X\sim E(\lambda)$, 求 $E(X),\mathrm{Var}(X)$.

解　随机变量 X 的概率密度为

$$f(x)=\begin{cases}\lambda\mathrm{e}^{-\lambda x}, & x>0\\ 0, & x\leqslant 0\end{cases}$$

于是

$$E(X)=\int_{-\infty}^{+\infty}xf(x)\mathrm{d}x=\int_0^{+\infty}x\lambda\mathrm{e}^{-\lambda x}\mathrm{d}x=-x\mathrm{e}^{-\lambda x}\Big|_0^{+\infty}+\int_0^{+\infty}\mathrm{e}^{-\lambda x}\mathrm{d}x=\frac{1}{\lambda}$$

$$E(X^2)=\int_{-\infty}^{+\infty}x^2 f(x)\mathrm{d}x=\int_0^{+\infty}x^2\lambda \mathrm{e}^{-\lambda x}\mathrm{d}x=-x^2\mathrm{e}^{-\lambda x}\Big|_0^{+\infty}+\int_0^{+\infty}2x\mathrm{e}^{-\lambda x}\mathrm{d}x=\frac{2}{\lambda^2}$$

因而 $\mathrm{Var}(X)=E(X^2)-[E(X)]^2=\frac{2}{\lambda^2}-\frac{1}{\lambda^2}=\frac{1}{\lambda^2}$.

例 6-28 设随机变量 X 服从正态分布，即 $X\sim N(\mu,\sigma^2)$，求 $E(X),\mathrm{Var}(X)$.

解 由 $Z=\frac{X-\mu}{\sigma}\sim N(0,1)$，根据广义积分知识可以得到 $E(Z)=0$, $\mathrm{Var}(Z)=1$. 由于 $X=\sigma Z+\mu$，由数学期望及方差的性质即得

$$E(X)=E(\sigma Z+\mu)=\mu, \quad \mathrm{Var}(X)=\mathrm{Var}(\sigma Z+\mu)=\sigma^2$$

由此可见，正态分布概率密度中的两个参数 μ 和 σ^2 分别是该分布的数学期望和方差，因而正态分布完全可以由它的数学期望和方差所确定.

若 $X_k\sim N(\mu_k,\sigma_k^2)$，$k=1,2,\cdots,n$，且 $X_1,X_2,\cdots,X_n$ 相互独立，则它们的线性组合 $C_1X_1+C_2X_2+\cdots+C_nX_n$ 仍然服从正态分布（$C_1,C_2,\cdots,C_n$ 是不全为 0 的常数）. 由数学期望和方差的性质可得

$$\sum_{k=1}^{n}C_kX_k\sim N\left(\sum_{i=1}^{n}C_k\mu_k,\ \sum_{i=1}^{n}C_k^2\sigma_k^2\right)$$

例如，$X\sim N(1,3)$，$Y\sim N(2,4)$，且 X,Y 相互独立，则 $Z=2X-3Y$ 也服从正态分布，而 $E(Z)=2\times1-3\times2=-4$，$\mathrm{Var}(Z)=2^2\times3+3^2\times4=48$，故有 $Z\sim N(-4,48)$.

表 6-11 给出了常用分布的数学期望与方差，以后将直接引用表中结果.

表 6-11

分布	参数	分布律或密度函数	期望	方差
0-1 分布	$0<p<1$	$P\{X=k\}=p^k(1-p)^{1-k},\quad k=0,1$	p	$p(1-p)$
二项分布 $b(n,p)$	$n\geqslant1, 0<p<1$	$P\{X=k\}=\mathrm{C}_n^k p^k(1-p)^{n-k},\quad k=0,1,2,\cdots,n$	np	$np(1-p)$
泊松分布 $P(\lambda)$	$\lambda>0$	$P\{X=k\}=\frac{\lambda^k}{k!}\mathrm{e}^{-\lambda},\quad k=0,1,2,\cdots$	λ	λ
均匀分布 $U(a,b)$	$a<b$	$f(x)=\begin{cases}\frac{1}{b-a}, & a<x<b\\ 0, & \text{其他}\end{cases}$	$\frac{a+b}{2}$	$\frac{(b-a)^2}{12}$
指数分布 $E(\lambda)$	$\lambda>0$	$f(x)=\begin{cases}\lambda\mathrm{e}^{-\lambda x}, & x>0\\ 0, & \text{其他}\end{cases}$	$\frac{1}{\lambda}$	$\frac{1}{\lambda^2}$
正态分布 $N(\mu,\sigma^2)$	$\mu,\sigma(\sigma>0)$	$f(x)=\frac{1}{\sqrt{2\pi}\sigma}\mathrm{e}^{-\frac{(x-\mu)^2}{2\sigma^2}},\quad -\infty<x<+\infty$	μ	σ^2

6.5.3　协方差与相关系数

在统计研究中，我们经常会面对如下问题：①来自同一个总体的多个数量指标是否有内在联系. 例如人类学家很关心人的身高与体重之间的相互关系；②来自不同总体的同一个数量指标是否存在显著差异，例如在质量管理中，技术员每天要了解两台或多台同类包装机的工作性能(平均包装量或标准差)是否一致. 这样的问题需要用多元随机变量的数字特征描述. 本节仅讨论度量两个随机变量相关关系的数字特征，即协方差与相关系数.

1. 协方差

在讨论方差的性质时，我们已经知道

$$\mathrm{Var}(X \pm Y) = \mathrm{Var}(X) + \mathrm{Var}(Y) \pm 2E\{[X - E(X)][Y - E(Y)]\}$$

特别地，若 X,Y 相互独立，则有 $\mathrm{Var}(X \pm Y) = \mathrm{Var}(X) + \mathrm{Var}(Y)$，即当随机变量 X 与 Y 相互独立时 $E\{[X - E(X)][Y - E(Y)]\} = 0$. 换言之，当 $E\{[X - E(X)][Y - E(Y)]\} \neq 0$ 时，意味着 X 与 Y 一定不独立，即它们之间存在着一定相关关系.

定义 6.14　设 (X,Y) 为二元随机变量，如果 $E\{[X - E(X)][Y - E(Y)]\}$ 存在，则称其为随机变量 X 和 Y 的协方差(covariance)，记为 $\mathrm{Cov}(X,Y)$，即

$$\mathrm{Cov}(X,Y) = E\{[X - E(X)][Y - E(Y)]\}$$

由上述定义及方差性质可知，对于任意两个存在方差的随机变量 X 和 Y，下面的等式成立：

$$\mathrm{Var}(X \pm Y) = \mathrm{Var}(X) + \mathrm{Var}(Y) \pm 2\mathrm{Cov}(X,Y)$$

由 $\mathrm{Cov}(X,Y)$ 的定义容易得到

$$\mathrm{Cov}(X,Y) = E(XY) - E(X)E(Y)$$

协方差具有下述性质(假设下面各随机变量的协方差存在).

性质 1　对于任意随机变量 X，有 $\mathrm{Cov}(X,X) = \mathrm{Var}(X)$；

性质 2　对于任意随机变量 X 和 Y，有 $\mathrm{Cov}(X,Y) = \mathrm{Cov}(Y,X)$；

性质 3　对于任意随机变量 X 和 Y，有 $\mathrm{Cov}(aX,bY) = ab\mathrm{Cov}(X,Y)$，其中 a,b 是常数；

性质 4　当随机变量 X 与 Y 相互独立时，则 $\mathrm{Cov}(X,Y)=0$.

进一步的研究表明，协方差 $\mathrm{Cov}(X,Y)$ 刻画了随机变量 X 和 Y 线性关系的绝对强度. $\mathrm{Cov}(X,Y) = 0$ 时，表明随机变量 X 与 Y 不存在线性关系. 随着 $|\mathrm{Cov}(X,Y)|$ 的增大，X 与 Y 的线性关系变得越来越显著.

2. 相关系数

协方差 $\mathrm{Cov}(X,Y)$ 反映了随机变量 X 和 Y 之间的相互关系，但它受到 X 与 Y 的量纲的影响. 为了避免随机变量因量纲的不同而影响到它们之间相互关系的度量，可将每个随机变量标准化，即取

$$X^* = \frac{X - E(X)}{\sqrt{\mathrm{Var}(X)}}, \quad Y^* = \frac{Y - E(Y)}{\sqrt{\mathrm{Var}(Y)}}$$

此时，X^* 和 Y^* 的协方差 $\mathrm{Cov}(X^*,Y^*)$ 与 X 和 Y 的量纲无关，并且

$$\mathrm{Cov}(X^*,Y^*) = \frac{\mathrm{Cov}(X,Y)}{\sqrt{\mathrm{Var}(X)}\sqrt{\mathrm{Var}(Y)}}$$

统计学中将上式称为随机变量 X,Y 的相关系数.

定义 6.15　设两个随机变量 X 和 Y 的协方差 $\mathrm{Cov}(X,Y)$ 存在，且方差都不等于零，则指标 $\dfrac{\mathrm{Cov}(X,Y)}{\sqrt{\mathrm{Var}(X)}\sqrt{\mathrm{Var}(Y)}}$ 称为随机变量 X 和 Y 的相关系数(correlation coefficient)，记为 ρ_{XY} 或 ρ，即

$$\rho_{XY} = \frac{\mathrm{Cov}(X,Y)}{\sqrt{\mathrm{Var}(X)}\sqrt{\mathrm{Var}(Y)}}$$

设随机变量 X 和 Y 是来自一个容量为 N 的有限总体的两个指标，即 (X,Y) 的取值分别为 $(x_1,y_1),(x_2,y_2),\cdots,(x_N,y_N)$，则有

$$E(X) = \mu_X = \frac{1}{N}\sum_{i=1}^{N} x_i, \quad E(Y) = \mu_Y = \frac{1}{N}\sum_{i=1}^{N} y_i$$

$$\mathrm{Cov}(X,Y) = \frac{1}{N}\sum_{i=1}^{N}(x_i - \mu_X)(y_i - \mu_Y)$$

$$\mathrm{Var}(X) = \frac{1}{N}\sum_{i=1}^{N}(x_i - \mu_X)^2, \quad \mathrm{Var}(Y) = \frac{1}{N}\sum_{i=1}^{N}(y_i - \mu_Y)^2$$

从而得到

$$\rho_{XY} = \frac{\mathrm{Cov}(X,Y)}{\sqrt{\mathrm{Var}(X)}\sqrt{\mathrm{Var}(Y)}} = \frac{\sum_{i=1}^{N}(x_i - \mu_X)(y_i - \mu_Y)}{\sqrt{\sum_{i=1}^{N}(x_i - \mu_X)^2}\sqrt{\sum_{i=1}^{N}(y_i - \mu_Y)^2}}$$

上式即为有限总体的离散型相关系数公式，这个公式为推断统计中关于样本数据相关性的研究提供了必要的理论基础. 相关系数 ρ_{XY} 较好地刻画了随机变量 X 和 Y 线性关系的强弱，并且有如下等价关系：

变量 X 与 Y 线性不相关 $\Leftrightarrow \mathrm{Cov}(X,Y)=0 \Leftrightarrow \rho=0 \Leftrightarrow E(XY)=E(X)E(Y)$

下面列出相关系数的一些重要性质.

性质 1　$|\rho_{XY}|\leqslant 1$；

性质 2　如果随机变量 X 和 Y 相互独立，则 $\rho_{XY}=0$；

性质 3　$|\rho_{XY}|=1$ 的充分必要条件是，存在常数 $a,b(b\neq 0)$ 使

$$P\{Y=a+bX\}=1$$

相关系数刻画了随机变量 X 和 Y 的线性相关的程度的大小. 当 $|\rho_{XY}|=1$ 时，X 与 Y 之间以概率 1 存在线性相关性，称为完全线性相关；当 $|\rho_{XY}|$ 较大时，通常说 X 与 Y 线性相关程度较好；当 $|\rho_{XY}|$ 较小时，就说 X 与 Y 线性相关程度较差.

由相关系数的性质，如果随机变量 X 与 Y 相互独立，则 $\rho_{XY}=0$，即 X 和 Y 线性不相关. 反过来，如果 X 和 Y 线性不相关，既不能断言 X 与 Y 相互独立，也不能断言 X 与 Y 没有非线性关系.

如果随机变量 X 与 Y 均服从正态分布，则可以证明：X 与 Y 相互独立 $\Leftrightarrow \rho_{XY}=0$.

6.6 Excel 操　作

6.6.1 利用统计函数求概率

计算二项分布、泊松分布、指数分布、正态分布等概率值的统计函数及含义如表 6-12 所示.

表 6-12

统计函数	含义
BINOM.DIST()	返回二项分布 $b(n,p)$ 的概率值
POISSON.DIST()	返回泊松分布 $P(\lambda)$ 的概率值
EXPON.DIST()	返回指数分布 $E(\lambda)$ 的概率值
NORM.DIST()	返回正态分布 $N(\mu,\sigma^2)$ 的概率值

例 6-29　已知某类产品的次品率为 0.15，现从一大批这类产品中随机地抽查 40 件. 求恰好有 6 件次品的概率，以及不超过 6 件次品的概率.

解　记 X 为抽出的 40 件产品中次品的件数，则 X 服从二项分布的随机变量，即 $X\sim b$ (40, 0.15)，其概率分布为

$$P\{X=k\}=\mathrm{C}_{40}^{k}0.15^{k}0.85^{n-k},\quad k=0,1,\cdots,40$$

本题所求的概率分别为 $P(X=6)$ 及 $P(X\leqslant 6)$.

单击“公式”→插入函数→“统计”→“BINOM.DIST”，弹出的对话框如图 6-23 所示.

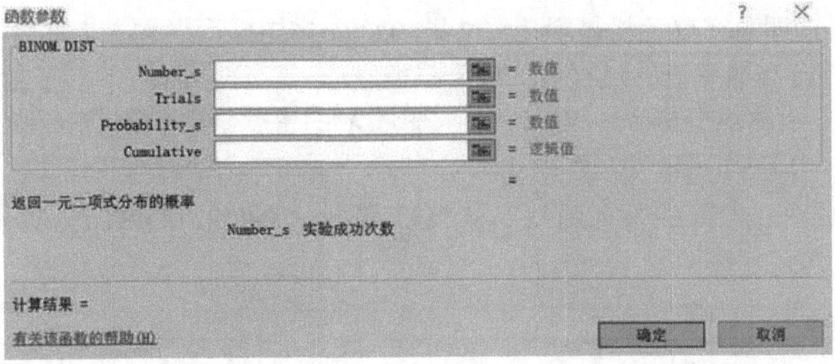

图 6-23

在 Number_s(变量取值)栏内输入 6; Trials(独立试验次数)栏内输入 40; Probability_s(每次试验成功的概率)栏内输入 0.15; Cumulative(逻辑值)栏内输入 0，对话框左下方立即显示：计算结果=0.174156223(图 6-24)，即

$$P\{X=6\}=0.174156223$$

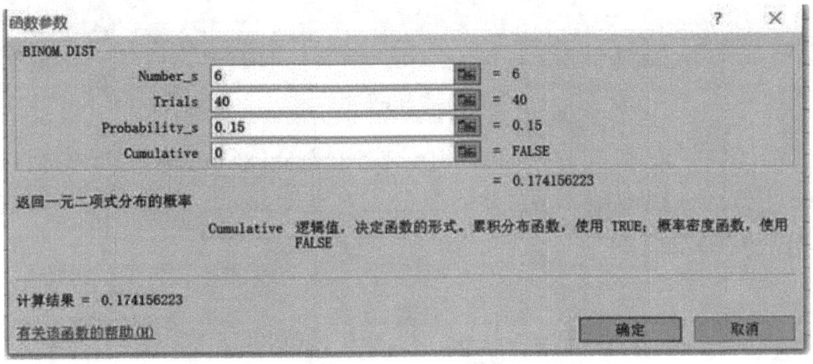

图 6-24

单击“确定”即可在单元格显示计算结果: 0.174156223.

将上面对话框中的逻辑值(Cumulative)改为“1”，对话框左下方立即显示：计算结果=0.606656501(图 6-25)，即

$$P\{X\leqslant 6\}=0.606656501$$

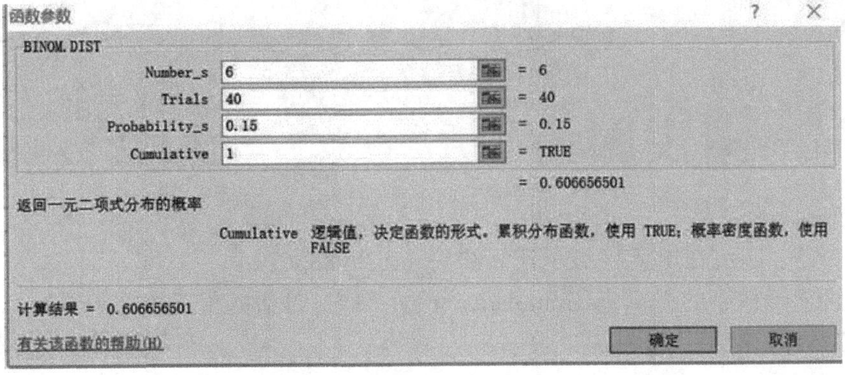

图 6-25

单击“确定”，即可在单元格显示计算结果: 0.606656501.

计算泊松分布概率值的过程与二项分布类似.

例 6-30 设随机变量 $X \sim N(1,2^2)$，求变量 X 的密度函数 $f(x)$ 在 $x=3$ 处的取值，以及概率 $P\{X<3\}$.

解 单击“公式”→插入函数→ “统计”→“NORM.DIST”，弹出的对话框如图 6-26 所示.

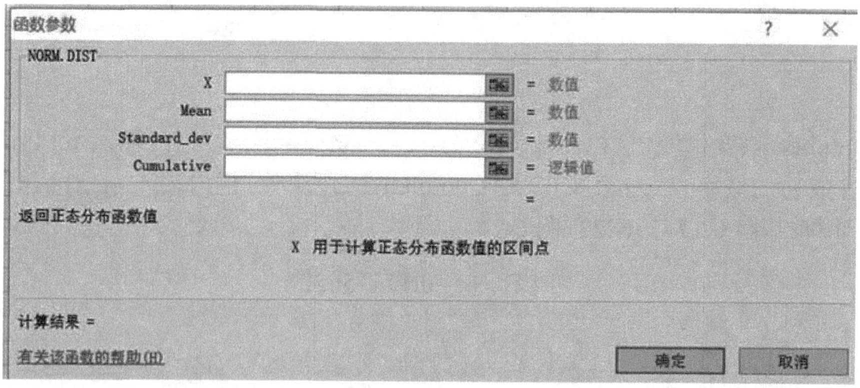

图 6-26

在 X(变量取值)栏内输入 3, Mean(均值)栏内输入 1; Standard_dev(标准差)栏内输入 2; Cumulative(逻辑值)栏内输入 0, 对话框左下方立即显示: 计算结果= 0.120985362(图 6-27)，即概率密度函数值为

$$f(3)=\frac{1}{2\sqrt{\pi}}\mathrm{e}^{-\frac{(3-1)^2}{4}}=0.120985362$$

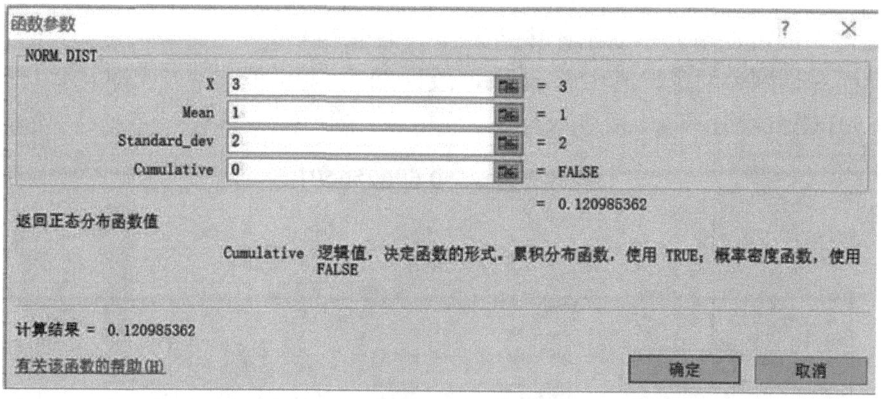

图 6-27

单击“确定”，即可在单元格显示计算结果: 0.120985362.

将上面对话框中的逻辑值(Cumulative)改为“1”，对话框左下方立即显示: 计算结果= 0.841344746(图 6-28)，即

$$P\{X<3\}=\frac{1}{2\sqrt{\pi}}\int_{-\infty}^{3}\mathrm{e}^{-\frac{(x-1)^2}{4}}\mathrm{d}x=0.841344746$$

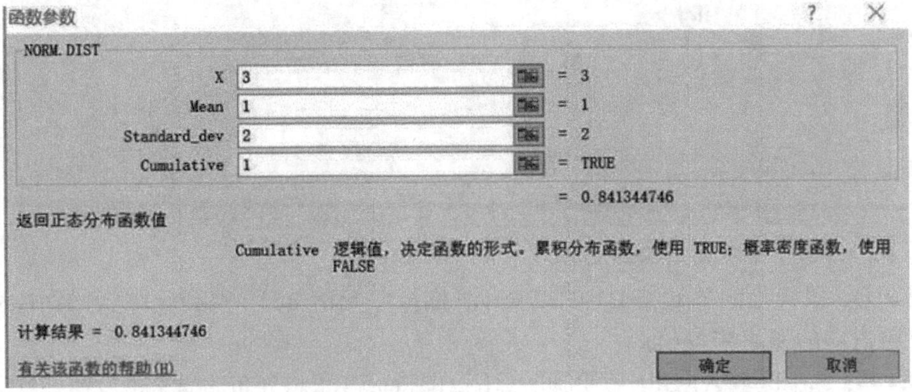

图 6-28

单击“确定”，即可在单元格显示计算结果: 0.841344746.

计算指数分布概率值的过程与正态分布类似.

6.6.2　正态分布曲线

例 6-31　(1) 分别作出标准正态分布 $N(0,1)$ 的概率密度曲线及分布函数曲线;

(2) 在同一个坐标系内做出正态分布 $N(0,1)$，$N(1,1)$，$N(1,2^2)$，$N(1,0.5^2)$ 的概率密度曲线.

解　(1) 第 1 步, 在单元格“A1:A61”输入等差数列: 初始值为–3, 终值为3, 步长(公差)为 0.1.

第 2 步, 选中单元格 B1, 单击“公式”→插入函数→“统计”→“NORM.DIST”，弹出的对话框如图 6-29 所示.

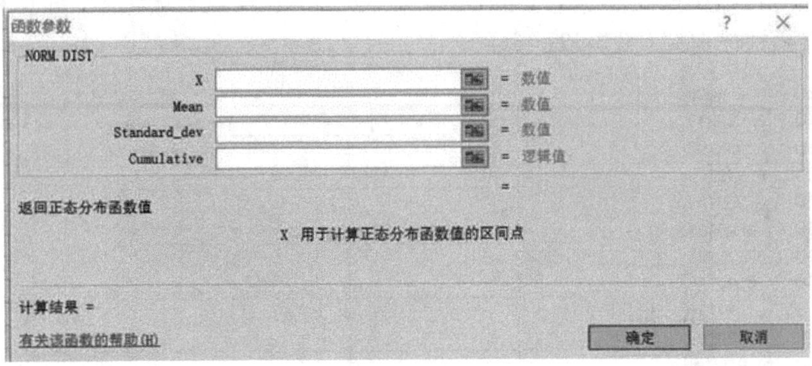

图 6-29

在 X(变量取值)栏内输入“A1”(或选中单元格 A1)，Mean(均值)栏内输入 0; Standard_dev(标准差)栏内输入 1; Cumulative(逻辑值)栏内输入 0, 对话框左下方立即显示: 计算结果=0.004431848(图 6-30).

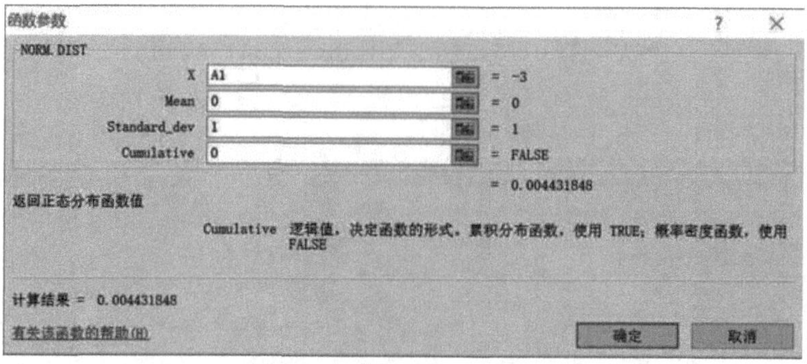

图 6-30

第 3 步，鼠标指向单元格 B1 的填充柄，拖至单元格 B61，得到区域 A1:A61 内 61 个变量值所对应的概率密度值.

第 4 步，选中区域 A1:B61 后绘制散点图，即得标准正态分布的概率密度曲线(图 6-31).

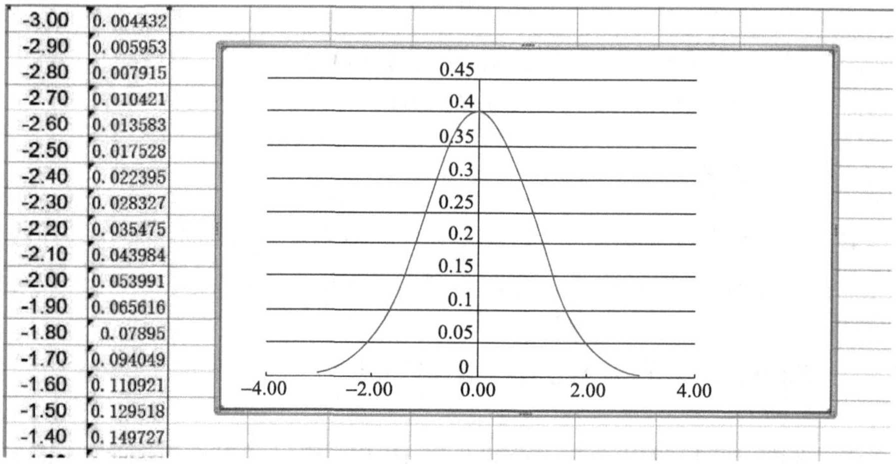

图 6-31

将上面对话框中的逻辑值(Cumulative)改为“1”，重复上述步骤，即得标准正态分布概率分布函数的曲线(图 6-32).

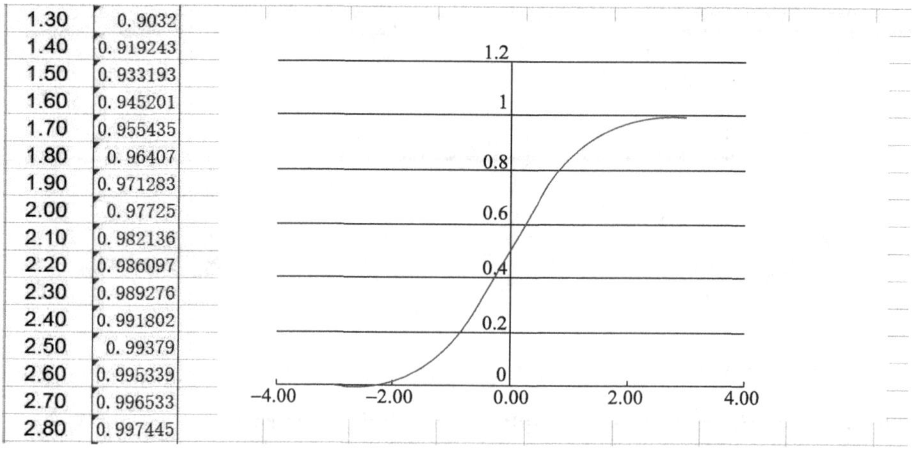

图 6-32

(2) 第 1 步，在本题(1)形成的同一工作簿内将等差数列的范围扩展到区间[–3, 4].

注　相对于标准正态分布，$N(1,1)$，$N(1,2^2)$，$N(1,0.5^2)$ 的概率密度曲线都向右平移了 1 个单位，所以等差数列的取值有必要向右扩展 1 个单位.

第 2 步，分别选中单元格 C1, D1, E1，并将上面对话框中的 Mean(均值)栏内的取值改为 1, Standard_dev(标准差)栏内的取值依次改为 1, 2, 0.5(每次只能输入 1 个值)，然后按照(1)的第 1 步~第 3 步重复进行 3 次操作.

第 3 步，选中区域 A1:E71 后绘制散点图，即可得到本题中 4 个不同正态分布的概率密度曲线(图 6-33).

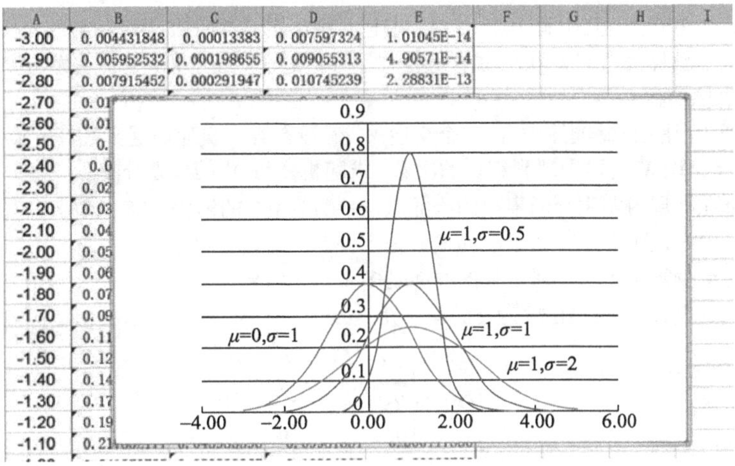

图 6-33

本 章 小 结

1. 随机变量是定义在样本空间 Ω 上的单值实函数. 随机变量是刻画总体数据统计分布规律主要的数学工具.

2. 离散型随机变量 X 的分布律为 $P\{X=x_i\}=p_i$，$i=1,2,\cdots$. 常用离散型随机变量的概率分布有两点分布、二项分布与泊松分布.

3. 连续型随机变量的分布用密度函数及分布函数表示. 概率密度曲线是频率直方图在连续总体的发展和延伸. 常用连续型随机变量的概率分布有均匀分布、指数分布与正态分布. 正态分布是推断统计最重要的基础和工具.

4. 随机变量的分布函数完整地描述了随机变量的统计规律性，根据分布函数可以算得与随机变量 X 有关事件的概率. 由于分布函数是普通的实函数，我们可以利用微积分的方法研究随机变量.

5. 刻画随机变量主要的数字特征(参数)有数学期望(均值)、方差与标准差，以及二元随机变量的相关系数.

《应用统计学》学习材料(6)

思考与练习

6.1 随机变量分布函数的统计意义是什么？

6.2 连续型随机变量概率密度函数的统计意义是什么？

6.3 设随机变量 X 的概率分布为

$$P\{X=k\}=\frac{a}{100},\quad k=1,2,\cdots,100$$

试确定常数 a.

6.4 一批产品共 100 个，其中有 10 个次品. 求任意取出的 5 个产品中次品数的概率分布.

6.5 某大炮击中目标的概率为 0.2，现在共发射了 14 发炮弹，已知至少有 2 发炮弹击中目标才能摧毁它，试求摧毁目标的概率.

6.6 从学校乘车到火车站的途中有 3 个交通岗，假设在各个交通岗遇到红灯的事件是相互独立的，并且概率都是 $2/5$，设 X 为途中遇到红灯的次数，求随机变量 X 的概率分布.

6.7 设某城市在一周内发生交通事故的次数服从参数为 0.3 的泊松分布，试问：

(1) 在一周内恰好发生 2 次交通事故的概率是多少？

(2) 在一周内至少发生 1 次交通事故的概率是多少？

6.8 已知随机变量 X 的概率密度为

$$f(x)=\begin{cases}\dfrac{1}{2\sqrt{x}}, & 0<x<1\\ 0, & \text{其他}\end{cases}$$

求 X 的分布函数，并画出分布函数的图形.

6.9 已知随机变量 X 的概率密度为

$$f(x)=\begin{cases}2x, & 0<x<1\\ 0, & \text{其他}\end{cases}$$

求：$P\{X\leqslant 0.5\}$；$P\{X=0.5\}$；X 的分布函数 $F(x)$.

6.10 设随机变量 X 的分布函数为

$$F(x)=\begin{cases}0, & x<1\\ \ln x, & 1\leqslant x\leqslant \mathrm{e}\\ 1, & x>\mathrm{e}\end{cases}$$

求：(1) $P\{X<2\},P\{0<X\leqslant 3\},P\left\{2<X<\dfrac{5}{2}\right\}$；(2) X 的概率密度 $f(x)$.

6.11 设随机变量 X 在 $[2,5]$ 上服从均匀分布，现在对 X 进行三次独立观测，试求至少有两次观测值大于 3 的概率.

6.12 某型号电子管的寿命 X 服从 $\lambda=\dfrac{1}{1000}$ 的指数分布，计算 $P\{1000<X\leqslant 1200\}$.

6.13 设 $X\sim N(0,1)$，求 $P\{X\geqslant 0\}$，$P\{|X|<3\}$，$P\{0<X\leqslant 5\}$，$P\{X>3\}$，$P\{-1<X<3\}$.

6.14 设随机变量 $X\sim N(10,2^2)$，求 $P\{10<X<13\}$，$P\{X>13\}$，$P\{|X-10|<2\}$.

6.15 某地抽样调查结果表明，考生的外语成绩 X（百分制）近似地服从正态分布，即 $X\sim N(72,\sigma^2)$，96 分以上的占考生总数的 2.3%，试求考生的外语成绩在 60 分至 84 分之间的概率.

6.16 公共汽车车门的高度，是按成年男子与车门碰头的机会在 0.01 以下来设计的，设成年男子身高 X 服从 $\mu = 168\text{cm}$，$\sigma = 7\text{cm}$ 的正态分布，问车门的高度应如何确定？

6.17 随机变量的数学期望与方差的统计意义分别是什么？

6.18 设随机变量 X 的分布律为

X	-2	0	2
p_i	0.4	0.3	0.3

求 $E(X)$，$E(X^2)$，$E(3X^2+5)$．

6.19 某人花 2 元购买一张彩票，他抽中 100 元、10 元、1 元奖的概率分别为 0.1%，1%，20%，假设各种奖都不能同时抽中．试求：

(1) 此人收益的分布率；(2) 此人中奖的概率；(3) 此人收益的数学期望和方差．

6.20 设随机变量 $X \sim b(n,p)$，并且 $E(X)=2.4$，$\mathrm{Var}(X)=1.44$，求 n 和 p．

6.21 设随机变量 X 的概率密度函数为

$$f(x)=\begin{cases}2(1-x), & 0<x<1\\ 0, & \text{其他}\end{cases}$$

求 $E(X), \mathrm{Var}(X)$．

6.22 设随机变量 X 的概率密度为

$$f(x)=\begin{cases}Ax^{\alpha}, & 0<x<1\\ 0, & \text{其他}\end{cases}$$

其中 A, α 为待定常数，且 $\alpha>0$，又已知 $E(X)=0.75$，求 A, α．

6.23 一电梯的最大承载重量为 1000 千克，假设该电梯一次进入 15 人，如果每个人的体重(千克) $X \sim N(60,15^2)$．请计算该电梯超重的概率．

6.24 随机变量“X,Y 相互独立”与“X,Y 线性不相关”之间的区别与联系是什么？

6.25 已知 $\mathrm{Var}(X)=25, \mathrm{Var}(Y)=36, \rho_{XY}=0.4$．求 $\mathrm{Var}(X+Y)$ 及 $\mathrm{Var}(X-Y)$．

第 7 章　抽样分布与大样本理论

如何由样本推断总体?

X 大学位于我国东南沿海. 今年暑期, 该校 J 学院经济学专业的一年级本科生浩嘉、常庚各自带领五名同学, 计划深入基层社区进行为期两周的社会调研实践. 两个小组调研的主题都是“F 省县级城市居民收入状况调查”. 根据学院的安排, 浩嘉小组将前往学校附近的 L 市, 常庚小组将奔赴位于山区的 W 市. 该校讲授统计学课程的吴老师担任这两个小组的指导老师. 临行前由吴老师为他们做了两节课的统计方法讲座.

九月初的一个下午, 浩嘉、常庚带领两个小组的成员依约来到吴老师的办公室, 针对此前他们通过邮件发送给吴老师的暑期调研报告进行了深入的讨论和交流.

浩嘉: “我们小组在车站、码头及大型超市对居民进行了随访, 收回有效问卷 168 份, 经过对问卷的数据处理, 计算出平均收入、标准差以及低收入人群的比例等统计量的值. 我们的问题是: 这些数值能否用来估计 L 市居民收入的相关指标? ”

常庚: “我们小组采用了分层抽样, 在 W 市随机抽取了 5 个居民小区, 对抽中的每个小区, 随机抽取了 30 户待访居民. 最终收回有效问卷 102 份, 同样计算了该样本的平均收入、标准差以及低收入人群的比例等统计量的值. 我要请教的问题和浩嘉的相同.”

吴老师: “从调研报告可以看出, 两个小组的学生掌握了描述统计的一些基本方法, 但提出的问题涉及推断统计的内容. 推断统计的核心问题, 就是如何有效地利用收集到的有限资料,对被研究总体的统计特征做出尽可能准确可靠的判断.”

“浩嘉小组采用了方便抽样方式收集数据, 由这些数据得到的居民平均收入等变量值具有重要的参考价值. 虽然你们的样本容量比较大(168 份问卷), 但却不能用于推断总体. 常庚小组采用了随机抽样, 可以用你们所获得的样本去估计和推断总体, 即可以用 102 户居民的平均收入、标准差以及低收入人群的比例去估计 W 市居民的平均收入、标准差以及低收入人群的比例. 对 102 户居民这个较大的样本, 我们还可以应用大样本理论对上述的统计量做出抽样分析、误差分析和可靠性分析, 从而得出较为科学的结论.”

统计学家费希尔(R.A.Fisher)认为, 抽样分布、参数估计和假设检验是推断统计的三项核心内容. 评价一个统计推断的优良性, 取决于抽样分布的性质. 在此后的学习中我们将会看到, 参数估计和假设检验等推断统计的核心内容都将以抽样分布理论作为前提和基础.

本章以统计变量的随机化为出发点, 对总体、样本及统计量等基本概念进行了较为严格的定量表述, 简要介绍了基于正态总体的若干抽样分布. 本章中的大数定律揭示了在大样本情形下，样本比例、样本均值及样本矩趋于稳定的理论依据；中心极限定理展示了在大样本情形下，取自未知总体的样本和、样本均值及样本比例在很一般的条件下都具备“渐进正态”的良好性质.

7.1　总体与样本

7.1.1　总体

如前所述，我们把所研究对象的全体称为总体(population)或母体，总体中的每个元素称为总体单位(population unit)或个体．总体中所包含个体的个数称为总体容量(population size)．容量为有限的总体称为有限总体，容量为无限的总体称为无限总体．如果一个有限总体的容量很大，则可以把它作为无限总体来处理．例如，一麻袋种子、一个国家的公民等.

在现实中，我们所关心的并非是每个个体的所有特征，而仅仅是它的一项或几项数量指标．例如，考察某企业生产的灯管的质量，一个重要的数量指标就是灯管的寿命．于是就将该厂生产的所有灯管的寿命看作总体，而每一个灯管的寿命就是总体单位或个体．由于每个灯管的寿命不尽相同且无法预测，“灯管的寿命”这一数量指标就可以用随机变量来描述，即“所有灯管的寿命”这一总体我们可以用随机变量 X 表示.

一般情况下，对于选定的一个数量指标(变量) X 而言，每个个体所取的值不尽相同且事先无法准确预测，因而指标 X 是一个随机变量，这个随机变量能够完整描述总体中这一数量指标的分布情况．由于我们关心的只是此数量指标，因此以后就把总体与数量指标 X 等同起来，并把数量指标(随机变量) X 的分布称为总体的分布．对总体的研究就相当于对这个随机变量的研究，后面将不区分总体与相应的随机变量.

在考察总体时，如果选定了多个数量指标，我们可以用一组随机变量来表示总体，称为多元随机变量．例如上例中，如果我们既考察灯管的寿命 X，又考察灯管的亮度 Y，其总体就是二元随机变量 (X,Y).

如上所述，在统计学中，一般称随机变量 X 为总体，随机变量 X 的分布称为总体分布.

在非全面调查下，总体的分布一般来说是未知的．这里所说的未知包含两层意思：①总体的分布类型未知；②总体的分布类型已知，但并不知道这些分布中所含的参数．比如，虽然我们知道随机变量 X 服从正态分布 $N(\mu,\sigma^2)$，但不知道期望值 μ、标准差 σ 的具体数值．推断统计的任务就是根据总体中部分个体的数据资料来对总体的未知分布或未知参数进行统计推断.

7.1.2　样本

如前所述，为了判断总体服从何种分布或估计未知参数取何值，我们可以从总体中抽取若干个个体进行观察，从中获得研究总体的一些观察数据，然后通过对这些数据的统计分析，对总体的分布做出判断或对未知参数做出合理的估计．在随机抽样中，由于对每个个体的观察结果是随机的，因而可将其看作是一个随机变量的取值．这样就把每个个体的观察结果与一个随机变量的取值对应起来了．于是，如果我们将从总体 X 中第 i 次抽取的个体指标记为 X_i（$i=1,2,\cdots,n$），则 X_i 是一个随机变量，用 x_i（$i=1,2,\cdots,n$）表示第 i 个指标的观察值．我们称 $X_1,X_2,\cdots,X_n$ 为取自总体 X 的一个容量为 n 的样本(sample)；称观测值 $x_1,x_2,\cdots,x_n$ 为样本值(sample value)．

为了有效地利用样本推断总体，从总体中抽取的样本必须满足下述两个条件:

(1) 随机性：样本 $X_1,X_2,\cdots,X_n$ 能代表总体的特性，即要求 $X_1,X_2,\cdots,X_n$ 与所考察的总体 X 具有相同的分布;

(2) 独立性：样本 $X_1,X_2,\cdots,X_n$ 是相互独立的随机变量．

凡满足上述两条性质的样本称为简单随机样本，一般用与总体 X 同分布的 n 个相互独立的随机变量 $X_1,X_2,\cdots,X_n$ 表示．显然，简单随机样本是一种理想化的样本，在实际应用中要获得严格意义下的简单随机样本并不容易．

对有限总体，若采用有放回抽样就能得到简单随机样本，但有放回抽样使用起来不方便，故实际操作中通常采用无放回抽样．当所考察总体样本容量很大时，无放回抽样与有放回抽样的区别很小，此时可近似地把无放回抽样所得到的样本看成是一个简单随机样本．对无限总体，因抽取一个个体不影响它的分布，故采用无放回抽样即可得到一个简单随机样本．

本书后面假定所考虑的样本均为简单随机样本．为了便于理解总体、个体、样本和简单随机样本这几个基本概念的含义，将其列表进行比较(表 7-1)．

表 7-1

	直观理解	数学含义
总体	研究对象的全体	随机变量 X（指某个数量指标）
个体	组成总体的每个基本单元	与总体同分布的某个随机变量 X_i
样本	从总体中抽出的 n 个个体	n 个随机变量 $X_1,X_2,\cdots,X_n$
简单随机样本	重复抽取所得的样本	n 个随机变量 $X_1,X_2,\cdots,X_n$ 相互独立，且与总体 X 同分布

7.2　样本统计量

为了借助样本观测值对总体 X 的统计特征做出合理推断，就需要对样本进行整理和分析，进而构造能够充分反映样本信息的统计指标．

设 $X_1,X_2,\cdots,X_n$ 是来自总体 X 的一个样本，$T=g(X_1,X_2,\cdots,X_n)$ 为该样本的一个函数．若函数 $g(X_1,X_2,\cdots,X_n)$ 中不含有未知参数，则称 $T=g(X_1,X_2,\cdots,X_n)$ 是一个样本统计量，简称为统计量．根据样本 $X_1,X_2,\cdots,X_n$ 的观测值 $x_1,x_2,\cdots,x_n$ 计算得到的函数值 $g(x_1,x_2,\cdots,x_n)$ 称为样本统计量的观测值．

容易理解，统计量 $T=g(X_1,X_2,\cdots,X_n)$ 仍然是随机变量，而观测值 $g(x_1,x_2,\cdots,x_n)$ 是

一个数值. 统计学中常用的统计量及其观测值如下.

(1) 样本均值: $\bar{X}=\frac{1}{n}\sum_{i=1}^{n}X_i$，其观测值记作 $\bar{x}=\frac{1}{n}\sum_{i=1}^{n}x_i$.

(2) 样本方差: $S^2=\frac{1}{n-1}\sum_{i=1}^{n}(X_i-\bar{X})^2$，其观测值记作 $s^2=\frac{1}{n-1}\sum_{i=1}^{n}(x_i-\bar{x})^2$.

样本方差 S^2 的表达式可以简化为 $S^2=\frac{1}{n-1}\left(\sum_{i=1}^{n}X_i^2-n\bar{X}^2\right)$，其观测值 s^2 的表达式可以简化为 $s^2=\frac{1}{n-1}\left(\sum_{i=1}^{n}x_i^2-n\bar{x}^2\right)$.

(3) 样本标准差: $S=\sqrt{S^2}=\sqrt{\frac{1}{n-1}\sum_{i=1}^{n}(X_i-\bar{X})^2}$，其观测值记作

$$s=\sqrt{s^2}=\sqrt{\frac{1}{n-1}\sum_{i=1}^{n}(x_i-\bar{x})^2}$$

(4) 样本 k 阶原点矩(origin moment): $A_k=\frac{1}{n}\sum_{i=1}^{n}X_i^k$，$k=1,2,\cdots$，它的观测值记作 $a_k=\frac{1}{n}\sum_{i=1}^{n}x_i^k$, $k=1,2,\cdots$. 显然, 样本一阶原点矩就是样本均值, 即 $A_1=\bar{X}$.

(5) 样本 k 阶中心矩(central moment): $B_k=\frac{1}{n}\sum_{i=1}^{n}(X_i-\bar{X})^k$，$k=1,2,\cdots$，观测值记作 $b_k=\frac{1}{n}\sum_{i=1}^{n}(x_i-\bar{x})^k$，$k=1,2,\cdots$. 统计学中将样本二阶中心矩称为未修正样本方差, 记为 $S_n^2=\frac{1}{n}\sum_{i=1}^{n}(X_i-\bar{X})^2$，其观测值记作 $s_n^2=\frac{1}{n}\sum_{i=1}^{n}(x_i-\bar{x})^2$.

7.3　抽 样 分 布

从总体中取得样本后, 一般要借助样本统计量对未知的总体分布进行推断, 或者对未知的总体参数进行估计. 为此, 需要进一步确定相应的统计量所服从的分布. 通常称统计量的分布为抽样分布(sampling distribution). 本节先介绍基于正态总体的三大抽样分布: χ^2 分布、t 分布、F 分布, 进而研究由三大分布导出的几个重要的抽样分布.

7.3.1　χ^2 分布

χ^2 分布是赫尔默特(Helmert)和皮尔逊分别于 1875 年和 1890 年提出的, 主要应用于对总体方差的估计和检验、总体分布的拟合优度检验及独立性检验等.

定义 7.1　设 $X_1,X_2,\cdots,X_n$ 是来自总体 $N(0,1)$ 的简单样本, 统计量

$$\chi^2=X_1^2+X_2^2+\cdots+X_n^2 \tag{7-1}$$

称为服从自由度为 n 的 χ^2 分布(卡方分布)，记作 $\chi^2 \sim \chi^2(n)$.

这里的“自由度”指(7-1)式右端包含的独立变量的个数.

可以证明，χ^2 分布的概率密度函数为

$$f(y)=\begin{cases}\dfrac{1}{2^{n/2}\Gamma(n/2)}y^{n/2-1}\mathrm{e}^{-y/2}, & y>0\\ 0, & 其他\end{cases}$$

其中 $\Gamma(t)=\int_0^{+\infty}x^{t-1}\mathrm{e}^{-x}\mathrm{d}x(t>0)$ 为 Γ 函数.

图 7-1 画出了 $n=1, n=2, n=4, n=6$ 和 n=11时 χ^2 分布的概率密度曲线. 从图 7-1 中可以看出，当自由度 n 增大时，$\chi^2(n)$ 的密度函数曲线的形状逐渐接近于正态分布的概率密度曲线的形状.

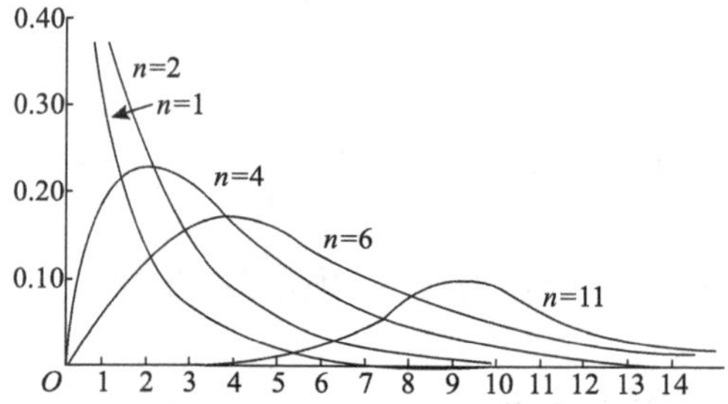

图 7-1

χ^2 分布具有下列性质.

性质 1　若 $\chi^2 \sim \chi^2(n)$，则 $E(\chi^2)=n$，$\mathrm{Var}(\chi^2)=2n$.

性质 2　设 $\chi^2 \sim \chi^2(n_1)$，$\chi^2 \sim \chi^2(n_2)$，并且 χ_1^2，χ_2^2 相互独立，则

$$\chi_1^2+\chi_2^2 \sim \chi^2(n_1+n_2)$$

设 $\chi^2 \sim \chi^2(n)$，对给定的正数 α，$0<\alpha<1$，如果 $P\{\chi^2>\chi_\alpha^2(n)\}=\int_{\chi_\alpha^2(n)}^{+\infty}f(x)\mathrm{d}x=\alpha$，则称 $\chi_\alpha^2(n)$ 为 χ^2 分布的上侧 α 分位数，如图 7-2 所示.

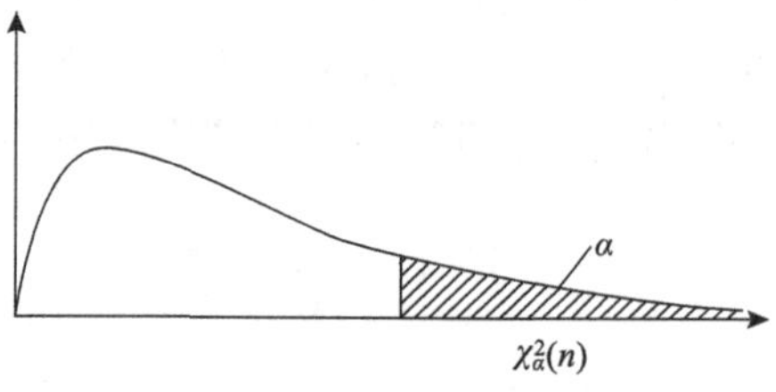

图 7-2

对不同的 α 与 n，分位数的值已经编制成表供读者查用(见本书附表 3). 例如，查表可得 $\chi_{0.1}^2(25)=34.382$，$\chi_{0.05}^2(10)=18.307$. 表中只给出了自由度 $n \leqslant 45$ 时的上侧分位数.

费希尔证明了：当 n 充分大时，χ^2 分布近似服从正态分布，即

$$\chi^2(n)\overset{\text{近似}}{\sim} N(\sqrt{2n-1},\ 1),\quad \text{并且}\quad \chi_\alpha^2(n)\approx\frac{1}{2}(\mu_\alpha+\sqrt{2n-1})^2$$

其中 μ_α 是标准正态分布的上侧 α 分位数. 利用上式可近似计算 $n>45$ 时的上侧 α 分位数.

7.3.2　t 分布

t 分布又称为学生氏(student)分布，由英国统计学家戈塞特(W. C. Gosset)于 1908 年提出，“学生(Student)”是文章发表时使用的笔名. t 分布主要适用于小样本问题中总体方差未知时对总体期望的推断，以及用于对两总体期望的差异进行比较等统计问题.

定义 7.2　设 $X\sim N(0,1)$，$Y\sim\chi^2(n)$，且 X 与 Y 相互独立. 统计量

$$t=\frac{X}{\sqrt{Y/n}}$$

称为服从自由度为 n 的 t 分布，记作 $t\sim t(n)$. 可以证明，t 的概率密度函数为

$$h(x)=\frac{\Gamma[(n+1)/2]}{\sqrt{\pi n}\,\Gamma(n/2)}\left(1+\frac{x^2}{n}\right)^{-(n+1)/2},\quad -\infty<x<+\infty$$

t 分布具有以下性质.

性质 1　$h(x)$ 的图形关于 y 轴对称(图 7-3).

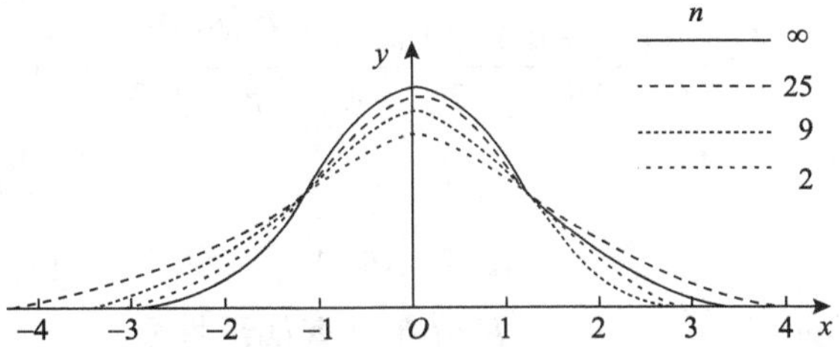

图 7-3

性质 2　当 n 充分大时，t 分布近似于标准正态分布. 事实上，利用 Γ 函数的性质可得

$$\lim_{n\to\infty}h(x)=\frac{1}{\sqrt{2\pi}}\mathrm{e}^{-\frac{x^2}{2}}$$

但当 n 较小时，t 分布与标准正态分布相差较大.

设 $t\sim t(n)$，对给定的正数 α，$0<\alpha<1$，称满足条件

$$P\{t>t_\alpha(n)\}=\int_{t_\alpha(n)}^{+\infty}h(x)\,\mathrm{d}x=\alpha$$

的数 $t_\alpha(n)$ 为 t 分布的上侧 α 分位数(图 7-4).

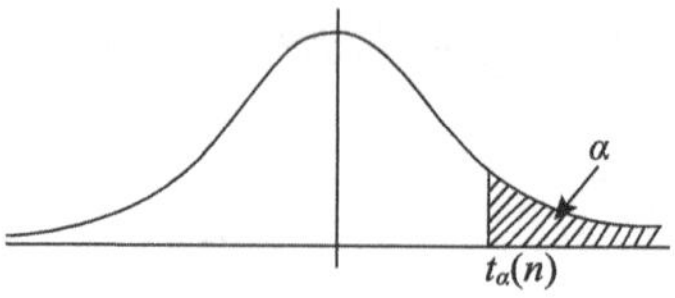

图 7-4

由 t 分布的上侧 α 分位数的定义及密度函数 $h(t)$ 的对称性，可得

$$t_{1-\alpha}(n) = -t_\alpha(n)$$

对不同的 α 与 n，t 分布的上侧分位数可从本书附表 2 中查得. 当 $n>45$ 时，对于常用的 α 的值，就用正态分布近似，即 $t_\alpha(n) \approx \mu_\alpha$.

7.3.3　F 分布

F 分布是以统计学家费希尔姓氏的第一个字母命名的抽样分布，通常用于方差分析和回归分析等统计学领域.

定义 7.3　设 $X \sim \chi^2(n_1)$，$Y \sim \chi^2(n_2)$，且 X 与 Y 相互独立. 统计量

$$F = \frac{X/n_1}{Y/n_2}$$

称为服从自由度为 (n_1, n_2) 的 F 分布，记为 $F \sim F(n_1, n_2)$.

$F(n_1, n_2)$ 分布的概率密度为

$$\psi(y) = \begin{cases} \dfrac{\Gamma[(n_1+n_2)/2](n_1/n_2)^{n_1/2} y^{(n_1/2)-1}}{\Gamma(n_1/2)\Gamma(n_2/2)[1+(n_1 y/n_2)]^{(n_1+n_2)/2}}, & y>0 \\ 0, & \text{其他} \end{cases}$$

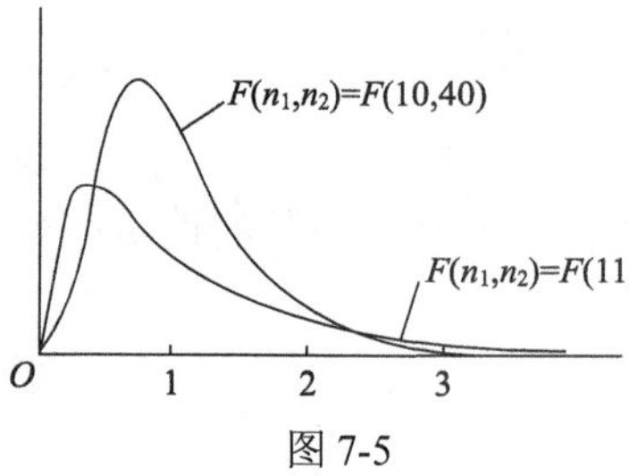

图 7-5

图 7-5 画出了密度函数 $\psi(y)$ 的图形.

F 分布具有如下性质.

性质 1　若 $X \sim t(n)$，则 $X^2 \sim F(1, n)$.

性质 2　若 $F \sim F(n_1, n_2)$，则

$$\frac{1}{F} \sim F(n_2, n_1)$$

设 $F \sim F(n_1, n_2)$，对给定的正数 α，$0<\alpha<1$，称满足条件

$$P\{F > F_\alpha(n_1, n_2)\} = \int_{F_\alpha(n_1,n_2)}^{+\infty} \psi(y)\,\mathrm{d}x = \alpha$$

的数 $F_\alpha(n_1, n_2)$ 为 $F(n_1, n_2)$ 分布的上侧 α 分位数，如图 7-6 所示. F 分布的上侧 α 分位数可由附表 4 查得，例如

$F_{0.05}(10,5)=4.74$，$F_{0.025}(5,10)=4.24$

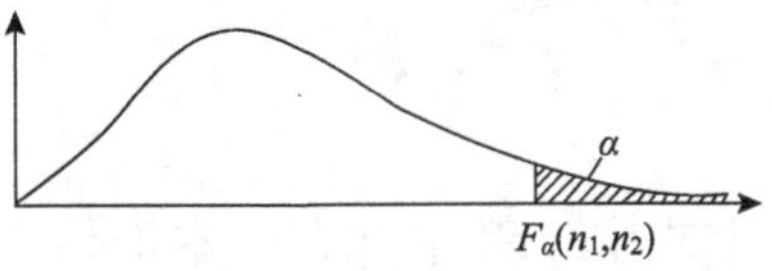

图 7-6

由 F 分布的性质，容易发现 F 分布的分位数满足如下结论:

$$F_{1-\alpha}(n_1,n_2)=\frac{1}{F_\alpha(n_2,n_1)}$$

上式常用于求 F 分布表中没有列出的某些上侧分位数，例如

$$F_{0.95}(12,9)=\frac{1}{F_{0.05}(9,12)}=\frac{1}{2.80}\approx 0.357$$

7.3.4　几个重要的抽样分布

一般来说，要确定某个统计量的分布是困难的，有时甚至是不可能的. 然而，对于总体 X 服从正态分布的情形，已经有了详尽的研究. 下面基于正态总体的情形，讨论几个重要的抽样分布.

以下假设简单随机样本 $X_1,X_2,\cdots,X_n$ 来自于正态总体 $N(\mu,\sigma^2)$，即 $X_1,X_2,\cdots,X_n$ 相互独立，并且每个 $X_i\sim N(\mu,\sigma^2),i=1,2,\cdots,n.$ 样本均值与样本方差分别为

$$\bar{X}=\frac{1}{n}\sum_{i=1}^{n}X_i,\quad S^2=\frac{1}{n-1}\sum_{i=1}^{n}(X_i-\bar{X})^2$$

定理 7.1　设总体 X 服从正态分布 $N(\mu,\sigma^2)$，则 $\bar{X}\sim N\left(\mu,\dfrac{\sigma^2}{n}\right)$，即

$$Z=\frac{(\bar{X}-\mu)\sqrt{n}}{\sigma}\sim N(0,1)$$

证明　因为随机变量 $X_1,X_2,\cdots,X_n$ 相互独立，并且与总体 X 服从相同的正态分布 $N(\mu,\sigma^2)$，所以由正态分布的性质可知，其线性组合 $\bar{X}=\dfrac{1}{n}\sum\limits_{i=1}^{n}X_i$ 服从正态分布 $N\left(\mu,\dfrac{\sigma^2}{n}\right)$，从而 $\bar{X}$ 的标准化变量 $Z=\dfrac{(\bar{X}-\mu)\sqrt{n}}{\sigma}\sim N(0,1)$.

需要指出的是，当总体参数 μ,σ 未知时，$\bar{X}=\dfrac{1}{n}\sum\limits_{i=1}^{n}X_i$ 是统计量，而 $Z=\dfrac{(\bar{X}-\mu)\sqrt{n}}{\sigma}$ 并不是统计量. 根据抽样分布的含义，只有当 μ,σ 已知时，随机变量 Z 的分布方可称为抽样分布. 后面的几个定理均照此理解.

定理 7.2　设总体 X 服从正态分布 $N(\mu,\sigma^2)$，则

(1) 样本均值 $\bar{X}$ 与样本方差 S^2 相互独立;

(2) $\chi^2=\dfrac{(n-1)S^2}{\sigma^2}$ 服从自由度为 $n-1$ 的 χ^2 分布，即

$$\chi^2=\frac{(n-1)S^2}{\sigma^2}\sim\chi^2(n-1)$$

上式中，S^2 中含有样本均值 $\bar{X}=\frac{1}{n}\sum_{i=1}^{n}X_i$，即随机变量 $\chi^2=\frac{(n-1)S^2}{\sigma^2}$ 受到条件 $\sum_{i=0}^{n}X_i-n\bar{X}=0$ 的约束，$X_1,X_2,\cdots,X_n$ 中独立取值的变量只有 $n-1$ 个. 所以 S^2 的自由度为 $n-1$，也即 χ^2 的自由度也是 $n-1$. 以下涉及有关自由度的内容均照此理解.

定理 7.3　设 $X_1,X_2,\cdots,X_n$ 是来自总体 $N(\mu,\sigma^2)$ 的样本，$\bar{X}$，S^2 分别是样本均值和样本方差，则有

$$T=\frac{\bar{X}-\mu}{S/\sqrt{n}}\sim t(n-1)$$

由定理 7.1 及定理 7.2

$$\frac{(\bar{X}-\mu)\sqrt{n}}{\sigma}\sim N(0,1),\quad \frac{(n-1)S^2}{\sigma^2}\sim\chi^2(n-1)$$

且两者相互独立，由 t 分布的定义

$$\frac{(\bar{X}-\mu)\sqrt{n}}{\sigma}\Bigg/\sqrt{\frac{(n-1)S^2}{\sigma^2(n-1)}}\sim t(n-1)$$

化简上式，即得

$$T=\frac{\bar{X}-\mu}{S/\sqrt{n}}\sim t(n-1)$$

对于两个正态总体的样本均值和样本方差有以下的定理.

定理 7.4　设 $X_1,X_2,\cdots,X_n$ 与 $Y_1,Y_2,\cdots,Y_n$ 分别是来自正态总体 $N(\mu_1,\sigma_1^2)$ 和 $N(\mu_2,\sigma_2^2)$ 的样本，且这两个总体相互独立. $\bar{X}=\frac{1}{n_1}\sum_{i=1}^{n_1}X_i$，$\bar{Y}=\frac{1}{n_2}\sum_{i=1}^{n_2}Y_i$ 分别是这两个样本的样本均值；$S_1^2=\frac{1}{n_1-1}\sum_{i=1}^{n_1}(X_i-\bar{X})^2$，$S_2^2=\frac{1}{n_2-1}\sum_{i=1}^{n_2}(Y_i-\bar{Y})^2$ 分别是这两个样本的样本方差，则有

(1) $\bar{X}-\bar{Y}\sim N(\mu_1-\mu_2,\sigma_1^2/n_1+\sigma_2^2/n_2)\Rightarrow\frac{(\bar{X}-\bar{Y})-(\mu_1-\mu_2)}{\sqrt{\sigma_1^2/n_1+\sigma_2^2/n_2}}\sim N(0,1)$.

(2) 当 $\sigma_1^2=\sigma_2^2=\sigma^2$ 时，

$$\frac{(\bar{X}-\bar{Y})-(\mu_1-\mu_2)}{S_\omega\sqrt{1/n_1+1/n_2}}\sim t(n_1+n_2-2)$$

其中 $S_\omega^2=\frac{(n_1-1)S_1^2+(n_2-1)S_2^2}{n_1+n_2-2}$，$S_\omega=\sqrt{S_\omega^2}$.

(3) $\dfrac{S_1^2/S_2^2}{\sigma_1^2/\sigma_2^2} \sim F(n_1-1,n_2-1)$.

本节所介绍的三大分布以及四个定理在下面的各章中都起着重要的作用.

7.4 大样本理论

在第 5 章我们曾讨论过，随机事件发生的频率具有稳定性，即随着试验次数的增加，事件发生的频率逐渐稳定于该事件发生的概率. 事实上，不仅是随机事件的频率具有稳定性，大量随机现象的一般平均结果也具有稳定性，即不论个别随机现象的结果以及它们在进行过程中的个体特征如何，大量随机现象的平均结果与各别随机现象的特征无关. 大数定律就是描述这种稳定性的理论.

在统计学的实际应用中，正态分布占有特殊而重要的地位. 有许多随机变量是由大量的、相互独立的随机因素综合影响而成的. 其中的每个因素所起的作用是微不足道的. 大样本理论(中心极限定理)证明了这类随机变量近似服从正态分布.

7.4.1 大样本理论：大数定律

1. 随机变量序列的极限

统计规律性是大量的重复试验中试验结果呈现的某种特征性. 比如抛掷一枚硬币，抛掷次数n越多，正面朝上的次数n_A越接近总数的$1/2$. 我们似乎会有这种想法：当$n\to\infty$时，正面频率$f_n(A)=n_A/n\to 1/2$，即$\lim\limits_{n\to\infty} f_n(A)=1/2$. 但这种表达方式是不正确的，因为无论$n$多么大，$f_n(A)$仍是一个随机变量，例如$f_n(A)=1$也有可能出现(尽管出现的概率很小). 因而，这种随机变量序列的极限应该是概率意义下的极限.

定义 7.4 设$X_1,X_2,\cdots,X_n,\cdots$是一个随机变量序列，$a$是一个常数，若对于任意的正数$\varepsilon$，有

$$\lim_{n\to\infty} P\{|X_n-a|<\varepsilon\}=1$$

则称随机变量序列$X_1,X_2,\cdots,X_n,\cdots$依概率收敛于$a$，记作$X_n\xrightarrow{P}a$.

利用求对立事件概率计算公式，随机变量序列$X_1,X_2,\cdots,X_n,\cdots$依概率收敛于$a$，也可以表示为

$$\lim_{n\to\infty} P\{|X_n-a|\geqslant\varepsilon\}=0$$

“$X_n\xrightarrow{P}a$”的直观意义是：对于任意的正数ε，当试验次数(即样本容量)n充分大时，“X_n与a的偏差大于ε”这一事件$\{|X_n-a|>\varepsilon\}$发生的概率很小(趋于 0). 换言之，在大样本下，我们有很大的把握保证X_n和a充分接近.

2. 大数定律

大数定律(law of large numbers)并非专指某一个定理. 从统计学的角度看, 大数定律就是描述和刻画在大样本下, 样本频率、样本平均等统计量稳定性的一系列结果. 本节仅介绍两个最常用的大数定律: 伯努利大数定律和辛钦大数定律.

定理 7.5 (伯努利大数定律) 设 n_A 是 n 重伯努利试验中事件 A 发生的次数, 每次试验中 A 发生的概率为 p $(0<p<1)$, 则对于任意正数 ε, 有

$$\lim_{n\to\infty} P\left\{\left|\frac{n_A}{n}-p\right|<\varepsilon\right\}=1$$

或

$$\lim_{n\to\infty} P\left\{\left|\frac{n_A}{n}-p\right|\geqslant\varepsilon\right\}=0$$

伯努利大数定律以严格的数学形式表达了频率的稳定性, 即事件 A 在 n 次独立重复试验中发生的频率 $\frac{n_A}{n}$ 依概率收敛于事件 A 的概率 p. 因此, 在实际应用中, 当试验次数 n 很大时, 可以利用事件 A 发生的频率来近似代替事件 A 发生的概率.

伯努利大数定律的统计意义是: 在大样本条件下, 样本频率是总体概率的一个良好的近似, 即人们可以用大样本下的样本频率替代或估计总体概率(比例).

若事件 A 出现的概率很小, 由定理 7.5, 事件 A 发生的频率一般也很小, 或者说事件 A 很少发生, 即“概率很小的随机事件在个别试验中几乎不会发生”, 这一原理称为小概率原理. 但要注意到, 小概率事件与不可能事件是有区别的. 在大量的试验中, 小概率事件发生的可能性也会很大.

定理 7.6(辛钦大数定律) 设随机变量 $X_1,X_2,\cdots,X_n,\cdots$ 相互独立, 服从同一分布, 具有相同的数学期望 $E(X_i)=\mu$, $k=1,2,\cdots$, 则对于任意正数 ε, 有

$$\lim_{n\to\infty} P\left\{\left|\frac{1}{n}\sum_{i=1}^{n}X_i-\mu\right|<\varepsilon\right\}=1$$

定理 7.6 表明, 在所给条件下, n 个随机变量 $X_1,X_2,\cdots,X_n$ 的算术平均值 $\bar{X}=\frac{1}{n}\sum_{i=1}^{n}X_i$, 当 $n\to\infty$ 时, 依概率收敛于其数学期望 μ.

辛钦大数定律的统计意义是: 在大样本条件下, 样本均值是总体均值(期望)的一个良好的近似, 即人们可以用大样本下的样本均值替代或估计总体均值(期望).

例如, 我们用同一测量仪器重复测量一个物理量 μ. 对此进行了 n 次测量, 得到测量值(样本) $x_1,x_2,\cdots,x_n$, 可以把它们看作是 n 个相互独立的, 具相同的数学期望 μ 的随机变量 $X_1,X_2,\cdots,X_n$ 的取值. 在大样本下(即当 n 充分大时), 我们可以取 $\mu\approx\frac{1}{n}\sum_{i=1}^{n}x_i$.

7.4.2　大样本理论：中心极限定理与渐近分布

1. 中心极限定理(central limit theorem)

大数定律讨论了多个独立随机变量的平均值 $\bar{X}=\frac{1}{n}\sum_{i=1}^{n}X_i$ 的渐近性质(极限性质). 中心极限定理将讨论独立随机变量之和 $\sum_{i=1}^{n}X_i$ 的分布函数的"渐近正态"性质. 在实际问题中, 有许多随机现象是由大量相互独立的随机因素综合影响所形成的, 其中每一个因素在总的影响中所起的作用都是微不足道的. 上述随机变量一般服从或近似服从正态分布, 这就是中心极限定理的统计背景. 本节仅介绍两种特殊情形下的中心极限定理.

定理 7.7　设随机变量 $X_1,X_2,\cdots,X_n,\cdots$ 相互独立, 服从同一分布, 具有相同的数学期望和方差: $E(X_i)=\mu,\mathrm{Var}(X_i)=\sigma^2\neq 0$, $k=1,2,\cdots$, 随机变量之和 $\sum_{i=1}^{n}X_i$ 的标准化变量为

$$Y_n=\frac{\sum_{i=1}^{n}X_i-E\left(\sum_{i=1}^{n}X_i\right)}{\sqrt{\mathrm{Var}\left(\sum_{i=1}^{n}X_i\right)}}=\frac{\sum_{i=1}^{n}X_i-n\mu}{\sqrt{n}\sigma}$$

设 Y_n 的分布函数为 $F_n(x)$. 则对于任意 x, $F_n(x)\to\Phi(x)\ (n\to\infty)$, 即

$$\lim_{n\to\infty}F_n(x)=\lim_{n\to\infty}P\left\{\frac{\sum_{i=1}^{n}X_i-n\mu}{\sqrt{n}\sigma}\leqslant x\right\}=\frac{1}{\sqrt{2\pi}}\int_{-\infty}^{x}\mathrm{e}^{-\frac{t^2}{2}}\mathrm{d}t=\Phi(x)$$

对于极限 $F_n(x)\to\Phi(x)$, 我们也称随机序列 $\{Y_n\}$ 的渐近分布是 $\Phi(x)$.

定理 7.7 说明, 数学期望为 μ, 方差为 $\sigma^2>0$ 的独立同分布的随机变量 $X_1,X_2,\cdots,X_n$ 的和 $\sum_{i=1}^{n}X_i$ 的标准化变量, 当 n 充分大时, 近似地服从标准正态分布, 即

$$\frac{\sum_{i=1}^{n}X_i-n\mu}{\sqrt{n}\sigma}\overset{\text{近似}}{\sim}N(0,1)$$

因而, 当 n 充分大时, 随机变量 $X_1,X_2,\cdots,X_n$ 的和 $\sum_{i=1}^{n}X_i=\sqrt{n}\sigma Y_n+n\mu$ 近似服从正态分布 $\sum_{i=1}^{n}X_i\overset{\text{近似}}{\sim}N(n\mu,n\sigma^2)$, 即

$$\bar{X}=\frac{1}{n}\sum_{i=1}^{n}X_i\overset{\text{近似}}{\sim}N\left(\mu,\frac{\sigma^2}{n}\right)\tag{7-2}$$

(7-2)式的统计意义是：在大样本条件下，无论总体服从何种分布，只要总体的期望和方差存在，样本均值 $\bar{X}$ 都会接近于一个正态分布. 换言之，取自非正态总体的样本均值在一般情况下都具有“渐近于正态分布”的良好性质.

进一步，由于 $E(\bar{X})=\mu$，$\mathrm{Var}(\bar{X})=\dfrac{\sigma^2}{n}\to 0$（$n\to\infty$），从而在大样本下，取自任意总体的样本 $X_1,X_2,\cdots,X_n$，其均值 $\bar{X}$ 的取值将聚集在总体均值 μ 的附近，即 $\bar{X}$ 是 μ 的一个良好的近似.

图 7-7 演示了来自非正态总体的样本均值 $\bar{X}$ 的抽样分布趋近于正态分布的过程.

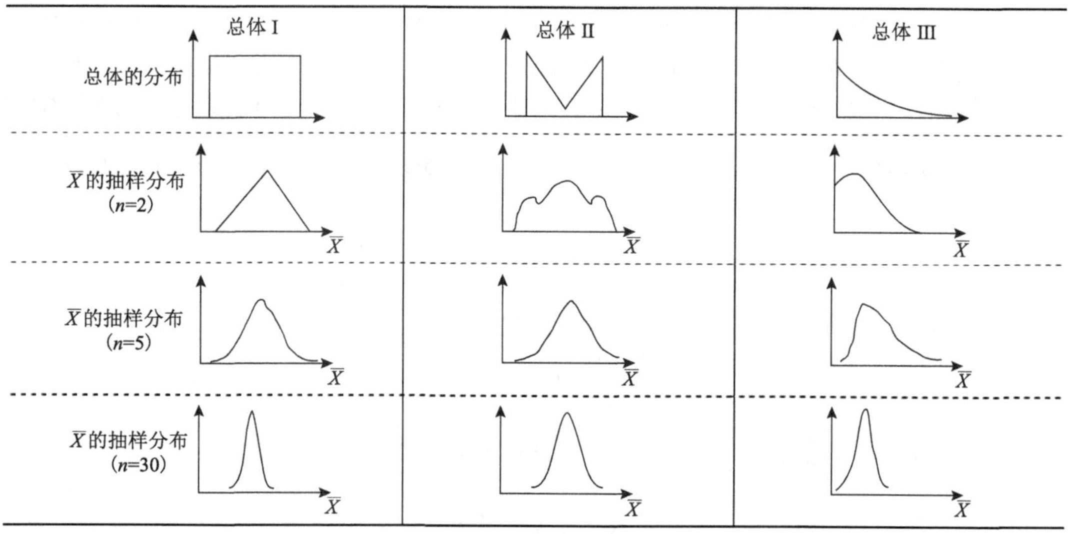

图 7-7　$\bar{X}$ 的抽样分布趋近于正态分布的过程

例 7-1　从一个均值为 $\mu=10$、标准差为 $\sigma=0.6$ 的总体中随机抽取容量为 $n=36$ 的一个样本. 求样本均值 $\bar{X}$ 小于 9.9 的近似概率.

解　$n=36$ 表明样本容量较大，由中心极限定理，$\bar{X}\overset{\text{近似}}{\sim}N\left(\mu,\dfrac{\sigma^2}{n}\right)$，即

$$\bar{X}\overset{\text{近似}}{\sim}N(10,0.1^2)$$

从而

$$\begin{aligned}P(\bar{X}<9.9)&=P\left(\frac{\bar{X}-10}{0.1}<\frac{9.9-10}{0.1}\right)\\&\approx\Phi(-1)=1-\Phi(1)=0.1587\end{aligned}$$

下面的定理实际上是定理 7.7 的一个推论.

定理 7.8（棣莫弗–拉普拉斯中心极限定理）　设随机变量 $X_1,X_2,\cdots,X_n,\cdots$ 相互独立，并且都服从参数为 p 的 0-1 分布，则对于任意实数 x，有

$$\lim_{n\to\infty} P\left\{\frac{\sum_{i=1}^{n} X_i - np}{\sqrt{np(1-p)}} \leqslant x\right\} = \Phi(x)$$

由随机变量的知识，$\sum_{i=1}^{n} X_i$ 服从二项分布，即 $\sum_{i=1}^{n} X_i \sim b(n,p)$．该定理表明，二项分布的渐近分布是正态分布．当 n 很大时，二项分布的概率计算可以通过正态分布的计算来解决．换言之，在大样本下，正态分布是二项分布的良好近似：

$$\sum_{i=1}^{n} X_i \overset{\text{近似}}{\sim} N(np, np\,(1-p)).$$

例 7-2　某市保险公司开办一年人身保险业务，被保险人每年需交付保险费 160 元，若一年内发生重大人身事故，其本人或家属可获 2 万元赔金．已知该市居民一年发生重大人身事故的概率为 0.005，现有 5000 人参加此项保险，问保险公司一年内从此项业务所得到的总利润在 20 万元到 40 万元之间的概率是多少？

解　设随机变量

$$X_i = \begin{cases} 1, & \text{第}i\text{个被保险人发生重大人身事故}, \\ 0, & \text{第}i\text{个被保险人未发生重大人身事故}, \end{cases} \quad i = 1, 2, \cdots, 5000$$

则 $X_1, X_2, \cdots, X_{5000}$ 是相互独立的随机变量序列，显然 X_i 都服从参数 p=0.005 的 0-1 分布，所以

$$E(X_i) = 0.005,\ \mathrm{Var}(X_i) = 0.005 \times 0.995, \quad i = 1, 2, \cdots, 5000$$

因为 $\sum_{i=1}^{5000} X_i$ 就是 5000 个被保险人中一年内发生重大人身事故的人数，保险公司一年内从此项业务所得到的利润 $Y = 5000 \times 0.016 - 2\sum_{i=1}^{5000} X_i$（万元），于是

$$\begin{aligned} P\{20 \leqslant Y \leqslant 40\} &= P\left\{20 \leqslant \sum_{i=1}^{5000} X_i \leqslant 30\right\} \\ &= P\left\{\frac{20 - 5000 \times 0.005}{\sqrt{5000 \times 0.005 \times 0.995}} \leqslant \frac{\sum_{i=1}^{5000} X_i - 5000 \times 0.005}{\sqrt{5000 \times 0.005 \times 0.995}} \leqslant \frac{30 - 5000 \times 0.005}{\sqrt{5000 \times 0.005 \times 0.995}}\right\} \\ &\approx P\left\{-1 \leqslant \frac{\sum_{i=1}^{5000} X_i - 25}{5} \leqslant 1\right\} \end{aligned}$$

按照中心极限定理

$$P\{20 \leqslant Y \leqslant 40\} \approx \Phi(1)-\Phi(-1)=2\Phi(1)-1=0.6826$$

2. 样本比例的渐近分布

引例　某企业有 3600 名员工，其中女性 2088 名. 考察这个总体中关于性别的分类变量，易知女性的比例为 π=2088/3600=58%. 从 3600 名员工中随机抽取 1 名，设随机变量 X 为 0-1 变量，即“X=1”表示抽到的是女性，“X=0” 表示抽到的是男性，事件 A 表示“该员工是女性”，则 $P(A)=P\{X=1\}=\pi=58\%$.

由此可知，总体的某个比例 π 本质上就是与之相对应的随机变量取某个值或某些值的概率，即总体比例就是概率. 在无限总体或个体很多的情形下，总体比例 π 是一个未知参数，我们需要通过抽取样本来估计它.

如果计划从上述总体中随机抽取容量为 100 的样本，在抽样之前，这个样本中的女性比例(频率) p 显然是一个随机变量. 现在我们要解决的问题是：在大样本下，随机变量 p 的渐近分布是什么？

一般地，假设总体中第 k 类数据的比例(概率)为 π. 设 0-1 变量

$$X_i=\begin{cases}1, & \text{第 } i \text{ 个数据属于第 } k \text{ 类}, \\ 0, & \text{第 } i \text{ 个数据不属于第 } k \text{ 类},\end{cases} \quad i=1,2,\cdots,n$$

则 $X_1,X_2,\cdots,X_n$ 可以看作从该总体中随机抽取的样本，$Y=\sum_{i=1}^{n}X_i$ 就是所抽取的样本中第 k 类数据出现的频数. 样本比例(频率)为

$$p=\frac{Y}{n}=\frac{1}{n}\sum_{i=1}^{n}X_i$$

由概率论知识，$Y=\sum_{i=1}^{n}X_i$ 服从二项分布，即 $\sum_{i=1}^{n}X_i \sim b(n,\pi)$. 并且

$$E(Y)=n\pi, \quad \operatorname{Var}(Y)=n\pi(1-\pi)$$

从而 $E(p)=\pi, \operatorname{Var}(p)=\dfrac{\pi(1-\pi)}{n}$.

当 n 充分大时，由中心极限定理，$\sum_{i=1}^{n}X_i \overset{\text{近似}}{\sim} N(n\pi, n\pi(1-\pi))$，从而

$$p=\frac{1}{n}\sum_{i=1}^{n}X_i \overset{\text{近似}}{\sim} N\left(\pi, \frac{\pi(1-\pi)}{n}\right) \tag{7-3}$$

由(7-3)式可知，样本比例 p 的渐近分布为正态分布. 将 p 标准化，得到

$$\frac{p-\pi}{\sqrt{\pi(1-\pi)/n}} \overset{\text{近似}}{\sim} N(0,1)$$

例 7-3　根据以往的资料，某统计调查员在其填写的报表中，有 2% 的报表至少有一处错误. 随机抽查其中的 600 份报表，求这个样本中错误率在 2.5%~7.0% 的概率.

解　设 600 份报表中的错误率(出错比例)为 p，由已知条件，$n=600$，$\pi=0.02$，可算得 $\sqrt{\pi(1-\pi)/n}=0.0057$. 由中心极限定理可知，$p\overset{\text{近似}}{\sim}N(0.02,0.0057^2)$，故所求的概率为

$$
\begin{aligned}
P\{0.025\leqslant p\leqslant 0.070\}&=P\left\{\frac{0.025-0.020}{0.0057}\leqslant\frac{p-0.02}{0.0057}\leqslant\frac{0.070-0.020}{0.0057}\right\}\\
&=P\left\{0.877\leqslant\frac{p-0.02}{0.0057}\leqslant 8.770\right\}\\
&\approx\Phi(8.770)-\Phi(0.877)=0.1902
\end{aligned}
$$

本 章 小 结

1. 在推断统计中，一般将总体与数量指标等同起来，并把数量指标(随机变量)的分布称为总体的分布. 对总体的研究等同于对随机变量的研究. 相应地用 n 元随机变量 $X_1,X_2,\cdots,X_n$ 表示取自总体 X 的一个简单样本.

2. 样本统计量是不含有未知参数的样本函数. 统计学中常用的统计量有样本均值、样本方差、样本标准差及样本频率(样本比例).

3. χ^2 分布、t 分布、F 分布是基于正态总体的三大抽样分布. 由三大抽样分布导出的几个重要的抽样分布构成推断统计的基础.

4. 大样本理论包括大数定律与中心极限定理. 大数定律给出了在大样本下，样本频率、样本平均等统计量稳定性的一系列结果，是参数估计及假设检验的理论基础. 中心极限定理讨论了独立随机变量之和的分布的“渐近正态”性质，为解决非正态总体中的有关问题提供了理论依据.

《应用统计学》学习材料(7)

思考与练习

7.1 什么是抽样分布？

7.2 在大样本条件下，样本均值 $\bar{X}$ 与样本比例 p 的渐近分布各是什么？

7.3 设总体分布为 $N(\mu,\sigma^2)$，其中 μ，σ^2 未知，$X_1,X_2,\cdots,X_n$ 为该总体的一个样本. 问下列诸量哪个是统计量，哪个不是统计量？

(1) $\dfrac{1}{n}(X_1^2+X_2^2+\cdots+X_n^2)$；

(2) $\dfrac{1}{\sigma^2}(X_1^2+X_2^2+\cdots+X_n^2)$；

(3) $(X_1-\mu)^2+(X_2-\mu)^2+\cdots+(X_n-\mu)^2$.

7.4 设抽样得到 100 个样本观测值如下:

观测值 x_i	1	2	3	4	5	6
频数 n_i	15	21	25	20	12	7

计算样本均值、样本方差与样本的二阶中心矩.

7.5 设总体 X 服从 $N(\mu,\sigma^2)$ 分布, μ,σ^2 是已知常数, $X_1,X_2,\cdots,X_n$ 是来自总体 X 的一个简单随机样本, 证明: 统计量 $\chi^2=\frac{1}{\sigma^2}\sum_{i=1}^{n}(X_i-\mu)^2$ 服从自由度为 n 的 χ^2 分布.

7.6 Z_1,Z_2,Z_3,Z_4,Z_5,Z_6 表示从标准正态总体中抽取的一个样本. 试确定常数 c, 使得

$$P\left(\sum_{i=1}^{6}Z_i^2\leqslant c\right)=0.95.$$

7.7 某宿舍楼住有学生 500 人, 每人在傍晚大约有 10% 的时间要占用一个水龙头, 设每人需要水龙头是相互独立的, 问该宿舍至少需要安装多少个水龙头, 才能以 95% 以上的概率保证用水需要.

7.8 某商店负责供应某地区 1000 人所需的商品, 某种商品在一段时间内每人需用一件的概率为 0.6, 假定在这段时间各人购买与否彼此无关, 问商店应预备多少件这种商品, 才能以 99.7% 的概率保证不会脱销(假定该商品在某一时间内每人最多可以买一件).

7.9 设随机试验成功的概率 $p=0.2$, 现在将试验独立地重复进行 100 次, 求试验成功次数介于 16 次和 32 次之间的概率.

7.10 一生产线生产的产品成箱包装, 每箱的重量是随机的. 假设每箱平均重量为 50 公斤, 标准差为 5 公斤. 若用最大载重为 5 吨的汽车承运, 试利用中心极限定理计算每辆车最多可以装多少箱时, 才能保证不超载的概率大于 0.977.

第8章 参数估计

大学生每天平均上网时间有多长?

学校网管中心为合理制订校园网络管理条例，需要掌握每天全校学生的平均上网时间. 但由于时间及人力限制，目前还无法就全校 20000 名学生展开全面调查，因而也无从计算每天全校学生平均上网时间的具体数值. 为此，网管中心从全校 20000 名学生中随机抽取了 36 名学生，调查他们每天的上网时间，获得如下表所示的样本数据.

36 名学生每天上网时间样本数据 （单位：小时）

3.3	3.	6.2	5.8	2.3	4.1
5.4	4.5	3.2	4.4	2.0	5.4
2.6	6.4	1.8	3.5	5.7	2.3
2.1	1.9	1.2	5.1	4.3	4.2
3.6	0.8	1.5	4.7	1.4	1.2
2.9	.5	2.	0.5	3.6	2.5

经计算得 $\overline{x}=3.32$ 小时，s=1.61 小时. 能否据此推断出全校20000名学生的平均上网时间的具体数值呢?

虽然总体均值是未知的，但我们知道它是唯一确定的；而且，样本是来自总体的，在样本均值与总体均值之间必定存在着某种特定的联系.

尽管总体与总体均值是唯一确定的，但样本及样本均值却是随机获取的. 在此例中，样本均值 $\overline{x}$ 为 3.32 小时，该均值的获取是带有随机性的. 因此，在没能掌握两者之间的内在联系之前，直接将样本均值作为总体均值的估计值，显然有些武断. 所以，我们必须搞清楚样本均值与总体均值之间的内在联系.

我们常常会面临这样的一类问题：已知总体的分布类型，但不知道其中某些参数的真值. 例如已知总体服从正态分布，但不知其参数 μ 的具体数值. 这时我们就希望通过已经拥有的样本信息对总体的未知参数作出估计，并对其抽样误差予以分析，这就是参数估计问题.

参数估计是推断统计的重要组成部分. 本章将介绍参数估计的基本原理和方法，主要内容包括点估计与区间估计、一个总体的参数的区间估计，以及两个总体参数的区间估计.

8.1 点　估　计

8.1.1　估计量与估计值

参数估计(parameter estimation)就是采用某个样本统计量对总体的未知参数进行估计. 比如, 用样本均值 $\bar{X}$ 估计总体均值 μ, 用样本方差 S^2 估计总体方差 σ^2, 用样本比例 P 估计总体比例 π 等.

一般地, 我们将未知的总体参数用符号 θ 表示, 用于估计总体参数的统计量用符号 $\hat{\theta}$ 表示, 统计量 $\hat{\theta}$ 称为未知参数 $\hat{\theta}$ 的估计量. 估计量 $\hat{\theta}$ 的具体取值称为参数 θ 的估计值.

在实际应用中, 常用的估计量有如下几个:

(1) 样本均值 $\bar{X}=\frac{1}{n}\sum_{i=1}^{n}X_i$ 用以估计总体均值 μ, 数值 $\bar{x}=\frac{1}{n}\sum_{i=1}^{n}x_i$ 称为 μ 的估计值, 即 $\hat{\mu}=\bar{x}$;

(2) 样本方差 $S^2=\frac{1}{n-1}\sum_{i=1}^{n}(X_i-\bar{X})^2$ 用以估计总体方差 σ^2, σ^2 估计值为 s^2, 即 $\hat{\sigma}^2=s^2$;

(3) 样本比例 $p=\frac{a}{n}$ 用以估计总体比例 π, 其中 a 为样本中具有规定特征的单位数, 估计值 $p=\frac{a}{n}$, 即 $\hat{\pi}=p$.

例如, 要评价一个城市居民的年平均收入, 该城市居民的平均收入 μ 一般是未知的. 从该城市抽取一个 1000 人的随机样本, 根据该样本计算的平均收入 $\bar{x}$ 就是一个估计量, 表示为 $\hat{\theta}=\bar{x}$. 假设 $\bar{x}=30000$ 元, 这个 30000 就是 μ 的一个估计值. 因此, 估计值也就是估计总体未知参数的某一样本值代入估计量计算得到的具体结果.

8.1.2　点估计方法

点估计(point estimate)就是用样本估计量 $\hat{\theta}$ 的取值作为总体参数 θ 的估计值. 例如, 用样本均值 $\bar{X}$ 的取值 $\bar{x}$ 估计总体均值 μ, 用样本方差 S^2 的取值 s^2 估计总体方差 σ^2, 用样本比例 P 的取值 p 估计总体比例 π 等. 点估计常用的方法有: 矩估计法、极大似然估计法、最小二乘法等. 本节介绍点估计的两种常用方法: 矩估计法和极大似然估计法.

1. 矩估计法

1900 年, 英国统计学家皮尔逊提出了点估计的一个替换原则: 用样本矩去替换总体矩, 后来人们就称此法为矩估计法.

矩估计法的基本思想是: 根据大样本理论(大数定律), 用相应的样本矩去估计总体矩, 用相应的样本矩的函数去估计总体矩的函数. 例如

$$\hat{\mu}=\widehat{E(X)}=\bar{X}，\ \hat{\sigma}^2=\frac{1}{n}\sum_{i=1}^{n}(X_i-\bar{X})^2$$

一般地，如果记

$$\alpha_k=E(X^k),\quad \beta_k=E(X-E(X))^k$$
$$A_k=\frac{1}{n}\sum_{i=1}^{n}X_i^k,\quad B_k=\frac{1}{n}\sum_{i=1}^{n}(X_i-\bar{X})^k \text{①}$$

则总体的 k 阶原点矩 α_k 用相应的样本 k 阶原点矩 A_k 来估计，即 $\hat{\alpha}_k=A_k,k=1,2,\cdots$；而总体的 k 阶中心矩 β_k 用相应的样本 k 阶中心矩来估计 B_k，即 $\hat{\beta}_k=B_k,k=1,2,\cdots$.

这种求点估计的方法称为矩估计法，简称矩法(moments method). 用矩法确定的估计量称为矩估计量，其相应的估计值称为矩估计值.

例 8-1　设总体 X 在区间 $[0,\theta]$ 上服从均匀分布，即 $X\sim U[0,\theta]$，其中 $\theta>0$ 是未知参数，$X_1,X_2,\cdots,X_n$ 为取自该总体的简单样本，求 θ 的矩估计量.

解　由于 $X\sim U[0,\theta]$，$E(X)=\dfrac{\theta}{2}$，由矩估计法，令 $E(X)=\bar{X}$，即 $\dfrac{\theta}{2}=\bar{X}$，得 θ 的矩估计量为

$$\hat{\theta}=2\bar{X}=\frac{2}{n}\sum_{i=1}^{n}X_i$$

例 8-2　设总体 X 的均值为 μ，方差为 σ^2，$X_1,X_2,\cdots,X_n$ 为取自该总体的样本，求 μ 与 σ^2 的矩估计值.

解　由于 $E(X)=\mu$，$\mathrm{Var}(X)=E(X^2)-\mu^2=\sigma^2\Rightarrow E(X^2)=\mu^2+\sigma^2$，解得

$$\begin{cases}\hat{\mu}=\bar{X}\\ \hat{\sigma}^2=\dfrac{1}{n}\displaystyle\sum_{i=1}^{n}X_i^2-\bar{X}^2\end{cases}$$

容易得到

$$\frac{1}{n}\sum_{i=1}^{n}\left(X_i-\bar{X}\right)^2=\frac{1}{n}\sum_{i=1}^{n}X_i^2-\bar{X}^2$$

从而 μ 与 σ^2 的矩估计值分别为

---

① 这里，α_k 表示随机变量的 k 阶原点矩，β_k 表示随机变量的 k 阶中心矩. 其中，总体 k 阶原点矩和中心矩的计算公式分别为 $\mu_k=E(X^k)$ 及 $\nu_k=E(X-E(X))^k$，样本 k 阶原点矩和中心矩的计算公式分别为 $A_k=\dfrac{1}{n}\displaystyle\sum_{i=1}^{n}X_i^k$ 及 $B_k=\dfrac{1}{n}\displaystyle\sum_{i=1}^{n}(X_i-\bar{X})^k$.

$$\hat{\mu}=\overline{x}\ ,\quad \hat{\sigma}^2=\frac{1}{n}\sum_{i=1}^{n}(x_i-\overline{x})^2$$

所得结果表明，总体均值与方差的矩估计量的表达式不因总体分布的不同而发生变化.

矩估计法的优点是计算简单，且在总体分布未知的场合也可以使用．它的缺点是样本各阶矩的观测值受异常值影响较大，导致矩估计值不够稳健.

2*. 极大似然估计法

当总体分布类型已知时，极大似然估计法(maximum likelihood estimation, MLE)是一种常用的估计方法.

极大似然估计的基本思想如下：设总体的待估参数为θ，我们要在θ的一切可能的估计值中选出一个使样本观测值出现的概率最大的$\hat{\theta}$作为θ的估计，此时称$\hat{\theta}$为θ的极大似然估计.

设$(X_1,X_2,\cdots,X_n)$为取自总体X的样本，X的分布类型已知，但参数θ未知.

(1) 设总体X为离散型随机变量，其概率分布的形式为$P\{X=x\}=p(x;\theta)$，则简单样本$(X_1,X_2,\cdots,X_n)$的联合概率分布为$P\{X_1=x_1,X_2=x_2,\cdots,X_n=x_n\}=\prod_{i=1}^{n}p(x_i;\theta)$．当$\theta$给定时，上式表示样本$(X_1,X_2,\cdots,X_n)$取值$(x_1,x_2,\cdots,x_n)$的概率；当样本值$(x_1,x_2,\cdots,x_n)$给定时，它可以看作$\theta$的函数，记为$L(\theta)$，并称

$$L(\theta)=\prod_{i=1}^{n}p(x_i;\theta)$$

为似然函数.

似然函数值的大小意味着该样本值出现的可能性大小．既然已经得到了样本值$(x_1,x_2,\cdots,x_n)$，这表明取到这一样本值的概率$L(\theta)$该是最大的．如果已知$\theta=\theta_0$使$L(\theta)$的取值最大，我们自然认为θ_0作为未知参数θ的估计值较为合理．因而，极大似然估计法就是固定样本观测值$(x_1,x_2,\cdots,x_n)$，在未知参数θ的取值可能范围内挑选使函数$L(\theta)$达到最大的$\hat{\theta}$值作为参数θ的估计值，即取$\hat{\theta}$使得

$$L(\hat{\theta})=\max L(\theta)$$

(2) 设X为连续型随机变量，其概率密度为$f(x;\theta)$，则样本$(X_1,X_2,\cdots,X_n)$的联合密度函数为$\prod_{i=1}^{n}f(x_i;\theta)$．当样本值$(x_1,x_2,\cdots,x_n)$给定时，上式可看作$\theta$的函数，我们仍把它记为$L(\theta)$，并称

$$L(\theta)=\prod_{i=1}^{n}f(x_i;\theta)$$

为似然函数．与离散型的情况一样，我们选择使$L(\theta)$最大的那个θ作为参数θ的估计值.

一般地，当总体分布中有 r 个未知参数时，似然函数可记为$L(\theta_1,\theta_2,\cdots,\theta_r)$．由于 L 与 $\ln L$ 有相同的极值点，故求 L 的极大值问题可以化为求 $\ln L$ 的极大值问题.

在很多情形下，似然函数关于θ是可微的，这时可通过求导数或偏导数得到极大似然估计值$\hat{\theta}$．求解参数θ的极大似然估计的步骤如下:

第 1 步，写出似然函数$L(\theta_1,\cdots,\theta_r)$；

第 2 步，令$\dfrac{\partial}{\partial\theta_i}\ln L=0, i=1,2,\cdots,r$，从该方程组中解得极值点$(\hat{\theta}_1,\hat{\theta}_2,\cdots,\hat{\theta}_r)$，即分别为未知参数$\hat{\theta}_1,\hat{\theta}_2,\cdots,\hat{\theta}_r$的极大似然估计值.

例 8-3 设总体X服从两点分布，p未知．$(X_1,X_2,\cdots,X_n)$为取自总体X的样本，试求参数p的极大似然估计.

解 设$(x_1,x_2,\cdots,x_n)$是对应于样本$(X_1,X_2,\cdots,X_n)$的一个样本值．由于总体X服从两点分布，这意味着X的概率分布为

$$P\{X=x\}=p^x(1-p)^{1-x},\quad x=0,1$$

故似然函数为

$$L(p)=\prod_{i=1}^{n}p^{x_i}(1-p)^{1-x_i}=p^{\sum_{i=1}^{n}x_i}(1-p)^{n-\sum_{i=1}^{n}x_i}$$

而

$$\ln L(p)=\left(\sum_{i=1}^{n}x_i\right)\ln p+\left(n-\sum_{i=1}^{n}x_i\right)\ln(1-p)$$

令

$$\frac{\mathrm{d}}{\mathrm{d}p}\ln L(p)=\frac{\sum_{i=1}^{n}x_i}{p}-\frac{n-\sum_{i=1}^{n}x_i}{1-p}=0$$

解得p的极大似然估计值为

$$\hat{p}=\frac{1}{n}\sum_{i=1}^{n}x_i=\overline{x}$$

p的极大似然估计量为

$$\hat{p}=\frac{1}{n}\sum_{i=1}^{n}X_i=\overline{X}$$

例 8-4 设总体$X\sim N(\mu,\sigma^2)$，μ,σ^2均未知．设$(X_1,X_2,\cdots,X_n)$为取自总体X的样本，$(x_1,x_2,\cdots,x_n)$为样本值，试求μ,σ^2的极大似然估计.

解 X的概率密度函数为

$$f(x;\mu,\sigma^2)=\frac{1}{\sqrt{2\pi}\sigma}\exp\left[-\frac{(x-\mu)^2}{2\sigma^2}\right]$$

似然函数为

$$L(\mu,\sigma^2)=\prod_{i=1}^{n}f(x_i;\mu;\sigma^2)=(2\pi\sigma^2)^{-\frac{n}{2}}\exp\left[-\frac{1}{2\sigma^2}\sum_{i=1}^{n}(x_i-\mu)^2\right]$$

于是

$$\ln L(\mu,\sigma^2)=-\frac{n}{2}\ln(2\pi\sigma^2)-\frac{1}{2\sigma^2}\sum_{i=1}^{n}(x_i-\mu)^2$$

令 $\begin{cases}\dfrac{\partial}{\partial\mu}\ln L(\mu,\sigma^2)=0,\\ \dfrac{\partial}{\partial\sigma^2}\ln L(\mu,\sigma^2)=0,\end{cases}$ 即 $\begin{cases}\dfrac{1}{\sigma^2}\sum\limits_{i=1}^{n}(x_i-\mu)=0\\ -\dfrac{n}{2\sigma^2}+\dfrac{1}{2\sigma^4}\sum\limits_{i=1}^{n}(x_i-\mu)^2=0\end{cases}$

解得 $\hat{\mu}=\frac{1}{n}\sum_{i=1}^{n}x_i=\bar{x}$，$\hat{\sigma}^2=\frac{1}{n}\sum_{i=1}^{n}(x_i-\bar{x})^2$. 因此，$\mu$，$\sigma^2$ 的极大似然估计量分别为

$$\hat{\mu}=\bar{X},\quad \hat{\sigma}^2=\frac{1}{n}\sum_{i=1}^{n}(X_i-\bar{X})^2$$

μ，σ^2 的极大似然估计值为

$$\hat{\mu}=\frac{1}{n}\sum_{i=1}^{n}x_i=\bar{x},\quad \hat{\sigma}^2=\frac{1}{n}\sum_{i=1}^{n}(x_i-\bar{x})^2$$

它们与例 8-2 中的 μ,σ^2 的矩估计量相同.

极大似然法充分利用了已知总体分布类型所蕴含的信息，具有许多优良性质.

8.1.3 点估计的评价标准

点估计实质上是构造一个估计量去估计未知参数. 对于一个未知参数 θ，人们往往可以构造多个估计量去估计它. 例如，当总体 X 服从参数为 λ 的泊松分布时，$E(X)=\lambda,\mathrm{Var}(X)=\lambda$，因此 λ 的矩估计有两个：

$$\hat{\lambda}_1=\bar{X}\quad 或\quad \hat{\lambda}_2=\frac{1}{n}\sum_{i=1}^{n}(X_i-\bar{X})^2$$

我们还可以用其他方法构造 λ 的估计量，例如用样本中位数 M_e 估计 λ 等. 从而产生了一个问题：究竟用哪一个估计量去估计未知参数比较好呢？统计学中建立了一些评价估计量好坏的标准. 下面介绍几个常用的标准.

1. 无偏性

设 $\hat{\theta}=\hat{\theta}(X_1,\cdots,X_n)$ 为参数 θ 的估计量，若 $\hat{\theta}$ 的数学期望 $E(\hat{\theta})$ 存在，并且有

$$E(\hat{\theta})=\theta$$

则称 $\hat{\theta}$ 为参数 θ 的无偏估计量.

估计量的无偏性(unbiasedness)要求估计量与待估参数之间不能产生系统偏差. 对于某些样本值, 由估计量得到的估计值相对于真值来说偏大, 另一些则偏小. 但对于 θ 的无偏估计量 $\hat{\theta}$, 如果将这一估计量反复使用多次, 就"平均"而言其偏差为零, 即 $E(\hat{\theta}-\theta)=0$.

图 8-1 给出了无偏估计量的情形.

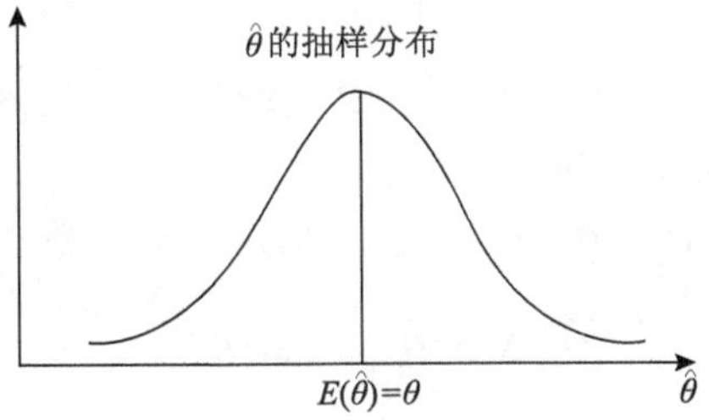

图 8-1 无偏估计量

例 8-5 设总体 X 的均值为 μ, 方差为 σ^2, $(X_1,X_2,\cdots,X_n)$ 为取自总体 X 的简单样本.

试证明:

(1) 样本均值 $\bar{X}$ 是总体均值 μ 的无偏估计量;

(2) 样本方差 S^2 是总体方差 σ^2 的无偏估计量;

(3) 样本二阶中心矩 $\frac{1}{n}\sum_{i=1}^{n}(X_i-\bar{X})^2$ 是参数 σ^2 的有偏估计量.

证明 (1) 因为 $E(X_i)=E(X)=\mu, i=1,2,\cdots,n$, 则

$$E(\bar{X})=E\left(\frac{1}{n}\sum_{i=1}^{n}X_i\right)=\frac{1}{n}\sum_{i=1}^{n}E(X_i)=\frac{n\mu}{n}=\mu$$

故 $\hat{\mu}=\bar{X}$ 是 μ 的一个无偏估计量.

(2) 由于 $\mathrm{Var}(X_i)=\mathrm{Var}(X)=\sigma^2, i=1,2,\cdots,n$, $\mathrm{Var}(\bar{X})=\mathrm{Var}\left(\frac{1}{n}\sum_{i=1}^{n}X_i\right)=\frac{1}{n^2}\sum_{i=1}^{n}\mathrm{Var}(X_i)=\frac{\sigma^2}{n}$,

于是

$$\begin{aligned}
E(S^2)&=E\left[\frac{1}{n-1}\sum_{i=1}^{n}(X_i-\bar{X})^2\right]=E\left\{\frac{1}{n-1}\left[\sum_{i=1}^{n}X_i^2-n(\bar{X})^2\right]\right\}\\
&=\frac{1}{n-1}\left[\sum_{i=1}^{n}E(X_i^2)-nE(\bar{X})^2\right]=\frac{1}{n-1}\left\{\sum_{i=1}^{n}(\mu^2+\sigma^2)-n[\mathrm{Var}(\bar{X})+(E(X))^2]\right\}\\
&=\frac{1}{n-1}(n\sigma^2-\sigma^2)=\sigma^2
\end{aligned}$$

故 $\hat{\sigma}^2 = S^2$ 是 σ^2 的无偏估计量.

(3) 由于

$$E\left[\frac{1}{n}\sum_{i=1}^{n}(X_i-\bar{X})^2\right]=E\left(\frac{n-1}{n}S^2\right)=\frac{n-1}{n}E(S^2)=\frac{n-1}{n}\sigma^2\neq\sigma^2$$

故样本二阶中心矩 $\frac{1}{n}\sum_{i=1}^{n}(X_i-\bar{X})^2$ 是 σ^2 的有偏估计量.

2. 有效性

如果一个参数存在多个无偏估计量，应该选择取值更为集中的那一个. 也就是说，一个好的估计量应具有尽可能小的方差.

设 $\hat{\theta}_1=\hat{\theta}_1(X_1,\cdots,X_n)$ 与 $\hat{\theta}_2=\hat{\theta}_2(X_1,\cdots,X_n)$ 都是待估参数 θ 的无偏估计量，如果

$$\mathrm{Var}(\hat{\theta}_1)\leqslant\mathrm{Var}(\hat{\theta}_2)$$

则称估计量 $\hat{\theta}_1$ 较 $\hat{\theta}_2$ 更为有效，如图 8-2 所示.

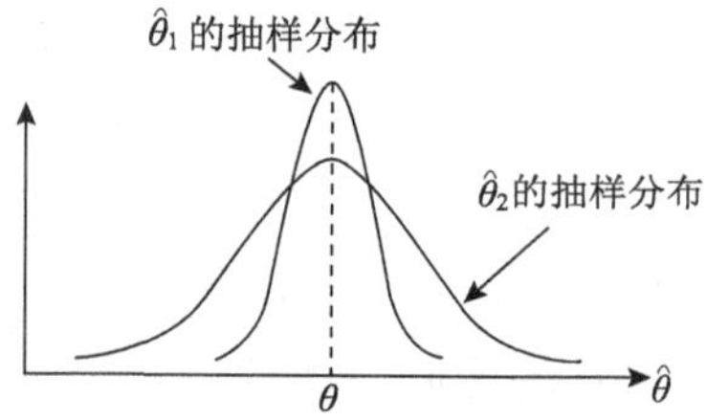

图 8-2　两个无偏估计量的抽样分布

例 8-6　设参数 μ 的两个估计量分别为 $\hat{\mu}_1=\frac{1}{3}(X_1+X_2+X_3)$，$\hat{\mu}_2=\frac{1}{6}X_1+\frac{1}{3}X_2+\frac{1}{2}X_3$，试比较这两个估计量的有效性.

解　由于 $E(\hat{\mu}_1)=E(\hat{\mu}_2)=\mu$，故这两个估计量均为无偏估计量.

$$\begin{aligned}D(\hat{\mu}_1)&=D\left(\frac{1}{3}(X_1+X_2+X_3)\right)\\&=\frac{1}{9}D(X_1+X_2+X_3)=\frac{1}{3}\sigma^2\\D(\hat{\mu}_2)&=D\left(\frac{1}{6}X_1+\frac{1}{3}X_2+\frac{1}{2}X_3\right)\\&=\frac{1}{36}D(X_1)+\frac{1}{9}D(X_2)+\frac{1}{4}D(X_3)=\frac{14}{36}\sigma^2=\frac{7}{18}\sigma^2\end{aligned}$$

可知

$$D(\hat{\mu}_1)<D(\hat{\mu}_2)$$

即 $\hat{\mu}_1$ 比 $\hat{\mu}_2$ 更为有效.

3. 相合性

所谓相合性(consistency)就是当样本容量逐渐增大时，估计量 $\hat{\theta}$ 的值稳定于待估参数的真值 θ. 相合性也称为一致性，它反映了估计量的大样本性质.

设 $\hat{\theta}_n = \hat{\theta}(X_1,\cdots,X_n)$ 为参数 θ 的估计量，当 $n \to \infty$ 时 $\hat{\theta}_n = \hat{\theta}(X_1,\cdots,X_n)$ 依概率收敛于 θ，则称 $\hat{\theta}_n = \hat{\theta}(X_1,\cdots,X_n)$ 为 θ 的相合估计量.

相合估计量的数学表述是：对于参数 θ，若对任意 $\varepsilon > 0$，有

$$\lim_{n\to\infty} P(|\hat{\theta} - \theta| < \varepsilon) = 1$$

则称 $\hat{\theta}$ 为 θ 的相合估计量.

相合性是对一个估计量的基本要求，若估计量不具有相合性，那么不论将样本容量 n 取得多大，都不能将 θ 估计得足够精确，这样的估计量是不可取的. 图 8-3 直观地说明了相合性的意义.

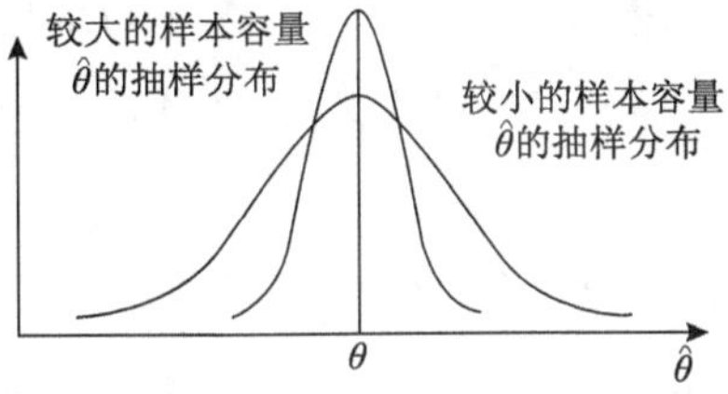

图 8-3 两个不同样本容量的样本统计量的抽样分布

8.2 区间估计

前面讨论了参数的点估计，即如何用一个统计量估计未知参数. 点估计的优点在于它能够明确地给出总体参数的估计值. 但一般情况下，参数的估计值并不等于参数的真值，即会产生抽样误差. 点估计无法衡量估计量与参数真值的误差大小，而参数的区间估计(interval estimate)则可弥补这种不足. 在区间估计理论中，被广泛接受的一种观点是置信区间(confidence interval)，它是由奈曼(Neymann)于 1934 年提出的.

设总体参数 θ 的点估计量为 $\hat{\theta}$，由于样本的随机性，$\hat{\theta}$ 与真值 θ 之间存在抽样误差 $|\hat{\theta} - \theta|$. 给定最大允许误差 $c > 0$，即使 θ 的估计量 $\hat{\theta}$ 符合无偏性、有效性等优良性质，我们也不能保证在每一次随机抽样中必定有 $|\hat{\theta} - \theta| < c$.

当样本容量不变时，对于给定的常数 $c > 0$，事件"$|\hat{\theta} - \theta| < c$"出现的概率是确定的. 如果要求事件"$|\hat{\theta} - \theta| < c$"出现的概率尽可能大，就要放大允许误差 c 的值. 反过来，如果要求误差 $|\hat{\theta} - \theta|$ 尽可能小(即要求允许误差 c 足够小)，则不能保证事件"$|\hat{\theta} - \theta| < c$"出现的概率很大. 通俗地说，要提高判断的可靠性，就要以降低估计误差的精度为代价；反过来，要想提高估计误差的精度，就必须降低判断的可靠性. 即"判断的高可靠性"与

“误差估计的高精度”二者不可兼得.

奈曼在处理上述问题时, 遵从“可靠性优先”的原则: 事先指定事件“$|\hat{\theta}-\theta|<c$”出现的概率值(即指定可靠性), 再由此确定误差上限 c (确定估计误差的精度).

例如, 给定概率 0.95, 由此可以确定允许误差 c, 使得

$$P(|\hat{\theta}-\theta|<c)=0.95 \tag{8-1}$$

估计量小于允许误差的概率是 95%, 即进行 100 次抽样, 估计量 $\hat{\theta}$ 的取值平均有 95 次会小于允许误差 c.

式(8-1)的等价形式是 $P(\hat{\theta}-c<\theta<\hat{\theta}+c)=0.95$, 于是式(8-1)可以重新解释为: 每进行 100 次抽样, 形如($\hat{\theta}-c,\hat{\theta}+c$)的 100 个区间中平均有 95 个会包含参数的真值 θ.

令 $\hat{\theta}_1=\hat{\theta}-c$, $\hat{\theta}_2=\hat{\theta}+c$, $\alpha=0.05$, 式(8-1)等价于

$$P(\hat{\theta}_1<\theta<\hat{\theta}_2)=1-\alpha$$

其中 $1-\alpha$ 被称为置信水平, $(\hat{\theta}_1,\hat{\theta}_2)$ 被称为置信水平 $1-\alpha$ 下参数 θ 的置信区间.

一般地, 设 θ 是总体 X 的未知参数, $(X_1,\cdots,X_n)$ 为来自该总体的一个样本. 对给定的概率 $\alpha(0<\alpha<1)$, 确定两个统计量 $\theta_{\mathrm{L}}=\theta_{\mathrm{L}}(X_1,\cdots,X_n)$ 与 $\theta_{\mathrm{U}}=\theta_{\mathrm{U}}(X_1,\cdots,X_n)$. 若对任意未知参数 θ, 有

$$P(\theta_{\mathrm{L}}<\theta<\theta_{\mathrm{U}})=1-\alpha$$

则称 $1-\alpha$ 为置信度或置信水平, 随机区间 $[\theta_{\mathrm{L}},\theta_{\mathrm{U}}]$ 称为 θ 的置信水平为 $1-\alpha$ 的置信区间, θ_{L} 与 θ_{U} 分别称为 θ 的置信下限与置信上限.

如上所述, 置信区间是误差估计的一种延伸, 即区间估计是在点估计的基础上, 通过样本信息估计总体参数可能的范围.

置信区间的几何意义如图 8-4 所示.

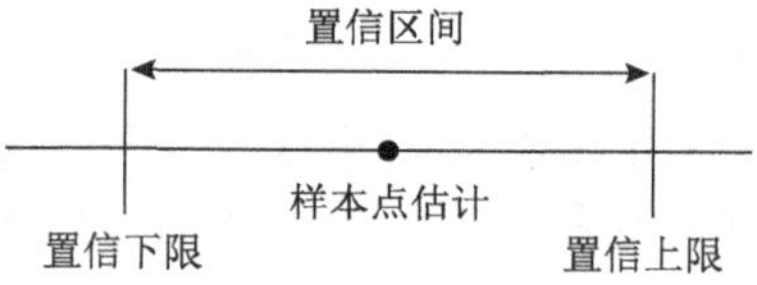

图 8-4　置信区间示意图

$1-\alpha$ 的置信区间的含义是: 设法构造一个随机区间 $[\theta_{\mathrm{L}},\theta_{\mathrm{U}}]$, 它能包含未知参数 θ 的概率为 $1-\alpha$. 这个区间会随着样本观察值的不同而不同. 用频率来解释就是: 如果重复试验 100 次获得样本 $(X_1,\cdots,X_n)$ 的 100 个样本值, 根据每一个样本构造一个置信区间, 则由 100 个样本构造的总体参数的 100 个置信区间中, 大约有 $100(1-\alpha)$ 个区间包含了总体参数的真值, 而大约有 100α 个区间未包含总体参数的真值. 若令 $1-\alpha=0.95$, 则 100 次试验中, 其中大约有 95 个区间包含了 θ, 大约有 5 个区间不包含 θ.

在实际问题中, 人们进行参数估计时往往只抽取一个样本, 所构造的是与该样本相联系的 95% 的置信区间. 由于总体参数是未知的, 而用该样本所构造的区间是一个特

定的区间，无法知道这个样本所产生的区间是否包含总体参数的真值. 所以，只能希望这个区间是大量包含总体参数真值的区间中的一个，但它也可能是少数几个不包含总体参数真值的区间中的一个.

例如，从一个总体中抽取 20 个随机样本，得到总体参数 θ 的 20 个估计区间，如图 8-5 所示. 可以看到，20 个区间中只有 1 个区间没有包含总体参数 θ，即在 95%的置信水平下，大约有 5% 的区间没有包含 θ.

图 8-5　重复构造参数 θ 的 20 个置信区间

如果反复抽样多次，每个样本值都确定一个相应的区间 $[\theta_L,\theta_U]$，每个这样的区间或者包含真值 θ，或者不包含真值 θ，如图 8-6 所示.

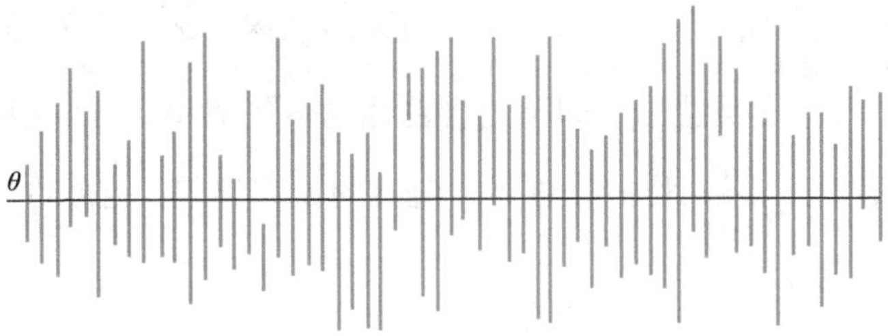

图 8-6　重复构造参数 θ 的多个置信区间

8.3　一个总体参数的区间估计

当人们研究一个总体时，所关心的参数主要有总体均值 μ 、总体比例 π 和总体方差 σ^2 等. 这一节将介绍如何构造一个总体参数的置信区间.

8.3.1　总体均值的区间估计

在对总体均值进行区间估计时，需要考虑总体是否为正态分布、总体方差是否已知、构造估计量的样本是大样本还是小样本等几种情况.

1. 正态总体均值的区间估计

1）总体方差 σ^2 已知时，均值 μ 的区间估计

当总体服从正态分布且 σ^2 已知时，样本均值 $\bar{X}$ 的抽样分布为正态分布. 由抽样分布的知识可知，样本均值经过标准化以后的随机变量服从标准正态分布，即

$$Z=\frac{\bar{X}-\mu}{\sigma/\sqrt{n}}\sim N(0,1)$$

对于给定的置信水平$1-\alpha$，可以查正态分布双侧临界值表得到相应的临界值$z_{\alpha/2}$，使得

$$P\left(\frac{|\bar{X}-\mu|}{\sigma/\sqrt{n}}<z_{\alpha/2}\right)=1-\alpha，即 P\left(-z_{\alpha/2}<\frac{\bar{X}-\mu}{\sigma/\sqrt{n}}<z_{\alpha/2}\right)=1-\alpha$$

利用不等式变形可得

$$P\left(\bar{X}-z_{\alpha/2}\frac{\sigma}{\sqrt{n}}<\mu<\bar{X}+z_{\alpha/2}\frac{\sigma}{\sqrt{n}}\right)=1-\alpha$$

故而对具体的观测值，μ的置信度为$1-\alpha$的置信区间可以表示为

$$\left(\bar{x}-z_{\alpha/2}\frac{\sigma}{\sqrt{n}},\ \bar{x}+z_{\alpha/2}\frac{\sigma}{\sqrt{n}}\right) \tag{8-2}$$

其中，$\bar{x}-z_{\alpha/2}\frac{\sigma}{\sqrt{n}}$为置信下限，$\bar{x}+z_{\alpha/2}\frac{\sigma}{\sqrt{n}}$为置信上限．$\alpha$是事先确定的一个概率值，也被称为显著性水平，它是置信区间不包含总体均值的概率．$z_{\alpha/2}$是标准正态分布上侧面积为$\alpha/2$的Z值；$z_{\alpha/2}\frac{\sigma}{\sqrt{n}}$是估计总体均值时的允许误差，也被称为估计误差或边际误差．其图形如 8-7 所示．

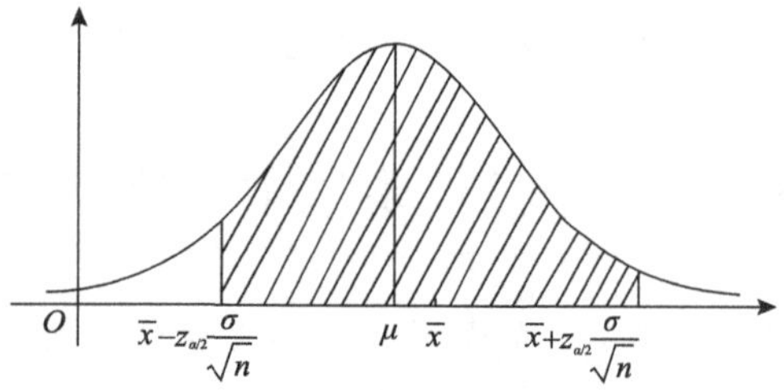

图 8-7　总体均值区间估计示意图

例 8-7　某管理质量部门的负责人希望估计移交给接受部门的 5500 包原材料的平均重量．一个由 250 包原材料组成的随机样本所给出的平均值$\bar{x}$为 65 千克．已知总体标准差σ为 15 千克．假定总体服从正态分布，试构造总体未知均值μ的置信区间，置信水平为 95%．

解　已知$\bar{x}=65,\sigma=15$．查标准正态分布表，与置信水平 95%相对应的z值为：$z_{\alpha/2}=z_{0.05/2}=z_{0.025}=1.96$．所以总体平均数的置信区间的上、下限分别为

$$\bar{x}+z_{\alpha/2}\frac{\sigma}{\sqrt{n}}=65+1.96\times\frac{15}{\sqrt{250}}=65+1.86=66.86$$

$$\bar{x}-z_{\alpha/2}\frac{\sigma}{\sqrt{n}}=65-1.96\times\frac{15}{\sqrt{250}}=65-1.86=63.14$$

即该批产品平均重量95%的置信区间为63.14~66.86千克.

2) 总体方差σ^2未知、大样本下，均值μ的区间估计

当总体服从正态分布，但总体方差σ^2未知时，在大样本情况下，由中心极限定理，样本均值$\bar{X}$近似服从正态分布. 于是式(8-2)中的总体方差σ^2可以用样本方差S^2代替，这时总体均值μ的$(1-\alpha)$置信水平下的置信区间可以写成

$$\left(\bar{x}-z_{\alpha/2}\frac{s}{\sqrt{n}},\quad \bar{x}+z_{\alpha/2}\frac{s}{\sqrt{n}}\right) \tag{8-3}$$

一般将置信区间(8-2)及(8-3)分别简记为$\bar{x}\pm z_{\alpha/2}\dfrac{\sigma}{\sqrt{n}}$及$\bar{x}\pm z_{\alpha/2}\dfrac{s}{\sqrt{n}}$.

例 8-8 一家保险公司收集到由36位投保个人组成的随机样本，得到每个投保人的年龄(周岁)数据如表8-1所示.

表 8-1 36位投保人年龄(周岁)数据

23	35	39	27	36	44
36	42	46	43	31	33
42	53	45	54	47	24
34	28	39	36	44	40
39	49	38	34	48	50
34	39	45	48	45	32

试建立投保人平均年龄90%的置信区间.

解 尽管不知道该题的总体服从何种分布，也不知道总体的标准差，但是由于其$n=36>30$，即可按照大样本处理，即样本平均数近似服从正态分布. 由于样本标准差S是总体标准差σ的一个良好的估计值. 从而可用公式$\bar{X}\pm z_{\alpha/2}\dfrac{S}{\sqrt{n}}$来构造其置信区间.

计算得到

$$\bar{x}=\frac{1}{n}\sum_{i=1}^{n}x_i=39.5$$

$$s=\sqrt{\frac{1}{n-1}\sum_{i=1}^{n}(x_i-\bar{x})^2}=7.77$$

$$z_{\alpha/2}=z_{0.05}=1.645$$

因而

$$\bar{x}-z_{\alpha/2}\frac{s}{\sqrt{n}}=39.5-1.645\times\frac{7.77}{\sqrt{36}}=39.5-2.13=37.37$$

$$\bar{x}+z_{\alpha/2}\frac{s}{\sqrt{n}}=39.5+1.645\times\frac{7.77}{\sqrt{36}}=39.5+2.13=41.63$$

因此，投保人平均年龄 90% 的置信区间为 37.37~41.63 岁.

3）总体方差σ^2未知、小样本下，均值μ的区间估计

如前所述，如果总体服从正态分布，则样本均值$\bar{X}$的抽样分布都服从正态分布. 此时，只要总体方差σ^2已知，即使在小样本的情况下，也可以用公式$\bar{X} \pm z_{\alpha/2}\dfrac{\sigma}{\sqrt{n}}$构造总体均值的置信区间. 但是，如果总体方差$\sigma^2$未知，而且是在小样本的情况下，则需要用样本方差$S^2$代替$\sigma^2$，根据$t$分布进行区间估计. 为了构造总体均值$\mu$的置信区间，令

$$t=\frac{\bar{X}-\mu}{S/\sqrt{n}}$$

由第 7 章中抽样分布的知识，随机变量t服从自由度为$n-1$的t分布，即$t \sim t(n-1)$.

给定置信水平$1-\alpha$，查t分布临界表得出自由度为$n-1$的t分布的临界值$t_{\alpha/2}(n-1)$，使得

$$P\left(-t_{\alpha/2}(n-1)<\frac{\bar{X}-\mu}{\mathrm{S}/\sqrt{n}}<t_{\alpha/2}(n-1)\right)=1-\alpha$$

利用不等式变形可得

$$P\left(\bar{X}-t_{\alpha/2}(n-1)\frac{S}{\sqrt{n}}<\mu<\bar{X}+t_{\frac{\alpha}{2}}(n-1)\frac{S}{\sqrt{n}}\right)=1-\alpha$$

故而μ的置信水平为$1-\alpha$的置信区间可以表示为

$$\left(\bar{x}-t_{\alpha/2}(n-1)\frac{s}{\sqrt{n}},\bar{x}+t_{\alpha/2}(n-1)\frac{s}{\sqrt{n}}\right) \quad 或者 \quad \bar{x}\pm t_{\alpha/2}\frac{s}{\sqrt{n}}$$

例 8-9　有一大批糖果，其重量服从正态分布，现从中随机抽取 16 袋，称得的重量如表 8-2 所示.

表 8-2　16 袋糖果重量的数据　（单位：克）

506	508	499	503	504	510	497	512
514	505	493	496	506	502	509	496

试建立该批糖果重量 95% 的置信区间.

解　根据样本数据，计算可得到

$$\bar{x}=\frac{1}{n}\sum_{i=1}^{n}x_i=503.75, \quad s=\sqrt{\frac{1}{n-1}\sum_{i=1}^{n}(x_i-\bar{x})^2}=6.20$$

由于$1-\alpha=0.95,\alpha/2=0.025,n-1=15$，查$t$分布表的$t_{0.025}(15)=2.1314$，计算得到

$$\bar{x}-t_{\alpha/2}(n-1)\frac{S}{\sqrt{n}}=503.75-2.1314\times\frac{6.20}{\sqrt{16}}=503.75-3.30=500.45$$

$$\bar{x}+t_{\alpha/2}(n-1)\frac{S}{\sqrt{n}}=503.75+2.1314\times\frac{6.20}{\sqrt{16}}=503.75+3.30=507.05$$

即均值 μ 的置信水平为 95%的置信区间为

$$(500.45,\ 507.05)$$

因此, 这批糖果重量的均值在 500.45 克与 507.05 克之间, 若以此区间内任一值作为 μ 的近似值, 其误差不超过 $2\times 2.1315\times\frac{6.20}{\sqrt{16}}=6.60$ (克), 这个误差估计的可信程度为 95%.

2. 大样本下非正态总体均值的区间估计

在很多实际问题中, 我们遇到的总体为非正态总体. 根据中心极限定理, 在样本容量 n 足够大时①, 样本均值 $\bar{X}$ 近似服从数学期望为 μ, 方差为 σ^2 的正态分布. 若 σ^2 已知, 则总体均值的 μ 的置信度为 $1-\alpha$ 的置信区间可以表示为

$$\left(\bar{x}-z_{\alpha/2}\frac{\sigma}{\sqrt{n}},\ \bar{x}+z_{\alpha/2}\frac{\sigma}{\sqrt{n}}\right)$$

若 σ^2 未知, 用样本方差 S^2 代替总体方差 σ^2, 则总体均值的 μ 的置信水平为 $1-\alpha$ 的置信区间可以表示为

$$\left(\bar{x}-z_{\alpha/2}\frac{s}{\sqrt{n}},\ \bar{x}+z_{\alpha/2}\frac{s}{\sqrt{n}}\right)\quad 或\quad \bar{x}\pm z_{\alpha/2}\frac{s}{\sqrt{n}}$$

例 8-10　某公司从该公司员工中随机抽取 100 人, 调查到他们平均每天花在交通上的时间为 56 分钟. 试以 95% 的置信水平估计该公司全体员工平均每天花在交通上的时间(假设已知总体方差为 36).

解　总体 X 的分布形式未知, 但总体方差已知, $\sigma^2=36$, 且 $n=100>30$, 为大样本. 故可以认为 $\bar{X}$ 近似服从 $N(\mu,\sigma^2/n)$, $z_{\alpha/2}=1.96$, $\bar{x}=56$.

总体均值 μ 的置信区间为

$$\begin{aligned}&\left(\bar{x}-z_{\alpha/2}\frac{\sigma}{\sqrt{n}},\bar{x}+z_{\alpha/2}\frac{\sigma}{\sqrt{n}}\right)\\&=\left(56-1.96\times\frac{6}{\sqrt{100}},56+1.96\times\frac{6}{\sqrt{100}}\right)\\&=(54.82,\ 57.18)\end{aligned}$$

①一般来说, $n>30$ 就是大样本.

因此，该公司员工平均上班时间的 95%的置信区间为 54.82~57.18 分钟.

8.3.2　大样本下总体比例的区间估计

在实际工作中时常会遇到对总体比例的估计问题. 例如，企业管理者想知道本企业产品的合格品率是多少，商店经理想了解对他们服务满意的顾客在全部顾客中所占的比例等. 在第 7 章中，我们曾讨论了样本比例 p ①的抽样分布，并指出在大样本情形下，p 的抽样分布近似服从均值为 π 、方差为 $\pi(1-\pi)/n$ 的正态分布，即样本比例经过标准化后的随机变量近似服从标准正态分布，即

$$z=\frac{p-\pi}{\sqrt{\pi(1-\pi)/n}}\overset{\text{近似}}{\sim}N(0,1)$$

其中，π 为总体比例(即概率).

与总体均值的区间估计类似，由正态分布表得到相应的双侧临界值 $z_{\alpha/2}$，使得

$$P\left(-z_{\alpha/2}<\frac{p-\pi}{\sqrt{\pi(1-\pi)/n}}<z_{\alpha/2}\right)\approx 1-\alpha$$

利用不等式变形可得

$$P(p-z_{\alpha/2}\sqrt{\pi(1-\pi)/n}<\pi<p+z_{\alpha/2}\sqrt{\pi(1-\pi)/n})\approx 1-\alpha$$

故而 p 的置信水平为 $1-\alpha$ 的置信区间可以表示为

$$(p-z_{\alpha/2}\sqrt{\pi(1-\pi)/n},p+z_{\alpha/2}\sqrt{\pi(1-\pi)/n})\quad\text{或者}\quad p\pm z_{\alpha/2}\sqrt{\pi(1-\pi)/n}$$

因为 π 恰好是要估计的未知参数，所以用上式计算总体比例 π 的置信区间是不可行的. 所以，需要再做一次近似替换，即用样本比例 p 来代替总体比例 π . 这时总体比例的置信区间可以近似表示为

$$(p-z_{\alpha/2}\sqrt{p(1-p)/n},p+z_{\alpha/2}\sqrt{p(1-p)/n})\quad\text{或者}\quad p\pm z_{\alpha/2}\sqrt{p(1-p)/n}$$

其中，$p-z_{\alpha/2}\sqrt{p(1-p)/n}$ 称为置信下限，$p+z_{\alpha/2}\sqrt{p(1-p)/n}$ 称为置信上限，α 是事先确定的显著性水平，$z_{\alpha/2}$ 是标准正态分布上侧面积为 $\alpha/2$ 的 z 值，$z_{\alpha/2}\sqrt{p(1-p)/n}$ 是估计总体比例时的允许误差.

例 8-11　某企业的员工流动性比较大，人力资源部从该企业全体职工的总体中随机抽取了 200 人组成一个样本. 在对他们进行访问时，有 140 人说他们离开该企业的原因是他们得到的收入太低. 试对由于这一原因而离开该企业的人员的真正比例构造 95%的置信区间.

---

① 这里，为了区分样本比例 p 和概率符号 P，我们将本章中所有的样本比例均用符号 p 进行表示，不区分统计量和统计量的值.

解　已知 $n=200, z_{\alpha/2}=1.96$，且根据题目可求得样本比例 $p=140/200=0.7$. 则样本比例 p 的抽样分布可用正态分布来逼近. 其置信区间的下、上限分别为

$$p-z_{\alpha/2}\sqrt{p(1-p)/n}=70\%-1.96\times\sqrt{70\%\times(1-70\%)/200}=70\%-6.35\%=63.65\%$$

$$p+z_{\alpha/2}\sqrt{p(1-p)/n}=70\%+1.96\times\sqrt{70\%\times(1-70\%)/200}=70\%+6.35\%=76.35\%$$

即该公司因收入低离开公司的员工比例的 95%的置信区间为 63.65%~76.35%.

8.3.3　总体方差的区间估计

以上讨论了对总体均值和总体比例的区间估计问题. 在现实问题中, 我们需要知道总体方差(标准差)与样本方差(标准差)之间的抽样误差. 例如, 一批电池的平均使用寿命虽然合乎要求, 但若各电池寿命相差很大, 那么这些电池的质量还是有问题的.

由本书第 7 章抽样分布的知识, 在正态分布总体下, 统计量 $\frac{(n-1)S^2}{\sigma^2}$ 服从自由度为 $n-1$ 的 χ^2 分布, 即 $\chi^2\sim\chi^2(n-1)$. 为了构造 σ^2 的 $1-\alpha$ 置信区间, 在 χ^2 分布表中查得 $\chi^2_{1-\alpha/2}$ 和 $\chi^2_{\alpha/2}$，使下式成立:

$$P\left(\chi^2_{1-\alpha/2}(n-1)<\frac{(n-1)S^2}{\sigma^2}<\chi^2_{\alpha/2}(n-1)\right)=1-\alpha$$

利用不等式变形可得

$$P\left(\frac{(n-1)S^2}{\chi^2_{\alpha/2}(n-1)}<\sigma^2<\frac{(n-1)S^2}{\chi^2_{1-\alpha/2}(n-1)}\right)=1-\alpha$$

因此, 总体方差 σ^2 的置信度为 $1-\alpha$ 的置信区间为

$$\left(\frac{(n-1)s^2}{\chi^2_{\alpha/2}(n-1)},\frac{(n-1)s^2}{\chi^2_{1-\alpha/2}(n-1)}\right)$$

而总体标准差 σ 的置信度为 $1-\alpha$ 的置信区间为

$$\left(\sqrt{\frac{(n-1)}{\chi^2_{\alpha/2}(n-1)}}\cdot s,\ \sqrt{\frac{(n-1)}{\chi^2_{1-\alpha/2}(n-1)}}\cdot s\right)$$

由 χ^2 分布构造总体方差的置信区间如图 **8-8** 所示.

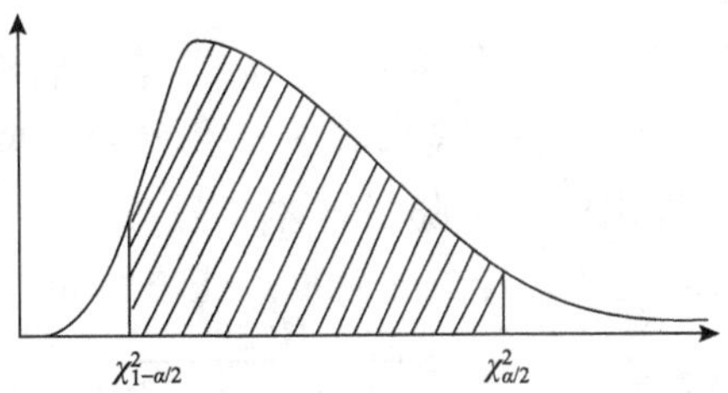

图 **8-8**　由 χ^2 分布构造总体方差的置信区间

例 8-12　某生产管理人员需要知道完成某项工作所需的时间. 为此他进行了一项研究, 得出一个适于分析的 31 个观察值组成的随机样本, 从样本数据算出的方差为 0.3 小时.

(1) 构造 σ^2 的 95% 的置信区间;　(2) 构造 σ 的 95% 的置信区间.

解　(1) 由题意得, $s^2=0.3$, 自由度为 $n-1=31-1=30$, 查 χ^2 分布表可得

$$\chi^2_{1-\alpha/2}(n-1)=\chi^2_{1-0.05/2}(31-1)=\chi^2_{0.975}(30)=16.791$$

$$\chi^2_{\alpha/2}(n-1)=\chi^2_{0.05/2}(31-1)=\chi^2_{0.025}(30)=46.979$$

所以, 总体方差的置信区间为

$$\frac{(31-1)\times 0.3}{46.979}<\sigma^2<\frac{(31-1)\times 0.3}{16.791}$$

即 $0.1916<\sigma^2<0.5360$.

(2) 计算 $\sqrt{0.1916}$ 及 $\sqrt{0.5360}$ 得总体标准差的置信区间为

$$0.4377<\sigma<0.7321$$

在这里被抽样的总体服从或近似服从正态分布是置信区间估计的假定条件.

8.4　两个总体参数的区间估计

在实际中, 我们常遇到下面的问题: 已知产品某一质量指标服从正态分布, 但由于原料、设备条件、操作人员不同, 或工艺过程的改变的因素, 引起总体均值、总体比例或总体方差有所改变. 我们需要知道这些变化是否显著, 这就需要考虑两个总体均值之差、比例之差或方差之比的估计问题.

8.4.1　两个独立总体均值之差的区间估计

设两个相互独立总体的均值分别为 μ_1 和 μ_2, 从两个总体中分别抽取容量为 n_1 和 n_2 的两个随机样本, 其样本均值分别为 $\bar{X}_1$ 和 $\bar{X}_2$. 估计两个总体均值之差 $\mu_1-\mu_2$ 的估计量显然是两个样本的均值之差 $\bar{X}_1-\bar{X}_2$.

1. 两个正态总体下方差已知的情形

我们在第 7 章中曾讨论了关于两个样本平均数之差的抽样分布问题, 并且已经知道, 当两个总体均服从正态分布时, $\bar{X}_1-\bar{X}_2$ 也服从正态分布, 或者不管被抽样的两个总体是否服从正态分布, 只要被抽出的两个随机样本相互独立, 而且样本容量足够大, 根据中心极限定理, 样本平均数之差的抽样分布就逼近正态分布. 其标准差为

$$\sigma_{\bar{x}_1-\bar{x}_2}=\sqrt{\sigma_1^2/n_1+\sigma_2^2/n_2}$$

而 $Z=\dfrac{(\bar{X}_1-\bar{X}_2)-(\mu_1-\mu_2)}{\sqrt{\sigma_1^2/n_1+\sigma_2^2/n_2}}\sim N(0,1)$，故而计算 $\mu_1-\mu_2$ 的置信水平为 $1-\alpha$ 的置信区间可以利用下面的公式:

$$\left((\bar{x}_1-\bar{x}_2)-z_{\alpha/2}\sqrt{\sigma_1^2/n_1+\sigma_2^2/n_2},\ (\bar{x}_1-\bar{x}_2)+z_{\alpha/2}\sqrt{\sigma_1^2/n_1+\sigma_2^2/n_2}\right)\text{或者}$$

$$(\bar{x}_1-\bar{x}_2)\pm z_{\alpha/2}\sqrt{\sigma_1^2/n_1+\sigma_2^2/n_2}$$

例 8-13 为调查甲、乙两家银行的户均存款数, 从两家银行各抽选了一个由 25 个储户组成的随机样本. 样本平均值如下: $\bar{x}_{甲}=4500$元，$\bar{x}_{乙}=3250$元. 两个总体均服从标准差分别为 $\sigma_{甲}=920$元 和 $\sigma_{乙}=960$元 的正态分布. 试构造 $\mu_{甲}-\mu_{乙}$ 的 90%的置信区间.

解 由于两个总体均服从正态分布, 因此, $\bar{X}_{甲}-\bar{X}_{乙}$ 也服从正态分布, 从而总体均值之差的 90%的置信区间的下、上限分别为

$$\begin{aligned}(\bar{x}_{甲}-\bar{x}_{乙})-z_{\alpha/2}\sqrt{\sigma_{甲}^2/n_{甲}+\sigma_{乙}^2/n_{乙}}&=(4500-3250)-1.65\times\sqrt{920^2/25+960^2/25}\\&=1250-439=811\end{aligned}$$

$$\begin{aligned}(\bar{x}_{甲}-\bar{x}_{乙})+z_{\alpha/2}\sqrt{\sigma_{甲}^2/n_{甲}+\sigma_{乙}^2/n_{乙}}&=(4500-3250)+1.65\times\sqrt{920^2/25+960^2/25}\\&=1250+439=1689\end{aligned}$$

即甲、乙两家银行的户均存款数之差的 90% 的置信区间为 811~1689 元.

2. 两个正态总体下方差未知的情形

1) 两个正态总体下方差未知但相等的情形

如果两个总体均服从正态分布, 总体方差未知但已知它们相等, 并从这两个总体中各抽选一个独立随机样本, 那么就可以利用 t 分布, 从而构造出 $\mu_1-\mu_2$ 的置信区间.

当两个总体方差相等时, 首先要求出它们的共同方差 σ^2 的一个估计值 S_p^2，因为两个样本方差都有理由作为共同方差 σ^2 的估计值. 通常我们计算它们的加权平均数, 权数就是它们的自由度, 即

$$S_p^2=\frac{(n_1-1)S_1^2+(n_2-1)S_2^2}{n_1+n_2-2}$$

这时估计量 $\bar{X}_1-\bar{X}_2$ 标准差为

$$\sqrt{S_p^2/n_1+S_p^2/n_2}=S_p\sqrt{1/n_1+1/n_2}$$

可以证明:

$$t=\frac{(\bar{X}_1-\bar{X}_2)-(\mu_1-\mu_2)}{S_p\sqrt{1/n_1+1/n_2}}$$

服从自由度 n_1+n_2-2 的 t 分布.

于是在方差未知但相等的条件下，我们从这两个总体抽选出两个独立随机样本，$\mu_1-\mu_2$ 的 $1-\alpha$ 置信区间为

$$((\overline{x}_1-\overline{x}_2)-t_{\alpha/2}s_p\sqrt{1/n_1+1/n_2},(\overline{x}_1-\overline{x}_2)+t_{\alpha/2}s_p\sqrt{1/n_1+1/n_2})$$

例 8-14 某工厂中有两台生产金属棒的机器，为检测两台机器生产的金属棒长度的差异，分别对两台机器生产的金属棒进行抽样. 第一个随机样本由机器 A 生产的 11 根金属棒组成，第二个随机样本由机器 B 生产的 21 根金属棒组成. 两个样本的数据如下：$\overline{x}_A=8.06$厘米，$\overline{x}_B=7.74$厘米，$s_1=0.063$厘米，$s_2=0.059$厘米. 假定两个总体近似服从正态分布，且总体方差相等，试构造 $\mu_1-\mu_2$ 的 95% 的置信区间.

解 根据总体方差相等的假设，可以算出共同方差 σ^2 的一个估计值 s_p^2：

$$s_p^2=\frac{(n_1-1)s_1^2+(n_2-1)s_2^2}{n_1+n_2-2}=\frac{(11-1)\times 0.063^2+(21-1)\times 0.059^2}{11+21-2}=0.0036$$

$\mu_1-\mu_2$ 的 95%的置信区间为

$$\begin{aligned}(\overline{x}_1-\overline{x}_2)-t_{\alpha/2}s_p\sqrt{1/n_1+1/n_2}&=(8.06-7.74)-2.0423\times\sqrt{0.0036}\times\sqrt{1/11+1/21}\\&=0.32-0.046=0.274\end{aligned}$$

$$\begin{aligned}(\overline{x}_1-\overline{x}_2)+t_{\alpha/2}s_p\sqrt{1/n_1+1/n_2}&=(8.06-7.74)+2.0423\times\sqrt{0.0036}\times\sqrt{1/11+1/21}\\&=0.32+0.046=0.366\end{aligned}$$

即, A、B 两台机器生产的金属棒均值之差的 95%的置信区间为 0.274 ~0.366 厘米.

2）两个正态总体下方差未知且不相等的情形

当两个总体方差不等时，即使两个总体均服从正态分布，我们在构造两个平均值之差的置信区间时也不能用前面提到的 t 分布，这是因为当两个总体方差不等时，统计量

$$t=\frac{(\overline{X}_1-\overline{X}_2)-(\mu_1-\mu_2)}{\sqrt{S_1^2/n_1+S_2^2/n_2}}$$

服从 t 分布但自由度不等于 n_1+n_2-2 的 t 分布. 解决这一问题的办法是采用自由度的某种修正值. Dixon 和 Massey 于 1969 年提出的一种修正自由度的方法，其公式如下：

$$v=\frac{(s_1^2/n_1+s_2^2/n_2)^2}{(s_1^2/n_1)^2/(n_1-1)+(s_2^2/n_2)^2/(n_2-1)}$$

可以认为，统计量 t 近似服从于自由度为 v 的 t 分布. 根据自由度 v 查 t 分布表可得置信区间为

$$((\overline{x}_1-\overline{x}_2)-t_{\alpha/2}\sqrt{s_1^2/n_1+s_2^2/n_2},\ (\overline{x}_1-\overline{x}_2)+t_{\alpha/2}\sqrt{s_1^2/n_1+s_2^2/n_2})$$

例 8-15 沿用例 8-14 的数据，现假定例 8-14 的两个总体方差不等，试构造 $\mu_1-\mu_2$ 的 95% 的置信区间.

解 其自由度为

$$v=\frac{(0.063^2/11+0.059^2/21)^2}{(0.063^2/11)^2/10+(0.059^2/21)^2/20}\approx 21$$

由这个公式计算出来的自由度往往不是整数，可以用四舍五入后的整数查表求得置信区间. 本例如查 95%可靠性和自由度为 21 的 t 分布表，得 2.08，代入公式得

$$\begin{aligned}(\overline{x}_1-\overline{x}_2)-t_{\alpha/2}\sqrt{s_1^2/n_1+s_2^2/n_2}&=(8.06-7.74)-2.08\times\sqrt{0.063/11+0.059/21}\\&=0.32-0.192=0.128\end{aligned}$$

$$\begin{aligned}(\overline{x}_1-\overline{x}_2)+t_{\alpha/2}\sqrt{s_1^2/n_1+s_2^2/n_2}&=(8.06-7.74)+2.08\times\sqrt{0.063/11+0.059/21}\\&=0.32+0.192=0.512\end{aligned}$$

即，在总体方差不等的情况下，A、B 两台机器生产的金属棒均值之差的 95%的置信区间为 0.128~0.512 厘米.

3. 两个非正态总体下大样本、方差未知的情形

对于不服从正态分布的两个总体. 如果两个总体方差未知，就用 s_1 和 s_2 分别作为 σ_1 和 σ_2 的估计值，当 n_1 和 n_2 足够大时，$\mu_1-\mu_2$ 的置信水平为 $1-\alpha$ 的近似置信区间为

$$\left((\overline{x}_1-\overline{x}_2)-z_{\alpha/2}\sqrt{s_1^2/n_1+s_2^2/n_2},\ (\overline{x}_1-\overline{x}_2)+z_{\alpha/2}\sqrt{s_1^2/n_1+s_2^2/n_2}\right)$$

例 8-16 A, B 两所大学某学期期末英语考试采用同一试题. A 校认为该校学生英语考试的平均成绩能比 B 校高出 10 分. 为了证实这一说法，主管部门从两校各抽取一个随机样本并得到如下数据:

$$n_{\mathrm{A}}=75\text{人},\quad n_{\mathrm{B}}=80\text{人},\quad \overline{x}_{\mathrm{A}}=78.6\text{分},\quad \overline{x}_{\mathrm{B}}=73.8\text{分},\quad S_{\mathrm{A}}=8.2\text{分},\quad S_{\mathrm{B}}=7.4\text{分}$$

试在 95%的置信程度下确定两校平均成绩之差的置信区间.

解 置信区间为

$$\begin{aligned}(\overline{x}_1-\overline{x}_2)-z_{\alpha/2}\sqrt{s_1^2/n_1+s_2^2/n_2}&=(78.6-73.8)-1.96\times\sqrt{8.2^2/75+7.4^2/80})\\&=4.8-2.5=2.3\end{aligned}$$

$$\begin{aligned}(\overline{x}_1-\overline{x}_2)+z_{\alpha/2}\sqrt{s_1^2/n_1+s_2^2/n_2}&=(78.6-73.8)+1.96\times\sqrt{8.2^2/75+7.4^2/80})\\&=4.8+2.5=7.3\end{aligned}$$

因此 A, B 两校英语考试成绩之差的 95%的置信区间在 2.3~7.3 分. 这一结果说明，A 校的平均成绩确实高于 B 校，但并未高出 10 分.

8.4.2 大样本下两个独立总体比例之差的区间估计

为了估计两个总体比例之差 $\pi_1-\pi_2$，我们可从每一个总体中各抽一个随机样本，并利用两个样本比例之差 p_1-p_2. 这样就可以按通常的方式构造出一个估计区间. 在第 7 章中，曾介绍了在大样本下，两个独立样本的比例之差 p_1-p_2 的抽样分布近似服从均值为 $\pi_1-\pi_2$，方差为

$$\sigma_{p_1-p_2}^2=\pi_1(1-\pi_1)/n_1+\pi_2(1-\pi_2)/n_2$$

的正态分布. 因为 π_1 和 π_2 皆未知，$\sigma_{p_1-p_2}^2$ 一般用下式估计:

$$s_{p_1-p_2}^2=p_1(1-p_1)/n_1+p_2(1-p_2)/n_2$$

于是有

$$P\left(-z_{\alpha/2}<\frac{(p_1-p_2)-(\pi_1-\pi_2)}{\sqrt{p_1(1-p_1)/n_1+p_2(1-p_2)/n_2}}<z_{\alpha/2}\right)\approx 1-\alpha$$

经过不等式变形可得到 p_1-p_2 的置信度为 $1-\alpha$ 的置信区间:

$$(p_1-p_2)\pm z_{\alpha/2}\sqrt{p_1(1-p_1)/n_1+p_2(1-p_2)/n_2}$$

例 8-17　某企业下属有两个车间，分别用 A 和 B 表示. 为了降低废品率，该企业对车间 B 的工人首先进行业务培训. 3 个月后，该企业负责人对两个车间的产品质量进行了检验. 从车间 A 抽取了 200 件产品，从车间 B 抽取了 220 件产品. 查得废品率 A 车间为 $p_A=15\%$, B 车间为 $p_B=3\%$. 试在 95% 的把握程度下，构造两个废品率之差的置信区间.

解

$$\begin{aligned}s_{p_1-p_2}&=\sqrt{p_1(1-p_1)/n_1+p_2(1-p_2)/n_2}\\&=\sqrt{0.15\times(1-0.15)/200+0.03\times(1-0.03)/220}\\&=0.0277\end{aligned}$$

当置信度为 95%时，$z_{\alpha/2}=1.96$，从而其区间的上、下限分别为

$$(p_1-p_2)-z_{\alpha/2}\sqrt{p_1(1-p_1)/n_1+p_2(1-p_2)/n_2}=(0.15-0.03)-1.96\times0.0277=0.066$$

$$(p_1-p_2)+z_{\alpha/2}\sqrt{p_1(1-p_1)/n_1+p_2(1-p_2)/n_2}=(0.15-0.03)+1.96\times0.0277=0.174$$

即置信区间为 $(0.066, 0.174)$. 根据这一结果，我们有 95% 的把握说，车间 A 和车间 B 的废品率之差为6.6%~17.4%，即至少下降了 6.6 %. 这说明，车间 B 人员的业务培训收到了效果.

8.4.3　两个独立总体方差之比的区间估计

在实际工作中，经常会遇到比较两个总体的方差问题. 比较两个总体方差的大小，可以将两个方差相比. 当两个总体方差 σ_1^2 和 σ_2^2 未知时，需要通过两个样本方差之比来加以比较推断.

设两个独立正态总体的方差分别为 σ_1^2 和 σ_2^2，从两个总体中分别抽取容量分别为 n_1 和 n_2 的样本，构造统计量 $F=(S_1^2/\sigma_1^2)/(S_2^2/\sigma_2^2)=\dfrac{S_1^2}{S_2^2}\dfrac{\sigma_2^2}{\sigma_1^2}$. 由第 7 章抽样分布的知识，$F=\dfrac{S_1^2}{S_2^2}\dfrac{\sigma_2^2}{\sigma_1^2}$ 服从第一自由度为 n_1-1 以及第二自由度为 n_2-1 的 F 分布，即 $\dfrac{S_1^2/\sigma_1^2}{S_2^2/\sigma_2^2}\sim F(n_1-1,n_2-1)$. 给定置信水平 $1-\alpha$，从 F 分布表中查得 $F_{\alpha/2}$ 和 $F_{1-\alpha/2}$ 的值，于是得到

$$P\left(F_{1-\alpha/2}<\frac{S_1^2/\sigma_1^2}{S_2^2/\sigma_2^2}<F_{\alpha/2}\right)=1-\alpha$$

经不等式变形，取得 σ_1^2/σ_2^2 的 $1-\alpha$ 的置信区间为

$$\frac{S_1^2/S_2^2}{F_{\alpha/2}}<\frac{\sigma_1^2}{\sigma_2^2}<\frac{S_1^2/S_2^2}{F_{1-\alpha/2}}$$

由 F 分布构造方差比 σ_1^2/σ_2^2 的置信区间如图 8-9 所示.

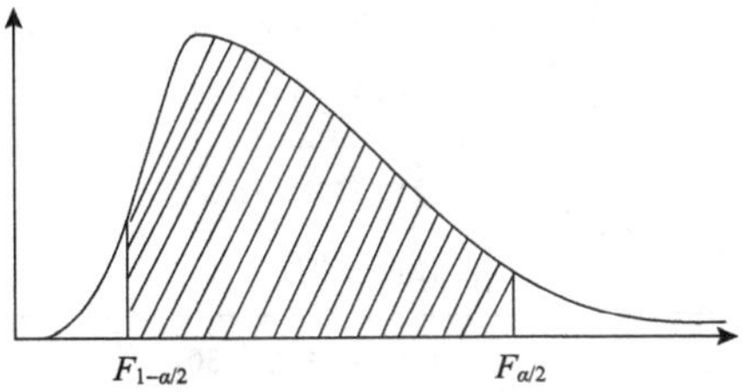

图 8-9　由 F 分布构造方差比 σ_1^2/σ_2^2 的置信区间

例 8-18　为了研究男女学生在生活费支出(单位: 元)上的差异，在某大学随机抽取 25 名男生和 25 名女生进行调查，得到其生活费支出的样本均值及样本方差如表 8-3 所示.

表 8-3　男女学生生活费支出均值及方差数据

	样本均值	样本方差
男学生	520	260
女学生	480	280

试以 90% 的置信水平估计男女学生生活费支出方差比的置信区间.

解　根据自由度 $n_1-1=25-1=24$ 和 $n_2-1=25-1=24$，查 F 分布表得

$$F_{\alpha/2}(24,24)=F_{0.05}(24,24)=1.98\,,\quad F_{0.95}(24,24)=\frac{1}{F_{0.05}(24,24)}=\frac{1}{1.98}=0.505$$

将数据代入可得方差比的 90% 的置信区间为

$$\frac{260/280}{1.98}<\frac{\sigma_1^2}{\sigma_2^2}<\frac{260/280}{0.505}$$

即 $0.47<\dfrac{\sigma_1^2}{\sigma_2^2}<1.84$，男女学生生活费支出方差比 90% 的置信区间为 0.47~1.84.

本章小结

1. 点估计是用样本估计量 $\hat{\theta}$ 的值作为总体参数 θ 的估计值. 点估计常用的方法有: 矩法、极大似然估计法等. 一个好的估计量应满足三个标准, 即无偏性、有效性和相合性.

2. 在区间估计中, 要构造两个统计量 $\hat{\theta}_{\mathrm{L}}$ 和 $\hat{\theta}_{\mathrm{U}}$，使总体参数 θ 被包含在区间 $(\hat{\theta}_{\mathrm{L}},\hat{\theta}_{\mathrm{U}})$ 内的概率 $P(\hat{\theta}_{\mathrm{L}}<\theta<\hat{\theta}_{\mathrm{U}})=1-\alpha$. 随机区间 $(\hat{\theta}_{\mathrm{L}},\hat{\theta}_{\mathrm{U}})$ 称为参数 θ 的置信水平为 $1-\alpha$ 的置信区间. 由于在区间估计时的条件不同, 对总体参数估计的公式也有所不同.

3. 表 8-4 及表 8-5 归纳总结了区间估计的主要内容.

表 8-4　一个总体参数的区间估计

参数	点估计值	标准误差	假定条件	$1-\alpha$ 置信区间
总体均值 μ	$\bar{x}$	$\sigma/\sqrt{n}$	(1)大样本 $(n>30)$ (2) σ^2 已知	$\bar{x}\pm z_{\alpha/2}\dfrac{\sigma}{\sqrt{n}}$
		$\sigma/\sqrt{n}$	(1)大样本 $(n>30)$ (2) σ^2 未知	$\bar{x}\pm z_{\alpha/2}\dfrac{s}{\sqrt{n}}$
		$\sigma/\sqrt{n}$	(1)小样本 $(n<30)$ (2)正态总体 (3) σ^2 未知	$\bar{x}\pm t_{\alpha/2}\dfrac{s}{\sqrt{n}}$
总体比率 π	p	$\sqrt{\pi(1-\pi)/n}$	大样本	$p\pm z_{\alpha/2}\sqrt{p(1-p)/n}$
总体方差 σ^2	s^2	—	正态总体	$\dfrac{n-1}{\chi^2_{\alpha/2}(n-1)}\cdot s^2\leqslant\sigma^2\leqslant\dfrac{n-1}{\chi^2_{1-\alpha/2}(n-1)}\cdot s^2$

表 8-5　两个独立总体参数的区间估计

参数	点估计值	标准误差	假定条件	$1-\alpha$ 置信区间
两个总体均值之差 $\mu_1-\mu_2$	$\bar{x}_1-\bar{x}_2$	$\sqrt{\sigma_1^2/n_1+\sigma_2^2/n_2}$	(1)大样本 $(n_1>30,n_2>30)$ (2) σ_1^2，σ_2^2 已知	$(\bar{x}_1-\bar{x}_2)\pm z_{\alpha/2}\sqrt{\sigma_1^2/n_1+\sigma_2^2/n_2}$

续表

参数	点估计值	标准误差	假定条件	$1-\alpha$ 置信区间
两个总体均值之差 $\mu_1-\mu_2$	$\bar{x}_1-\bar{x}_2$	$\sqrt{\frac{\sigma_1^2}{n_1}+\frac{\sigma_2^2}{n_2}}$	(1)大样本 ($n_1>30, n_2>30$) (2) σ_1^2，σ_2^2 未知	$\bar{x}_1-\bar{x}_2 \pm z_{\alpha/2}\sqrt{s_1^2/n_1+s_2^2/n_2}$
		$\sqrt{\frac{\sigma_1^2}{n_1}+\frac{\sigma_2^2}{n_2}}$	(1)小样本 ($n_1<30, n_2<30$) (2)两个正态总体 (3) σ_1^2，σ_2^2 未知但相等	$(\bar{x}_1-\bar{x}_2)\pm t_{\alpha/2}(n_1+n_2-2)\sqrt{s_p^2(1/n_1+1/n_2)}$
			(1)小样本 ($n_1<30, n_2<30$) (2)两个正态总体 (3) σ_1^2，σ_2^2 未知但不相等	$(\bar{x}_1-\bar{x}_2)\pm t_{\alpha/2}(\nu)\sqrt{s_1^2/n_1+s_2^2/n_2}$
两个总体比率之差 $\pi_1-\pi_2$	p_1-p_2	$\sqrt{\pi_1(1-\pi_1)/n+\pi_2(1-\pi_2)/n}$	大样本	$(p_1-p_2)\pm$ $z_{\alpha/2}\sqrt{p_1(1-p_1)/n_1+p_2(1-p_2)/n_1}$
两个总体方差比 σ_1^2/σ_2^2	s_1^2/s_2^2	—	两个正态总体	$\frac{s_1^2/s_2^2}{F_{\alpha/2}}<\frac{\sigma_1^2}{\sigma_2^2}<\frac{s_1^2/s_2^2}{F_{1-\alpha/2}}$

《应用统计学》学习材料(8)

思考与练习

8.1 什么是点估计？什么是区间估计？两者各有什么优缺点？

8.2 评判一个估计量好坏的标准有哪些？

8.3 说明区间估计的基本原理.

8.4 解释置信水平的含义.

8.5 解释置信水平为 95%置信区间的含义.

8.6 简述样本量与置信水平、总体方差、允许误差的关系.

8.7 某汽车公司随机挑选了 120 个相同式样的小汽车作为样本，以便测定这种式样汽车每加仑汽油的平均行驶里程. 从样本得出的结果是：$\bar{x}=33.2$英里/加仑，$s=4.6, n=120$. 试就该式样汽车的平均耗油里程建立 95% 的置信区间.

8.8 利用下面的样本数据构建总体均值 μ 的置信区间.

(1) $\bar{x}=25, \sigma=3.5, n=60$，置信水平为 99%.

(2) $\bar{x}=119.6, \sigma=23.89, n=75$，置信水平为 95%.

(3) $\bar{x}=3.419, \sigma=0.974, n=32$，置信水平为 90%.

8.9 利用下面的信息，构建总体均值的置信区间.

(1) 总体服从正态分布，且已知 $\bar{x}=8900, \sigma=500, n=15$，置信水平为 95%.

(2) 总体不服从正态分布，且已知 $\bar{x}=8900, \sigma=500, n=35$，置信水平为 95%.

(3) 总体不服从正态分布，σ 未知，$\bar{x}=8900, s=500, n=35$，置信水平为 90%.

(4) 总体不服从正态分布，σ 未知，$\bar{x}=8900, s=500, n=35$，置信水平为 99%.

8.10 某大学为了解学生每天上网的时间，在全校 7500 名学生中采取不重复抽样方法随机抽取 36 人，调查他们每天上网的时间，得到下面的数据(单位：小时).

3.3	3.1	6.2	5.8	2.3	4.1	5.4	4.5	3.2
4.4	2.0	5.4	2.6	6.4	1.8	3.5	5.7	2.3
2.1	1.9	1.2	5.1	4.3	4.2	3.6	0.8	1.5
4.7	1.4	1.2	2.9	3.5	2.4	0.5	3.6	2.5

求该校大学生平均上网时间的置信区间，置信水平分别为 90%, 95%, 99%.

8.11 某公司进行一项试验来确定完成预约服务所需的时间长度. 下面是以分表示的时间，来自包含 9 次预约服务的简单随机样本: 48, 51, 28, 66, 81, 36, 40, 59 和 50. 试为完成预约服务的平均时间建立一个 90%的置信区间.

8.12 从一批零件中随机抽取 36 个，测得其平均长度为 149.5 厘米，标准差为 1.93 厘米.

(1) 试确定该种零件平均长度的 95%的置信区间.

(2) 在上面的估计中，你使用了统计中的哪一个重要定理？请简要介绍这一定理.

8.13 假设总体服从正态分布，利用下面的数据构建总体均值的 99% 的置信区间.

16.4	17.1	17.0	15.6	16.2
14.8	16.0	15.6	17.3	17.4
15.6	15.7	17.2	16.6	16.0
15.3	15.4	26.0	15.8	17.2
14.6	15.5	14.9	17.7	16.3

8.14 从 A 城市 900 户居民的随机样本中得出收入的算术平均数 23500 元，标准差为 5700 元. 在同一时期，从 B 城市 400 户居民的随机样本中得出收入的算术平均数是 23000 元，标准差为 4200 元. 现要求:

(1) 对 A 城市全部居民的平均收入建立一个 95%的置信区间;

(2) 对 B 城市全部居民的平均收入建立一个 95%的置信区间;

(3) 对两个城市居民平均收入之差建立一个 95%的置信区间.

8.15 利用下面的样本数据构建总体比例 π 的置信区间.

(1) $n=44, p=0.51$，置信水平为 99%;

(2) $n=300, p=0.82$，置信水平为 95%;

(3) $n=1150, p=0.48$，置信水平为 90%.

8.16 在一项家电市场调查中，随机抽取了 200 个居民，调查他们是否拥有某一品牌的电视机，其中拥有该品牌电视机的家庭占 23%. 求总体比例的置信区间，置信水平分别为 90%和 95%.

8.17 为调查甲、乙两家银行的户均存款数，从两家银行各抽选 1 个由 25 个存户组成的随机样本. 两个样本均值分别为 4500 元和 3250 元，两个总体标准差分别为 920 元和 960 元. 根据经验，知道两个总体均服从正态分布，试求 $\mu_A-\mu_B$ 的 90%的置信区间.

8.18 以 A 地区 100 人的样本为基础，民意调查者 A 估计赞成发行某种债券的人数所占的百分比是 50%. 民意调查者 B 以在 B 地区随机抽选的 100 人的样本为基础，估计赞成者的百分比是 55%. 现以 95% 的概率保证程度，试构建两个总体比例之差的置信区间.

8.19 一个随机样本由居民区甲 400 户家庭组成，其中有 18% 的家庭至少有一个学龄前儿童. 另一个由居民区乙 600 户家庭组成的随机样本中，有 23% 的家庭至少有一个学龄前儿童. 试求两个总体比例之差置信度为 95% 的置信区间.

8.20 某工厂两位化验员甲、乙分别独立地用相同方法对某种聚合物的含氯量进行测定. 甲测 25 次，样本方差为0.4292; 乙测 16次，样本方差为0.3429. 假定数据组成两个来自正态分布总体的独立随机样本，试求方差比的置信区间.

第9章 假设检验

厂商是否欺骗了消费者?

X 市消费者协会接到消费者投诉，指控某品牌的罐装饮料容量不足. 投诉者指出，该罐装饮料包装上标明的容量为 500 毫升，而实际购买的饮料容量不足 500 毫升. 该协会从市场上随机抽取了 36 罐该品牌饮料，测试发现其平均容量为 493 毫升. 这 7 毫升的差异是生产中正常的波动，还是厂商有意的欺骗行为呢?

由于随机因素的影响，生产出厂的每一罐饮料不一定恰好等于标注规定的 500 毫升. 消费者协会抽样检查的样本结果很可能高于或低于规定的 500 毫升标准. 即使抽取到的饮料容量都等于 500 毫升，也不能完全排除这是出自偶然. 如果随机抽取 36 罐饮料的样本平均容量为 499 毫升，则可以将相差的 1 毫升判断为随机差异. 如果随机抽取 50 罐饮料的样本平均容量为 400 毫升，则会认为 100 毫升的差异太大，不仅仅是随机因素影响的结果.

现在的问题是，当 36 罐饮料的平均容量 493 毫升时，我们如何判断厂商的行为? 7 毫升的差异到底是由随机因素引起的，还是存在系统偏差(厂商为了提高利润改变了生产标准)? 这两种不同性质的差异的界限是什么? 面对这样的问题，我们不能通过简单比较做出结论，而是需要一套科学的方法来判断，这个方法就是统计假设检验.

本章介绍的“假设检验”和第 8 章介绍的“参数估计”是进行统计推断的两种基本方法. 参数估计讨论的是在总体参数未知的情况下，如何利用样本统计量估计总体参数；而假设检验则讨论事先对总体参数或分布形式作出某种假设，利用样本信息判断所做的假设是否成立.

统计假设检验(hypothesis test)涉及两类问题:

(1) 对总体参数的假设检验. 在假设总体的理论分布形式已知的条件下，检验关于总体未知参数的一些假设是否在统计意义下成立. 例如，已知某高校全体女生的身高服从正态分布，但不知道其平均身高 μ (厘米)的具体数值，研究者根据抽样信息假设“$\mu=165$ 厘米”. 我们需要按照某种既定的规则，对这一假设在统计意义下做出“成立”或“不成立”的判断.

(2) 对总体分布的假设检验. 当总体的理论分布未知时，对总体分布的假设做出统计意义下的真伪判断. 例如，根据抽样信息假设“该总体为正态分布”，我们同样需要按某种规则对这一假设在统计意义下做出“成立”或“不成立”的判断.

本书仅对总体参数的假设检验方法展开讨论.

9.1 假设检验思想与表述

9.1.1 假设检验

在现实生活中，人们经常需要对某个未知的事项进行求证或判断. 例如，在临床学研究中，研究人员需要判断新的治疗方案是否比原来的治疗方案更为有效；在对某品牌饮料进行抽检中，质检人员需要判断该饮料的净含量是否达到了其说明书上标注的容量；在公司采购中，采购人员需要判断这批货物的质量是否与合同约定的一致等.

在对上述问题做出判断之前，人们往往会事先提出一种假设(即先验的主观看法)，继而对该假设的真伪进行符合“概率逻辑”的求证，这个过程就是统计假设检验.

严格地说，假设检验是指利用随机抽样构造的样本统计量，按照某种规则，对总体的某些数量特征所作的假设进行真伪判断，继而做出决策的统计分析方法.

1. 假设检验的统计表述

引例 某罐装饮料包装上标明的容量为 500 毫升. 已知该罐装饮料的容量服从正态分布，总体标准差为 10 毫升. 从实际产品中随机抽取 36 罐饮料作为样本，测得该样本的平均容量为 493 毫升. 问该饮料实际的平均容量 μ 与标准容量相比是否存在显著差异？

我们将标准容量 500 毫升作为比较标准. 根据样本信息(样本平均容量 493 毫升)，可假设饮料的平均容量与标准容量相比，并不存在系统偏差. 这一假设称为原假设，用符号 H_0 表示，记为

$$H_0: \mu=500$$

设 $\mu_0=500$，我们就得到原假设的一般形式

$$H_0: \mu=\mu_0$$

原假设(null hypothesis)也称为待检验假设或零假设，一般用符号 H_0 表示. 在实际问题中，往往把不能轻易否定的命题作为原假设，是研究者想搜集证据予以否定的命题.

如果有证据表明原假设 H_0 不成立，则应拒绝原假设，需要做出与原假设相反的选择. 我们把与原假设对立的命题称为备择假设(alternative hypothesis)或研究假设，用符号 H_1 表示. 一般而言，备择假设是研究者想要搜集证据予以支持的命题.

在引例中，研究者想搜集证据予以证明的应该是“饮料的平均容量并非 500 毫升”(如果研究者事先认为饮料的容量符合标准，他也就没有必要进行检验了). 据此，可以得到与原假设 $H_0: \mu=500$ 相对立的备择假设为

$$H_1: \mu \neq 500$$

例 9-1 按规定一种电子元件的寿命不应低于 1400 小时. 为了控制产品质量，质检员定期对一批电子元件进行抽查，以确定其质量是否符合标准. 抽检得到样本均值(即电

子元件样本的平均寿命) $\bar{x}=1360$ 小时, 试表述用于检验的原假设和备择假设.

解 设该批电子元件平均寿命的实际真值为 μ. 由于抽检得到样本均值 $\bar{x}<1400$, 表明该批电子元件的寿命很有可能不符合标准, 质检员将倾向于证实该批电子元件的平均寿命并未达标, 即“ $\mu<1400$ ”是质检员想要搜集证据予以支持的命题. 于是可建立原假设与备择假设分别为

$$H_0:\mu\geqslant 1400;\quad H_1:\mu<1400$$

例 9-2 某机械厂要求工人组装 A 型号部件所耗费的时间不应超过 15 分钟. 为督查工人组装耗时是否满足要求, 该厂督查部门随机抽取了 30 名工人的一个样本进行检验. 抽检得到这 30 名工人组装该部件的平均耗时为16.5 分钟. 试表述用于检验的原假设与备择假设.

解 设该厂工人组装 A 型号部件所耗的实际平均时间为 μ. 督查部门想搜集证据予以支持的假设是“耗费时间超过 15 分钟”. 因此建立的原假设与备择假设分别为

$$H_0:\mu\leqslant 15;\quad H_1:\mu>15$$

通过上述例子, 可以得到关于统计假设的三点认识:

(1) 原假设与备择假设是一对相互对立的命题, 即原假设与备择假设必有一个成立, 而且仅有一个成立.

(2) 备择假设是研究者关心的、想要支持的假设, 命题清楚且容易确定. 从而在建立假设时, 通常先确定备择假设, 然后根据对立的原则再确定原假设.

(3) 在假设检验中, 带有等号的约束“=”“⩽”或“⩾”总是位于原假设之中.

2. 差异分析

在本节引例中, 由于 μ 是正态分布的期望值, μ 的估计量是样本均值 $\bar{X}$. 根据随机抽取的 50 罐饮料计算可知 $\bar{x}=493$, 其与标准值 $\mu_0=500$ 的差异(离差)为 $\bar{x}-\mu_0=-7$. 这个差异产生的原因是什么? 这两者间的差异要达到多少我们才能认为原假设不成立呢?

根据第 2 章关于抽样误差的讨论, 上述差异可分为随机误差与条件误差两种不同的类型.

(1) 随机误差, 也即抽样误差, 是由生产或试验过程中受偶然因素的影响而引起样本结果与真值之间的差异.

(2) 条件误差, 也称为系统误差, 反映事物的本质差别, 是由于总体自身条件发生改变而引起的差异.

在本节引例中, 饮料的抽样结果与标准值的差异究竟是由于偶然因素(随机误差)引起的, 还是厂商在生产中为了提高利润故意改变包装参数(系统误差)引起的? 为了判断这一问题, 我们需要在原假设 $H_0:\mu=500$ 成立的条件下, 对上述差异给出一个量的界限, 即给定最大允许误差 $c>0$, 观察样本均值 $\bar{x}$ 是否满足 $|\bar{x}-500|<c$. 比如取 $c=5$(毫升), 如果 $|\bar{x}-500|<5$, 则认为是随机性差异(非系统误差), 统计上称为“差异不显著”, 不

能拒绝原假设；如果$|\bar{x}-500|>5$，则认为是条件差异(系统误差)，即“差异显著”，有理由拒绝原假设.

与参数估计的误差分析类似，由于样本均值$\bar{X}$的随机性，即使该批饮料中大多数的容量明显少于 500 毫升，我们也不能断定在每一次抽样中都有$|\bar{x}-500|>5$. 如果饮料灌装设备确实没有出现系统误差(即$H_0:\mu=500$为真)，则“$|\bar{x}-500|>5$”这种极端的情况在一次抽样中就不应该出现. 换言之，如果在一次抽样中“$|\bar{x}-500|>5$”竟然出现了，我们就怀疑原假设$H_0:\mu=500$不真，认为饮料灌装设备出现了系统误差，即有理由拒绝原假设H_0，可以做出“该批饮料容量明显不足”的判断.

上述推断的理论依据就是下面要介绍的“小概率原理”.

9.1.2　小概率原理

在统计学意义下，我们拒绝一个事物或一种假设，并不是因为它在逻辑上出现绝对矛盾，而是因为它存在(或出现)的可能性很小. 换句话说，如果我们能证明一个估计量和总体参数间的差异不超过给定界限的可能性很小，那我们就可以认为“估计量和总体参数无显著差异”的原假设是错误的，否则没有理由拒绝原假设. 这就是基于小概率原理的统计推断.

小概率实际推断原理(简称小概率原理)，是指小概率事件在一次试验中被认为不会发生. 反过来，如果某个所谓的“小概率事件”A在一次试验中竟然发生了，则可以直接否定“A是小概率事件”的说法.

例如，在 100000 个灯泡中，只有 10 个灯泡是次品. 在一次试验中随机抽取 1 个灯泡，这个灯泡为次品的概率是 0.01%，这一概率非常小. 在一次随机抽样中，概率非常小的次品灯泡几乎不可能被抽到. 由小概率实际推断原理，就可以做出“在一次随机抽样中，次品灯泡不可能被抽到”的推断.

反过来，如果厂商承诺这批灯泡的次品率不超过 0.01%，而我们从这批灯泡中任意抽取 1 个，发现它竟然是次品. 那么我们就可以在统计上断定这批灯泡的次品率应该超过了 0.01%. 我们有理由否定厂商“该批灯泡次品率不超过 0.01%”的承诺.

当某个假设H_0需要检验，我们先设定H_0是正确的，并将其作为已知条件连同实际抽样得到的样本资料纳入计算. 如果计算得到联系样本的某个事件A出现的概率很小，而在一次试验中，小概率事件A正巧出现了，那我们就有理由怀疑原假设H_0的正确性. 这种推理方法类似于数学上的反证法，统计学上称之为“概率反证法”.

由此，我们可以将统计假设检验的含义概括为：基于小概率原理，对统计学的一类命题进行真伪判断的过程.

9.1.3　两类错误

假设检验，就是要对原假设做出是否拒绝的判断. 原假设究竟是不是真的，事实上我们是不知道的，我们所做的判断仅仅是依据样本信息来进行的. 因此这种判断就有可能正确，也有可能出错，即我们所做的判断面临犯错误的可能. 我们将决策中所面临的

可能错误分为两类:

第一类错误, 也称为弃真错误, 是指在原假设为真的情况下做出了拒绝原假设的判断. 如果犯弃真错误的概率是 α, 则有 P(拒绝 $H_0|H_0$ 为真)$=\alpha$. α 也称为显著性水平.

第二类错误, 也称为取伪错误, 是指在原假设为不真的情况下没有做出拒绝原假设的判断. 如果犯取伪错误的概率是 β, 则有 P(接受 $H_0|H_0$ 为假)$=\beta$.

表 9-1 总结了假设检验中统计决策的结果.

表 9-1 假设检验中统计决策的结果

项目	没有拒绝 H_0	拒绝 H_0
H_0 真实	正确的决策($1-\alpha$)	第一类错误(α)
H_0 不真实	第二类错误(β)	正确的决策($1-\beta$)

我们希望犯上述两类错误的概率越小越好. 但在样本容量确定的条件下, 减少犯第一类错误的概率势必会增大犯第二类错误的概率, 这是一个两难的问题. 统计学家奈曼和皮尔逊提出了如下的奈曼-皮尔逊原则:“在控制犯第一类错误的概率不超过指定值(显著性水平) α 的条件下, 使犯第二类错误的概率 β 尽量小.”

9.1.4 显著性水平与拒绝域

如上所述, 假设检验是基于小概率原理的统计推断方法. 在进行假设检验时, 应事先规定一个“小概率”作为可以拒绝原假设的判断准则. 按照奈曼-皮尔逊原则, 我们要事先指定显著性水平 α (犯第一类错误的概率)为一个相对很小的数值. 按这种原则做出的检验称为“显著性检验”.

例如, 在总体均值的误差分析中, 如果原假设 H_0: $\mu=\mu_0$ 成立(即 μ 与 μ_0 的偏差不显著), 则对于给定的误差上限 $\delta>0$, 在一次试验中, 偏差

$$\left|\bar{X}-\mu_0\right|>\delta$$

出现的可能性很小. 记

$$Z=\frac{\bar{X}-\mu_0}{\sigma_0/\sqrt{n}}$$

如果总体服从正态分布, 即 $X\sim N\left(\mu,\sigma_0^2\right)$, 则有

$$Z=\frac{\bar{X}-\mu_0}{\sigma_0/\sqrt{n}}\sim N(0,1)$$

对于给定的显著性水平(概率) α, 存在上 α 分位点 $z_{\alpha/2}$, 使

$$P\left(|Z|\geqslant z_{\alpha/2}\right)=\alpha$$

即事件 $A=\{|Z|\geqslant z_{\alpha/2}\}$ 是原假设 H_0 为真时的一个小概率事件. 根据小概率原理, 如果样本的某个观测值能使小概率事件 A 发生, 也就是

$$|z|=\left|\frac{\bar{x}-\mu_0}{\sigma_0/\sqrt{n}}\right|\geqslant z_{\alpha/2}, \quad 即 \quad |\bar{x}-\mu_0|\geqslant z_{\alpha/2}\sigma_0/\sqrt{n}$$

我们就有理由认为原假设 $H_0:\mu=\mu_0$ 不真, 即系统误差显著. 这时就在显著性水平 α 下拒绝或否定原假设. 反之, 就没有足够的理由否定原假设. 我们把 $|z|\geqslant z_{\alpha/2}$ 称为 H_0 的拒绝条件, 而把使拒绝条件成立的区域(样本落入的区域)

$$W=\{z:|z|\geqslant z_{\alpha/2}\}$$

称为拒绝域. 该检验的显著性水平、拒绝域和临界值的几何意义如图 9-1 所示.

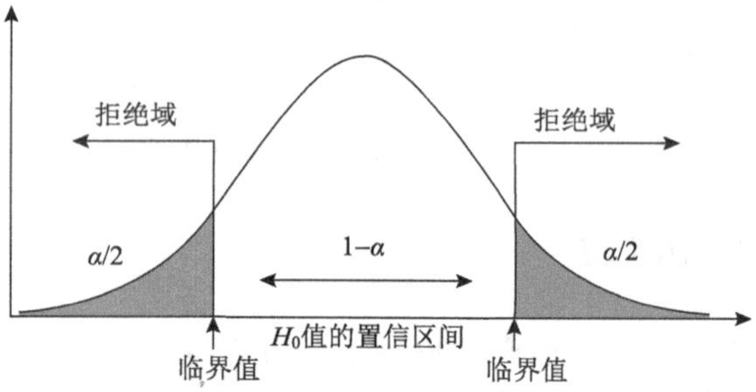

图 9-1　双侧检验的显著性水平、拒绝域和临界值

显著性水平 α 的取值根据研究问题的性质和对结论准确性的要求而有所不同. 例如精密仪器检验, 可取 $\alpha=0.001$; 产品质量检验, 可取 $\alpha=0.01$; 社会经济现象检验, 可取 $\alpha=0.05$; 满意度检验, 可取 $\alpha=0.1$.

9.2　检验形式与检验过程

9.2.1　双侧检验与单侧检验

根据我们所研究的问题性质, 以及我们所关心的统计量与总体参数的显著性差异的方向不同, 对统计检验方法的设计分为双侧检验与单侧检验两种类型.

1. 双侧检验

当我们所关心的问题是要检验样本统计量的取值与总体参数之间是否存在显著性差异, 而不关心这个差异的方向(正差异或负差异)时, 应该采用双侧检验. 比如, 本节引例就属于均值的双侧检验. 以均值检验为例, 双侧检验的表示形式为

$$H_0:\mu=\mu_0; \quad H_1:\mu\neq\mu_0$$

在双侧检验中，只要 $\mu > \mu_0$ 或 $\mu < \mu_0$ 二者中有一个成立，就可以拒绝原假设.

双侧检验的几何意义如图 9-1 所示.

2. 单侧检验

当我们所关心的问题不仅要检验样本统计量的取值与总体参数之间是否存在显著性差异，而且还要检验是否发生某个方向上的差异时，应采用单侧检验. 单侧检验的原假设和备择假设都采用不等式的形式来表示.

根据差异的正负，单侧检验可进一步分为左侧检验和右侧检验.

左侧检验，即拒绝域位于左侧的检验. 当我们所关心的问题是总体参数是否低于预先的假设，应采用左侧检验. 比如，例 9-1 就属于均值的左侧检验问题.

以均值检验为例，左侧检验的原假设和备择假设可表示为

$$H_0:\mu \geqslant \mu_0;\quad H_1:\mu < \mu_0$$

右侧检验，即拒绝域位于右侧的检验. 当我们所关心的问题是总体参数是否高于预先的假设，应采用右侧检验. 比如，例 9-2 就属于均值的右侧检验问题.

以均值检验为例，右侧检验的原假设和备择假设可表示为

$$H_0:\mu \leqslant \mu_0;\quad H_1:\mu > \mu_0$$

单侧检验的几何意义如图 9-2 所示.

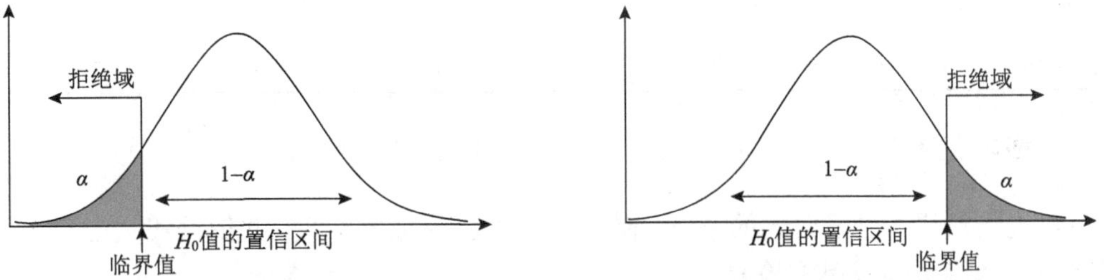

(a) 左侧检验拒绝域示意图 (b) 右侧检验拒绝域示意图

图 9-2

关于假设检验形式的设定，我们可以归纳成下述两条相互印证的原则：

(1) 立足于拒绝原假设. 由奈曼-皮尔逊原则“拒绝原假设而犯弃真错误”是一个小概率事件，即拒绝 H_0 犯错误的概率是显著性水平 α. 换言之，对于给定的显著性水平 α，拒绝 H_0 而不犯错误的概率为 $1-\alpha$. α 越小，我们拒绝 H_0 的理由就越充分.

(2) 着眼于备择假设. 假设检验立足于拒绝原假设，等同于支持备择假设. 所以在设定检验形式时，决策者要着眼于备择假设，即根据样本提供的信息，把想要支持的假设作为备择假设，其反面自然就成为原假设了.

9.2.2 检验统计量的选择

在提出具体的假设并确定了检验的形式之后，研究者需要提供可靠的证据来否定原

假设(即支持备择假设). 一般情况下, 样本所提供的信息散乱而繁杂, 因而需要对样本信息进行概括和提炼, 即针对特定的问题, 通过构造合适的检验统计量来集中体现样本信息.

根据问题的特征及样本观测结果构造的、用于检验原假设真伪的样本统计量, 称为检验统计量(test statistic).

检验统计量实际上是待检验的总体参数的一个点估计量, 或者是点估计量的标准化变量. 按照待检参数的性质及样本数据的特征, 假设检验中所选择的检验统计量具有不同的概率分布, 比如, 检验统计量服从正态分布、t 分布、χ^2 分布等, 其所对应的检验分别称为正态分布检验(Z 检验)、t 分布检验(t 检验)、χ^2 分布检验(χ^2 检验)等.

例如, 设总体服从正态分布 $N(\mu,\sigma^2)$, 总体均值 μ 为待检参数. 从该总体中随机抽取容量为 n 的样本, 其样本均值 $\bar{X} \sim N\left(\mu, \frac{\sigma^2}{n}\right)$, 即 $Z = \frac{\bar{X}-\mu}{\sigma/\sqrt{n}} \sim N(0,1)$. 因此, 在总体为正态分布且总体标准差已知的情况下, 可以将 Z 作为检验统计量进行统计推断. 对于给定的显著性水平 α, 按公式 $P(|Z| \geqslant z_{\alpha/2}) = \alpha$ 及 $P(Z \geqslant z_\alpha) = \alpha$ 可以确定出双侧检验的临界值 $\pm z_{\alpha/2}$、左侧检验的临界值 $-z_\alpha$ 以及右侧检验临界值 z_α. 其对应关系如表 9-2 所示.

表 9-2　正态分布下常用显著性水平与临界值

显著性水平 α	双侧检验临界值 $\pm z_{\alpha/2}$	左侧检验临界值 $-z_\alpha$	右侧检验临界值 z_α
0.1	$\pm z_{\alpha/2} = \pm z_{0.05} = \pm 1.645$	$-z_\alpha = -z_{0.1} = -1.28$	$z_\alpha = z_{0.1} = 1.28$
0.05	$\pm z_{\alpha/2} = \pm z_{0.025} = \pm 1.96$	$-z_\alpha = -z_{0.05} = -1.645$	$z_\alpha = z_{0.05} = 1.645$
0.01	$\pm z_{\alpha/2} = \pm z_{0.005} = \pm 2.58$	$-z_\alpha = -z_{0.01} = -2.3$	$z_\alpha = z_{0.01} = 2.3$

9.2.3　检验过程

(1) 提出假设: 根据问题的特征, 确定需要检验的总体参数, 并依据相关信息选择检验的形式(双侧检验或单侧检验).

(2) 选取统计量: 在原假设 H_0 成立的条件下, 确定检验统计量及其分布.

(3) 确定拒绝域: 对于给定的显著性水平 α, 根据对应分布的临界值确定拒绝域.

(4) 做出决策: 根据样本资料计算统计量的数值, 观察其是否落入拒绝域, 从而做出是否拒绝原假设的结论.

比如, 在本章引例中, 根据题意判断为总体均值的双侧检验, 设立原假设和备择假设为

$$H_0: \mu = 500; \quad H_1: \mu \neq 500$$

由已知条件, 选择 Z 检验统计量, 其值计算如下:

$$z = \frac{\bar{x}-\mu_0}{\sigma/\sqrt{n}} = \frac{493-500}{10/\sqrt{36}} = -4.2$$

在显著性水平 $\alpha = 0.05$ 下，正态分布双侧检验的临界值为 $\pm z_{\alpha/2} = \pm z_{0.025} = \pm 1.96$. $z = -4.2$ 落入拒绝域(图 9-3)，因此在显著性水平 $\alpha = 0.05$ 下，拒绝原假设，即认为该批饮料容量不足.

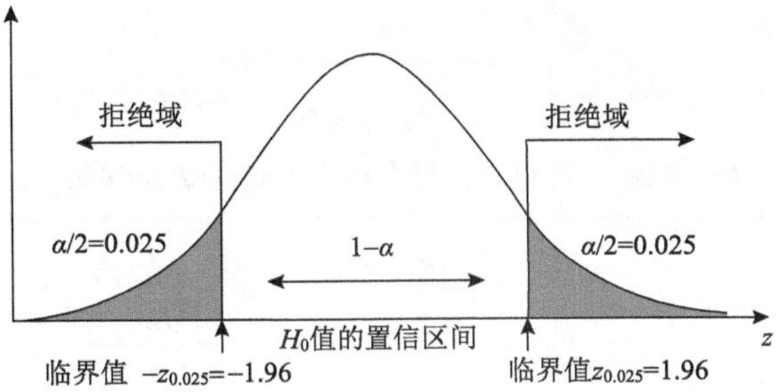

图 9-3

9.2.4　*P* 值决策

在假设检验中，显著性水平 α 是在检验之前确定的，这也就意味着事先确定了拒绝域. 我们根据样本统计量实际值是否落入由显著性水平确定的拒绝域，来判断原假设是否被拒绝，判断的可靠程度为 $1-\alpha$，犯错误的概率为 α. 这种固定的显著性水平度量了检验结果的可靠性. 显然，α 是犯第一类错误的上限控制值. 对于一个特定的假设检验问题，显著性水平无法给出样本观测数据与原假设间不一致程度的精确度量. 应用中可能会出现这样的情况：在一个较大的显著性水平(如 $\alpha = 0.05$)下得到拒绝原假设的结论，而在一个较小的显著性水平(如 $\alpha = 0.01$)下却得到接受原假设的结论.

P 值(*P*-value)也称为可观察的显著性水平，是指在原假设下检验统计量的实现值所对应的、沿备择假设方向的概率值. P 值度量了从样本数据得到的信息对原假设的支持程度.

例如，在本章引例中，根据样本信息计算得到 $z = -4.2$，查标准正态分布表得到 $P(Z < -4.2) = 0.000013$.

概率 $P = 0.000013$ 即为检验统计量的实现值 $z = -4.2$ 所对应的 P 值. 容易看出，当 α=0.05 时 $P < \alpha/2$，说明在原假设为真时，该样本统计量小于−4.2的概率是一个比显著性水平 α=0.05 更小的概率，数值 $|z|$=4.2 必定落在拒绝域内. 根据小概率事件原理，这个事件更不应在一次试验中发生，因此我们将有更加充足的理由拒绝原假设.

由此可见，对于一般的假设检验，P 值越小，就越有理由说明样本数据不支持原假设.

由图 9-4(a)，(b)和图 9-5(a)，(b)容易看出：

(1)对于双侧检验，$P < \alpha/2 \Leftrightarrow |z| > z_{\alpha/2}$，故当 $P < \alpha/2$ 时拒绝原假设；

(2)对于右侧检验，$P < \alpha \Leftrightarrow z > z_{\alpha}$，故当 $P < \alpha$ 时拒绝原假设；

(3)对于左侧检验，$P < \alpha \Leftrightarrow z < -z_{\alpha}$，故当 $P < \alpha$ 时拒绝原假设.

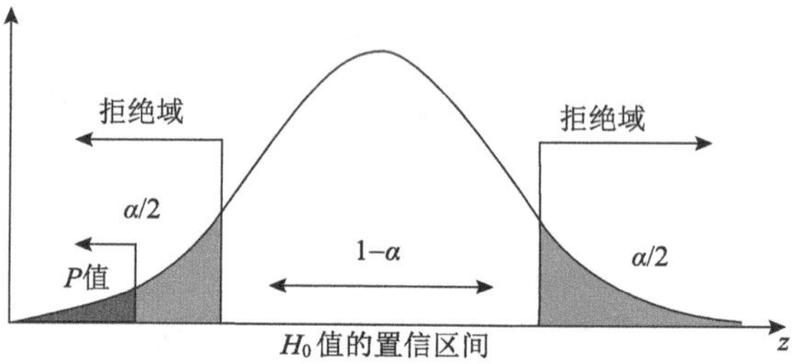

(a) 双侧检验(当检验统计量取值小于 0)的 P 值决策示意图

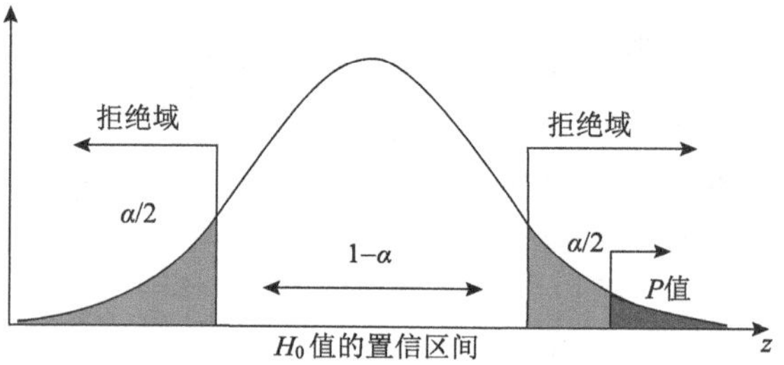

(b) 双侧检验(当检验统计量取值大于 0)的 P 值决策示意图

图 9-4

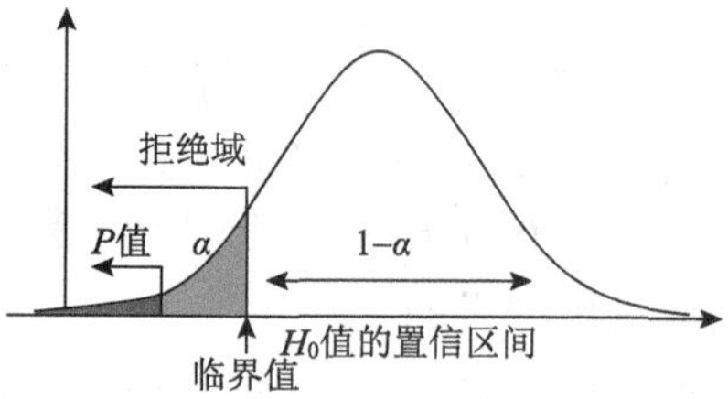

(a) 左侧检验的 P 值决策示意图

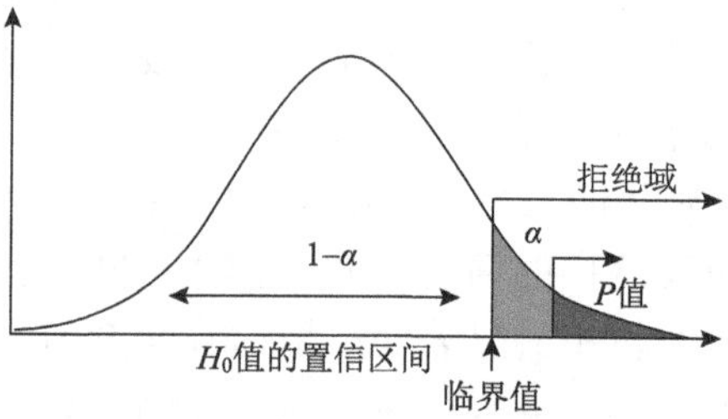

(b) 右侧检验的 P 值决策示意图

图 9-5

在各种统计软件中，人们往往并不事先指定显著性水平 α 的值，而是直接计算出样本统计量的 P 值，对于任意大于 P 值的显著性水平，都可以做出拒绝原假设的决定，但不能在任何小于 P 值的显著性水平下拒绝原假设. 可以说, P 值是可以拒绝原假设的最小显著性水平.

9.3　一个总体参数的假设检验

9.3.1　总体均值的假设检验

在对实际问题的研究中，人们常常关心某个总体的平均水平，比如农村居民的平均收入、城镇居民的人均住房面积、某工艺品的平均重量等. 这些总体的水平(用总体均值 μ 衡量)往往是未知的，因此需要利用样本资料计算得到的样本均值($\bar{x}$)对总体均值 μ 进行估计和检验. 检验的具体形式要根据所研究问题的性质和样本信息确定.

1. 总体方差 σ^2 已知的情形

如前所述，已知总体 $X \sim N\left(\mu, \sigma^2\right)$ ，在方差 σ^2 已知的条件下，则样本均值 $\bar{X}$ 的标

准化值 $Z=\dfrac{\bar{X}-\mu}{\sigma/\sqrt{n}}\sim N(0,1)$，可以使用 Z 检验. 以双侧检验为例，其检验步骤为:

(1) 检验的原假设和备择假设为: $H_0:\mu=\mu_0$，$H_1:\mu\neq\mu_0$；

(2) 在原假设 H_0 成立的条件下，构造检验统计量 $Z=\dfrac{\bar{X}-\mu_0}{\sigma/\sqrt{n}}$；

(3) 在显著性水平 α 下，得到拒绝域的临界值 $z_{\alpha/2}$ 和拒绝域 $W=\{z:|z|\geqslant z_{\alpha/2}\}=(-\infty,-z_{\alpha/2})\cup(z_{\alpha/2},+\infty)$，使得 $P(|Z|\geqslant z_{\alpha/2})=\alpha$；

(4) 计算实际样本检验统计量的值 $z=\dfrac{\bar{x}-\mu_0}{\sigma/\sqrt{n}}$；

(5) 做出统计决策: 若 $z\in W$，则拒绝原假设，否则不能拒绝原假设.

例 9-3 某厂生产线上自动包装的产品重量服从正态分布，每包的标准重量为 1000 克，总体标准差 $\sigma=24$ 克. 现随机抽查 9 包，测得样本平均重量 $\bar{x}$ 为 980 克. 问在 $\alpha=0.05$ 的显著性水平上，能否认为该生产线工作正常？

解 建立假设 $H_0:\mu=1000$；$H_1:\mu\neq1000$.

由于正态总体的标准差已知，故选择 Z 检验统计量. 计算其实际取值:

$$z=\frac{\bar{x}-\mu_0}{\sigma/\sqrt{n}}=\frac{980-1000}{24/\sqrt{9}}=-2.5$$

在显著性水平 $\alpha=0.05$ 下，正态分布双侧检验的临界值为 $\pm z_{\alpha/2}=\pm z_{0.025}=\pm1.96$.

因为 $z<-z_{\alpha/2}$，落入拒绝域，所以在显著性水平 $\alpha=0.05$ 下，拒绝原假设，即认为该生产线工作不正常.

容易得到 $P(Z<-2.5)=0.0062$ 即 P=0.0062，显然 $P<\alpha/2$，同样可做出拒绝原假设的决策.

2. 总体方差 σ^2 未知的情形

1) 总体方差未知，大样本情形

由大样本理论，样本容量较大 ($n\geqslant30$) 时，统计量 $Z=\dfrac{\bar{X}-\mu}{S/\sqrt{n}}$ 近似服从标准正态分布 $N(0,1)$. 因此，大样本的条件下，若总体方差未知，仍可以采用 Z 检验统计量进行检验.

例 9-4 某地区小麦的一般生产水平为亩产 260 千克. 现采用一种新型化肥进行实验，随机选择 36 亩试验田作为样本，测得其平均亩产为 265 千克，标准差为 20 千克，在 0.05 的显著性水平下，试问这种新型化肥是否使小麦明显增产？

解 根据样本信息，建立假设 $H_0:\mu\leqslant260$；$H_1:\mu>260$.

虽然总体方差未知，但样本容量 $n=36$ 为大样本，故选择 Z 检验统计量.

计算检验统计量 $Z=\dfrac{\bar{X}-\mu_0}{S/\sqrt{n}}$ 的实际取值

$$z=\frac{\bar{X}-\mu_0}{S/\sqrt{n}}=\frac{265-260}{20/\sqrt{36}}=1.5$$

在显著性水平 $\alpha=0.05$ 下，正态分布右单侧检验的临界值为：$z_\alpha=z_{0.05}=1.645$.

因为 $z<z_\alpha$，并未落入拒绝域，所以在显著性水平 $\alpha=0.05$ 下，无法拒绝原假设，即认为新化肥使用前后小麦产量无显著差异，没有证据表明该新型化肥会使小麦明显增产.

2）总体方差未知，小样本情形

如前所述，当总体方差未知，采用样本方差代替总体方差，在小样本($n<30$)情形下，其检验统计量 $t=\frac{\bar{X}-\mu}{S/\sqrt{n}}\sim t(n-1)$.

例 9-5　某生产工艺要求设备的工作温度不应低于 190℃，厂商声称其设备的平均工作温度满足要求. 现从一个由 16 台设备构成的随机样本得到如下工作温度(单位:℃)：

181	179	194	192	181	185	185	184
183	179	190	188	190	183	190	192

已知设备工作温度服从正态分布，试问该厂设备的平均工作温度是否比其声称的要低(α=0.05)？

解　由样本可知：$\bar{x}=\frac{\sum x_i}{n}=186$；$s=\sqrt{\frac{\sum(x_i-\bar{x})^2}{n-1}}=4.9$.

根据样本信息建立假设 $H_0:\mu\geqslant 190$；$H_1:\mu<190$.

由于总体方差未知，且抽取的样本量 $n=16<30$ 为小样本，故选择 t 检验统计量，计算其实际取值

$$t=\frac{\bar{x}-\mu_0}{s/\sqrt{n}}=\frac{186-190}{4.9/\sqrt{16}}=-3.27$$

在显著性水平 $\alpha=0.05$，自由度 $n-1=15$ 时，查 t 分布表，得到左侧检验的临界值为 $-t_\alpha=-t_{0.05}=-1.753$. $t<-t_\alpha$ 落入拒绝域. 因此在显著性水平 $\alpha=0.05$ 下，拒绝原假设，即认为该装置的平均工作温度比制造厂声称的要低.

9.3.2　大样本下总体比例的假设检验

在实际中，我们常常会遇到一些比例的问题，比如大学生的就业率、对某项民意调查的支持率、产品的合格率、城市住房空置率、地区老龄化情况(老年人口的比例)等. 如果我们所关心的未知总体数量特征为比例形式，那便要利用样本资料得到的样本比例对未知的总体比例或概率进行假设检验. 通常用字母 π 表示总体比例，π_0 表示总体比例的某一假设值，p 表示样本比例.

在研究总体比例问题时，人们一般使用大样本，这是因为小样本下比例的结果不稳定. 例如，随机抽取 10 人，如果男生有 4 人，则男生占比为 40%；如果男生有 5 人，则男生占比为 50%. 一个人的差异将导致结果相差 10 个百分点，这种差异的波动将会降低统

计推断的说服力.

在构造检验统计量时, 用样本比例(p)与总体比例(π)之间的距离等于多少个标准差来衡量. 由抽样分布知识, 在大样本下, 样本比例 p 近似服从正态分布, 即 $p \overset{\text{近似}}{\sim} N(\pi,\pi(1-\pi)/n)$, 则标准化的变量

$$Z=\frac{p-\pi}{\sqrt{\pi(1-\pi)/n}}\overset{\text{近似}}{\sim}N(0,1)$$

在给定显著性水平α的条件下, 总体比例检验的拒绝域、临界值与总体均值的假设检验类似. 总体比例的假设检验也分为双侧检验和单侧检验:

双侧检验: $H_0:\pi=\pi_0$; $H_1:\pi\neq\pi_0$.

右侧检验: $H_0:\pi\leqslant\pi_0$; $H_1:\pi>\pi_0$.

左侧检验: $H_0:\pi\geqslant\pi_0$; $H_1:\pi<\pi_0$.

由于总体比例的假设检验采用 Z 检验, 因此在给定的显著性水平α下, 对应的拒绝域与总体均值检验的拒绝域类似.

例 9-6　一家大型房地产商估计有 60% 以上的购房者满意其住房质量. 为了证实这一估计是否正确, 某研究人员随机调查了 500 位消费者, 表示满意其住房质量的有 335 人. 试问在 0.05 的显著性水平下, 能否支持该房地产商的估计?

解　由于样本比例为 $p=335/500=67\%$, 于是建立假设

$$H_0:\pi\leqslant 60\%;\quad H_1:\pi>60\%$$

计算检验统计量 Z 的实际值:

$$z=\frac{p-\pi_0}{\sqrt{\dfrac{\pi_0(1-\pi_0)}{n}}}=\frac{0.67-0.6}{\sqrt{\dfrac{0.6\times0.4}{500}}}=3.2$$

在显著性水平 $\alpha=0.05$ 下, 正态分布右单侧检验的临界值为: $z_\alpha=z_{0.05}=1.645$. $z>z_\alpha$, 落入拒绝域, 因此在显著性水平 $\alpha=0.05$ 下, 拒绝原假设, 即认为该房地产商的估计是可信的.

9.3.3　总体方差的假设检验

在实际生产活动中, 整个生产过程是否正常, 不仅要保证所观测的样本均值与总体均值之间的差异维持在某个特定的水平范围之内, 还需要考虑总体方差的大小. 一个总体方差较大的生产过程, 意味着产品性能或质量不够稳定. 在现实中, 人们经常会关心总体中某一数量指标的波动情况, 比如某种股票收益率的波动幅度、某种商品价格的波动情况等. 因此, 总体方差的检验也是假设检验的重要内容之一. 通常, 采用σ_0^2表示假定的总体方差σ^2的某一取值.

类似于总体均值和总体比例的假设检验, 总体方差的假设检验也分为双侧检验和单

侧检验:

双侧检验: $H_0:\sigma^2=\sigma_0^2$; $H_1:\sigma^2\neq\sigma_0^2$.

右侧检验: $H_0:\sigma^2\leqslant\sigma_0^2$; $H_1:\sigma^2>\sigma_0^2$.

左侧检验: $H_0:\sigma^2\geqslant\sigma_0^2$; $H_1:\sigma^2<\sigma_0^2$.

在实际应用中, 总体方差检验的三种形式中以右侧检验最为常见. 通常, 在涉及对象质量控制的领域中, 人们总是希望方差的变动幅度越小越好, 大方差往往不被接受. 针对此, 我们通常将“总体方差大于某一最大容许值”作为备择假设, 利用右侧检验做出判断.

与总体均值和总体比例检验时所使用的抽样分布(正态分布或 t 分布)不同, 一个总体方差的检验采用的是 χ^2 分布. 即在总体服从正态分布 $N(\mu,\sigma^2)$ 的前提下, 当假定原假设 H_0 为真时, 由抽样分布知识, 检验总体方差的统计量为

$$\chi^2=\frac{(n-1)S^2}{\sigma_0^2}\sim\chi^2(n-1)$$

对于给定的显著性水平 α, 有 $P\left(\chi_{1-\alpha/2}^2<\chi^2<\chi_{\alpha/2}^2\right)=1-\alpha$, 查 χ^2 分布表, 可以得到对应的拒绝域为: $W=\left\{0,\chi_{1-\alpha/2}^2(n-1)\right\}\cup\left\{\chi_{\alpha/2}^2(n-1),+\infty\right\}$ (图 9-6).

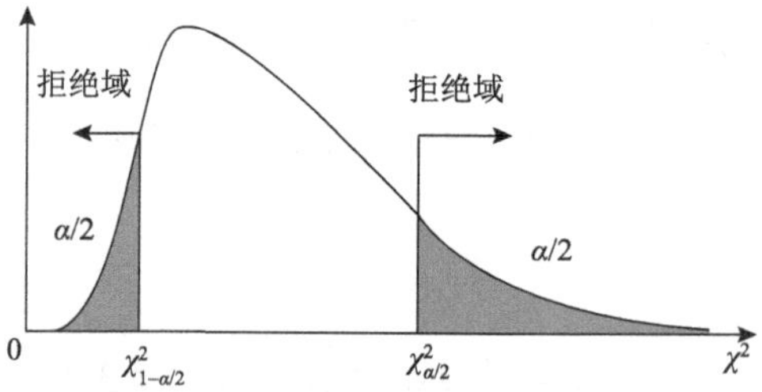

图 9-6　χ^2 分布下双侧检验拒绝域示意图

例 9-7　某车间生产一种电子元件, 规定该电子元件的重量服从标准差 $\sigma=20$ 克的正态分布. 今从该生产线中随机抽取 16 个电子元件测得样本标准差 s=24 克. 以 0.05 的显著性水平检查该电子元件重量的标准差是否有显著的变异.

解　建立假设 $H_0:\sigma^2=20^2$;　$H_1:\sigma^2\neq20^2$.

根据样本信息, 计算 χ^2 统计量的实际值:

$$\chi^2=\frac{(n-1)s^2}{\sigma_0^2}=\frac{15\times24^2}{20^2}=21.6$$

对给定的显著性水平 $\alpha=0.05$, 以及自由度 n–1=15, 查 χ^2 分布表, 得到双侧检验临界值:

$$\chi_{1-\alpha/2}^2(n-1)=\chi_{0.975}^2(15)=6.262\ ;\ \chi_{\alpha/2}^2(n-1)=\chi_{0.025}^2(15)=27.4884$$

则 $\chi^2_{1-\alpha/2} < \chi^2 < \chi^2_{\alpha/2}$，没有落入拒绝域，无法拒绝原假设，即没有充分证据表明电子元件的总体方差产生异常变异.

表 9-3 为一个总体参数假设检验的方法总结.

表 9-3　一个总体参数的假设检验

待检验的总体参数	确定合适的检验统计量			临界值决策	P 值决策 （拒绝原假设）
	适用条件		检验统计量		
μ	大样本	σ^2 已知	$Z=\dfrac{\bar{X}-\mu}{\sigma/\sqrt{n}}$	双侧拒绝域 $\lvert z\rvert > z_{\alpha/2}$ 右侧拒绝域 $z > z_\alpha$ 左侧拒绝域 $z < -z_\alpha$	双侧 $P<\alpha/2$ 单侧 $P<\alpha$
		σ^2 未知	$Z=\dfrac{\bar{X}-\mu}{S/\sqrt{n}}$		
	正态总体， 小样本	σ^2 已知	$Z=\dfrac{\bar{X}-\mu}{\sigma/\sqrt{n}}$		
		σ^2 未知	$t=\dfrac{\bar{X}-\mu}{S/\sqrt{n}}$	双侧拒绝域 $\lvert t\rvert > t_{\alpha/2}$ 右侧拒绝域 $t > t_\alpha$ 左侧拒绝域 $t < -t_\alpha$	双侧 $P<\alpha/2$ 单侧 $P<\alpha$
π	大样本		$Z=\dfrac{p-\pi}{\sqrt{\dfrac{\pi(1-\pi)}{n}}}$	双侧拒绝域 $\lvert z\rvert > z_{\alpha/2}$ 右侧拒绝域 $z > z_\alpha$ 左侧拒绝域 $z < -z_\alpha$	双侧 $P<\alpha/2$ 单侧 $P<\alpha$
σ^2	正态总体		$\chi^2=\dfrac{(n-1)S^2}{\sigma^2}$	双侧拒绝域 $\chi^2 < \chi^2_{1-\alpha/2}$ 或 $\chi^2 > \chi^2_{\alpha/2}$ 右侧拒绝域 $\chi^2 > \chi^2_\alpha$ 左侧拒绝域 $\chi^2 < \chi^2_{1-\alpha}$	双侧 $P<\alpha/2$ 单侧 $P<\alpha$

注：检验的方向(双侧、左侧、右侧)与备择假设 H_1 的方向一致.

9.4　两个总体参数的假设检验

在实际问题中，人们时常会关心两个总体间的差异是否显著，比如两个地区居民人均收入水平是否有显著差异、两类基金的收益率是否显著不同、两种工艺生产出来的产品质量是否有显著差异等. 要研究这些问题，则需要对两个总体的均值之差、比例之差或方差之比做比较分析. 与一个总体参数的假设检验类似，我们可以通过样本资料构造统计量对总体参数进行假设检验.

本章以下内容均假定“两个总体相互独立”，从而来自两个总体的样本、样本均值、样本比例及样本方差也是相互独立的随机变量.

9.4.1　两个总体均值之差的假设检验

两个总体均值之差检验的方法与一个总体均值的检验类似. 其检验可分为双侧检验和单侧检验.

双侧检验: $H_0:\mu_1-\mu_2=0$; $H_1:\mu_1-\mu_2\neq 0$;

右侧检验: $H_0:\mu_1-\mu_2\leqslant 0$; $H_1:\mu_1-\mu_2>0$;

左侧检验: $H_0:\mu_1-\mu_2\geqslant 0$; $H_1:\mu_1-\mu_2<0$.

1. 两个总体方差已知的情形

根据抽样分布理论, 当两个总体服从正态分布, 且总体方差σ_1^2和σ_2^2已知; 可以得到样本均值之差$\bar{X}_1-\bar{X}_2\sim N\left(\mu_1-\mu_2,\dfrac{\sigma_1^2}{n_1}+\dfrac{\sigma_2^2}{n_2}\right)$, 故可采用$Z$检验, 其检验统计量为

$$Z=\frac{\left(\bar{X}_1-\bar{X}_2\right)-\left(\mu_1-\mu_2\right)}{\sqrt{\sigma_1^2/n_1+\sigma_2^2/n_2}}$$

另外, 若两个总体的分布形式未知, 但抽取自两个总体的样本容量较大, 并且总体方差σ_1^2和σ_2^2已知时, 同样可以采用上述Z检验统计量.

例 9-8　为检验甲、乙两种食品的含糖量是否相同, 从这两种食品中各自随机抽取重量相同的 5 例食品进行检测, 测得其含糖量(单位: 毫克)分别为:

甲食品: 24, 27, 26, 21, 24;

乙食品: 27, 28, 23, 31, 26.

根据以往的经验可知, 这类食品的糖分含量服从正态分布, 且甲食品含糖量的总体方差为 5, 乙食品含糖量的总体方差为 8, 在显著性水平$\alpha=0.05$下, 问甲乙两种食品的平均含糖量是否有显著差异?

解　建立的原假设和备择假设为$H_0:\mu_{甲}-\mu_{乙}=0$; $H_1:\mu_{甲}-\mu_{乙}\neq 0$.

根据已知条件, 计算得到$\bar{x}_{甲}=24.4$, $\bar{x}_{乙}=27$. 由于两个总体服从正态分布, 并且总体方差已知, 故采用Z检验统计量, 计算得到

$$z=\frac{\left(\bar{x}_{甲}-\bar{x}_{乙}\right)-\left(\mu_{甲}-\mu_{乙}\right)}{\sqrt{\sigma_{甲}^2/n_{甲}+\sigma_{乙}^2/n_{乙}}}=\frac{(24.4-27)-0}{\sqrt{5/5+8/5}}=-1.61$$

在显著性水平$\alpha=0.05$下, z检验双侧临界值为$\left|z_{\alpha/2}\right|=\left|z_{0.025}\right|=1.96$.

由于实际统计量值$|z|<\left|z_{0.025}\right|$, 没有落入拒绝域, 因此无法拒绝原假设, 即认为甲、乙两种食品的含糖量无显著差异.

2. 两个总体方差未知的情形

1) 大样本下, σ_1^2 和 σ_2^2 未知的情形

根据大样本理论, 若总体方差σ_1^2和σ_2^2未知, 在$n_1\geqslant 30$且$n_2\geqslant 30$的条件下, 可知样

本均值之差 $\bar{X}_1-\bar{X}_2$ 渐进服从均值为 $\mu_1-\mu_2$，方差为 $s_1^2/n_1+s_2^2/n_2$ 的正态分布，故可采用 Z 检验，其检验统计量为

$$Z=\frac{(\bar{X}_1-\bar{X}_2)-(\mu_1-\mu_2)}{\sqrt{S_1^2/n_1+S_2^2/n_2}}$$

例 9-9 一家连锁企业想要了解 A, B 两地区加盟店日平均销售额的情况，随机抽取了 49 天，得到 A 区加盟店的样本均值为 35 万元，样本标准差为 10 万元；B 区加盟店的样本均值为 32 万元，样本标准差为 11 万元．在 5%的显著水平下，能否认为 A 区加盟店的销售额显著地高于 B 区加盟店的销售额?

解 建立的原假设和备择假设为 $H_0:\mu_A-\mu_B\leqslant 0$；$H_1:\mu_A-\mu_B>0$.

因为总体方差 σ_A^2 和 σ_B^2 未知，故采用 s_A^2 和 s_B^2 代替总体方差．又已知 $n_A=n_B=49$，为大样本，故采用 Z 检验统计量，计算其实际取值

$$z=\frac{(\bar{x}_A-\bar{x}_B)-(\mu_A-\mu_B)}{\sqrt{s_A^2/n_A+s_B^2/n_B}}=\frac{(35-32)-0}{\sqrt{10^2/49+11^2/49}}=1.413$$

由于 $z<z_\alpha=z_{0.05}=1.645$，因此无法拒绝原假设，即没有充分证据认为A区加盟店的销售额显著地高于 B 区加盟店的销售额.

2）小样本下，σ_1^2 和 σ_2^2 未知的情形

根据抽样分布理论，当两个总体均服从正态分布，在小样本下，若总体方差 σ_1^2 和 σ_2^2 未知，可构造 t 检验统计量．其构造方法进一步可分为两种情况:

(a) 若 σ_1^2 和 σ_2^2 未知，且 $\sigma_1^2=\sigma_2^2$，则

$$t=\frac{(\bar{X}_1-\bar{X}_2)-(\mu_1-\mu_2)}{S_p\sqrt{1/n_1+1/n_2}}\sim t(n_1+n_2-2)$$

其中，$S_p^2=\dfrac{(n_1-1)S_1^2+(n_2-1)S_2^2}{n_1+n_2-2}$.

(b) 若 σ_1^2 和 σ_2^2 未知，且 $\sigma_1^2\neq\sigma_2^2$，则

$$t=\frac{(\bar{X}_1-\bar{X}_2)-(\mu_1-\mu_2)}{\sqrt{S_1^2/n_1+S_2^2/n_2}}\sim t(v)$$

其中，自由度 $v=\dfrac{\left(s_1^2/n_1+s_2^2/n_2\right)^2}{\dfrac{1}{n_1-1}\left(s_1^2/n_1\right)^2+\dfrac{1}{n_2-1}\left(s_2^2/n_2\right)^2}$.

自由度 v 的计算结果一般为非整数，需四舍五入后再查 t 分布表.

例 9-10　某研究机构想要了解 A, B 两地区居民月消费情况，各随机抽取了 16 人，得到 A 地区居民平均消费水平为 1200 元/月，样本标准差为 360 元，B 地区居民平均消费水平为 1500 元/月，样本标准差为 400 元. 根据历史经验数据可知，A, B 两地区居民月消费服从正态分布，且方差相同. 试问在 5% 的显著水平下，能否认为两地区居民消费水平有显著的差别?

解　建立的原假设和备择假设为 $H_0:\mu_A-\mu_B=0$; $H_1:\mu_A-\mu_B\neq 0$.

因为两个总体均服从正态分布，总体方差 σ_A^2 和 σ_B^2 未知且相等，又 $n_A=n_B=16$. 故采用 t 检验统计量.

因为

$$s_p^2=\frac{(n_1-1)s_1^2+(n_2-1)s_2^2}{n_1+n_2-2}=\frac{(16-1)360^2+(16-1)400^2}{16+16-2}=\frac{4344000}{30}=144800$$

$$t=\frac{(\bar{x}_1-\bar{x}_2)-(\mu_1-\mu_2)}{s_p\sqrt{1/n_1+1/n_2}}=\frac{(1200-1500)-0}{380.53\sqrt{1/16+1/16}}=\frac{-300}{134.5377}=-2.23$$

查 t 分布表，可得 $|t_{\alpha/2}(n_1+n_2-2)|=|t_{0.025}(30)|=2.0423$，则 $|t|>2.0423$，落入拒绝域，拒绝原假设，即有充分证据认为 A, B 两地区居民消费水平的差别显著.

9.4.2　大样本下两个总体比例之差的假设检验

设两个独立总体的总体比例为 π_1 与 π_2，对应的样本比例为 p_1 与 p_2. 双侧假设检验的形式为

$$H_0:\pi_1-\pi_2=0 \quad 或者 \quad H_0:\pi_1=\pi_2$$

$$H_0:\pi_1-\pi_2\neq 0 \quad 或者 \quad H_0:\pi_1\neq\pi_2$$

由抽样分布知识，在大样本情形下，变量

$$Z_1=\frac{(p_1-p_2)-(\pi_1-\pi_2)}{\sqrt{\pi_1(1-\pi_1)/n_1+\pi_2(1-\pi_2)/n_2}}$$

近似服从标准正态分布. 在原假设 $H_0:\pi_1=\pi_2$ 成立的条件下，Z_1 简化为

$$Z_2=\frac{p_1-p_2}{\sqrt{\pi(1-\pi)/n_1+\pi(1-\pi)/n_2}}$$

其中 $\pi=\pi_1=\pi_2$. 由于两个总体比例 π 未知，所以简化后的 Z_2 仍然不是统计量. 统计学家一般采用样本比例 p_1 与 p_2 的加权平均 $p=(p_1n_1+p_2n_2)/(n_1+n_2)$ 估计（替换）总体比例，即令

$$\sqrt{\frac{\pi(1-\pi)}{n_1}+\frac{\pi(1-\pi)}{n_2}}\approx\sqrt{\frac{p(1-p)}{n_1}+\frac{p(1-p)}{n_2}}=\sqrt{p(1-p)\left(\frac{1}{n_1}+\frac{1}{n_2}\right)}$$

经过上述的二次近似, 得到两个总体比例之差的检验统计量为

$$Z=\frac{p_1-p_2}{\sqrt{p(1-p)(1/n_1+1/n_2)}}$$

可以证明, 在两个独立总体比例之差的单侧检验中, 仍可使用变量 Z 作为检验统计量.

例 9-11 一项研究表明, 男女性别差异会对产品质量满意度产生影响. 现随机抽取男性、女性各 500 人, 调查其对某一产品质量的满意度. 被调查女性中约有 56% 选择了“满意”, 男性给出同样“满意”等级的仅有 45%. 试问在 5%的显著性水平下, 女性对该产品质量“满意”的比例 π_1 是否显著高于男性满意的比例 π_2?

解 已知 $p_1=0.56$; $p_2=0.45$.

建立的原假设和备择假设为 $H_0:\pi_1-\pi_2\leqslant 0$; $H_1:\pi_1-\pi_2>0$.

$$p=\frac{p_1n_1+p_2n_2}{n_1+n_2}=\frac{0.56\times 500+0.45\times 500}{500+500}=0.505$$

在大样本下, 检验统计量的值为

$$z=\frac{p_1-p_2}{\sqrt{p(1-p)(1/n_1+1/n_2)}}=\frac{0.56-0.45}{\sqrt{0.505\times(1-0.505)\times 2/500}}=3.48$$

$z=3.48>z_\alpha=z_{0.05}=1.645$, 落入拒绝域, 拒绝原假设, 即认为女性对产品质量“满意”的比例显著高于男性.

9.4.3 两个总体方差之比的假设检验

在实际中人们会遇到诸如两种金融产品的收益率波动是否相等、两种生产方式的产品质量稳定性是否相同等问题, 这就需要对两个总体的方差展开分析. 要检验两个总体方差是否相等, 可以转换为判断两个总体方差之比来研究. 现实中, 两个总体的方差往往是未知, 因此我们需要通过样本方差对其进行检验.

例如, 设拟研究的两个总体分别为 X 和 Y, $X\sim N(\mu_1,\sigma_1^2)$, $Y\sim N(\mu_2,\sigma_2^2)$, X 与 Y 相互独立. 从两个总体中分别抽取样本容量为 n_1 和 n_2 的两个样本 $(X_1,X_2,\cdots,X_n)$ 和 $(Y_1,Y_2,\cdots,Y_n)$, 其样本均值和样本方差分别记为 $\bar{X}$, $\bar{Y}$ 和 S_1^2, S_2^2.

根据抽样分布理论, 在两个总体均为正态分布的条件下, 其方差之比服从 F 分布, 即 F 检验统计量为

$$F=\frac{S_1^2/\sigma_1^2}{S_2^2/\sigma_2^2}\sim F(n_1-1,n_2-1)$$

对于双侧检验而言，其原假设和备择假设为：$H_0:\sigma_1^2=\sigma_2^2$；$H_1:\sigma_1^2\neq\sigma_2^2$．在原假设为真的条件下，$F=\dfrac{S_1^2/\sigma_1^2}{S_2^2/\sigma_2^2}=\dfrac{S_1^2}{S_2^2}\sim F(n_1-1,n_2-1)$．

给定显著性水平α，其拒绝域在 F 分布的两侧，对应的临界点分别为$F_{\alpha/2}$ (n_1-1,n_2-1)和$F_{1-\alpha/2}(n_1-1,n_2-1)$，其中

$$F_{1-\alpha/2}(n_1-1,n_2-1)=\frac{1}{F_{\alpha/2}(n_2-1,n_1-1)}$$

例 9-12　某地方政府为了研究不同扶贫方案对当地贫困村的扶贫效果，现分别从 A，B 两个贫困村各随机抽取 10 户居民，得到 A 村 10 户居民年均收入的样本值$\bar{x}_A=10600$元，$s_A^2=397530$，以及 B 村 10 户居民年均收入的样本值$\bar{x}_B=11350$元，$s_B^2=185143$．在显著性水平$\alpha=0.05$下，能否认为 B 村的扶贫效果优于 A 村？

解　下面从“收入差异”和“户均收入”两个方面对扶贫效果进行评价．

(1) 检验两地区户均收入差异是否显著．建立假设检验

$$H_0:\sigma_1^2=\sigma_2^2;\quad H_1:\sigma_1^2\neq\sigma_2^2$$

当H_0为真时，检验统计量值为：$F=\dfrac{S_A^2}{S_B^2}=\dfrac{397530}{185143}=2.15$．在显著性水平$\alpha=0.05$下，查$F$分布表可得

$$F_{1-0.05/2}(9,9)=0.248,\quad F_{0.05/2}(9,9)=4.03$$

由于$0.248<2.15<4.03$，无法拒绝原假设，得出“A，B 两个贫困村的收入差异并不显著”的结论，即认为两个村的收入方差相等．

(2) 在两总体方差未知但相等的条件下，对其均值之差进行检验．

根据样本信息建立假设

$$H_0:\mu_A-\mu_B\geqslant 0;\quad H_1:\mu_A-\mu_B<0$$

计算的检验统计量的值

$$t=\frac{\bar{x}_A-\bar{x}_B}{s_p\sqrt{1/n_A+1/n_B}}=\frac{10600-11350}{539.756\times\sqrt{1/10+1/10}}=-3.11$$

其中，$s_p^2=\dfrac{(n_A-1)s_A^2+(n_B-1)s_B^2}{n_A+n_B-2}=\dfrac{9\times 397530+9\times 185143}{18}=291336.5.$

在显著性水平 $\alpha = 0.05$ 下，查 t 分布表，得到左单侧分位值

$$-t_{0.05}(n_A + n_B - 2) = -t_{0.05}(18) = -1.734$$

由于 $t = -3.11 < -t_{0.05}(18) = -1.734$，落入拒绝域，即拒绝原假设，即认为 B 村的平均收入高于 A 村.

综合(1)(2)可以做出“B 村的扶贫效果优于 A 村”的结论.

9.5 Excel 操 作

9.5.1 用 Excel 计算 *P* 值

1. 用 Excel 计算 Z 检验统计量的 P 值

1) 已知 Z 检验统计量值，求 P 值

函数“NORM.S.DIST(z, cumulative)”可用于计算 Z 检验统计量实际观测值所对应的 P 值. 其中，参数 z 表示根据样本信息计算得到的实际检验统计量的具体取值(可取负值)；cumulative 表示返回的概率的类型，“TRUE”表示返回观测值左边的面积(累积分布概率)，“FALSE”表示返回观测值右边的面积.

以例 9-4 计算得到的检验统计量 $z = -2.5$ 为例. 在 Excel 工作表的某一空白单元格内输入函数“= NORM.S.DIST(–2.5, TRUE)”，回车后得到函数值为 0.006209665，即 P 值= 0.00621.

Excel 老版本函数“NORMSDIST(z)”亦可用于计算 Z 检验统计量实际观测值所对应的 P 值. 其中，参数 z 表示根据样本信息计算得到的实际检验统计量的具体取值的绝对值. 函数返回的计算结果为参数 z 值左边的面积.

以例 9-4 计算得到的检验统计量 $z = -2.5$ 为例. 在 Excel 工作表的某一空白单元格内输入函数“=NORMSDIST(2.5)”，回车后得到函数值为 0.99379，这表明在标准正态分布条件下，z 值 2.5 左边的面积为 0.99379，如图 9-7 所示.

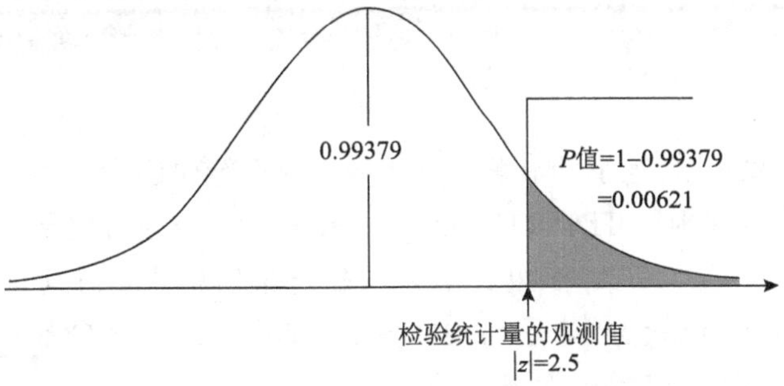

图 9-7

由于标准正态分布关于 0 左右对称，因此 $z = 2.5$ 右边与 $z = -2.5$ 左边的面积是一样的，因此可以得到 z 值为–2.5 所对应的 P 值为 $P = 1 - 0.99379 = 0.00621$.

P 值远远小于显著性水平 α，故拒绝原假设.

2）已知原始数据，求 P 值

Excel 中提供了函数“ZTEST(array, X, sigma)”用于直接根据原始数据计算 Z 检验统计量所对应的 P 值. 其中，参数 array 表示样本数据所在的单元格区域的位置；X 表示待检验的总体参数的某一假定值；sigma 为已知的总体标准差(若总体标准差未知，则可忽略不填，Excel 将自动使用样本标准差替代). 函数返回的计算结果为检验统计量值左边的面积.

2. 用 Excel 计算 t 统计量检验的 P 值

函数 T.DIST(X, Deg_freedom, Cumulative)用于返回左尾学生 t 分布概率值；

函数 T.DIST.2T(X, Deg_freedom, Cumulative)用于返回双尾学生 t 分布概率值；

函数 T.DIST.RT(X, Deg_freedom, Cumulative)用于返回右尾学生 t 分布概率值，其中，参数 X 表示根据样本信息计算得到的检验统计量的实际观测值的绝对值，Deg_freedom 表示自由度，Cumulative 表示返回的概率的类型，TRUE 表示返回观测值的累积分布概率，FALSE 表示返回观测值的概率.

比如，例 9-5 中为总体均值的左侧检验，小样本(n=16)且总体标准差未知，计算得到的 t 检验统计量值为−4.28. 利用 Excel 函数 T.DIST 计算如图 9-8 所示(图 9-8 为在 Excel 某一空白单元格处插入函数 fx，选择 T.DIST 函数后，弹出的参数设置对话框).

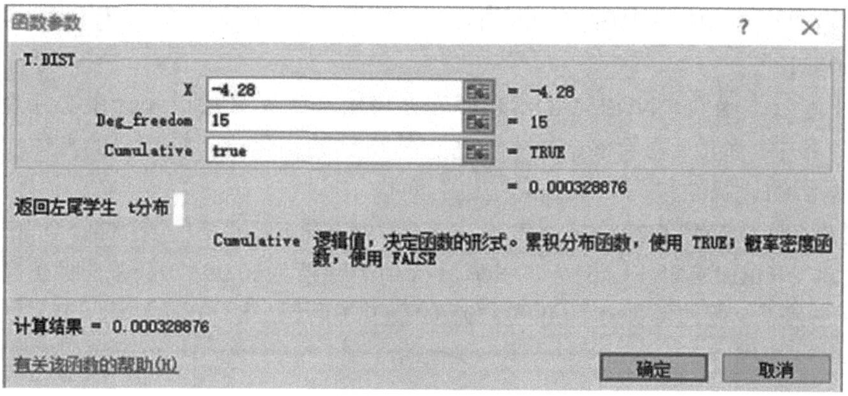

图 9-8

P 值=0.000328876，远远小于显著性水平 α，故拒绝原假设.

另外，Excel 老版本函数 TDIST(X, Deg_freedom, tails)亦可用于计算 t 检验统计量的实际观测值对应的 P 值. 其中，参数 X 表示根据样本信息计算得到的检验统计量的实际观测值的绝对值，Deg_freedom 表示自由度，tails 的取值用于区分单双侧检验，如果是双侧检验，则输入 2，如果是单侧检验则输入 1.

3. 用 Excel 计算 χ^2 统计量检验的 P 值

函数“CHISQ.DIST(X, Deg_freedom, Cumulative)”用于返回 χ^2 分布左尾概率；

函数“CHISQ.DIST.RT(X, Deg_freedom)”用于返回 χ^2 分布右尾概率，其中，参数 X 表示根据样本信息计算得到的检验统计量的实际观测值，Deg_freedom 表示自由度，Cumulative 表示返回的概率的类型，TRUE 表示返回观测值的累积分布概率，FALSE 表示返回观测值的概率.

比如，例 9-7 为一个总体方差的双侧检验，样本量 n=16，检验统计量计算得到的实际观测值 χ^2=21.6. 在 Excel 某一空白单元格内输入或者插入函数 CHISQ.DIST.RT(21.6,15)，得 P 值=0.118729322.

Excel 函数“CHIDIST(x)”，亦可用于计算 χ^2 检验统计量实际观测值所对应的 P 值. 其中，参数 x 表示根据样本信息计算得到的实际检验统计量的具体取值的绝对值. 函数返回的计算结果为参数 x 值右尾概率.

9.5.2　用 Excel 进行两个总体参数的假设检验

在两个总体参数的检验中，若已知检验统计量的实际观测值，则可以采用上文介绍的函数计算 P 值，进行统计决策. 在有原始样本数据的情况，则需要利用 Excel 统计模块中的“数据分析”功能.

1. 两个总体均值之差的检验

(1) 当两个总体正态分布且总体方差已知，在有原始数据的情况下，可直接利用 Excel“数据分析”中的“z 检验：双样本平均差检验”来进行(图 9-9).

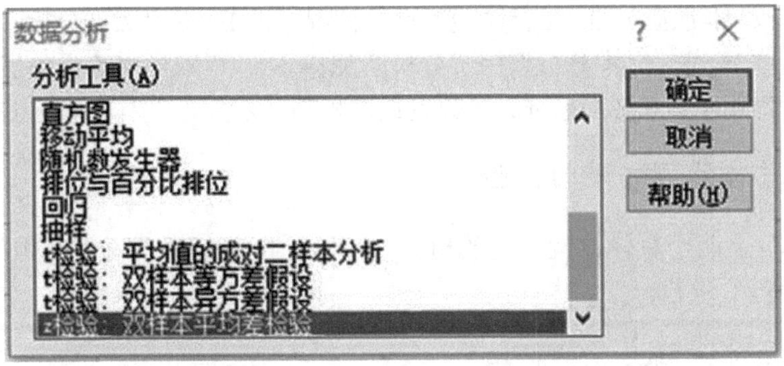

图 9-9

在弹出的对话框中设置参数. “变量 1 的区域”为样本 1 原始数据所在的单元格区域；“变量 2 的区域”为样本 2 原始数据所在的单元格区域；“假设平均差”为两个总体均值之差的某个假定值，若检验 H_0: $\mu_1-\mu_2$=0，则假定值输入 0；“变量 1 的方差”和“变量 2 的方差”则输入已知的两个总体的方差；显著性水平 α 默认值为 0.05，研究者可根据实际需要进行调整.

比如，例 9-8 为两个总体均值之差的检验，两总体均为正态总体且总体方差已知，采用“z 检验：双样本平均差检验”，参数设置如图 9-10 所示.

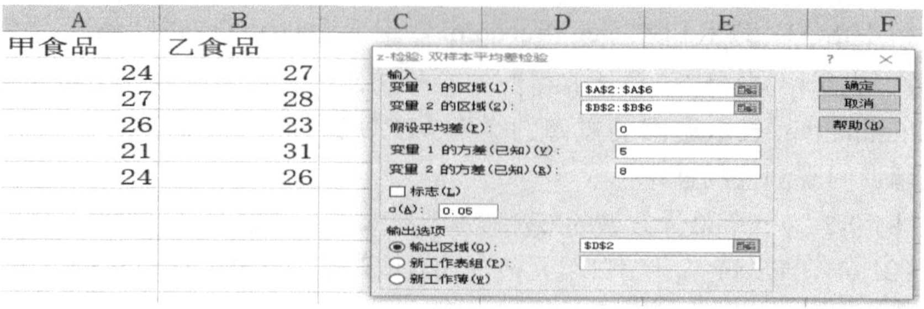

图 9-10

返回的计算结果如图 9-11 所示.

D	E	F
z检验：双样本均值分析		
	变量 1	变量 2
平均	24.4	27
已知协方差	5	8
观测值	5	5
假设平均差	0	
z	-1.612452	
P(Z<=z) 单尾	0.0534319	
z 单尾临界	1.6448536	
P(Z<=z) 双尾	0.1068637	
z 双尾临界	1.959964	

图 9-11

(2) 当两个总体方差未知, 在有原始数据的情况下, Excel“数据分析”提供了 3 类 t 检验: “平均值的成对二样本分析”用于分析匹配样本①; “双样本等方差假设”和“双样本异方差假设”用于分析独立样本. 参数设置过程与“z 检验: 双样本平均差检验”类似.

2. 两个总体比例之差的检验

在大样本下, 两个总体比例之差的检验, 可利用 Excel“数据分析”中的“z 检验: 双样本平均差检验”进行.

3. 两个总体方差之比的检验

当两个总体均服从正态分布, 在有原始样本数据的情况下, 可直接利用 Excel“数据分析”中的“F 检验: 双样本方差”进行.

本章小结

1. 一个完整的统计假设包含原假设与备择假设. 原假设用符号 H_0 表示, 一般是研究者想要否定的

① 本书未对匹配样本(也称配对样本)展开讨论，有兴趣的读者可阅读参考文献[1].

假设. 备择假设符号 H_1 表示, 是与原假设相对立的反向选择, 一般是研究者想要支持的假设.

2. 小概率原理也称为小概率实际推断原理, 是指小概率事件在一次试验中被认为不会发生.

3. 假设检验中总会犯两类错误. 第一类错误: 原假设真实, 而做出了拒绝原假设的判断; 第二类错误: 原假设不真实, 而没有做出拒绝原假设的判断. 犯第一类错误的概率 α 称为显著性水平.

4. 假设检验有双侧检验与单侧检验两种类型. 当我们所关心的问题是要检验样本统计量值与总体参数之间是否存在显著性差异, 而不关心这个差异的方向到底是正差异还是负差异时, 应该采用双侧检验; 当我们所关心的问题不仅是要检验样本统计量值与总体参数之间是否存在显著性差异, 而且还要检验是否发生某个方向上的差异时, 应采用单侧检验.

5. 检验统计量一般根据问题的特征及样本统计量的抽样分布选择.

6. P 值也称为可观察的显著性水平, 是指在原假设为真的条件下, 检验统计量的实现值所对应的、沿备择假设方向的概率值. P 值度量了从样本数据得到的信息对原假设的支持程度. P 值决策:根据小概率原理, 如果 $P<\alpha$, 说我们将有更加充足的理由拒绝原假设, 否则不能拒绝原假设.

7. 假设检验的基本流程: (1)提出假设; (2)选取检验统计量; (3)确定拒绝域; (4)做出统计决策.

8. 假设检验分为一个总体参数的假设检验和两个总体参数的假设检验. 进行假设检验时, 需要根据总体方差已知和未知的情况, 以及样本容量的大小确定检验统计量.

《应用统计学》学习材料(9)

思考与练习

9.1 原假设与备择假设的含义是什么?常见的检验形式有哪几种?

9.2 什么是假设检验中的两类错误? 两类错误存在什么关系?

9.3 什么是小概率原理和显著性水平? 统计显著性的意义是什么?

9.4 举例说明什么是 P 值. P 值和显著性水平有什么关系?

9.5 举例说明 P 值决策与临界值决策有什么联系和区别?

9.6 某流水线上生产玩具的计划平均时间为2.5分钟. 由一个 $n=36$ 的随机样本得到玩具平均完成时间为 2.78 分钟, 标准差为 0.6 分钟. 在 $\alpha=0.05$ 的显著性水平下, 试问实际平均完成时间与计划相比是否存在显著的差异?

9.7 按公司要求, 营销部门的日平均销售额应高于 200 万元. 已知销售额服从正态分布, 标准差为 40 万元. 随机抽取该部门 49 天的业绩, 得知样本均值为 190 万元. 在显著性水平 $\alpha=0.05$ 下, 检验该营销部门的业绩是否达标?

9.8 某种生产线的糖果规定每包重量为 120 克, 超重或过轻都认为是生产过程存在问题. 从过往的资料得知糖果的重量服从正态分布, $\sigma=8$ 克. 质检员随机抽取 25 包糖果称重检验, 以此做出是否对生产过程进行控制调整的决定. 假定糖果重量服从正态分布.

(1) 建立适当的原假设和备择假设.

(2) 在 α=0.05 时, 该检验的决策准则是什么?

(3) 如果 $\bar{x}$ =125 克, 质检员将采取什么行动?

(4) 如果 $\bar{x}$ =118 克, 质检员将采取什么行动?

9.9 按规定某零件加工耗时不应高于 30 小时, 随机抽取 A 车间 25 名工人, 测得其加工该零件的平均耗时为 32 小时, 标准差为 3.5 小时. 在显著性水平 $\alpha=0.05$ 下, 检验 A 车间工人加工该零件的平均耗时是否满足规定？

9.10 根据过往经验，某大学学生每日消费额服从正态分布，均值为30元．近期一组学生实践调查队从该大学中随机抽取16个学生组成一个随机样本，得到样本每日平均消费额为25.6元，标准差为9元．在$\alpha=0.05$的显著性水平下，检验该校学生的平均消费额度与原先相比是否存在显著差异？

9.11 长途客运公司规定，旅客购买车票的平均等待时间不应超过20分钟．现抽取10名旅客，记录其购买车票的等待时间如下：

16，15，27，21，19，25，26，23，17，22

假定旅客购票的等待时间服从正态分布，在$\alpha=0.05$的显著性水平下，检验旅客的平均等待时间是否满足规定？

9.12 某网络视频播放平台认为，若某一电视剧在播出的前8周其观众收视率超过25%则可视为热播剧．由400个用户组成的一个随机样本中，有95个用户看过某古装电视剧，试问该古装电视剧是否属于热播剧（$\alpha=0.1$）？

9.13 某一时尚杂志声称其读者群中有80%为女性．为验证这一说法的准确性，随机抽取了200位读者组成的一个样本，女性读者有146人（显著性水平$\alpha=0.05$）．

（1）请写出原假设和备择假设；

（2）选择合适的检验统计量并作出统计决策；

（3）若由样本实际观测值计算得到的P值=0.013328，是否可以拒绝原假设？

9.14 某制造商生产一种机械零件，其直径的方差为0.02．近来该制造商为了提高产品质量及其稳定性，采用了一种费用较高的生产方法．从新生产方法制造的零件中随机抽取25个作为样本，测得零件直径方差为0.016．在0.05的显著性水平下，试问新生产方法制造的零件直径的方差与原来相比，是否显著下降？

9.15 某制药厂采用自动生产线生产感冒冲剂，每袋的装填量为15克．为了保证患者健康，工厂规定冲剂每袋装填量的标准差不得超过4毫克．现质检部门随机抽取了10袋冲剂进行检验，得到的样本标准差s=3.8毫克．试以0.05的显著性水平检验冲剂装填量的标准差是否符合要求．

9.16 已知某公司在A，B两地区的销售额均服从正态分布，且已知两个总体的方差相等．为了比较A，B两地区店销售额有无显著差异，分别独立抽取了A地区8天的销售额和B地区7天的销售额，得到如下数据：

地区	销售额/万元							
A地区	20.5	19.8	19.7	20.4	20.1	20	19	19.9
B地区	20.7	19.8	19.5	20.8	20.4	19.6	20.2	

在0.05的显著性水平下，利用Excel软件，检验A，B两地区平均销售额是否存在显著的差异？

9.17 有两组分别抽取自两个超市的独立随机样本（样本容量均为50人），得到超市1服务质量平均分为6.3分，标准差为2.15分；超市2服务质量平均分为6.7分，标准差为2.35分．检验超市2的平均得分是否高于超市1的平均得分（$\alpha=0.05$）？

9.18 在一项职业技能培训的研究中，随机抽取的93位国有企业职工中，有50人参加过技能培训；在民营企业抽取的207人中，有82人参加过培训．在$\alpha=0.05$的显著性水平下，检验国有企业职工中参加培训的比例是否高于民营企业的职工的比例？

第10章 方差分析

抑郁症的发病率和居民的居住地是否相关？

在现代社会，抑郁症是一种常见的精神疾病. 2017年2月23日，世界卫生组织(WHO)官方网站发布文章称，2015年全球抑郁症患者已达3.22亿人. 2005年至2015年的10年间，患者数量增加了18.4%. 北京某医院精神科医生在接受记者采访时说，目前我国有超过9000万人患有不同程度的抑郁症，发病率为3%～5%.

为了有效控制和医治抑郁症，社会学家和精神科医生对抑郁症的发病机理进行了广泛的调查和深入的研究. 其中美国纽约北部地区的Wentworth医疗中心的一项研究具有典型的统计学特征. 这项研究的一个子课题是：抑郁症的发病率和居民的居住地(地理位置)是否存在显著关系？参与研究的学者和医生通过分层抽样方法，在佛罗里达州、北卡罗米纳州和纽约州65岁以上的人群中抽取了两个容量为60的样本：第一个样本由上述三个州60名相对健康的老人组成(每个州20名)；第二个样本由上述三个州60名患有慢性病(关节炎、高血压、心脏病等)的老人组成(每个州20名).

研究者对两个样本中的老人进行了抑郁症测量的标准化实验. 经过几年的跟踪调查，获得了一手资料，并通过方差分析方法得到了如下具有统计意义的结论：

(1) 老人的健康状况对抑郁症的患病水平具有显著影响.

(2) 在不同的健康状况下，地理位置对抑郁症的影响有所不同：地理位置对健康人群的发病具有显著影响，而对慢性病患者的影响不显著.

方差分析(analysis of variance, ANOVA)，又称为变异分析或F检验，是由统计学家费希尔于20世纪20年代提出并应用于数据分析的统计方法. 该方法在农业实验、工业设计以及经济管理领域得到了广泛的应用，成为众多行业进行数据分析的重要方法和工具.

方差分析的本质是一种基于正态总体的假设检验方法，其主要的目的是要检验多个正态总体均值间的差别是否在统计意义上显著，以此来判断分类型自变量对数值型因变量是否具有显著影响. 该假设检验的途径是通过比较有关方差的大小构造F统计量，继而由F检验给出拒绝或接受原假设的结论.

本章通过实例介绍方差分析的相关术语和基本思想，重点学习单因素方差分析，简要介绍双因素方差分析.

10.1 基本概念和术语

为了更好地理解方差分析的含义，先通过一个例子说明方差分析的有关概念以及方差分析所要解决的问题.

例 10-1 某厂商拟研发一款新型可穿戴智能手表. 智能手表电池续航时间的长短对产品质量起着重要作用. 现有四个可供选择的电池供应商, 如果他们提供的电池在续航时间上没有显著差异, 则该厂商就可以考虑价位较低的供应商, 以节约成本. 为此, 该厂商从四个供应商处随机抽取了 5 个电池, 对其续航时间(小时)进行了测试. 所得结果如表 10-1 所示.

表 10-1

供货商	供货商 A	供货商 B	供货商 C	供货商 D
电池续航时间	55	50	41	48
	55	47	33	32
	48	43	35	50
	45	53	40	43
	44	45	31	36

厂商想通过上述样本推断 4 个供应商提供的电池的续航时间是否存在显著性差异, 实际上就是要判断不同"供应商"对"电池续航时间"是否有显著影响. 也就是说, 如果不同供应商提供的电池的平均续航时间不同, 就意味着"供应商"对"电池续航时间"是有影响的, 他们之间电池的质量应该有显著差异. 为了深入系统地分析这类问题, 我们需要先学习几个重要的概念和术语.

因素(factor): 在方差分析中, 被检验的对象称为因素. 在例 10-1 中, 要分析不同"供应商"对"电池续航时间"是否存在显著影响, 被检验的对象"供应商"就称为因素.

研究单个因素的方差分析称为单因素方差分析; 研究两个或多个因素的方差分析称为双因素方差分析或多因素方差分析. 例 10-1 属于单因素方差分析.

水平(treatment): 因素的不同取值称为水平. 上例中"供应商"这个因素的取值有 4 个, 分别是供应商 A、供应商 B、供应商 C、供应商 D. 它们也称为因素"供应商"的 4 个水平.

观测值(observation): 每个水平下得到的样本数据称为观测值. 例 10-1 中 4 个供应商各自的 5 个电池续航时间都是观测值.

随机误差(random error): 因素在同一水平(同一总体)下, 样本各观察值之间的差异称为随机误差. 随机误差反映了一个水平内部样本数据的离散程度, 也称为组内误差. 上例中供应商 A 中 5 个电池续航时间的差异就是随机误差或组内误差.

系统误差(system error): 因素的不同水平(不同总体)之间观察值的差异称为系统误差. 系统差异可能是由抽样的随机性所造成的, 也可能是由不同水平(不同总体)所造成的, 后者所形成的误差是由系统差异形成的. 系统误差反映了不同水平之间样本数据的离散程度, 也称为组间误差. 上例中不同供应商间电池续航时间的差异就是系统误差或组间误差.

在方差分析中, 随机误差和系统误差均采用观测值与其均值的离差平方和度量.

总平方和(sum of squares for total, SST)：全部数据误差大小的度量值，即每个数据(观测值)与其均值离差的平方和. 例如，例 10-1 中全部 20 个电池续航时间与总均值的离差平方和就是总平方和.

组内平方和(sum of squares for erorr, SSE)：组内数据误差大小的度量值，即组内数据与其均值离差的平方和. 例如，例 10-1 中各供应商内生产的电池的续航时间与本供应商电池续航时间的均值(组内均值)的离差平方和就是组内平方和.

组间平方和(sum of squares for factor, SSF)：组间数据误差大小的度量值，即组间均值与总平均值离差的平方和. 例如，例 10-1 中 4 个不同供应商内部的电池续航平均时间与 20 个电池的总平均续航时间的离差平方和乘以各自的权重(即本组内样本单位数)就是组间平方和.

表 10-2 是单因素 m 个水平的观测数据表，每个水平取 n 个观测值.

表 10-2　单因素方差分析的数据结构

	单因素				
	水平	1	2	…	m
观测值	1	x_{11}	x_{21}	…	x_{1m}
	2	x_{21}	x_{22}	…	x_{2m}
	⋮	⋮	⋮		⋮
	n	x_{n1}	x_{n2}	…	x_{nm}

总平均值　$\overline{x}=\dfrac{1}{nm}\sum_{j=1}^{m}\sum_{i=1}^{n}x_{ij}$.

组内平均值　$\overline{x}_{.j}=\dfrac{1}{n}\sum_{i=1}^{n}x_{ij}, j=1,2,\cdots,m$.

总平方和　$\mathrm{SST}=\sum_{j=1}^{m}\sum_{i=1}^{n}(x_{ij}-\overline{x})^2$，自由度为 $nm-1$.

组内平方和　$\mathrm{SSE}=\sum_{i=1}^{n}\sum_{j=1}^{m}(x_{ij}-\overline{x}_{.j})^2$，自由度为 $nm-m$.

组间平方和　$\mathrm{SSF}=\sum_{i=1}^{m}n_i(\overline{x}_{i.}-\overline{x})^2$，自由度为 $m-1$，其中 n_i 为取自第 i 个总体(水平)的样本容量.

经过简单的数学推导，可以得到如下的分解式：

$$\sum_{j=1}^{m}\sum_{i=1}^{n}(x_{ij}-\overline{x})^2\equiv\sum_{i=1}^{n}\sum_{j=1}^{m}(x_{ij}-\overline{x}_{.j})^2+\sum_{i=1}^{m}n_i(\overline{x}_{i.}-\overline{x})^2$$

即

$$\mathrm{SST}\equiv\mathrm{SSE}+\mathrm{SSF}\tag{10-1}$$

(10-1)式是检验多个总体的均值差异是否显著的关键所在.

本章介绍的经典方差分析方法必须遵从如下三条假定:

假定 1 每个总体均服从正态分布, 即每个水平下的观测值都来自于相应的正态总体;

假定 2 每个总体的方差都相同, 即每个水平下的观测值都来自于同方差的正态总体;

假定 3 各水平下的取值(观测值)相互独立.

10.2 单因素方差分析

10.2.1 方差分析的思想

如前所述, 方差分析的目的是要检验多个正态总体均值间的差异是否在统计学意义上显著. 这一问题的解决需要借助于公式(10-1)产生的几个均方差构造 F 统计量.

在例 10-1 中, 如果不同供应商提供的电池的续航时间无显著差异, 那么四个供应商电池续航时间的组间误差就只含有随机误差(不含有系统误差), 组间误差与组内误差就应该很接近, 即比值 $\mathrm{SSF}/\mathrm{SSE}\approx 1$; 反之, 如果不同供应商电池续航时间存在显著差异, 那么组间误差中将同时含有随机误差和系统误差, 组间误差将会显著地大于组内误差, 即 $\mathrm{SSF}/\mathrm{SSE}\gg 1$. 虽然我们取得的样本来自于正态分布, 但我们并不清楚作为统计量的比值 $\mathrm{SSF}/\mathrm{SSE}$ 的分布是什么. 为了借助已知的抽样分布, 我们还需要对平方和 SSE 及 SSF 进行一些简单的处理.

组内平方和的均值称为组内均方差, 记为 MSE, 即

$$\mathrm{MSE}=\frac{\text{组内平方和}}{\text{自由度}}=\frac{\mathrm{SSE}}{n-m}$$

组间平方和的均值称为组间均方差, 记为 MSF, 即

$$\mathrm{MSF}=\frac{\text{组间平方和}}{\text{自由度}}=\frac{\mathrm{SSF}}{m-1}$$

由于水平数量 m 和每个水平下的观测值的数量 n 是一定的, 所以均方差 MSE, MSF 分别与平方和 SSE, MSF 的统计含义接近. 比如, 在例 10-1 中, 如果供应商提供的电池的续航时间无显著差异, 则比值 $\mathrm{MSF}/\mathrm{MSE}$ 既不会太大也不会太小; 反之, 如果不同专业的学生学习统计学的状况存在显著差异, 由于组间误差大于组内误差, 则比值 $\mathrm{MSF}/\mathrm{MSE}$ 一般会显著地大于 1, 即 $\mathrm{MSF}/\mathrm{MSE}\gg 1$. 由正态总体假设及抽样分布理论可知, 统计量 $\mathrm{MSF}/\mathrm{MSE}$ 服从于 F 分布, 即

$$F=\frac{\mathrm{MSF}}{\mathrm{MSE}}\sim F(m-1,m-n) \tag{10-2}$$

于是我们就可以利用式(10-2)中的 F 统计量, 建立并解决多个正态总体均值是否具有显著差异的假设检验问题. 比如在例 10-1 中, 设四个供应商电池的平均续航时间为 μ_1, μ_2, μ_3, μ_4, 建立原假设

$$H_0: \mu_1=\mu_2=\mu_3=\mu_4$$

即假设不同供应商电池的平均续航时间无显著差异. 选择(10-2)式为检验统计量, 在给定的显著性水平 α 下, 查得临界值 F_α. 如果该统计量的取值 $F > F_\alpha$, 则拒绝原假设, 认为不同供应商电池的平均续航时间存在显著差异; 反之就接受原假设, 认为不同供应商电池的平均续航时间并无显著差异.

10.2.2　单因素方差分析

根据方差分析的基本思想, 我们可以将具有 m 个水平的单因素方差分析归纳为如下几个步骤.

步骤 1　提出假设

$$H_0: \mu_1 = \mu_2 = \cdots = \mu_m \quad \text{（各水平下的均值没有显著差异）}$$

$$H_1: \text{各均值不全相等} \quad \text{（各水平下的某些均值具有显著差异）}$$

通常情况下, 不必写出备择假设 H_1.

步骤 2　选择(10.2)作为检验统计量, 即

$$F = \frac{\text{MSF}}{\text{MSE}} \sim F(m-1, m-n)$$

步骤 3　做出决策. 在给定的显著性水平 α 下, 比较检验统计量的值 F 与临界值 F_α 的大小. 如果 $F > F_\alpha$, 则拒绝原假设, 说明各水平下的均值具有显著差异; 如果 $F < F_\alpha$, 则接受原假设, 说明各水平下的均值无显著差异.

下面求解例 10.1 的单因素方差分析问题.

步骤 1　针对问题提出原假设:

$$H_0: \mu_1 = \mu_2 = \mu_3 = \mu_4 \quad \text{（不同供应商电池的平均续航时间无显著差异）}$$

步骤 2　给定显著性水平 $\alpha = 0.05$, 计算检验统计量 F 及相关指标. 这一步可以在 Excel 的工具库中一步完成, 显示结果如表 10-3 所示.

表 10-3　单因素方差分析表

差异源	SS	df	MS	F	P 值	F crit
组间平方和 SSF	553	3	184.3333	6.028891	0.006001	3.238872
组内平方和 SSE	489.2	16	30.575			
总平方和 SST	1042.2	19				

表 10-3 称为方差分析表(variance analysis table). 该表中, SS 所在的列分别表示组间平方和 SSF、组内平方和 SSE、总平方和 SST; df 表示各平方和相对应的自由度; MS 所在的列分别表示组间均方差、组内均方差; F 表示统计量 $F = \text{MSF} / \text{MSE}$ 的取值; P 值表

示 F 检验下的 P 值; F crit 表示 F 统计量在水平 $\alpha = 0.05$ 下的右侧临界值.

步骤 3　做出决策: 由于 $F = 6.028891 > F_{\alpha} = 3.238872$ (或者 P 值=0.006001< α = 0.05), 因此拒绝原假设, 即认为不同供应商电池的平均续航时间有显著差异.

10.3　无交互作用的双因素方差分析

单因素方差分析仅研究了一个分类型因素(自变量)对数值型因变量是否存在显著影响. 在实际生活中, 人们关心的影响因素往往不止一个, 需要考虑多个分类型因素对因变量是否存在显著影响. 如果问题中含有两个分类型因素, 则可应用双因素方差分析方法进行研究. 两个因素分别称为行因素(row factor)和列因素(column factor).

如果问题中的两个因素相互独立, 则称为无交互作用的双因素方差分析, 否则称为存在交互作用的双因素方差分析. 本节通过例题讨论无交互作用的双因素方差分析问题.

双因素方差分析的数据结构如表 10-4 所示.

表 10-4　双因素方差分析的数据结构

		列因素(j)				
		1	2	…	r	$\bar{x}_{i\cdot}$
行因素(i)	1	x_{11}	x_{12}	…	x_{1r}	$\bar{x}_{1\cdot}$
	2	x_{21}	x_{22}	…	x_{2r}	$\bar{x}_{2\cdot}$
	⋮	⋮	⋮		⋮	⋮
	m	x_{m1}	x_{m2}	…	x_{mr}	$\bar{x}_{m\cdot}$
	$\bar{x}_{\cdot j}$	$\bar{x}_{\cdot 1}$	$\bar{x}_{\cdot 2}$	…	$\bar{x}_{\cdot r}$	$\bar{x}$

在表 10-4 中, 行因素具有 m 个水平, 列因素具有 r 个水平; $\bar{x}_{\cdot j}$ 表示第 j 列数据的平均值, $\bar{x}_{i\cdot}$ 表示第 i 行数据的平均值, $\bar{x}$ 表示所有数据的平均值.

总平方和: $\mathrm{SST} = \sum_{i=1}^{m}\sum_{j=1}^{r}(x_{ij} - \bar{x})^2$;

行因素平方和: $\mathrm{SSR} = \sum_{i=1}^{m}\sum_{j=1}^{r}(\bar{x}_{i\cdot} - \bar{x})^2$;

列因素平方和: $\mathrm{SSC} = \sum_{i=1}^{m}\sum_{j=1}^{r}(\bar{x}_{\cdot j} - \bar{x})^2$;

随机误差平方和: $\mathrm{SSE} = \sum_{i=1}^{m}\sum_{j=1}^{r}(x_{ij} - \bar{x}_{i\cdot} - \bar{x}_{\cdot j} - \bar{x})^2$.

对于无交互作用的双因素方差分析, 有下列分解式:

$$\mathrm{SST} \equiv \mathrm{SSR} + \mathrm{SSC} + \mathrm{SSE} \tag{10-3}$$

由(10-3)的分解式, 分别定义三个均方差如下:

行因素均方差：$\text{MSR}=\dfrac{\text{SSR}}{m-1}$；

列因素均方差：$\text{MSC}=\dfrac{\text{SSC}}{r-1}$；

随机误差项均方差：$\text{MSE}=\dfrac{\text{SSE}}{(m-1)(r-1)}$.

与单因素情形类似，在正态总体假设下，我们有

$$F_R=\frac{\text{MSR}}{\text{MSE}}\sim F(m-1,(m-1)(r-1))\text{，以及}\quad F_C=\frac{\text{MSC}}{\text{MSE}}\sim F(r-1,(m-1)(r-1))$$

无交互作用的双因素方差分析问题的解决步骤如下：

步骤 1　提出假设. 对行因素提出的原假设和备择假设为

$H_{10}:\mu_{11}=\mu_{12}=\cdots=\mu_{1m}$　　　（行因素对因变量无显著影响）

$H_{11}:\mu_{11},\mu_{12},\cdots,\mu_{1m}$ 不全相等（行因素对因变量有显著影响）

对列因素提出的原假设和备择假设为

$H_{20}:\mu_{21}=\mu_{22}=\cdots=\mu_{2r}$　　　（列因素对因变量无显著影响）

$H_{21}:\mu_{21},\mu_{22},\cdots,\mu_{2r}$ 不全相等（列因素对因变量有显著影响）

步骤 2　给定显著性水平 $\alpha=0.05$，计算检验统计量 F_R，F_C 及相关指标，得到方差分析表(表 10-5).

表 10-5　无交互作用的双因素方差分析表

误差来源	误差平方和	自由度	均方	F 值	F 临界值
行因素	SSR	$m-1$	MSR	F_R	$F_\alpha(m-1,(m-1)(r-1))$
列因素	SSC	$r-1$	MSC	F_C	$F_\alpha(r-1,(m-1)(r-1))$
误差	SSE	$(m-1)(r-1)$	MSE		
总和	SST	$mr-1$			

表 10-5 中各指标的含义与表 10-3 类似.

步骤 3　做出决策. 如果检验统计量的值 $F_R>F_\alpha$，则拒绝原假设 H_{10}，说明行因素中的各水平的均值具有显著差异；如果统计量的值 $F_C>F_\alpha$，则拒绝原假设 H_{20}，说明列因素中的各水平的均值具有显著差异.

例 10-2　某企业拟了解旗下某酸奶品牌的顾客满意程度，为分析年龄层和地区因素对顾客满意度评分的影响，取得以下 5 个地区不同年龄层(获取调查数据时，年龄是按类别来采集，共分为四类：18 岁以下、18～40 岁、40～60 岁、60 岁以上)的评分数据，如表 10-6 所示. 试分析年龄层和地区是否对满意度评分有显著性的影响($\alpha=0.05$).

表 10-6　顾客满意度评分的双因素数据结构

因素		年龄层因素			
		少年儿童 (18 岁以下)	青年 (18~40 岁)	中年 (40~60 岁)	老年 (60 岁以上)
地区因素	地区 1	73	74	70	79
	地区 2	72	75	65	85
	地区 3	70	73	70	78
	地区 4	74	69	71	71
	地区 5	70	75	64	80

由于地区位置和年龄层没有必然联系，因此可将其看作无交互作用的双因素方差分析问题. 解题过程如下:

对行因素(地区因素)提出原假设 $H_{10}:\mu_{11}=\mu_{12}=\mu_{13}=\mu_{14}=\mu_{15}$.

对列因素(年龄层因素)提出原假设: $H_{20}:\mu_{21}=\mu_{22}=\mu_{23}=\mu_{24}$.

计算检验统计量 F_R，F_C 及相关指标，这个过程可以由 Excel 工具库中的“方差分析: 无重复双因素分析”一步完成，显示结果如表 10-7 所示.

表 10-7　双因素方差分析表

差异源	SS	df	MS	F	P 值	F crit
行因素	24.8	4	6.2	0.476923	0.752222	3.259167
列因素	289	3	96.33333	7.410256	0.00455	3.490295
误差	156	12	13			
总计	469.8	19				

表 10-7 中，$F_R=0.476923<F_\alpha=3.259167$ (或直接采用 P 值作决策: P 值 $=0.752222>\alpha=0.05$)，无法拒绝关于行因素的原假设，表明地区因素对酸奶满意度评分没有显著影响.

$F_C=7.410256>F_\alpha=3.490295$ (或 P 值 $=0.00455<\alpha=0.05$)，拒绝列因素的原假设，认为年龄层的不同对酸奶满意度评分有显著的影响.

10.4　存在交互作用的双因素方差分析

在一个双因素方差分析模型中，如果行因素与列因素可能彼此相关或相互影响，则需要考虑这两个因素的交互作用，以及这种交互作用对其他变量产生的影响.

例 10-3　一家销售公司制订了 3 种广告方案，计划通过 2 种媒体进行宣传. 为了研究广告媒体和广告方案对商品销售量的影响，该公司通过抽样调查，得到的销售量数据如表 10-8 所示.

表 10-8

广告方案	广告媒体	
	电视	网络
A	80	120
	120	80
B	220	260
	140	300
C	100	180
	180	140

销售公司想知道不同的广告方案和不同的媒体对商品销售量的影响，以及两个因素产生的交互作用对商品销售量的影响.

不同的广告方案和不同的媒体之间容易产生交互作用，因而这是一个存在交互作用的双因素方差分析问题. 一般地，需要在各个因素水平组合下进行重复试验，才能够判断交互影响是否存在.

设 k 为每个水平组合下重复试验的次数，x_{ijl} 表示每个组合水平下第 l 次试验的结果. 定义

$$\overline{x}_{ij\cdot}=\frac{1}{k}\sum_{l=1}^{k}x_{ijl},\quad \overline{x}_{i\cdot\cdot}=\frac{1}{rk}\sum_{j=1}^{r}\sum_{l=1}^{k}x_{ijl},\quad \overline{x}_{\cdot j\cdot}=\frac{1}{mk}\sum_{i=1}^{m}\sum_{l=1}^{k}x_{ijl},\quad \overline{x}=\frac{1}{mrk}\sum_{i=1}^{m}\sum_{j=1}^{r}\sum_{l=1}^{k}x_{ijl}$$

总平方和：$\mathrm{SST}=\sum_{i=1}^{m}\sum_{j=1}^{r}\sum_{l=1}^{k}(x_{ijl}-\overline{x})^2$；

行因素平方和：$\mathrm{SSR}=rk\sum_{i=1}^{m}(\overline{x}_{i\cdot\cdot}-\overline{x})^2$；

列因素平方和：$\mathrm{SSC}=mk\sum_{j=1}^{r}(\overline{x}_{\cdot j\cdot}-\overline{x})^2$；

交互作用平方和：$\mathrm{SSRC}=k\sum_{i=1}^{m}\sum_{j=1}^{r}(\overline{x}_{ij\cdot}-\overline{x}_{i\cdot\cdot}-\overline{x}_{\cdot j\cdot}+\overline{x})^2$；

随机误差平方和：$\mathrm{SSE}=\sum_{i=1}^{m}\sum_{j=1}^{r}\sum_{l=1}^{k}(x_{ijl}-\overline{x}_{ij\cdot})^2$.

对于存在交互作用的双因素方差分析，有下列分解式：

$$\mathrm{SST}\equiv\mathrm{SSR}+\mathrm{SSC}+\mathrm{SSRC}+\mathrm{SSE}$$

存在交互作用的双因素方差分析表的结构如表 10-9 所示.

表 10-9　存在交互作用的双因素方差分析表

误差来源	平方和	自由度	均方	F 值	F 临界值
行因素	SSR	$m-1$	MSR	F_R	
列因素	SSC	$r-1$	MSC	F_C	

续表

误差来源	平方和	自由度	均方	F 值	F 临界值
交互作用	SSRC	$(m-1)(r-1)$	MSRC	F_{RC}	
误差	SSE	$mr(k-1)$	MSE		
总和	SST	$mrk-1$			

其中 $F_R=\dfrac{\text{MSR}}{\text{MSE}}$，$F_C=\dfrac{\text{MSC}}{\text{MSE}}$，$F_{RC}=\dfrac{\text{MSRC}}{\text{MSE}}$.

例如，对于例 10-3 的双因素问题，重复试验次数 $k=2$．给定显著性水平 $\alpha=0.05$，操作 Excel 工具库中的“可重复双因素分析”对话框，运行结果如表 10-10 所示.

表 10-10

差异源	SS	df	MS	F	P 值	F crit
样本	34400	2	17200	10.75	0.010386	5.143253
列	4800	1	4800	3	0.133975	5.987378
交互	5600	2	2800	1.75	0.251932	5.143253
内部	9600	6	1600			
总计	54400	11				

表 10-10 中的“样本”表示行因素，它的 P 值 0.010386<0.05，拒绝原假设，表明不同的广告方案对销售量有显著影响；列因素的 P 值 0.133975>0.05，无法拒绝原假设，表明不同的广告媒体对销售量没有显著影响；交互作用的 P 值 0.251932>0.05，无法拒绝原假设，表明广告方案和广告媒体的交互作用对销售量没有显著的影响.

10.5　Excel 操　作

方差分析问题可以通过 Excel 中的数据分析工具库完成.

10.5.1　单因素方差分析的操作

以本章例 10-1 为例，介绍单因素方差分析的 Excel 操作步骤.

(1) 在 Excel“数据”菜单下选择“数据分析”，进入“数据分析”的对话框，找到“方差分析: 单因素方差分析”并选择单击，然后单击“确定”(图 10-1).

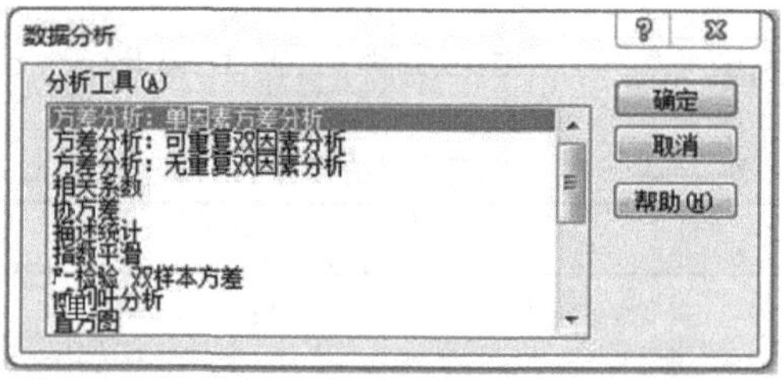

图 10-1

(2) 在“方差分析: 单因素方差分析”的对话框中设置相应的参数. “输入区域”输入样本数据所在单元格的引用位置, 本例中为B2: E6; 若输入的引用区域包含第一行的标题行, 则需要勾选“标志位于第一行”; “分组方式”选择按“列”, 则表示样本数据是以列标题作为分组依据; Excel 默认的显著性水平为 0.05, 可按研究需要进行修改; “输出区域”输入任意空白单元格所在的位置即可, 也可以选择新工作表或工作簿输出(图 10-2).

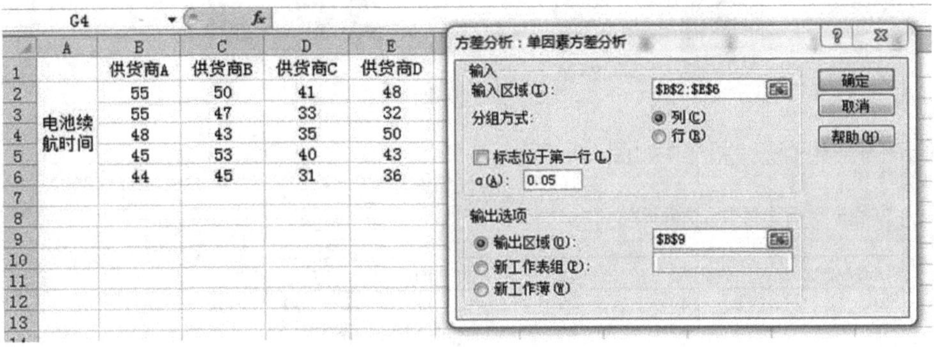

图 10-2

(3) 单击“确定”, 即可显示单因素方差分析的统计报告, 如图 10-3 所示.

方差分析: 单因素方差分析

SUMMARY

组	观测数	求和	平均	方差
列1	5	247	49.4	28.3
列2	5	238	47.6	15.8
列3	5	180	36	19
列4	5	209	41.8	59.2

方差分析

差异源	SS	df	MS	F	P–value	F crit
组间	553	3	184.3333	6.028891	0.006001	3.238872
组内	489.2	16	30.575			
总计	1042.2	19				

图 10-3

10.5.2　双因素方差分析的操作

双因素方差分析的操作和单因素类似, 下面以例 10-2(无交互作用的双因素方差分析)为例进行操作演示.

在“数据分析”的对话框中找到“方差分析: 无重复双因素分析”并选择单击, 然后单击“确定”(图 10-4).

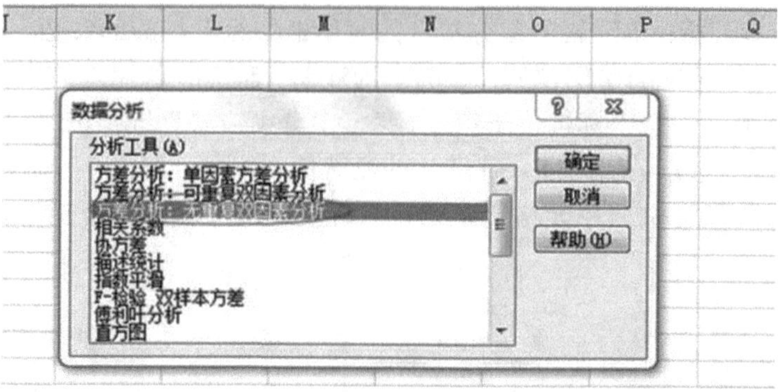

图 10-4

显示的结果(统计报告)如图 10-5 所示.

方差分析: 无重复双因素分析

SUMMARY	观测数	求和	平均	方差
列1	4	296	74	14
列2	4	297	74.25	68.91667
列3	4	291	72.75	14.25
列4	4	285	71.25	4.25
列5	4	289	72.25	46.91667
列1	5	359	71.8	3.2
列2	5	366	73.2	6.2
列3	5	340	68	10.5
列4	5	393	78.6	25.3

方差分析

差异源	SS	df	MS	F	P–value	F crit
行	24.8	4	6.2	0.476923	0.752222	3.259167
列	289	3	96.33333	7.410256	0.00455	3.490295
误差	156	12	13			
总计	469.8	19				

图 10-5

对于存在交互作用的双因素方差分析, 其 Excel 操作步骤与“方差分析: 无重复双因素分析”类似, 这里不再赘述.

本 章 小 结

1. 方差分析的本质是一种基于正态总体的假设检验方法, 其主要的目的是要检验多个正态总体均值间的差别是否在统计意义上显著, 以此来判断分类型自变量对数值型因变量是否具有显著影响.

2. 经典方差分析方法遵从如下三条假定:

(1) 每个总体均服从正态分布, 即每个水平下的观测值都来自于相应的正态总体;

(2) 每个总体的方差都相同, 即每个水平下的观测值都来自于同方差的正态总体;

(3) 各水平下的取值(观测值)相互独立.

3. 方差分析按因素的数目分为单因素方差分析与多因素方差分析. 方差分析的结果一般用方差分析表显示.

4. 常用的双因素方差分析有两种类型:

(1) 无交互影响的双因素方差分析;

(2) 存在交互作用的双因素方差分析.

《应用统计学》学习材料(10)

思考与练习

10.1 方差分析的基本思想是什么?

10.2 解释单因素方差分析中 SST, SSE, SSF 的含义以及它们三者之间的关系.

10.3 根据单因素方差分析表阐述方差分析的步骤.

10.4 一名统计学教师对同年级但不同专业的 3 个班级讲授《统计学原理》的课程, 该学校认为不同专业的学生对教师的满意度是不同的. 在期中评教的时候, 在每个班级随机抽取 6 个学生的评教分数(分值是 0 至 100 分)如下:

专业 1	专业 2	专业 3
70	80	50
70	90	60
80	80	50
70	100	70
90	90	60
81	100	80

给定显著性水平为 0.05, 请检验不同专业的学生是否会对该教师的评价存在显著差异.

10.5 为评价某型号电池的质量, 质检部门从 A, B, C 三家企业各随机抽取了 5 只该型号的电池进行测试. 测得其寿命(小时)如下:

A 企业: 40, 48, 38, 42, 45

B 企业: 26, 34, 30, 28, 32

C 企业: 39, 40, 43, 50, 50

试在显著性水平 $\alpha = 0.05$ 下检验三家企业电池的平均寿命有无显著的差异.

10.6 为研究外卖食品的包装方法和销售地区是否对销售量有影响, 某餐饮连锁企业对 3 个地区和 3 种包装方法进行了调查, 得到的销售量数据如下:

销售地区	包装方法		
	方法 1	方法 2	方法 3
A	450	750	300
B	500	500	400
C	350	650	500

给定显著性水平为 0.05, 请作如下检验:

(1) 包装方法是否对销售量有显著的影响.

(2) 销售地区是否对销售量有显著的影响.

10.7 GMAT (管理类研究生入学考试) 是用于评价申请者攻读管理类研究生课程能力的标准化考试, 满分为 800 分. 为尝试提高考生在 GMAT 考试中的分数, 某培训机构提供了以下三种形式的辅导课程:

(a) 3 小时的复习, 内容覆盖了 GMAT 中常见的题型;

(b) 1 天的课程, 内容覆盖了有关考试材料, 进行一次模拟考试;

(c) 10 周的强化辅导.

通常 GMAT 的考生来自三类院校: 商学院、工学院以及人文学院.

在因子"辅导形式"与因子"考生学历背景"的每种水平组合下选取了由两名考生组成的分数样本,数据资料如下:

辅导形式	考生学历背景		
	商学院	工学院	人文学院
3 小时	500	540	480
	580	560	400
1 天	460	560	420
	540	620	480
10 周	560	600	480
	600	580	410

根据表中的数据进行双因子方差分析.

第 11 章　一元回归分析

回归分析的由来

“回归”的概念是由英国生物学家高尔顿(F.Galton, 1822～1911)在研究人类遗传问题时提出来的. 为了研究父代与子代身高的关系, 高尔顿和他的学生卡尔·皮尔逊(K.Pearson)搜集了 1078 对夫妇的身高数据, 以每对夫妇的平均身高作为自变量, 取他们的一个成年儿子的身高作为因变量, 分析儿子身高与父母身高之间的关系. 他们发现这些数据的散点图大致呈直线状态, 总的趋势是父母的平均身高增加时, 儿子的身高也倾向于增加. 高尔顿对这些数据进行深入的分析后, 还发现了一个很有趣的现象: 多数矮个子父母所生的孩子比其父母要高, 而高个子父母所生孩子的身高却回降到多数人的平均身高. 换句话说, 当父母的身高走向极端时, 子女的身高并不会像父母那样极端化, 而是更接近于父母们的平均身高, 即有“回归”到平均数的趋势, 高尔顿把这一现象叫做“向平均数方向的回归”. 对于这个现象的一般解释是: 大自然具有一种约束力, 使人类身高的分布相对稳定而不产生两极分化. 这就是所谓的回归效应.

现实世界是一个统一的有机整体, 其中的一切事物都处于普遍的联系之中, 这是唯物辩证法的基本观点. 用于描述事物数量特征的统计变量之间自然也存在不同程度的相依关系. 本章介绍统计变量之间相依关系的定量分析方法, 包括相关分析和回归分析两个部分. 相关分析侧重对变量之间相依关系的方向和程度进行定量研究; 回归分析是在相关分析的基础上, 通过建立具体的数量表达式(回归模型), 定量研究一个变量对另一个或多个变量的统计依赖关系.

11.1　线性相关分析

11.1.1　变量间的相关关系

统计变量之间的相依关系存在着两种不同的类型: 函数关系和相关关系.

1. 函数关系

函数关系(function relation)是指变量之间存在着严格确定的数量依存关系, 即一个变量值的每一次变动, 都会有另一个变量的确定值与之对应. 函数关系一般用符号 $y=f(x)$ 表示, 其中 x 称为自变量, y 称为因变量, f 称为对应法则. 例如圆的周长 L 与半径 R 之间的定量关系 $L=2\pi R$ 就是函数关系. 微积分中系统研究了各类函数及其函数的连续型、可微性以及可积性等性质.

2. 相关关系

相关关系(correlation)也称为统计关系，是指变量之间存在着非确定性的数量依存关系. 相关关系有如下两个特点:

(1)变量之间存在数量上的依存关系，即一个变量的变化会引起另一个变量的变化;

(2)变量之间的依存关系不确定、不严格，不能用函数形式表示.

在社会经济领域，众多变量的相依关系都表现为相关关系. 例如，汽车的行驶里程数 s 与耗油量 V 高度相关，但受道路、风速、驾驶习惯等因素的影响而体现出非确定性的相关关系; 又例如，父母的身高对子女的身高会产生显著影响，但不是决定子女身高的唯一因素.

11.1.2 相关关系的分类

(1)按照变量相依关系的程度分类，相关关系可分为完全相关、不完全相关和不相关.

完全相关(complete correlation): 当一个变量的变化几乎完全由另一个变量所决定时，称变量间的这种关系为完全相关关系，这种近乎严格的依存关系近似于函数关系.

不相关(uncorrelated): 当两个变量的变化相互独立、互不影响时，称这两个变量为不相关(或零相关).

不完全相关(incomplete correlation): 当变量之间存在不确定的依存关系时，称为不完全相关. 不完全相关关系是现实中相关关系的主要表现形式，是相关分析的主要研究对象.

(2)按照变量相依关系的方向变动分类，相关关系可分为正相关和负相关.

正相关(positive correlation): 当两个变量呈同向变化(即两者在统计意义下同步增加或同步减少)时，称其为正相关. 例如，家庭收入与家庭支出之间一般表现为正相关关系.

负相关(negative correlation): 当两个变量呈反向变化时，称其为负相关. 例如，产品产量与单位成本之间的关系，一般表现为负相关关系(单位成本会随着产量的增加而减少).

(3)按照变量相依关系的几何特征分类，可分为线性相关和非线性相关.

线性相关(linear correlation): 当变量之间的依存关系大致呈现为线性形式，即当一个变量变动一个单位时，另一个变量也按一个相对固定的增量变动，就称为线性相关.

非线性相关(nonlinear correlation): 当变量间的关系不按固定比例变化时，就称之为非线性相关.

(4)按照变量相依关系中变量的个数分类，可分为单相关、复相关和偏相关.

单相关(single correlation): 两个变量之间的相关关系称为单相关.

复相关(complex correlation): 一个变量与两个或两个以上其他变量之间的相关关系，称为复相关.

偏相关(partial correlation): 在复相关的研究中，假定其他变量不变，仅考察其中两个变量之间的相关关系，称其为偏相关.

本章仅讨论变量之间的线性关系，因此也可以称其为线性相关分析.

由 Excel 生成的相关图(散点图)可以直观描述两个变量之间的单相关关系(图 11-1).

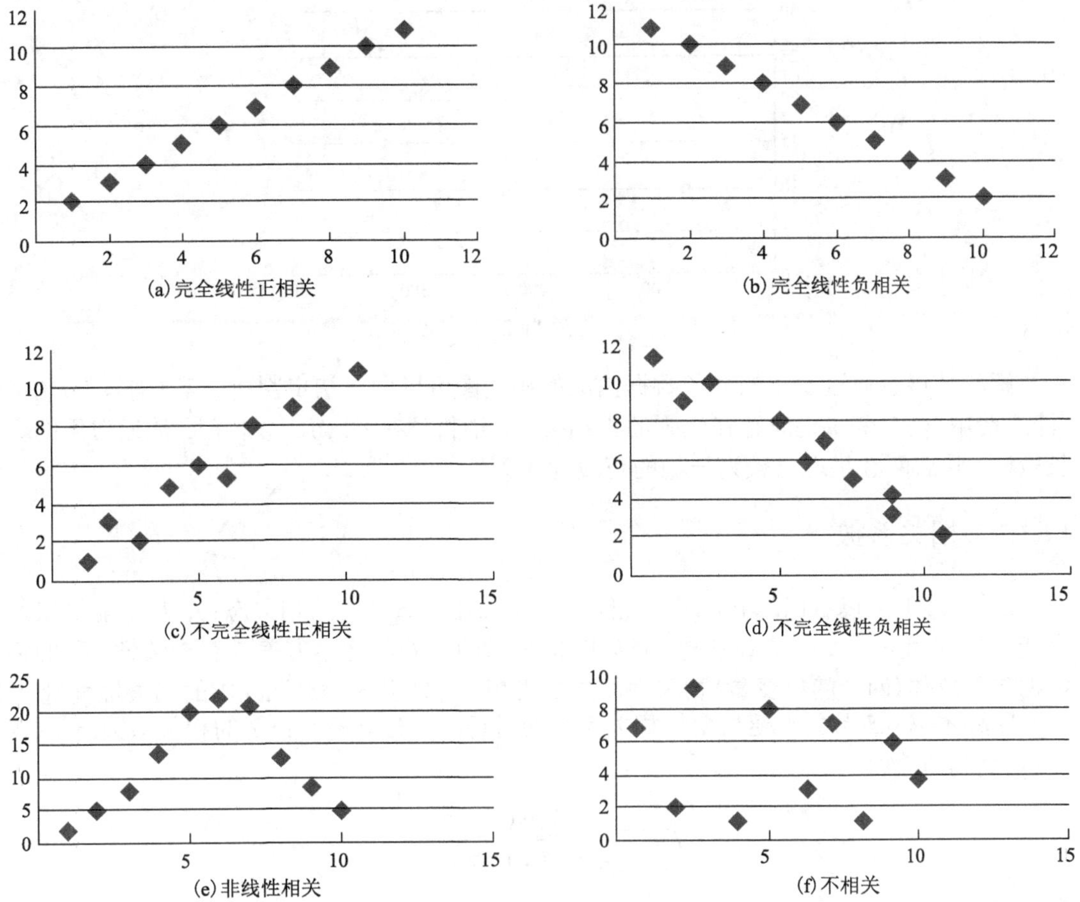

图 11-1　相关图

例 11-1　某企业 2009~2017 年的销售额 X 及流通费用 Y 的财务数据如表 11-1 所示.

表 11-1

年份	销售额 X /万元	流通费用 Y /万元
2009	10	1.8
2010	16	3.1
2011	32	5.2
2012	40	7.7
2013	74	10.4
2014	120	13.3
2015	197	18.8
2016	246	21.2
2017	345	28.3

用 Excel 生成变量 X，Y 样本数据的相关图如图 11-2 所示. 试对变量 X，Y 的相关性予以简要分析.

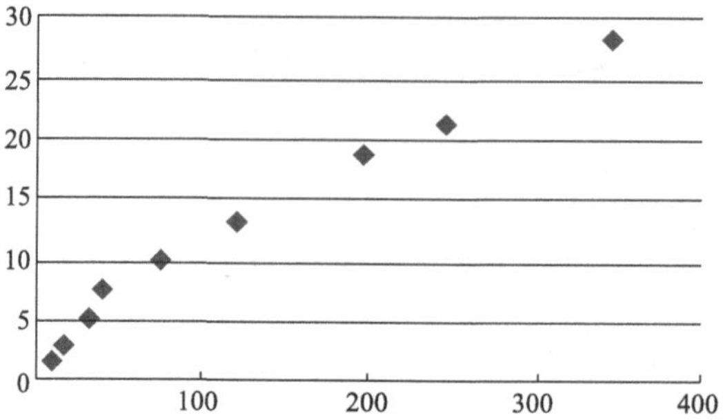

图 11-2

解 从该企业近 9 年的财务数据生成的相关图可以做出初步判断：X（销售额）与 Y（流通费用）两个变量之间存在较强的正相关性. 销售额在 40 万元以内时，流通费用的增长较快，其后两者呈现出较为平稳的正线性相关性.

11.1.3 相关系数

由例 11-1 可以看出，相关图虽然能够直观描述变量之间的相关态势，却不能给出两个变量之间相关程度的精确刻画. 正如随机变量的方差与样本方差具有一致性，我们将依据二元总体(两个随机变量)相关性度量的思想，引导出一个二元样本的相关性度量.

回顾本书 6.5 节关于随机变量相关系数的讨论. 随机变量 X 和 Y 的相关系数 ρ_{XY}（或 ρ）定义为

$$\rho_{XY}=\frac{\operatorname{Cov}(X,Y)}{\sqrt{\operatorname{Var}(X)}\sqrt{\operatorname{Var}(Y)}}$$

假设随机变量 X 和 Y 是来自一个容量为 N 的有限总体的两个指标，即 X 和 Y 的可能取值分别为 $x_1,x_2,\cdots,x_N$ 及 $y_1,y_2,\cdots,y_N$，则有

$$\rho_{XY}=\frac{\operatorname{Cov}(X,Y)}{\sqrt{\operatorname{Var}(X)}\sqrt{\operatorname{Var}(Y)}}=\frac{\sum_{i=1}^{N}(x_i-\mu_X)(y_i-\mu_Y)}{\sqrt{\sum_{i=1}^{N}(x_i-\mu_X)^2}\sqrt{\sum_{i=1}^{N}(y_i-\mu_Y)^2}}$$

由 6.5 节的讨论我们知道，相关系数 ρ 是二元总体 (X,Y) 的线性相关程度的一个标准化度量. 如果从二元总体 (X,Y) 中随机抽取容量为 n 的一个样本：

$$(x_1,y_1),(x_2,y_2),\cdots,(x_n,y_n)$$

用样本均值 $\bar{x},\bar{y}$ 分别代替总体期望 μ_X,μ_Y，即可定义样本 $(x_1,y_1),(x_2,y_2),\cdots,(x_n,y_n)$ 的皮尔逊相关系数(Pearson correlation coefficient)，记为 r_{xy} 或 r，即

$$r_{xy}=\frac{\sum_{i=1}^{n}(x_i-\bar{x})(y_i-\bar{y})}{\sqrt{\sum_{i=1}^{n}(x_i-\bar{x})^2}\cdot\sqrt{\sum_{i=1}^{n}(y_i-\bar{y})^2}} \tag{11-1}$$

公式(11-1)实际上是统计量

$$r_{XY}=\frac{\sum_{i=1}^{n}(X_i-\overline{X})(Y_i-\overline{Y})}{\sqrt{\sum_{i=1}^{n}(X_i-\overline{X})^2}\cdot\sqrt{\sum_{i=1}^{n}(Y_i-\overline{Y})^2}}$$

的观测值. 在推断统计中, 总体的相关系数 ρ_{XY} 是未知参数, r_{XY} 自然可以作为 ρ_{XY} (或 ρ)合适的估计量, r_{xy} 就是 ρ 的估计值. 与总体相关系数 ρ 类似, 样本相关系数 r_{XY} 刻画了二元样本 $(X_1,Y_1),(X_2,Y_2),\cdots,(X_n,Y_n)$ 线性关系的强弱, 并且具有如下良好的性质.

性质 1　$|r_{XY}|\leqslant 1$ 或 $-1\leqslant r_{XY}\leqslant 1$; $0<r_{XY}<1$ 时为正线性相关, $-1<r_{XY}<0$ 时为负线性相关; $r_{XY}=1$ 时为完全正线性相关, $r_{XY}=-1$ 时为完全负线性相关, $r_{XY}=0$ 时为线性不相关(或称线性无关).

性质 2　$|r_{XY}|$ 越接近于 1 则线性关系越强, 越接近于 0 则线性关系越弱.

性质 3　$r_{XY}=r_{YX}$, 即相关系数具有对称性.

表 11-2 是实际应用中对相关系数的取值做出的一种划分和解释.

表 11-2　相关程度的判别

线性相关程度	r 的取值范围
高度线性相关	$\lvert r\rvert\geqslant 0.8$
中度线性相关	$0.5\leqslant\lvert r\rvert<0.8$
低度线性相关	$0.3\leqslant\lvert r\rvert<0.5$
极弱线性相关	$\lvert r\rvert\leqslant 0.3$

给定样本 $(x_1,y_1),(x_2,y_2),\cdots,(x_n,y_n)$ 之后, 可以将数据直接代入公式(11-1)计算相关系数的具体数值 r_{xy}. 在大多数场合, 我们都可使用 Excel 中的统计函数"CORREL", 或统计工具库中的"相关系数"对话框快速完成 r_{xy} 的数值计算. 例如, 对于例 11-1 的二元样本, 使用 CORREL 函数立即得到 r_{xy} =0.9890, 表明两组数据高度线性正相关.

11.1.4　相关系数的显著性检验

如上所述, 一般情况下, 二元总体 (X,Y) 的相关系数 ρ 是未知的, 一般将样本相关系数 r 作为 ρ 的一个估计. 由于作为统计量的 $r=r_{XY}$ 是随机变量, 抽取不同的样本, 其值 r_{xy} 不尽相同. 能否通过 r 的取值推断总体相关程度的大小, 就需要考察样本相关系数 r 的可靠程度, 即有必要进行显著性检验.

对总体相关系数 ρ 的显著性检验所提出的一般假设是

$$H_0:\rho=0\quad\text{(二元总体}(X,Y)\text{的线性关系不显著)}$$

$$H_1: \rho \neq 0 \quad （二元总体(X,Y)的线性关系显著）$$

皮尔逊提出用 $r\sqrt{n-2}/\sqrt{1-r^2}$ 作为检验统计量，并且证明了

$$t = r\sqrt{\frac{n-2}{1-r^2}} \sim t(n-2) \tag{11-2}$$

有了检验统计量(11-2)，我们就可以根据给定的显著性水平 α 查表找临界值 $t_{\alpha/2}(n-2)$．如果 $|t| \geqslant t_{\alpha/2}$，则表明二元总体 (X,Y) 的线性关系显著；反之，则表示线性关系不显著.

例 11-2　某研究小组搜集并分析了 15 个地区某种食物的需求量 X 和地区人口增加数量 Y 的资料. 用 Excel 中的统计函数“CORREL”算得相关系数 $r = 0.9950$．试在显著性水平 $\alpha = 0.05$ 下对总体相关系数进行显著性检.

解　第 1 步，提出假设：$H_0: \rho = 0$；$H_1: \rho \neq 0$.

第 2 步，计算检验统计量

$$t = 0.9950 \times \sqrt{\frac{15-2}{1-0.9950^2}} \approx 48.385$$

第 3 步，做出决策：根据显著性水平 α=0.05，查 t 分布表得 $t_{\alpha/2}(15-2) = 2.1604$．由于 $|t| = 48.385 > t_{\alpha/2}(15-2) = 2.1604$，拒绝 H_0，表明该种食物需求量 X 和地区人口增加数量 Y 之间具有显著的线性相关关系.

11.2　一元线性回归模型

11.2.1　回归分析的思想

虽然相关分析通过描述统计(相关图)、定量指标(相关系数)以及显著性检验对变量间的依存关系及其强弱程度做了完整的刻画，但却未能给出变量间相互关系的数量形式. 如何构造客观反映相关变量数量关系的统计模型，并将其应用于现实问题，就成为统计学的重要课题.

在相关分析中，被考察的变量都被看作是“地位平等”的随机变量，变量之间相互依存、相互影响. 但在实际问题中，许多的变量之间具有一种不完全的“因果”联系. 在本章开头“回归分析的由来”中，介绍了生物学家高尔顿的人类遗传学发现. 高尔顿的研究表明，父代和子代的身高呈现出高度的线性相关性. 虽然父亲和子女的身高之间不是确定的因果关系(函数关系)，但父亲的身高是影响子女身高的显著因素；反过来，子女的身高却不会显著地影响父亲的身高. 又例如，在银行的贷款业务中，贷款余额不是形成不良资产的决定因素，但它是影响不良资产的显著因素，反之不然.

变量之间这种单向且不完全的“因果”联系使我们对变量之间的相关性有了新的认识. 对于存在单向影响的两个变量，我们可以将其看作是“地位不平等”的变量. 起主导作用的变量可看作非随机可控制的变量，称为自变量或解释变量，被影响的变量作为随

机变量，称其为“因变量”或响应变量. 例如，在父代与子代身高关系的研究中，我们设定父亲的身高 x 为自变量(非随机)，子女的身高 Y 为因变量(随机). 回归分析的主要任务就是根据变量 x 与 Y 之间不完全的“因果”联系，建立客观反映 x 与 Y 相关关系的统计模型，并对所建立的模型进行定量分析.

确切地说，回归分析(regression analysis)指对具有相关关系的现象，根据其相关关系的具体形态，选择合适的统计模型(回归模型)，用以表达变量间的数量变化关系的一种统计分析方法.

11.2.2　一元线性回归模型

例 11-3　广告公司为了研究某产品的广告费 x (万元)支出对产品销售额 Y (万元)的影响，对 9 家销售公司进行调查，得到同一季度的样本数据如表 11-3 所示.

表 11-3

销售公司	1	2	3	4	5	6	7	8	9
广告费	6	10	21	40	62	62	90	100	120
销售额	31	58	124	220	299	190	320	406	380

从表 11-3 可以看出，广告费与销售额之间不存在确定的函数关系. 事实上，即使不同的公司投入了相同的广告费，其销售额也不完全相同. 影响销售额的因素众多，除了广告投入的影响，还与厂家产品的特色、定价、销售渠道、售后服务以及一些偶然因素有关.

根据表 11-3 画出相关图(图 11-3). 由图 11-3 可以看出，随着广告投入 x 的增加，销售额 Y 呈上升趋势，图中的散点大致分布在一条向右上方延伸的直线附近. 如前所述，我们初步认为变量 x 与 Y 存在显著的线性关系. 变量 Y (销售额)可以看成由两部分因素叠加而成，一部分是 x 的线性函数 $\beta_0+\beta_1 x$，另一部分是由随机因素引起的误差 ε，即 $Y=\beta_0+\beta_1 x+\varepsilon$. 上述建立变量之间统计模型的思路具有普遍意义.

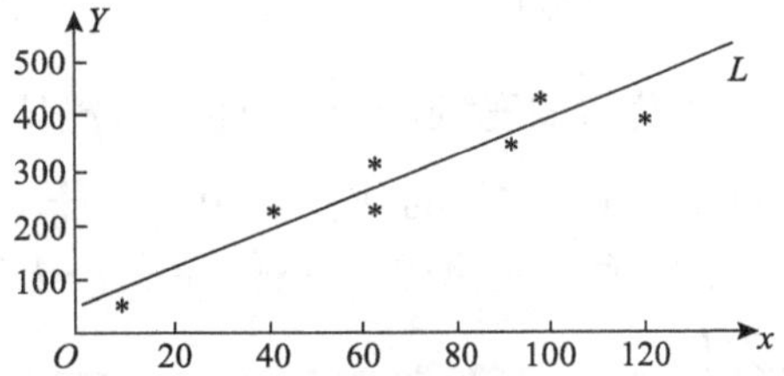

图 11-3

一般地，如果变量 x 与 Y 之间的相关关系可表示为

$$Y=\beta_0+\beta_1 x+\varepsilon \tag{11-3}$$

则称(11-3)为自变量 x 关于因变量 Y 的一元线性回归模型(linear regression mode)，其中 β_0,β_1 为未知参数，随机误差 $\varepsilon\sim N(0,\sigma^2)$，$\sigma^2$ 未知.

线性回归模型(11-3)中，自变量 x 是确定的非随机变量，也称为解释变量，因变量 Y 是随机变量，也称为被解释变量.

为简化符号，在不引起混淆时，因变量 Y 用小写字母 y 替代，回归模型可以表示为

$$y=\beta_0+\beta_1 x+\varepsilon \tag{11-4}$$

对(11-4)的两边取数学期望，得到

$$E(y)=\beta_0+\beta_1 x \tag{11-5}$$

(11-5)称为线性回归方程(regression equation)或线性回归函数，其图像称为回归直线，β_0称为截距，β_1称为回归系数(或斜率).

由回归模型中随机误差的正态性假定，易知随机变量$y\sim N(\beta_0+\beta_1 x,\sigma^2)$，且对于样本$(x_1,y_1),(x_2,y_2),\cdots,(x_n,y_n)$，有

$$\begin{cases} y_i=\beta_0+\beta_1 x_i+\varepsilon_i, & i=1,2,\cdots,n \\ \varepsilon_i\sim N(0,\sigma^2), & \varepsilon_1,\varepsilon_2,\cdots,\varepsilon_n\text{相互独立} \end{cases}$$

如果变量(x,y)具有(单向)显著的线性关系，则回归直线(11-5)在平均意义上反映了变量y随变量x的变化趋势. 遗憾的是，我们并不知道参数β_0, β_1的具体数值. 如何利用已有的样本对未知参数β_0, β_1进行合理的估计，就成为当务之急.

设$(x_1,y_1),(x_2,y_2),\cdots,(x_n,y_n)$为样本观测值，根据该样本得到参数$\beta_0$, β_1的估计量为$\hat{\beta}_0,\hat{\beta}_1$，则(11-5)的估计式记为

$$\hat{y}=\hat{\beta}_0+\hat{\beta}_1 x \tag{11-6}$$

方程(11-6)称为经验回归方程(empirical regression equation)或估计的回归方程，其图像称为经验回归直线.

11.2.3　最小二乘估计

1. 最小二乘法

设已知变量(x,y)的样本观测值为$(x_1,y_1),(x_2,y_2),\cdots,(x_n,y_n)$. 由式(11-6)可知，因变量$y$在$x=x_i$处的估计值为$\hat{y}_i=\hat{\beta}_0+\hat{\beta}_1 x_i$，$i=1,2,\cdots,n$，而$y$在$x=x_i$处的实际观测值为$y_i$，从而产生离差$e_i=y_i-\hat{y}_i$，$i=1,2,\cdots,n$. e_i称为变量y在$x=x_i$处的残差. 作残差平方和

$$\sum_{i=1}^{n}e_i^2=\sum_{i=1}^{n}(y_i-\hat{y}_i)^2=\sum_{i=1}^{n}(y_i-\hat{\beta}_0-\hat{\beta}_1 x_i)^2$$

一般而言，我们希望上述残差平方和越小越好. 于是考虑选择使$\sum\limits_{i=1}^{n}(y_i-\hat{\beta}_0-\hat{\beta}_1 x_i)^2$取最小值的$\hat{\beta}_0,\hat{\beta}_1$作为回归直线中参数$\beta_0,\beta_1$的估计值，这种估计方法称为最小二乘法(least square method).

利用多元函数求极值的方法，对关于β_0,β_1的二元函数$Q=\sum\limits_{i=1}^{n}(y_i-\beta_0-\beta_1 x_i)^2$分别求偏导数，并令其为零，得到

$$\frac{\partial Q}{\partial \beta_0} = -2\sum_{i=1}^{n}(y_i - \beta_0 - \beta_1 x_i) = 0$$

$$\frac{\partial Q}{\partial \beta_1} = -2\sum_{i=1}^{n}(y_i - \beta_0 - \beta_1 x_i)x_i = 0$$

整理后，得方程组

$$\begin{cases} n\beta_0 + \beta_1 \sum_{i=1}^{n} x_i = \sum_{i=1}^{n} y_i \\ \beta_0 \sum_{i=1}^{n} x_i + \beta_1 \sum_{i=1}^{n} x_i^2 = \sum_{i=1}^{n} x_i y_i \end{cases}$$

该方程组称为正规方程组. 解此方程组得 β_0, β_1 的估计值:

$$\hat{\beta}_1 = l_{xy} / l_{xx}, \quad \hat{\beta}_0 = \overline{y} - \hat{\beta}_1 \overline{x}$$

其中

$$\overline{x} = \frac{1}{n}\sum_{i=1}^{n} x_i, \quad \overline{y} = \frac{1}{n}\sum_{i=1}^{n} y_i$$

$$l_{xx} = \sum_{i=1}^{n}(x_i - \overline{x})^2 = \sum_{i=1}^{n} x_i^2 - n\overline{x}^2$$

$$l_{xy} = \sum_{i=1}^{n}(x_i - \overline{x})(y_i - \overline{y}) = \sum_{i=1}^{n} x_i y_i - n\overline{x}\,\overline{y}$$

从而得到经验回归直线方程 $\hat{y} = \hat{\beta}_0 + \hat{\beta}_1 x$.

例 11-4　在例 11-3 中，试求销售额 y 对广告费 x 的经验回归直线方程.

解　$\overline{x} = 56.7$，$\overline{y} = 225.33$，$\sum_{i=1}^{9} x_i^2 = 42365$，$\sum_{i=1}^{9} y_i^2 = 605238$, 以及 $\sum_{i=1}^{9} x_i y_i = 15748$，从而得到

$$l_{xx} = 42365 - 9 \times 56.78^2 = 13349.28$$

$$l_{xy} = 157488 - 9 \times 56.78 \times 225.33 = 42339.86$$

$$l_{yy} = 605238 - 9 \times 225.33^2 = 148275.52$$

于是 $\hat{\beta}_1 = l_{xy} / l_{xx} = 3.17$，$\hat{\beta}_0 = \overline{y} - \hat{\beta}_1 \overline{x} = 45.27$. 经验回归方程为 $\hat{y} = 45.27 + 3.17x$.

上述经验回归方程中，回归系数 $\hat{\beta}_1 = 3.17$ 的实际含义是：在平均意义上，每增加(减

少)1 万元的广告投入，公司的销售额将增加(减少)3.17 万元.

例 11-4 中的数值计算可以利用 Excel“数据分析”中的“回归”对话框进行操作，操作完成后可显示完整的回归分析报告.

2. 最小二乘估计的性质

一元线性回归的最小二乘估计具有如下良好的性质.

性质 1　若 $\hat{\beta}_0, \hat{\beta}_1$ 分别为参数 β_0, β_1 最小二乘估计，则

(1) $\hat{\beta}_0, \hat{\beta}_1$ 分别为 β_0, β_1 的无偏估计，即 $E(\hat{\beta}_0) = \beta_0, E(\hat{\beta}_1) = \beta_1$；

(2) $\hat{\beta}_0 \sim N\left(\beta_0, \left(\frac{1}{n} + \frac{\overline{x}^2}{l_{xx}}\right)\sigma^2\right)$，$\hat{\beta}_1 \sim N\left(\beta_1, \frac{1}{l_{xx}}\sigma^2\right)$.

性质 2　在一元线性回归模型中，随机项 ε 的方差 σ^2 的点估计为

$$\hat{\sigma}^2 = \frac{1}{n}\sum_{i=1}^{n}(y_i - \hat{\beta}_0 - \hat{\beta}_1 x_i)^2\text{，并且}\quad \frac{n\hat{\sigma}^2}{\sigma^2} \sim \chi^2(n-2)$$

注意：$\hat{\sigma}^2$ 不是 σ^2 的无偏估计.

11.2.4　回归分析与相关分析的比较

(1) 相关分析是回归分析的基础和前提. 只有经过相关分析判断出变量间具有显著的线性关系时，方可考虑是否应用回归分析方法.

(2) 在相关分析中，不必确定自变量和因变量，两个变量的地位是平等的；在回归分析中，必须事先确定自变量和因变量，只能从自变量去推测因变量，而不能从因变量去推测自变量，即两个变量的地位不平等.

(3) 相关分析未能给出变量间相互关系具体的数量形式；回归分析能够确切地给出变量之间相互关系的数量形式，并可根据回归模型从已知量估计和预测未知量.

(4) 相关分析所涉及的变量一般都是随机变量；回归分析中因变量是随机变量，自变量则作为事先给定的非随机变量.

11.3　回归直线的拟合优度

经验回归直线(回归方程)是利用样本数据，根据最小二乘估计得到的. 对于任何一组二元样本数据，均可以由最小二乘法得到相应的经验回归直线. 由图 11-4 可以看出，不同的样本数据得到的经验回归直线对数据的拟合程度是不同的，这就是拟合优度问题.

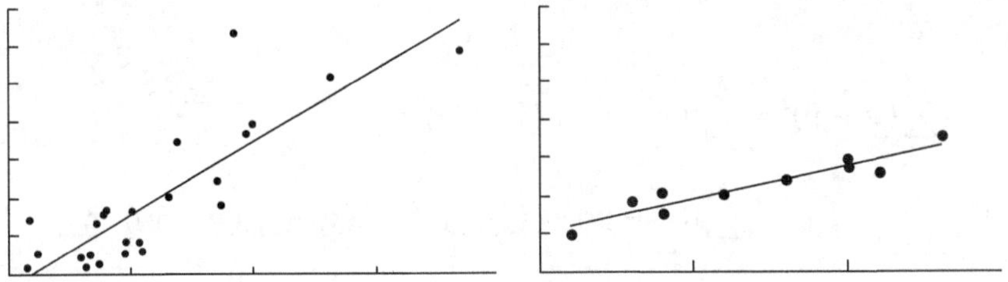

(a) $\hat{y}=-0.8295+0.0379x, R^2=0.7116$　　(b) $\hat{y}=60+5x, R^2=0.9027$

图 11-4

11.3.1　误差平方和分解

设变量 (x,y) 的 n 对样本观测值为 $(x_1,y_1),(x_2,y_2),\cdots,(x_n,y_n)$，对于给定的自变量 x_1，x_2，…，x_n，经验回归直线 $\hat{y}=\hat{\beta}_0+\hat{\beta}_1 x$ 上的坐标(点对)为

$$(x_1,\hat{y}_1),(x_2,\hat{y}_2),\cdots,(x_n,\hat{y}_n)$$

即 $(x_i,\hat{y}_i)$ 满足方程 $\hat{y}_i=\hat{\beta}_0+\hat{\beta}_1 x_i$. 变差 $y_i-\overline{y}$ 称为因变量在 $x=x_i$ 处的总离差(总误差)，$y_i-\hat{y}_i$ 称为残差，$\hat{y}_i-\overline{y}$ 称为回归差(回归误差)，其中 $\overline{y}=\dfrac{1}{n}\sum\limits_{i=1}^{n}y_i$. 上述 3 个误差的几何意义如图 11-5 所示. 显然有 $y_i-\overline{y}=(y_i-\hat{y}_i)+(\hat{y}_i-\overline{y})$.

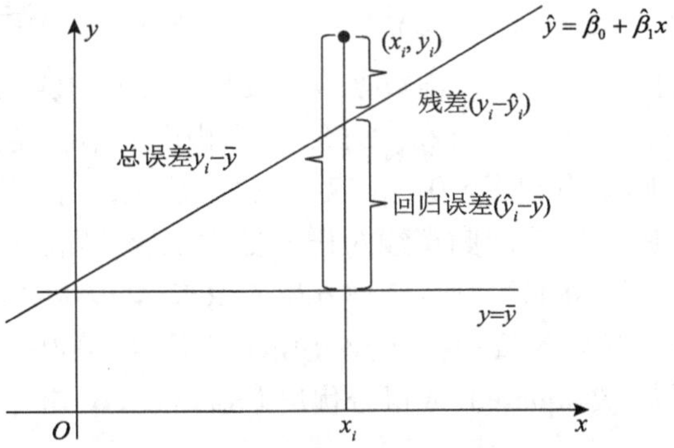

图 11-5

由上述变差生成的平方和 $\sum\limits_{i=1}^{n}(y_i-\overline{y})^2$，$\sum\limits_{i=1}^{n}(\hat{y}_i-\overline{y})^2$ 及 $\sum\limits_{i=1}^{n}(y_i-\hat{y})^2$ 分别称为总平方和 (total sum of squares, SST)、回归平方和 (sum of squares of regression, SSR)及残差平方和 (sum of squares of error, SSE). 分别记为

$$\text{SST}=\sum_{i=1}^{n}(y_i-\overline{y})^2,\quad \text{SSR}=\sum_{i=1}^{n}(\hat{y}_i-\overline{y})^2,\quad \text{SSE}=\sum_{i=1}^{n}(y_i-\hat{y})^2$$

总平方和 SST 反映了因变量 y 的 n 个观察值与其均值的总误差；回归平方和 SSR 反映了由 x 与 y 之间的线性关系引起的 y 的取值变化，也称为可解释的平方和；残差平方和 SSE 反映了除 x 以外的其他因素对 y 取值的影响，也称为不可解释的平方和或剩余平

方和.

$$\begin{aligned}\sum_{i=1}^{n}(y_i-\overline{y})^2&=\sum_{i=1}^{n}((y_i-\hat{y}_i)+(\hat{y}_i-\overline{y}))^2\\&=\sum_{i=1}^{n}((y_i-\hat{y}_i)^2+(\hat{y}_i-\overline{y})^2+2(y_i-\hat{y}_i)(\hat{y}_i-\overline{y}))\\&=\sum_{i=1}^{n}(\hat{y}_i-\overline{y})^2+\sum_{i=1}^{n}(y_i-\hat{y}_i)^2+2\sum_{i=1}^{n}(y_i-\hat{y}_i)(\hat{y}_i-\overline{y})\end{aligned}$$

可以证明$\sum_{i=1}^{n}(y_i-\hat{y}_i)(\hat{y}_i-\overline{y})=0$，从而得到下面的恒等式

$$\sum_{i=1}^{n}(y_i-\overline{y})^2=\sum_{i=1}^{n}(\hat{y}_i-\overline{y})^2+\sum_{i=1}^{n}(y_i-\hat{y})^2 \tag{11-7}$$

即

$$\text{SST}=\text{SSR}+\text{SSE} \tag{11-8}$$

公式(11-7)或(11-8)称为误差平方和的分解式.

11.3.2　拟合优度

由于公式$\text{SST}=\text{SSR}+\text{SSE}$是恒等式，所以三个平方和中的任意两个可以决定第三个平方和的值. 当观测值$(x_1,y_1),(x_2,y_2),\cdots,(x_n,y_n)$中的大部分相对密集的分布在经验回归直线的周围时，说明回归直线对样本数据拟合良好. 此时的残差平方和 SSE 相对较小，回归平方和 SSR 较大(接近于总平方和 SST). 一个极端的情况是，如果观测值几乎全部落在经验回归直线上，则会有$\text{SSE}\approx 0$，$\text{SSR}\approx\text{SST}$. 反之，当大部分的实际观测值散乱且远离经验回归直线，则说明该回归直线对样本数据拟合不好，此时的残差平方和 SSE 会变得很大(接近总平方和 SST)，而回归平方和 SSR 变得很小(接近于 0).

基于以上分析，统计学家建议用指标 SSR/SST 度量经验回归直线对样本数据的拟合程度，并称其为判定系数(*R*-squared)或拟合优度(goodness of fit)，记为R^2，即

$$R^2=\frac{\text{SSR}}{\text{SST}}=1-\frac{\text{SSE}}{\text{SST}}$$

判定系数R^2具有以下性质.

性质 1　R^2的取值范围是$0\leqslant R^2\leqslant 1$. 当$R^2=1$时，经验回归直线完美地拟合了实际观测数据；当$R^2=0$时，经验回归直线不能用来拟合实际观测数据，即自变量和因变量之间没有线性关系；R^2的取值越接近 1，经验回归直线对样本数据的拟合越好；反之，R^2越接近 0，经验回归直线对样本数据的拟合越差.

性质 2　判定系数R^2与相关系数r之间有如下关系：$r^2=R^2$，即$r=\pm\sqrt{R^2}$. 一般情况下，$|r|>R^2$.

例 11-5　一家大型银行为加强风险管理，随机抽取了下属 25 个分支机构 2017 年全

年的贷款余额(x)及不良贷款(y)的数据. 管理人员使用 Excel 工具库对自变量 x 与因变量 y 进行了回归分析, 由 Excel 分析报告得到 SSR= 222.4859, SSE= 90.1644. 试计算判定系数 R^2 并解释其经济意义.

解

$$R^2 = \frac{\text{SSR}}{\text{SST}} = \frac{\text{SSR}}{\text{SSR}+\text{SSE}} = \frac{222.4859}{222.4859+90.1644} = 0.7116 = 71.16\%$$

其经济意义是: 在不良贷款取值的变差中, 有 71.16% 可以由不良贷款与贷款余额之间的线性关系来解释. 或者说, 在不良贷款取值的变动中, 有 71.16% 是由贷款余额所决定的.

11.3.3　拟合优度的局限性

如上所述, 判定系数(拟合优度) R^2 是度量经验回归直线对样本数据拟合程度的一个数量指标. 对于不同的二元样本数据, 较大的 R^2 意味着经验回归直线对样本数据拟合较好, 但并不表示样本数据的线性趋势也较为显著. 反过来, 较小的 R^2 意味着经验回归直线对样本数据拟合较差, 但并不表示样本数据的线性趋势不显著. 对于不同的样本数据, 如果 R^2 相等或近似相等, 并不意味着所有的经验回归直线对样本数据拟合效果一致.

图 11-6 显示了 4 组不同的二元数据的散点图与对应的经验回归直线. 4 种情形下的判定系数 R^2 都很接近(均为 0.666 左右), 但拟合效果差别很大. 图 11-6(a) 中的散点具有显著的线性趋势, 经验回归直线客观地反映了样本数据的变动特征; 图 11-6(b) 中绝大多数的散点几乎分布在一条直线上, 但经验回归直线受到右上角异常点的影响而产生了系统偏离; 图 11-6(c) 中的散点呈现出非线性相关的趋势, 判定系数并未反映出样本数据分布的非线性因素; 图 11-6(d) 的散点图表明, 变量 y 几乎完全不受变量 x 的控制, 经验回归直线不具有统计意义.

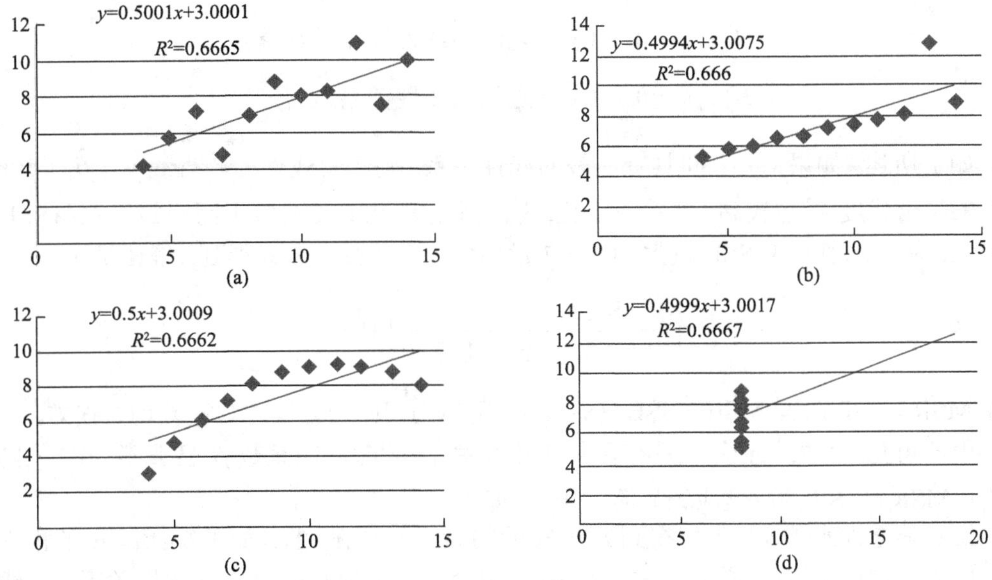

图 11-6

由此可见，R^2 有时并不能揭示样本数据的变动特征，这是判定系数应用中的主要局限.

11.4 一元回归模型的统计检验

11.4.1 回归模型的设定问题

11.2 节在线性回归模型假设下,根据最小二乘估计得到了经验线性回归方程 $\hat{y}=\hat{\beta}_0+\hat{\beta}_1 x$. 这个方程是否在统计意义上真实地反映了变量 x,y 之间的数量关系，取决于回归模型设定的真伪. 换言之，我们需要回答以下两个重要的问题:

问题 1 回归模型的线性假设 $y=\beta_0+\beta_1 x+\varepsilon$ 是否正确？比如 x,y 之间的数量关系为什么不是 $y=\beta_0+\beta_1 x^2+\varepsilon$ 或者 $y=\beta_0+\beta_1 \mathrm{e}^x+\varepsilon$ ？

问题 2 随机项 ε 是否确实服从正态分布 $N(0,\sigma^2)$ ？

如果回归模型中的线性假设或者随机项的正态性假设是错误的，则我们在本章前面所做的所有工作都是在建造一个没有根基的“空中楼阁”，得到的经验回归方程当然不能用于分析实际问题.

本节将在假设检验框架下对“问题 1”做出统计推断，在基于几何直观的“残差分析”框架下对“问题 2”予以讨论.

11.4.2 线性回归模型的显著性检验

本节提出的“问题 1”更为直接的表述是：在随机项 $\varepsilon\sim N(0,\sigma^2)$ 的前提下，变量 x,y 之间是否具有线性关系 $y=\beta_0+\beta_1 x+\varepsilon$？“问题 1”的本质是要考察回归系数 β_1 是否显著地不为零. 于是可以建立如下的假设:

$$H_0:\beta_1=0 \quad （x,y\text{ 之间的线性关系不显著}）$$

$$H_1:\beta_1\neq 0 \quad （x,y\text{ 之间的线性关系显著}）$$

如上所述，如果 x,y 之间具有显著的线性关系，则经验线性回归直线 $\hat{y}=\hat{\beta}_0+\hat{\beta}_1 x$ 对数据的拟合优度 R^2 也较高. 这等价于说，残差平方和 SSE 相对较小而回归平方和 SSR 相对较大，从而比值 SSR/SSE 较大. 由第 7 章抽样分布的知识容易得到，统计量

$$F=\frac{\text{SSR}/1}{\text{SSE}/(n-2)}=\frac{\text{MSR}}{\text{MSE}}\sim F(1,n-2)$$

其中 $\text{MSR}=\text{SSR}/1$ 与 $\text{MSE}=\text{SSE}/(n-2)$ 分别称为回归均方误差与残差均方误差.

由此可见，如果 x,y 之间具有显著的线性关系(此时回归系数 β_1 显著不为零)，则比值 $F=\text{MSR}/\text{MSE}$ 的取值应该显著大于 1，即 $F\gg 1$.

给定显著性水平 α，查表得到 F 分布的临界值 $F_\alpha(1,n-2)$. 如果统计量 F 的样本值 $F>F_\alpha(1,n-2)$，则拒绝原假设 $H_0:\beta_1=0$，表明 x,y 之间具有显著的线性关系，即线性

模型 $y=\beta_0+\beta_1 x+\varepsilon$ 的假定是正确的. 否则将接受原假设, 不能认为 x,y 之间具有显著的线性关系, 即不能采用该线性模型.

例如, 在例 11-5 中, 样本容量 $n=25$, 取显著性水平 $\alpha=0.05$, 则有

$$F=\frac{\text{SSR}/1}{\text{SSE}/(n-2)}=\frac{\text{MSR}}{\text{MSE}}\sim F(1,\ 25-2)$$

计算

$$F=\frac{\text{SSR}/1}{\text{SSE}/(n-2)}=\frac{222.4859/1}{90.1644/(25-2)}=56.7538$$

临界值 $F_{0.05}(1,23)=4.28<F=56.7538$, 拒绝原假设 $H_0:\beta_1=0$, 表明贷款余额 x 与不良贷款 y 之间具有显著的线性关系, 即变量 x 与 y 之间可以建立线性回归模型.

为便于应用, 按照方差分析的思路, 统计学家将用于 F 检验的指标归纳总结成一张"方差分析表", 如表 11-4 所示.

表 11-4　一元线性回归方差分析表

平方和	df	SS	MS	F
回归分析	1	SSR	MSR = SSR / 1	MSR / MSE
残差分析	n–2	SSE	MSE = SSE / $(n-2)$	—
总计	$n-1$	SST	—	—

表 11-4 中, n 为样本容量, df 为自由度, SS 所在的列表示各误差平方和, MS 所在的列表示各均方误差. 在一元线性回归分析中, 回归平方和 SSR 只存在一个独立取值的变量, 因此它的自由度是 1.

换一个视角看, 如果拒绝原假设 $H_0:\beta_1=0$, 则表明变量 x 对变量 y 的线性影响是显著的. 从这个视角出发, 人们还建立了另外一个检验假设 $H_0:\beta_1=0$ 的"t 检验法", 称为回归系数的显著性检验. 由于在一元线性回归模型的统计检验中, 断言"变量 x,y 之间具有显著的线性关系"与"变量 x 对变量 y 的线性影响显著", 这两种说法是等价的, 所以 t 检验法和 F 检验法也是等价的. 在第 12 章我们将会看到, t 检验法和 F 检验法在多元线性回归的统计检验中都是必不可少的.

11.4.3　残差分析

本节提出的"问题 2: 随机项 ε 是否服从正态分布 $N(0,\sigma^2)$"是一个更加基本的问题. 如果模型中的假定"$\varepsilon\sim N(0,\sigma^2)$"是错误的, 则不能保证参数 β_0,β_1 最小二乘估计 $\hat\beta_0,\hat\beta_1$ 的无偏性, $\hat\beta_0,\hat\beta_1$ 的正态性无从谈起, 基于正态分布的 F 检验也是不成立的.

一般情况下, 对随机变量正态性的检验是通过非参数方法完成的. 非参数方法是统计学充满活力的一个分支, 感兴趣的读者可以查阅相关资料. 本节介绍的残差分析, 是

利用残差项的散点图(相关图)判断随机项ε是否服从正态分布的直观检验方法. 该方法简单实用, 但缺乏严谨的判断标准.

1. 残差图

设线性回归模型 $y=\beta_0+\beta_1 x+\varepsilon$ 成立,样本观测值为 $(x_1,y_1),(x_2,y_2),\cdots,(x_n,y_n)$. 由 $y_i=\beta_0+\beta_1 x_i+\varepsilon_i$,随机误差 $\varepsilon:\varepsilon_i=y_i-\beta_0-\beta_1 x_i$ ($i=1,2,\cdots,n$) 均服从正态分布 $N(0,\sigma^2)$. 在 $x=x_i$ 处, 经验回归直线 $\hat{y}=\hat{\beta}_0+\hat{\beta}_1 x$ 上的纵坐标为 $\hat{y}_i=\hat{\beta}_0+\hat{\beta}_1 x_i$. 残差

$$e:e_i=y_i-\hat{y}_i=y_i-\hat{\beta}_0-\hat{\beta}_1 x_i,\quad i=1,2,\cdots,n$$

是已知的变量, 并且e是ε合适的估计. 由此可见, 若ε服从正态分布, 则e也近似服从正态分布, 即坐标点 $(x_i,e_i):(x_1,e_1),(x_2,e_2),\cdots,(x_n,e_n)$ 应该形成如下的散点图(图 11-7).

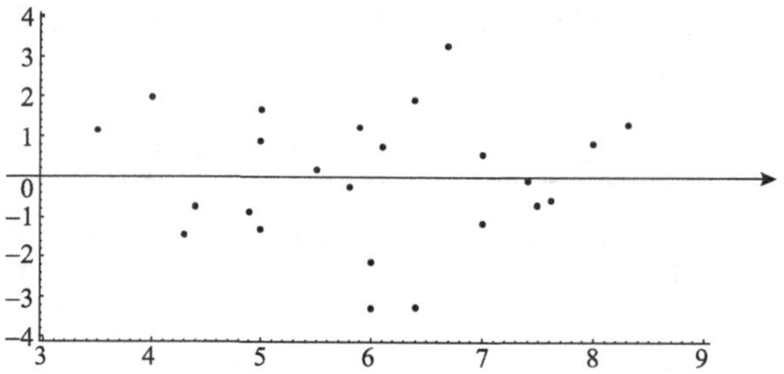

图 11-7 残差图

图 11-7 称为回归分析残差图(residual plot). 如上所述, 如果线性回归模型 $y=\beta_0+\beta_1 x+\varepsilon$ 成立, 则残差图中的点 (x_i,e_i) 应该散乱而密集地分布在以直线 $e=0$ 为中心的一个水平带状的区域中, 否则就可以在统计意义上做出" $\varepsilon\sim N(0,\sigma^2)$ "的假定不正确的断言.

图 11-8 是几种回归残差图. 图 11-8(a)表明残差项近似服从正态分布, 可以断言" $\varepsilon\sim N(0,\sigma^2)$ "的假定是正确的, 模型可用; 图 11-8(b)中散点的波动随着自变量x的增大而增大, 即误差项ε的方差σ^2并非常数(称为异方差), 需要进一步对模型进行甄别和检验; 图 11-8(c)表明误差项ε的正态性假定是不成立的, 模型不可用.

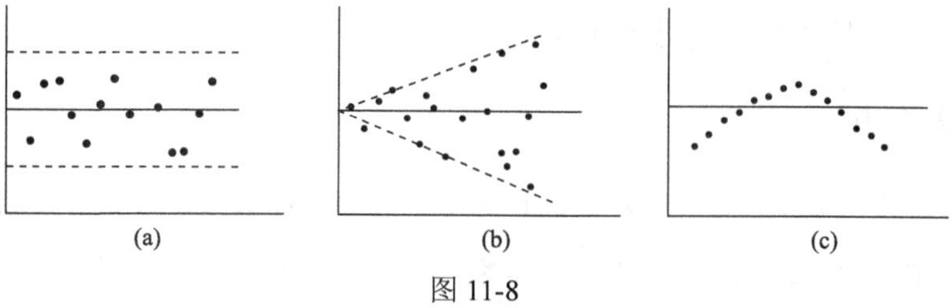

图 11-8

2. 标准残差

标准残差 z_e 是用残差除以它的标准误差 s_e 之后得到的数值, 即

$$z_{e_i}=\frac{e_i}{s_e}=\frac{y_i-\hat{y}_i}{s_e}$$

如果误差项 ε 正态分布的假设成立，那么标准残差的分布也应该近似服从标准正态分布，即 $z_{e_i}\overset{\text{近似}}{\sim}N(0,1)$．因此，在标准残差图中，大约有 95% 的标准残差位于水平线 $e=2$ 和 $e=-2$ 之间.

例如，在例 11-3 中，由 Excel 分析工具库中“回归”对话框直接给出该问题的残差及标准残差(表 11-5).

表 11-5

x	6	10	21	40	62	62	90	100	120
残差	−33.30	−18.98	12.13	47.88	57.11	−51.89	−10.69	43.59	−45.83
标准残差	−0.80	−0.45	0.29	1.15	1.37	−1.24	−0.26	1.04	−1.10

标准残差如图 11-9 所示.

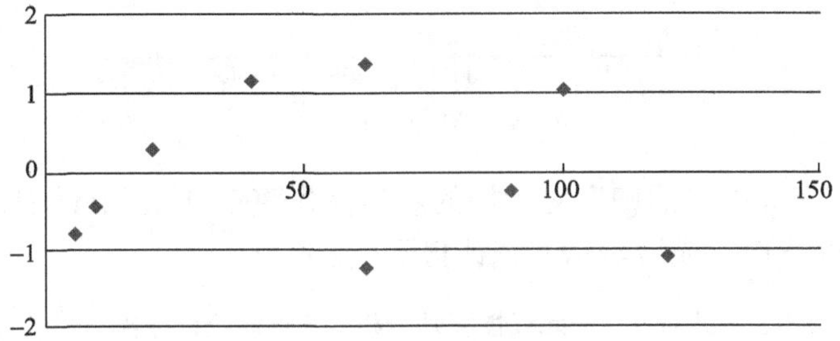

图 11-9　标准残差图

由图 11-9 可以断言，例 11-3 中的随机误差项的正态性假定在统计意义下是正确的.

11.5　回归统计报告解析及模型评价

11.5.1　Excel 回归统计报告解析

例 11-6　企业的营业税是政府财政收入的重要组成部分. 为了利用社会商品零售总额(x)预测营业税的税收总额(y)，需要了解两者的相依关系. 某地区税务部门收集了该地区 9 个城市同一季度的相关数据，形成如表 11-6 所示的样本.

试利用 Excel 分析工具库中的“回归”对话框建立自变量 x 对因变量 y 的经验线性回归方程，并解读“统计报告”中的相关指标.

解　变量 x,y 的样本相关图如图 11-10 所示. 由相关图(图 11-10)可以直观地看出，社会商品零售总额(x)与营业税的税收总额(y)之间具有明显的正向线性关系，这是下一步进行回归分析的基础和前提.

表 11-6　社会商品零售总额与营业额的税收总额　　(单位：亿元)

序号	社会商品零售总额	营业税的税收总额
1	142.08	3.93
2	177.30	5.96
3	204.68	7.85
4	242.88	9.82
5	316.24	12.5
6	341.99	15.55
7	332.69	15.79
8	389.29	16.39
9	435.40	18.45

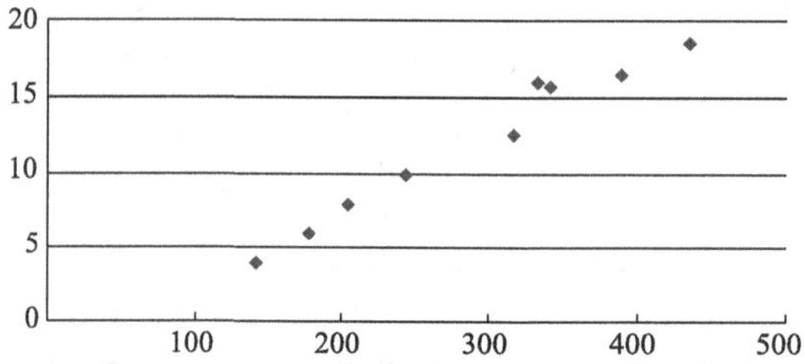

图 11-10

Excel 分析工具库中“回归”对话框的具体操作将在 11.8 节详细介绍. 下面直接列出“回归”对话框操作完成后显示的统计报告(表 11-7).

表 11-7　一元线性回归分析的 Excel 统计报告

SUMMARY OUTPUT

回归统计	
Multiple R	0.985887468
R Square	0.971974099
Adjusted R	0.967970399
标准误差	0.919834573
观测值	9

方差分析

	df	SS	MS	F	Significance F
回归分析	1	205.4057527	205.405753	242.769	1.08438E–0.6
残差	7	5.922669487	0.84609564		
总计	8	211.3284222			

	Coefficients	标准误差	t Stat	P–value	Lower 95%	Upper 95%	下限 95.0%	上限 95.0%
Intercept	–2.716497319	0.98110337	–2.7688187	0.027741	–5.036438141	–0.3965565	–5.036438	–0.39656
X Variable	0.050604432	0.00324782	15.5810447	1.08E–06	0.042924558	0.05828431	0.0429246	0.058284

表 11-7 分为 3 个部分.

第一部分(表 11-7 的左上角)为“回归统计报告”，其中“Multiple R”表示样本相关系数 r_{xy}；“R Square”表示判定系数(拟合优度) R^2；“Adjusted R Square”表示修正后的判定系数，这个指标用于度量多元线性回归的拟合优度；“标准误差”表示残差均方误差 $\text{MSE}=\text{SSE}/(n-2)$ 的平方根，即 $\sqrt{\text{MSE}}$；“观测值”表示样本容量.

在本例中，Multiple R= 0.985887468 说明两组数据高度正线性相关；R Square= 0.971974099 说明两组数据的线性拟合程度良好.

第二部分(表 11-7 的中间部分)为“方差分析报告”，即方差分析表. 其中第 1 列“df”的 3 个数值依次表示回归平方和 SSR、残差平方和 SSE、总平方和 SST 的自由度；第 2 列“SS”的 3 个值依次表示 3 个平方和的计算值；第 3 列“MS”的 2 个数值分别表示回归均方误差 MSR 及残差均方误差 MSE；第 4 列“ F ”表示 F 统计量 MSR / MSE 的值；第 5 列“Significance F”表示 F 检验的 P 值.

在本例中，Significance F=1.08438E–06 说明在显著性水平 $\alpha=0.05$ 下，F 检验的 P 值为 $P=1.08438\times10^{-6}$，远小于 α，即拒绝原假设，表明变量 x,y 之间具有显著的线性关系.

第三部分(表 11-7 的下方)为“回归参数报告”. 其中第 1 列“Coefficients”的两个数值分别表示经验回归方程 $\hat{y}=\hat{\beta}_0+\hat{\beta}_1x$ 的截距 $\hat{\beta}_0$ (Intercept) 和回归系数 $\hat{\beta}_1$ (X Variable)；第 2 列“标准误差”下面的两个数值分别表示 $\hat{\beta}_0$ 和 $\hat{\beta}_1$ 的标准误差；第 3 列“t Stat”下面的数值分别表示在显著性水平 $\alpha=0.05$ 下，回归方程 $E(y)=\beta_0+\beta_1x$ 中参数 β_0,β_1 显著性检验的 t 统计量的值；第 4 列“P-value”下面的数值分别表示在水平 $\alpha=0.05$ 下，参数 β_0,β_1 t 检验的 P 值. 第 5—6 列“Lower 95%”“Upper 95%”分别表示参数 β_0,β_1 在置信水平 $1-\alpha=0.95$ 下置信区间的下限及上限.

本例中，Excel 给出的经验回归方程为 $\hat{y}=-2.716497319+0.050604432x$，回归系数 β_1 在水平 $\alpha=0.05$ 下，t 检验的 P 值即 $P=1.08438\times10^{-6}$ (与 F 检验的 P 值相同)远小于 α，即拒绝原假设 $H_0:\beta_1=0$，表明自变量 x 对因变量 y 具有显著的影响.

11.5.2　回归过程及模型评价

1. 回归分析过程

由本章的内容，可总结线性回归分析的一般操作步骤和分析过程如下：

(1) 根据样本数据作相关图；

(2) 确定变量的地位，即明确哪个是自变量(解释变量)，哪个是因变量(被解释变量)；

(3) 操作 Excel 分析工具库中的“回归”对话框，显示统计分析报告；

(4) 对统计分析报告中的各项指标进行系统分析，给出回归模型的全面评价；

(5) 将通过评价合格后的回归模型应用于估计、预测和静态分析.

2. 回归模型评价

从理论上说，我们可以根据任意一组样本数据建立相应的回归模型. 一个回归模型能否较好地反映或模拟相应的客观现实，需要事先做出综合评价. 回归模型的质量评价因研究对象的不同而有所差别，下面列出几条基本的评价原则.

(1) 统计检验的显著性原则. 一个好的回归模型应该通过以下几项统计检验.

(i) 线性关系的显著性检验(F 检验)，即模型的线性关系设定是正确的;

(ii) 回归系数的显著性检验(t 检验)，与线性假设的 F 检验结果完全相同;

(iii) 误差项的正态性直观检验(残差图无异常)，即误差项的正态性假定是正确的.

(2) 符号一致性原则. 如果理论上认为变量之间是正相关(负相关)的，那么所建立的回归方程也应该如此. 换言之，经验方程中回归系数的符号必须与理论或事先的预期相一致.

例如，在例 11-6 中，可以预期随着社会商品零售总额的增大，税收总额也会增大，即回归系数 $\hat{\beta}_1$ 应该取正值，并且 t 检验的 P 值远小于显著性水平，否则模型不可用.

(3) 拟合优度原则. 好的回归模型应该在较大程度上解释了因变量 y 取值的差异，这种解释力一般由判定系数 R^2 度量.

例如，在例 11-6 中，R^2=R Square=0.971974099，即经验回归方程解释了税收总额变差大约 97.2%的部分，说明拟合的效果优良.

11.6　估计与预测

11.6.1　点估计与点预测

估计和预测是回归分析的主要任务之一. 如果经验回归方程通过了统计检验，则可以利用其对因变量进行估计和预测.

1. 点估计

设线性回归模型 $y=\beta_0+\beta_1 x+\varepsilon$ 已通过统计检验，由样本数据经最小二乘估计得到的经验回归方程为 $\hat{y}=\hat{\beta}_0+\hat{\beta}_1 x$. 对于给定的自变量 x_0，称 $\hat{y}_0=\hat{\beta}_0+\hat{\beta}_1 x_0$ 为因变量 y 在 x_0 处的点估计值.

2. 点预测

设线性回归模型 $y=\beta_0+\beta_1 x+\varepsilon$ 已通过统计检验，因变量 y 取数学期望就得到回归方程 $E(y)=\beta_0+\beta_1 x$. 对于给定的自变量 x_0，y 在 x_0 处的平均值 $E(y_0)=\beta_0+\beta_1 x_0$ 称为因变量 y 在 x_0 处的点预测值. 由于 β_0,β_1 是未知参数，所以我们无法得到变量 y 的点预测 $E(y_0)$. 考虑到 $\hat{y}=\hat{\beta}_0+\hat{\beta}_1 x$ 是回归方程 $E(y)=\beta_0+\beta_1 x$ 的经验估计，即 $\hat{\beta}_0+\hat{\beta}_1 x$ 是函数 $\beta_0+\beta_1 x$ 的估计函数，因此有 $E(y)=\beta_0+\beta_1 x\approx\hat{\beta}_0+\hat{\beta}_1 x$，从而我们得到因变量 y 在 x_0 处的点预测近似值为 $E(y_0)\approx\hat{\beta}_0+\hat{\beta}_1 x_0$.

综上所述，线性回归模型的点预测与点估计的含义有所区别，但在实际应用中，点预测值与点估计值是相同的.

例如, 在例 11-3 中, 销售额 y 对广告费 x 的经验回归方程为 $\hat{y}=45.27+3.17x$. 当广告费投入 x=80 万元时, 销售额 y 的点估计为 $\hat{y}_0=45.27+3.17\times 80$=298.87 (万元), 点预测值 $E(y_0)\approx 45.27+3.17\times 80$=298.87 (万元).

11.6.2　区间估计与区间预测

在线性回归模型中, 点估计(点预测)是根据经验方程对因变量 y 给出的一个估计(预测), 估计或预测的结果与变量 y 的真值会有不同程度的误差. 上述误差需要用区间估计方法进行度量. 统计学家对因变量 y 的区间估计进行深入研究后, 得到了下面的两个结果.

(1) 给定自变量 x_0, 因变量的平均值 $E(y_0)=\beta_0+\beta_1x_0$ 在水平 $1-\alpha$ 下的置信区间为 $(\hat{y}_0-\bar{\delta},\ \hat{y}_0+\bar{\delta})$, 其中

$$\bar{\delta}=t_{\alpha/2}(n-2)\cdot S_{\mathrm{e}}\sqrt{1/n+(x_0-\bar{x})^2\Big/\sum_{i=1}^{n}(x_i-\bar{x})^2},\quad S_{\mathrm{e}}=\sqrt{\mathrm{MSE}}=\sqrt{\mathrm{SSE}/n-2}$$

(2) 给定自变量 x_0, 因变量的个别值 y_0 在水平 $1-\alpha$ 下的置信区间为 $(\hat{y}_0-\delta,\ \hat{y}_0+\delta)$, 其中

$$\delta=t_{\alpha/2}(n-2)\cdot S_{\mathrm{e}}\sqrt{1+1/n+(x_0-\bar{x})^2\Big/\sum_{i=1}^{n}(x_i-\bar{x})^2},\quad S_{\mathrm{e}}=\sqrt{\mathrm{MSE}}=\sqrt{\mathrm{SSE}/n-2}$$

显然 $(\hat{y}_0-\bar{\delta},\ \hat{y}_0+\bar{\delta})\neq(\hat{y}_0-\delta,\ \hat{y}_0+\delta)$. 在实际应用中, 我们就用 $(\hat{y}_0-\bar{\delta},\ \hat{y}_0+\bar{\delta})$ 作为期望值 $E(y_0)$ 的预测区间, 用 $(\hat{y}_0-\delta,\ \hat{y}_0+\delta)$ 作为因变量的个别值 y_0 的预测区间.

例 11-7　在例 11-3 中, 当广告费为 $x_0=80$ 万元时, 求销售额 y_0 的预测区间 $(\alpha=0.05)$.

经验回归方程为 $\hat{y}=45.27+3.17x$, 当 $x_0=80$ 时容易得到, y_0 在水平 95%下的预测区间为 $(\hat{y}_0-\delta,\ \hat{y}_0+\delta)=(224.73,\ 335.69)$.

11.7　非线性回归模型的线性化

在许多实际问题中, 变量之间存在非线性的相关关系, 这种情形表现在散点图上, 就是样本数据的坐标点明显地不在一条直线的周围, 而是在某曲线附近波动, 这时就需要用一条曲线拟合.

例 11-8　在炼钢过程中, 经观测得到钢包容积增大量 y 随使用次数 x 变化的数据如表 11-8 所示.

表 11-8

x	2	3	4	5	6	7	8	9
y	6.42	8.20	9.58	9.50	9.70	10.00	9.93	9.99
x	10	11	12	13	14	15	16	
y	10.49	10.59	10.59	10.80	10.60	10.90	10.5	

为讨论 y 与 x 之间的关系，先根据数据画出散点图(图 11-11).

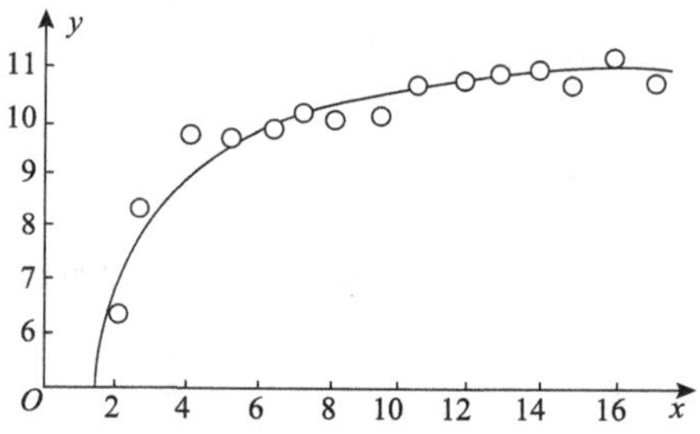

图 11-11

从散点图上可以看到，钢包容积增大量 y 和使用次数 x 之间高度相关，但二者并不是线性关系.

设变量 y 与 x 之间存在非线性关系. 在许多情形下，通过适当变换，可将其转化为线性回归问题. 下面介绍一些常见的可化为线性回归问题的情形，并给出相应的变换公式.

1. 双曲线 $\dfrac{1}{y}=a+\dfrac{b}{x}$ (图 11-12)

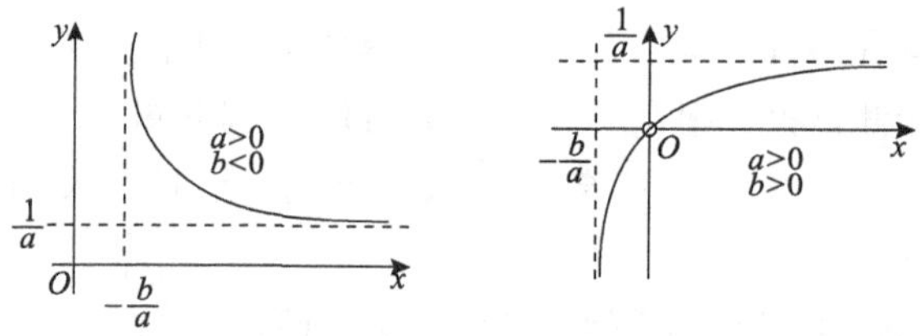

图 11-12

令 $y^*=1/y$，$x^*=1/y$，则得线性方程 $y^*=a+bx^*$. 将样本数据 (x_i,y_i) 化为 (x_i^*,y_i^*) $i=1,2,\cdots,n$，按线性回归方法估计参数 a,b，得到经验线性回归方程 $\hat{y}^*=\hat{a}+\hat{b}x^*$，即为

$$\frac{1}{\hat{y}}=\hat{a}+\hat{b}\frac{1}{x}$$

2. 对数函数曲线 $y=a+b\ln x$ (图 11-13)

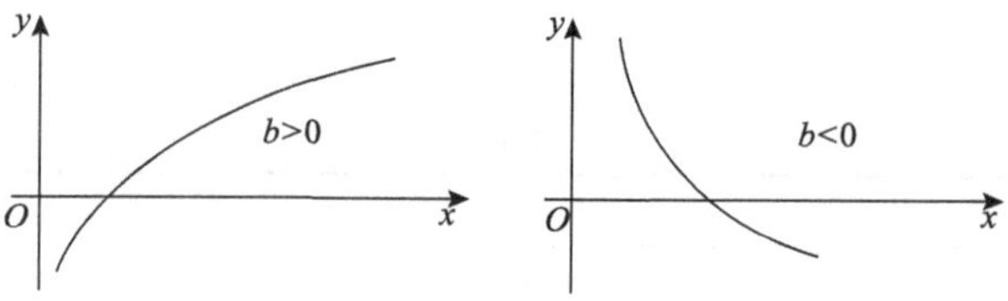

图 11-13

令 $y^* = y$，$x^* = \ln x$，可得经验线性方程 $\hat{y}^* = \hat{a} + \hat{b}x^*$. 返回到原关系，有

$$y = \hat{a} + \hat{b}\ln x$$

3. 幂函数曲线 $y = cx^b, c > 0, x > 0$（图 11-14）

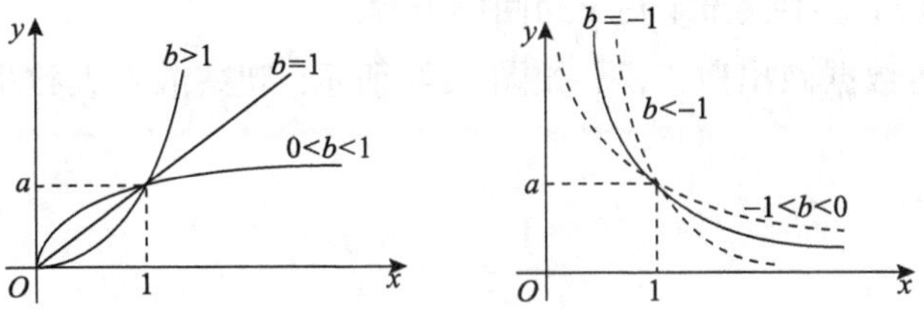

图 11-14

取对数得 $\ln y = \ln c + b\ln x$，令 $y^* = \ln y$，$a = \ln c$，$x^* = \ln x$，可得经验线性方程

$$\hat{y}^* = \hat{a} + \hat{b}x^*$$

返回到原关系，即为 $\hat{y} = \hat{c}x^{\hat{b}}$，其中 $\hat{y} = e^{\hat{y}^*}$，$\hat{c} = e^{\hat{a}}$.

4. 指数函数曲线 $y = cE^{bx}, c > 0$（图 11-15）

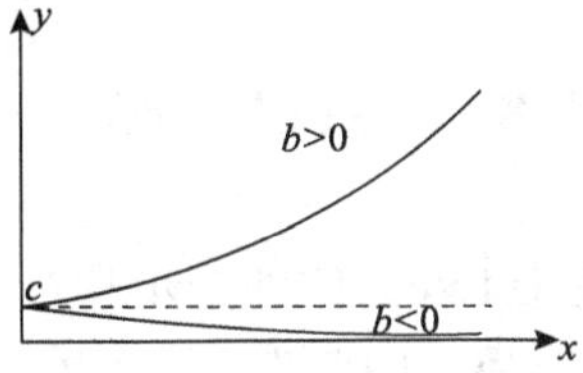

图 11-15

取对数 $\ln y = \ln c + bx$.令 $y^* = \ln y$，$a = \ln c$，$x^* = x$，则有

$$\hat{y}^* = \hat{a} + \hat{b}x^*$$

返回还原关系为 $\hat{y} = \hat{c}e^{\hat{b}x}$.

5. 逻辑斯蒂曲线（logistic curve）曲线 $y = \dfrac{1}{a + bE^{-x}}$（图 11-16）

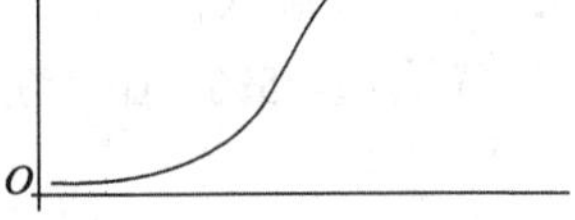

图 11-16

令 $y^* = \dfrac{1}{y}$，$x^* = \mathrm{e}^{-x}$，则有 $\hat{y}^* = \hat{a} + \hat{b}x^*$．返回还原关系有

$$\hat{y} = \frac{1}{\hat{a} + \hat{b}\mathrm{e}^{-x}}$$

例 11-9　求例 11-8 中变量 y 对 x 的回归方程.

解　先用 15 对数据做出散点图，如图 11-7 所示. 观察散点大致呈双曲线形，故设定回归方程形如

$$\frac{1}{y} = a + \frac{b}{x}$$

令 $x^* = 1/x$，$y^* = 1/y$，利用样本数据 (x_i^*, y_i^*) $i = 1, 2, \cdots, n$，不难得到线性回归方程 $y^* = a + bx^*$ 的参数估计：$\hat{b} = 0.1312$，$\hat{a} = 0.0823$.

于是得到经验线性回归方程 $\hat{y}^* = 0.0823 + 0.1312x^*$. 将 $x^* = 1/x$，$y^* = 1/y$ 代入上式即得所求经验回归方程为

$$\frac{1}{\hat{y}} = 0.0823 + \frac{0.1312}{x}$$

11.8　Excel　操　作

下面以例 11-3 为例，展示使用 Excel 软件的步骤.

步骤 1　在“数据分析”中选择“回归”，然后单击“确定”(图 11-17).

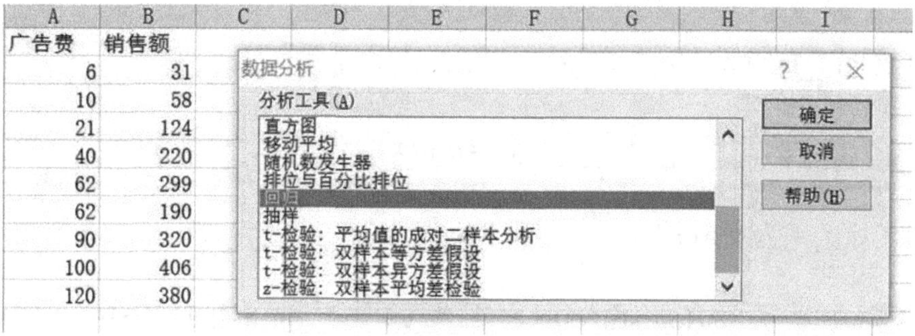

图 11-17

步骤 2　在弹出的对话框中，“Y 值输入区域”选择 B3: B32;“X 值输入区域”选择 C3: C32;“置信度”保持软件默认值 95%; 在“新工作表组”输出，然后单击“确定”(图 11-18).

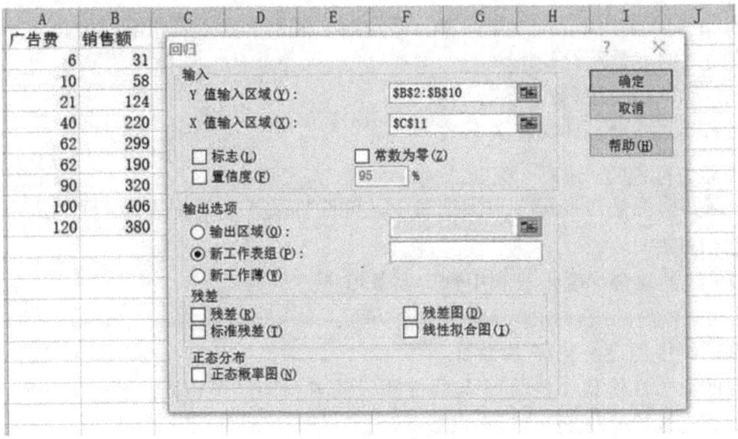

图 11-18

输出的结果(统计报告)如图 11-15 所示.

SUMMARY OUTPUT

回归统计

Multiple R	0.985887468
R Square	0.971974099
Adjusted R	0.967970399
标准误差	0.919834573
观测值	9

方差分析

	df	SS	MS	F	Significance F
回归分析	1	205.4057527	205.405753	242.769	1.08438E–06
残差	7	5.922669487	0.84609564		
总计	8	211.3284222			

	Coefficients	标准误差	t Stat	P-value	Lower 95%	Upper 95%	下限 95.0%	上限 95.0%
Intercept	–2.716497319	0.98110337	–2.7688187	0.027741	–5.036438141	–0.3965565	–5.036438	–0.39656
X Variable	0.050604432	0.00324782	15.5810447	1.08E–06	0.042924558	0.05828431	0.0429246	0.058284

图 11-19

本 章 小 结

1. 相关关系的分类:

(1) 按照变量相依关系的程度分类, 可分为完全相关、不完全相关和不相关;

(2) 按照变量相依关系的变动方向分类, 可分为正相关和负相关;

(3) 按照变量相依关系的几何特征分类, 可分为线性相关和非线性相关;

(4)按照变量相依关系中变量的个数分类, 可分为单相关、复相关和偏相关.

2. 线性相关关系的度量及检验:

(1)直观判断: 绘制相关图(散点图);

(2)度量相关程度的大小: 计算相关系数 r_{xy};

(3)线性相关显著性检验: 进行 t 检验.

3. 一元线性回归模型是自变量 x 与因变量 y 之间线性关系的模型表述. 通过最小二乘估计可得到经验回归方程(回归直线).

4. 经验回归直线的拟合优度一般利用判定系数度量.

5. 一元线性回归模型的统计检验有如下几个方面.

(1)回归模型的线性假设检验(F 检验);

(2)回归系数的显著性检验(t 检验), 与线性假设的 F 检验结果相同;

(3)随机项的正态性检验(残差分析).

6. 一元线性回归模型的综合评价有如下几个方面.

(1)统计检验的显著性原则: 一个好的回归模型应该通过上述 3 项统计检验.

(2) 符号一致性原则: 经验方程中回归系数的符号必须与理论或事先的预期相一致.

(3)拟合优度原则: 一般而言, 回归模型的拟合优度(判定系数)的值应接近于 1.

7. 估计和预测是回归分析的主要任务之一. 对因变量进行估计和预测的方法有: 点估计(点预测), 以及区间估计(区间预测).

8. 在许多实际问题中, 变量之间存在非线性的相关关系. 一些非线性相关模型可以转化为线性回归问题.

《应用统计学》学习材料(11)

思考与练习

11.1 解释什么是相关关系, 什么是函数关系, 并举例说明.

11.2 相关系数的主要性质有哪些?

11.3 相关分析与回归分析的区别与联系是什么?

11.4 简述一元线性回归模型的基本假定.

11.5 简述一元线性回归模型的评价标准.

11.6 简述判定系数的含义和作用.

11.7 设一元回归模型为 $y_t = \beta_0 + \beta_1 x + \varepsilon$. 讨论在以下几种场合下, 回归系数 β_1 应取的符号及其经济意义.

(1) y 为商业利润率, x 为流通费用;

(2) y 为粮食销售量, x 为人口数;

(3) y 为工业总产值, x 为固定资产;

(4) y 为国内生产总值, x 为工业总产值.

11.8 设销售收入 x 为自变量, 销售成本 y 为因变量. 根据某公司本年度 12 个月的有关资料计算得到以下数据(单位: 万元):

$$\sum(x_i-\bar{x})^2=425053.73;\quad \bar{x}=647.88;\quad \sum(y_i-\bar{y})^2=262855.25$$

$$\bar{y}=549.8;\quad \sum(y_i-\bar{y})(x_i-\bar{x})=334229.09$$

(1) 求经验回归方程，并解释回归系数的经济意义；

(2) 计算判定系数，并解释判定系数的经济意义；

(3) 假定下年度 1 月销售收入为 800 万元，利用经验回归方程预测该月的销售成本，并给出置信水平为 95%的预测区间.

11.9 对 9 位青少年的身高 Y 与体重 X 进行观测，并已得出以下数据：

$$\sum y_i=13.54,\quad \sum y_i^2=22.9788,\quad \sum x_i=472,\quad \sum x_i^2=28158,\quad \sum x_iy_i=803.02$$

(1) 计算判定系数与相关系数.

(2) 以身高为因变量，体重为自变量，建立经验回归方程.

11.10 随机抽取 12 个家庭，调查其家庭月收入与月支出，具体数据如下表所示.

月收入/元	8200	9300	10500	13000	14400	15000	16000	18000	20000	27000	30000	40000
月支出/元	7500	8500	9200	10500	12000	12000	13000	14500	15600	20000	20000	24000

(1) 判断月支出与月收入之间是否存在线性关系，并进行显著性检验；

(2) 确定自变量和因变量，并根据 Excel 运行结果，写出月支出关于月收入的经验回归方程，解释回归系数的意义；

(3) 根据 Excel 运行结果写出并解释判定系数的经济意义；

(4) 在水平 $\alpha=0.05$ 下对回归系数进行显著性检验；

(5) 当家庭月收入为 50000 元时，试计算月支出的点预测值.

11.11 保险公司调查了 10 名业务员的每天平均工作时间与每周所签新保单的情况，得到数据如下表所示.

每周所签新保单数目/个	825	215	1070	550	480	920	1350	325	670	1215
每天平均工作时间/小时	11.5	9	12	10	9	11	12.5	9.5	11	13

(1) 画出相关图(散点图)；

(2) 计算相关系数，并进行显著性检验；

(3) 确定自变量和因变量，并根据 Excel 运行结果，写出每周所签新保单数量关于每天平均工作时间的经验回归方程；

(4) 在水平 $\alpha=0.05$ 下对线性关系(或回归系数)进行显著性检验.

11.12 通过操作 Excel 建立某个问题的一元经验回归方程，Excel 统计报告“方差分析”中的部分信息如下表所示.

离差名称	平方和(SS)	自由度(df)	均方差(MS)	F
回归平方和(SSR)				
残差平方和(SSE)	99.11	22		—
总离差平方和(SST)	2278.67		—	—

(1) 完成方差分析表；

(2) 计算判定系数 R^2 的值并解释其实际意义；

(3) 该回归模型的线性关系是否显著？

第 12 章　多元回归分析

多元回归分析：高尔顿思想的改进

第 11 章的开头介绍了生物学家高尔顿首次提出“回归”概念的背景材料. 高尔顿将每对夫妇的平均身高作为自变量，选取他们的一个成年儿子的身高作为因变量，研究了儿子身高与父母身高之间的关系，并由此建立了一元回归模型.

事实上，大多数夫妇出生于不同的家族，丈夫与妻子不存在血缘关系. 因而我们可以将丈夫的身高与妻子的身高看作两个独立的变量. 由高尔顿的“回归”思想可进一步有如下问题：

(1) 将夫妇各自的身高 x，y 这两个独立的变量作为自变量，如何建立变量 x，y 与儿子身高 z 的回归关系？

(2) 遗传学更感兴趣的问题是：丈夫与妻子对子女身高的影响是同样显著呢，还是丈夫(或妻子)对子女身高的影响更为显著？

上述问题可以通过建立自变量 x，y 关于因变量 z 的二元回归模型进行研究.

12.1　多元线性回归模型

在许多实际问题中，需要研究一个变量与多个变量之间的相关关系(复相关). 例如，某产品的销售额不仅会受到广告费投入的影响，通常还与产品的价格、消费者的收入、社会保有量以及其他可替代产品的价格等诸多相关因素有关系. 多元回归分析是研究一个变量同多个变量之间关系的有效方法. 本章简要介绍多元线性回归模型、参数估计与显著性检验，以及回归统计报告解析与模型的综合评价.

12.1.1　多元线性回归模型

设随机变量 y 与多个确定的、独立取值的变量 $x_1,x_2,\cdots,x_m$ 存在线性相关关系. 设

$$y=\beta_0+\beta_1x_1+\beta_2x_2+\cdots+\beta_mx_m+\varepsilon,\quad \varepsilon\sim N(0,\sigma^2) \tag{12-1}$$

模型(12-1)称为 m 元线性回归模型(multiple liner regression model). 其中 $x_1,x_2,\cdots,x_m$ 称为自变量或解释变量，y 称为因变量或被解释变量，ε 称为随机误差；$\beta_0,\beta_1,\beta_2,\cdots,\beta_m$ 均为待定的常数，$\beta_1,\beta_2,\cdots,\beta_m$ 称为偏回归系数.

对 $m+1$ 个变量 $x_1,x_2,\cdots,x_m,y$ 作 n 次观察，得观察值 $(x_{i1},x_{i2},\cdots,x_{im},y_i),i=1,2,\cdots,n$，则有

$$\begin{cases} y_1 = a + b_1x_{11} + b_2x_{12} + \cdots + b_mx_{1m} + \varepsilon_1 \\ y_2 = a + b_1x_{21} + b_2x_{22} + \cdots + b_mx_{2m} + \varepsilon_2 \\ \cdots\cdots \\ y_n = a + b_1x_{n1} + b_2x_{n2} + \cdots + b_mx_{nm} + \varepsilon_n \end{cases}$$

其中 $\varepsilon_1,\varepsilon_2,\cdots,\varepsilon_n$ 相互独立，且 $\varepsilon_i \sim N(0,\sigma^2)$，$i=1,2,\cdots,n$．令

$$\boldsymbol{Y}=\begin{pmatrix} y_1 \\ y_2 \\ \vdots \\ y_n \end{pmatrix},\quad \boldsymbol{X}=\begin{pmatrix} 1 & x_{11} & x_{12} & \cdots & x_{1m} \\ 1 & x_{21} & x_{22} & \cdots & x_{2m} \\ \vdots & \vdots & \vdots & & \vdots \\ 1 & x_{n1} & x_{n2} & \cdots & x_{nm} \end{pmatrix},\quad \boldsymbol{\beta}=\begin{pmatrix} \beta_0 \\ \beta_1 \\ \vdots \\ \beta_m \end{pmatrix},\quad \boldsymbol{\varepsilon}=\begin{pmatrix} \varepsilon_1 \\ \varepsilon_2 \\ \vdots \\ \varepsilon_n \end{pmatrix}$$

则上述模型可以用矩阵形式表示为 $\boldsymbol{Y}=\boldsymbol{X\beta}+\boldsymbol{\varepsilon}$，其中 $\boldsymbol{\varepsilon} \sim N(0,\sigma^2\boldsymbol{I}_n)$，$\boldsymbol{I}_n$ 为 n 阶单位矩阵.

12.1.2　最小二乘估计

如同一元线性回归，我们仍然用最小二乘法来求 $\beta_0,\beta_1,\beta_2,\cdots,\beta_m$ 的估计量．作离差平方和

$$Q=\sum_{i=1}^{n}(y_i-\hat{y}_i)^2=\sum_{i=1}^{n}(y_i-\beta_0-\beta_1x_{i1}-\beta_2x_{i2}-\cdots-\beta_mx_{im})^2$$

求 $\beta_0,\beta_1,\beta_2,\cdots,\beta_m$ 使

$$Q(\hat{\beta}_0,\hat{\beta}_1,\hat{\beta}_2,\cdots,\hat{\beta}_m)=\min Q(\beta_0,\beta_1,\beta_2,\cdots,\beta_m)$$

对 Q 分别求关于 $\beta_0,\beta_1,\beta_2,\cdots,\beta_m$ 的偏导数，并令其等于零，得

$$\begin{cases} \dfrac{\partial Q}{\partial \beta_0}=-2\sum\limits_{i=1}^{n}(y_i-\beta_0-\beta_1x_{i1}-\beta_2x_{i2}-\cdots-\beta_mx_{im})=0 \\ \dfrac{\partial Q}{\partial \beta_1}=-2\sum\limits_{i=1}^{n}(y_i-\beta_0-\beta_1x_{i1}-\beta_2x_{i2}\cdots-\beta_mx_{im})x_{i1}=0 \\ \cdots\cdots \\ \dfrac{\partial Q}{\partial \beta_m}=-2\sum\limits_{i=1}^{n}(y_i-\beta_0-\beta_1x_{i1}-\beta_2x_{i2}-\cdots-\beta_mx_{im})x_{im}=0 \end{cases}$$

称上述方程组为正规方程组，其矩阵形式为 $\boldsymbol{X}^{\mathrm{T}}\boldsymbol{X\beta}=\boldsymbol{X}^{\mathrm{T}}\boldsymbol{Y}$．如果矩阵 $\boldsymbol{X}^{\mathrm{T}}\boldsymbol{X}$ 可逆，则正规方程组有解，其解为 $\hat{\boldsymbol{\beta}}=(\boldsymbol{X}^{\mathrm{T}}\boldsymbol{X})^{-1}\boldsymbol{X}^{\mathrm{T}}\boldsymbol{Y}$，$\hat{\boldsymbol{\beta}}$ 就是参数 $\boldsymbol{\beta}$ 的最小二乘估计，方程 $\hat{y}=\hat{\beta}_0+\hat{\beta}_1x_1+\cdots+\hat{\beta}_mx_m$ 称为 m 元的经验线性回归方程.

例 12-1　假设某种钢材的硬度 y 与含铜量百分比 x_1 (%) 以及温度 x_2 (100℃) 之间服从线性关系，表 12-1 给出六次试验的数据资料.

表 12-1

钢材硬度 y（HR）	含铜量百分比 x_1	温度 x_2
78.9	0.02	10
55.2	0.02	12
80.9	0.10	10
57.4	0.10	12
85.3	0.18	10
60.7	0.18	12

根据上面的数据建立钢材硬度对含铜量百分比及温度的二元线性回归方程.

解　这是一个二元线性回归分析问题, 回归模型为

$$\boldsymbol{Y}=\beta_0+\beta_1x_1+\beta_2x_2+\varepsilon,\quad \varepsilon\sim N(0,\sigma^2)$$

$$\boldsymbol{X}=\begin{pmatrix}1 & 0.02 & 10\\ 1 & 0.02 & 12\\ 1 & 0.10 & 10\\ 1 & 0.10 & 12\\ 1 & 0.18 & 10\\ 1 & 0.18 & 12\end{pmatrix},\quad \boldsymbol{Y}=\begin{pmatrix}78.9\\ 55.2\\ 80.9\\ 57.4\\ 85.3\\ 60.7\end{pmatrix},\quad \boldsymbol{\beta}=\begin{pmatrix}\beta_0\\ \beta_1\\ \beta_2\end{pmatrix}$$

$$\boldsymbol{X}^{\mathrm{T}}\boldsymbol{X}=\begin{pmatrix}6 & 0.6 & 66\\ 0.6 & 0.0856 & 6.6\\ 66 & 6.6 & 732\end{pmatrix},\quad \boldsymbol{X}^{\mathrm{T}}\boldsymbol{Y}=\begin{pmatrix}418.4\\ 42.792\\ 4530.6\end{pmatrix}$$

$$(\boldsymbol{X}^{\mathrm{T}}\boldsymbol{X})^{-1}=\frac{1}{\Delta}\begin{pmatrix}19.0992 & -3.6 & -1.6896\\ -3.6 & 36 & 0\\ -1.6896 & 0 & 0.1536\end{pmatrix},\quad \Delta=0.9216$$

$$\hat{\boldsymbol{\beta}}=\begin{pmatrix}\hat\beta_0\\ \hat\beta_1\\ \hat\beta_2\end{pmatrix}=(\boldsymbol{X}^{\mathrm{T}}\boldsymbol{X})^{-1}\boldsymbol{X}^{\mathrm{T}}\boldsymbol{Y}=\frac{1}{\Delta}\begin{pmatrix}19.0992 & -3.6 & 1.6896\\ -3.6 & 36 & 0\\ -1.6896 & 0 & 0.1536\end{pmatrix}\begin{pmatrix}418.4\\ 42.792\\ 4530.6\end{pmatrix}$$

$$=\begin{pmatrix}197.6479\\ 37.1875\\ -11.9667\end{pmatrix}$$

所求回归方程为

$$\hat{y}=197.6479+37.1875x_1-11.9667x_2\tag{12-2}$$

12.2　多元回归模型的统计检验

在多元线性回归模型的建模过程中, 我们需要回答以下 4 个重要的问题:

问题 1　回归模型的线性假设 $y=\beta_0+\beta_1x_1+\beta_2x_2+\cdots+\beta_mx_m+\varepsilon$ 是否正确?

问题 2　模型中的每个自变量 $x_i, i=1,2,\cdots,m$ 是否对因变量 y 都产生了显著影响?

问题 3　随机项 ε 是否确实服从正态分布 $N(0,\sigma^2)$?

问题 4　模型中的自变量 $x_1,x_2,\cdots,x_m$ 之间是否相互独立或线性不相关?

在多元线性回归分析中, 对问题 3 的统计检验依然应用残差分析方法, 其推断过程与一元回归分析完全相同, 本节不再赘述. 下面针对问题 1、问题 2 及问题 4 进行简要分析.

12.2.1　线性假设检验

与一元回归分析类似, 多元回归模型的线性假设检验也要利用拟合优度的思想. "问题 1" 更为直接的表述是: 在随机项 $\varepsilon\sim N(0,\sigma^2)$ 的前提下, 变量 y 与变量 $x_1,x_2,\cdots,x_m$ 之间是否具有显著的线性关系 $y=\beta_0+\beta_1x_1+\beta_2x_2+\cdots+\beta_mx_m+\varepsilon$? 其本质是要考察回归系数 $\beta_1,\beta_2,\cdots,\beta_m$ 中是否至少有一个显著地不为零. 于是可以建立如下的假设:

$$H_0:\beta_1=\beta_2=\cdots=\beta_m=0 \quad (y \text{ 与 } x_1,x_2,\cdots,x_m \text{ 之间的线性关系不显著})$$

$$H_1:\text{至少有某一个 } \beta_k\neq 0 \quad (y \text{ 与 } x_1,x_2,\cdots,x_m \text{ 中的至少一个存在显著的线性关系})$$

如果变量 y 与变量 $x_1,x_2,\cdots,x_m$ 之间的线性关系显著, 则经验线性回归方程

$$\hat{y}=\hat{\beta}_0+\hat{\beta}_1x_1+\cdots+\hat{\beta}_mx_m$$

对样本数据的拟合优度 R^2 (判定系数) 也较高. 其中

$$R^2=\frac{\sum_{i=1}^{n}(\hat{y}_i-\bar{y})^2}{\sum_{i=1}^{n}(y_i-\bar{y})^2}=\frac{\text{SSR}}{\text{SST}}=1-\frac{\text{SSE}}{\text{SST}}$$

这等价于说, 残差平方和 SSE 相对较小而回归平方和 SSR 相对较大. 由抽样分布的知识容易得到, 统计量

$$F=\frac{\text{SSR}/m}{\text{SSE}/(n-m-1)}=\frac{\text{MSR}}{\text{MSE}}\sim F(m,n-m-1)$$

其中 $\text{MSR}=\text{SSR}/m$, $\text{MSE}=\text{SSE}/(n-m-1)$ 分别称为回归均方误差与残差均方误差.

给定显著性水平 α, 查表得到 F 分布的临界值 $F_\alpha(m,n-m-1)$. 如果统计量 F 的观测值 $F>F_\alpha(m,n-m-1)$, 则拒绝原假设 H_0, 表明变量 y 与变量 $x_1,x_2,\cdots,x_m$ 之间具有显著的线性关系, 即线性模型的假定是正确的; 否则将接受原假设.

12.2.2　回归系数的显著性检验

对于多元回归模型, 由于每个自变量 $x_i, i=1,2,\cdots,m$ 对因变量 y 的影响的显著性不尽相同, 相当于要对每个回归系数 $\beta_i, i=1,2,\cdots,m$ 进行显著性检验, 即需要建立如下的 m 个零假设:

$$H_0:\beta_i=0,\quad i=1,2,\cdots,m$$

对每个 $\beta_i, i=1,2,\cdots,m$，统计学家提出了如下的 t 统计量作为检验统计量:

$$t_i = \hat{\beta}_i / S_{\hat{\beta}_i} \sim t(n-m-1)$$

其中 $S_{\hat{\beta}_i}$ 为统计量 $\hat{\beta}_i$ 的标准误差. 如果拒绝原假设 $H_0 : \beta_i = 0$，则表明变量 x_i 对变量 y 的线性影响是显著的.

12.2.3　多重共线性的识别及处理

1. 多重共线性问题

例 12-2　已知变量 x_1, x_2 与变量 y 的关系服从线性回归模型 $y=10+2x_1+3x_2+\varepsilon$，其中 $\varepsilon \sim N(0,\sigma^2)$. 给定自变量 x_1, x_2 的个值，因变量 y 的值 y_i 以及随机误差 ε_i 如表 12-2 所示.

表 12-2

x_1	1.1	1.4	1.7	1.7	1.8	1.8	1.9	2.0	2.3	2.4
x_2	1.1	1.5	1.8	1.7	1.9	1.8	1.8	2.1	2.4	2.5
ε_i	0.8	-0.5	0.4	-0.5	0.2	1.9	1.9	0.6	−1.5	−1.5
y_i	16.3	16.8	19.2	18.0	19.5	20.9	21.1	20.9	20.3	22.0

现在假设回归系数与误差项是未知的, 我们用普通最小二乘法重新估计回归方程, 求得回归系数的估计值为 $\hat{\beta}_0$=11.292, $\hat{\beta}_1$=11.307, $\hat{\beta}_2$=−6.591. 从而得到经验回归方程 $\hat{y}=11.292+11.307x_1-6.591x_2$. 该方程与原模型的回归直线方程 $E(y)=10+2x_1+3x_2$ 相差甚远. 进一步研究发现, 变量 x_1, x_2 的样本相关系数 $r_{12}=0.986$，表明变量 x_1 与 x_2 高度线性相关, 这与自变量独立取值(或线性不相关)的假设相矛盾, 这一现象称为多重共线性. 尽管我们使用了正确的估计方法, 但得到的经验回归方程仍然不能反映变量之间的真实关系.

一般情况下, 在多元线性回归模型(12-1)中, 如果设定的自变量 $x_1, x_2, \cdots, x_m$ 之中有两个或两个以上的变量彼此线性相关, 则称模型(12-1)出现多重共线性问题.

准确地说, 多重共线性是指多元线性回归模型中的解释变量(自变量)之间由于存在精确线性相关关系或高度线性相关关系而使模型的估计失真.

2. 多重共线性的识别

(1) 计算模型中各对自变量之间的相关系数, 并对各相关系数进行显著性检验. 如果至少有一对自变量的线性关系显著, 就表示模型中存在着多重共线性.

(2) 当模型的线性关系检验(F 检验)显著, 同时大多数回归系数的 t 检验不显著, 就可认为模型中存在着多重共线性.

(3) 回归系数的正负号与预期的相反, 可以怀疑模型中存在着多重共线性.

(4) 容忍度(tolerance)判别法. 某个自变量 x_k 作为因变量, 其余 $m-1$ 个自变量 $x_i, i=1,2,\cdots,k-1,k+1,\cdots,m$ 仍作为自变量建立回归模型, 设该模型的判定系数为 R_k^2, 定义容忍度$=1-R_k^2$. 容忍度越小, 多重共线性越严重. 通常认为容忍度小于 0.1 时, 存在严重的多重共线性.

(5) 方差扩大因子(variance inflation factor, VIF) 判别法. 方差扩大因子等于容忍度的倒数, 即 $1/(1-R_k^2)$. 显然, VIF 越大多重共线性就越严重. 一般认为 VIF 大于 10 时, 存在严重的多重共线性.

3. 多重共线性问题的处理

多重共线性问题的处理方法很多, 下面列出两种常用的处理方法.

(1) 将一个或多个相关的自变量从模型中剔除, 使保留的自变量尽可能线性不相关.

(2) 岭回归(ridge regression)方法. 为克服多重共线性带来的问题, 统计学家舍弃了最小二乘无偏估计方法, 创建了"岭回归"方法. 该方法允许回归系数的估计量为有偏估计, 得到的估计量称为"岭估计". 对岭回归方法感兴趣的读者可以参看有关文献.

12.3　统计报告解析及模型评价

12.3.1　Excel 回归统计报告解析

例 12-3　在例 12-1 中, 应用 Excel 分析工具库中"回归"对话框, 建立变量 y 对变量 x_1 及 x_2 的二元回归模型, 并解析"回归"对话框操作完成后显示的统计报告.

解　操作 Excel 分析工具库中"回归"对话框之后的统计报告显示如下(表 12-3).

表 12-3　多元线性回归分析的 Excel 统计报告

SUMMARY OUTPUT

回归统计	
Multiple R	0.999238434
R Square	0.998477447
Adjusted R Square	0.997462412
标准误差	0.674330944
观测值	6

方差分析

	df	SS	MS	F	Significance F
回归分析	2	894.6091667	447.304583	983.687538	5.94099E-05
残差	3	1.364166667	0.45472222		
总计	5	895.9733333			

	Coefficients	标准误差	t Stat	P-value	Lower 95%	Upper 95%	下限 95.0%	上限 95.0%
Intercept	197.6479167	3.069795496	64.3847178	8.2555E-06	187.8784573	207.417376	187.8785	207.41738
X Variable 1	37.1875	4.214568401	8.82356067	0.0030677	23.77486236	50.60013764	23.77486	50.600138

续表

	Coefficients	标准误差	t Stat	P-value	Lower 95%	Upper 95%	下限 95.0%	上限 95.0%
X Variable 2	−11.96666667	0.275294455	−43.468608	2.6799E-05	−12.84277649	−11.0905568	−12.8428	−11.09056

表 12-3 与表 11-7 中多数指标的含义基本相同. 下面仅就表 12-3 与表 11-7 的不同之处予以说明.

(1) 第一部分“回归统计报告”中, 指标“Adjusted R Square”表示修正的多重判定系数. 该指标是用样本容量 n 和自变量的个数 m 修正 R^2 而得到, 其表达式为

$$\text{Adjusted R Square} = 1-\left(1-R^2\right)\times\frac{n-1}{n-m-1}$$

修正 R^2 的目的是避免增加自变量的个数而高估 R^2.

(2) 第三部分的“回归参数报告”中第 1 列“Coefficients”下面的数值分别表示经验回归方程 $\hat{y}=\hat{\beta}_0+\hat{\beta}_1x+\hat{\beta}_2x$ 的截距 $\hat{\beta}_0$ (Intercept) 和偏回归系数 $\hat{\beta}_1$ (X Variable 1) 及 $\hat{\beta}_2$ (X Variable 2).

本例中, 经验回归方程为 $\hat{y}=197.6479167+37.1875x_1-11.96666667x_2$. 各偏回归系数的实际含义是:给定温度 x_2, 当含铜量百分比 x_1 增加(减少) 1 个百分点时, 钢材的硬度平均增加(减少) 37.1875 个单位; 给定含铜量百分比 x_1, 当温度提高(下降) 1 个单位时, 钢材的硬度大约减少(增加) 11.96666667 个单位.

(3) 第三部分第 3 列“t Stat”下面的数值分别表示在显著性水平 $\alpha=0.05$ 下, 回归方程 $E(y)=\beta_0+\beta_1x+\beta_2x$ 中参数 β_0,β_1,β_2 显著性检验的 t 统计量的值; 第 4 列“P-value”下面的数值分别表示在水平 $\alpha=0.05$ 下, 参数 β_0,β_1,β_2 的 t 检验的 P 值.

12.3.2　多元线性回归模型评价

多元回归模型涉及每个回归系数的显著性问题, 以及多重共线性问题等, 在应用中需要谨慎对待. 下面列出几条基本的评价原则.

(1) 统计检验的显著性原则. 一个好的回归模型应该通过以下统计学的显著性检验:

(i) 通过线性关系的显著性检验(F 检验), 即模型的线性关系设定是正确的.

(ii) 通过回归系数的显著性检验(t 检验), 即每个自变量对因变量的影响是统计显著的.

(iii) 通过误差项的正态性直观检验(残差图无异常), 即误差项的正态性假定是正确的.

(iv) 通过自变量的多重共线性检验(自变量之间的相关系数接近于 0), 即各自变量的取值是互不相关的.

(2) 符号一致性原则. 如果理论上认为因变量与各自变量之间不仅是正相关(负相关)的, 那么所建立的回归方程也应该如此. 换言之, 经验方程中回归系数的符号必须与理论或事先的预期相一致.

(3) 拟合优度原则. 多元回归模型的拟合优度由修正的判定系数度量.

例如，在例 12-2 的统计报告中，修正的判定系数 Adjusted R Square =0.997462412，即经验回归方程解释了钢材硬度变差大约 99.75% 的部分，说明经验回归方程对样本点的拟合效果优良.

在对社会经济问题的研究中，多数研究者所使用的都是调查数据(而非实验数据)，数据的质量良莠不齐，得到的回归结果往往不尽人意. 面对质量不高的调查数据，放宽统计检验标准是研究者被迫做出的折中选择. 如果利用时间序列(调查)数据进行回归分析，对回归模型的评价就更为复杂. 有关这方面的内容已超出了本书的范围，对此感兴趣的读者可以进一步学习现代时间序列分析与计量经济学的有关知识.

12.4　Excel　操　作

多元回归分析的 Excel 操作与一元回归分析类似，只是在选取自变量时由一个变成多个. 以例 12-2 为例，展示使用 Excel 软件的步骤.

在“回归”对话框中，“X 值输入区域”选择 B3: C8，表示有 2 个自变量(图 12-1).

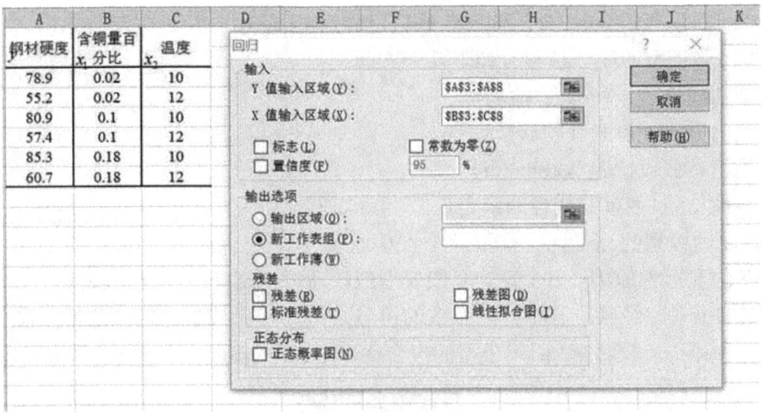

图 12-1

显示结果(统计报告)如图 12-2 所示.

回归统计

Multiple R	0.999238434
R Square	0.998477447
Adjusted R Square	0.997462412
标准误差	0.674330944
观测值	6

方差分析

	df	SS	MS	F	Significance F
回归分析	2	894.6091667	447.304583	983.687538	5.94099E-05

续表

	df	SS	MS	F	Significance F
残差	3	1.364166667	0.45472222		
总计	5	895.9733333			

	Coefficients	标准误差	t Stat	P-value	Lower 95%	Upper 95%	下限 95.0%	上限 95.0%
Intercept	197.6479167	3.069795496	64.3847178	8.2555E-06	187.8784573	207.417376	187.8785	207.41738
X Variable 1	37.1875	4.214568401	8.82356067	0.0030677	23.77486236	50.60013764	23.77486	50.600138
X Variable 2	−11.96666667	0.275294455	−43.468608	2.6799E-05	−12.84277649	−11.0905568	−12.8428	−11.09056

图 12-2

本章小结

1. 在许多实际问题中，需要研究一个变量与多个变量之间的相关关系. 多元回归分析是研究这类问题的有效方法.

2. 多元线性回归模型的经验方程(偏回归系数)仍然利用最小二乘法进行估计.

3. 多元线性回归模型的统计检验有如下几个方面.

(1) 回归模型的线性假设检验(F 检验);

(2) 回归系数的显著性检验(t 检验);

(3) 随机项的正态假设检验(残差分析);

(4) 多重共线性检验(多重共线性的判定).

4. 多元线性回归模型的综合评价有如下几个方面.

(1) 统计检验的显著性原则：一个好的回归模型应该通过前述 4 项统计检验;

(2) 符号一致性原则：经验方程中回归系数的符号必须与理论或事先的预期相一致;

(3) 拟合优度原则：一般而言，回归模型的拟合优度(修正的多重判定系数)的值应接近于 1.

《应用统计学》学习材料(12)

思考与练习

12.1 多元线性回归模型的基本假定有哪些?

12.2 在多元回归分析中，为什么要对判定系数进行修正?

12.3 什么是多重共线性? 如何处理多重共线性问题?

12.4 对于二元回归模型 $y_t = \beta_0 + \beta_1 x_1 + \beta_2 x_2 + \varepsilon$. 试讨论在以下几种场合，回归系数 β_1, β_2 的符号及其经济意义.

(1) y 为商业利润率，x_1 为流通费用，x_2 为人均销售额;

(2) y 为粮食销售量，x_1 为人口数，x_2 为人均收入；

(3) y 为工业总产值，x_1 为固定资产，x_2 为职工人数；

(4) y 为国内生产总值，x_1 为工业总产值，x_2 为农业总产值.

12.5 为研究某地区货运总量与工业总产值、农业总产值之间的关系，收集统计数据如下表所示.

编号	货运总量/万吨	工业总产值/亿元	农业总产值/亿元
1	160	70	35
2	260	75	40
3	210	65	40
4	265	74	42
5	240	72	38
6	220	68	45
7	275	78	42
8	160	66	36
9	275	70	44
10	250	65	42

(1) 确定自变量与因变量，并利用 Excel 求货运总量与工业总产值、农业总产值之间的回归方程；

(2) 写出回归模型的检验的结果；

(3) 列出残差分析的结果并绘制残差图；

(4) 自变量之间是否存在多重共线性?

(5) 对该回归模型予以综合评价.

12.6 在某化工产品的生产中，影响产品收率的主要变量为化学反应时间和温度. 现做了 9 次实验，得到数据如下表所示.

编号	产品收率	化学反应时间/分钟	温度/℃
1	39.3	30	150
2	40	30	160
3	40.9	40	150
4	40.5	40	160
5	40.3	35	155
6	40.5	35	155
7	40.7	35	155
8	40.2	35	170
9	40.6	35	170

(1) 求产品收率对化学反应时间和温度的回归方程；

(2) 写出模型显著性检验的有关结果以及残差分析的结果；

(3) 自变量之间是否存在多重共线性?

12.7 设因变量为 y，自变量为 x_1, x_2. 通过操作 Excel 求解建立该问题的经验回归方程，Excel 统计报告“方差分析”中的部分信息如下表所示.

离差名称	平方和(SS)	自由度(df)	均方差(MS)	F
回归平方和(SSR)	65965			
残差平方和(SSE)				
总离差平方和(SST)	66042	14	—	

(1) 完成方差分析表；

(2) 计算多重判定系数及修正的多重判定系数的数值，并予以评价；

(3) 请问该回归模型的线性关系是否显著?

第13章　时间序列分析

国内生产总值变动的统计分析

在生活和工作中，人们常常会接触到时间序列数据. 研究时间序列的主要目的之一就是进行预测，这种预测是根据已有的时间序列数据预测未来的变化. 时间序列预测的关键是确定已有时间序列的变动模式，并假定这种模式会延续到将来.

下面是我国2000年至2015年国内生产总值的数据及其变化趋势图.

我国2000年至2015年国内生产总值的数据

年份	国内生产总值/亿元	年份	国内生产总值/亿元
2000	99214.6	2008	314045.4
2001	109655.2	2009	340902.8
2002	120332.7	2010	401512.8
2003	135822.8	2011	473104.0
2004	159878.3	2012	519470.1
2005	183867.8	2013	588018.8
2006	210870.9	2014	643974.0
2007	265810.3	2015	685505.8

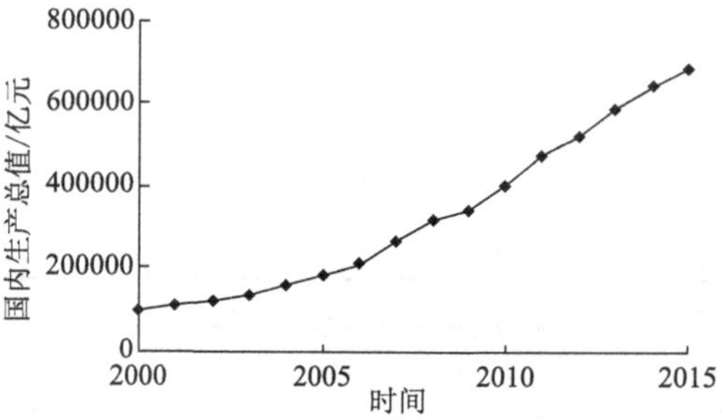

我国国内生产总值时序图

通过对我国国内生产总值数据的观测，我们希望从以下几个方面对国内生产总值的变动规律有更深入的认识：

(1) 国内生产总值变动的总体趋势是上升还是下降?

(2) 国内生产总值变动的平均程度有多大?

(3) 能否从国内生产总值变动的规律预测其变动的可能趋势?

统计研究的重要任务之一，就是通过对以上诸方面的深入研究，较好地把握国内生产总值变动的数量规律.

社会经济现象和自然现象随着时间的推移不断变化. 为了探索某些现象随时间发展变化的规律性, 不仅要从静态上分析现象的特征、内部结构及相互关联的数量关系, 而且要着眼于现象随时间演变的过程, 在动态观点下研究现象发展变化的过程和规律. 按时间顺序观测的系列数据, 表现了现象发展变化的过程, 包含了十分丰富的信息. 科学地分析这些随时间而变化的信息, 有利于认识客观事物发展变化的规律性, 有利于对事物变化的趋势做出合理的预测. 统计学中专门研究按时间顺序观测的系列数据的统计分析方法, 称为时间序列分析. 时间序列分析的目的, 是研究事物随时间推移的演变状况, 分析事物随时间而变化的规律性, 预测事物未来发展变化的趋势. 本章介绍经典时间序列分析的基本内容及经济应用.

13.1　时间序列的描述性分析

时间序列(time series), 亦称为动态数列, 是反映不同时点上的某现象统计指标的数值按照时间先后顺序加以排列后形成的数列. 它反映现象发展变化的过程和特点, 是研究现象发展变化的趋势和规律以及对未来状态进行科学预测的重要依据.

任何一个时间序列都具有两个基本要素: 一个是统计指标所属的时间, 另一个是统计指标在特定时间的指标值. 时间序列中每一项数据是某种指标在对应时间的数值, 反映了现象在各个时点上的规模或水平, 序列中每一项数值也称为相应时点上的发展水平. 表 13-1 是我国 2000 年至 2015 年若干统计指标的资料, 这是一个时间序列的典型例子.

表 13-1　我国 2000 年至 2015 年若干统计指标时间序列

年份	国内生产总值/亿元	人均国内生产总值/元	居民消费价格指数
2000	99214.6	7857.7	100.4
2001	109655.2	8621.7	100.7
2002	120332.7	9398.1	99.2
2003	135822.8	10652.0	101.2
2004	159878.3	12335.6	103.9
2005	183867.8	14185.4	101.8
2006	210870.9	16499.7	101.5
2007	265810.3	20169.5	104.8
2008	314045.4	23707.7	105.9
2009	340902.8	25607.5	99.3
2010	401512.8	30015.0	103.3
2011	473104.0	35197.8	105.4
2012	519470.1	38459.5	102.6
2013	588018.8	41907.6	102.6
2014	643974.0	47203.0	102.0
2015	685505.8	49992.0	101.4

13.1.1　时间序列的图形描述

在对时间序列进行描述时，除了用表格的形式外，经常用线图描述，用以观察数据随时间变化的模式及趋势.

例如，图 13-1 绘出了表 13-1 中 2000 年至 2015 年我国国内生产总值的曲线.

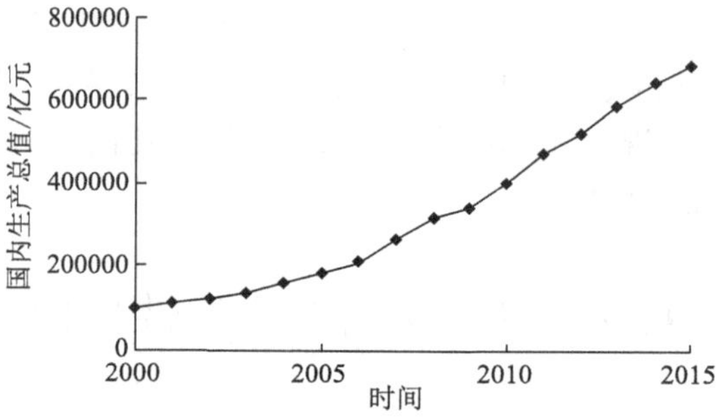

图 13-1　我国国内生产总值时序图

从图 13-1 可以看出，我国国内生产总值序列的变化呈现按指数增长的趋势，2000 年至 2006 年增长较为平稳，2006 年之后增长速度较快.

又如，2000 年至 2015 年居民消费价格指数的曲线如图 13-2 所示.

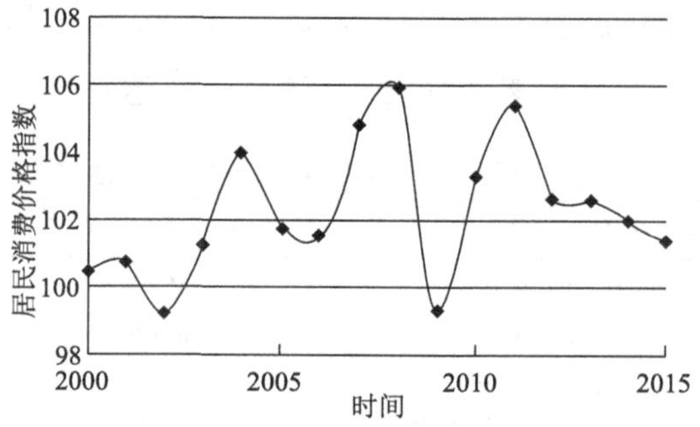

图 13-2　居民消费价格指数时序图

从图 13-2 可以看出，居民消费价格指数有较为显著的波动，但没有显示出任何趋势性.

通过对时间序列的变动曲线图进行观察，可以直观地表明某种现象随时间变化的模式和趋势，为进一步分析提供方向. 但是，图形描述的方式较为粗糙，为深入分析和揭示现象随时间变动的规律，还需要采用其他方法对现象变动的具体数量规律性进行进一步研究.

13.1.2　时间序列的水平分析和速度分析

1. 发展水平和增长水平

时间序列中的各指标数值就是该指标所反映的社会经济现象在所属时间的发展水平，它们反映了社会经济现象在具体时间下所达到的规模和发展程度. 例如，表 13-1 中

2015 年我国国内生产总值为 685505.8 亿元, 人均国内生产总值为 49992.0 元, 居民消费价格指数为 101.4, 就是我国这些社会经济现象的发展水平及所达到的规模和发展程度.

在时间序列中, 各指标值用 x_i 表示. 则在一个时间序列中, 各时间下的发展水平按时间顺序可表示为 $x_0, x_1, x_2, \cdots, x_{n-1}, x_n$. 在对各时间的发展水平进行比较时, 把作为比较基础的那个时期称为基期, 相对应的发展水平称为基期水平; 将所研究考察的那个时期称为报告期, 相对应的发展水平称为报告期水平.

增长水平, 也称为增长量, 是报告期发展水平与基期发展水平之差, 即

$$\text{增长水平} = \text{报告期水平} - \text{基期水平} = x_t - x_0$$

增长水平分为逐期增长量和累积增长量两种形式.

报告期水平 x_t 与前一期水平 x_{t-1} 之差, 称为逐期增长量, 即 $x_t - x_{t-1}(t=1,2,\cdots,n)$. 逐期增长量反映报告期比前一期增长的绝对数量. 报告期水平 x_t 与某一固定基期水平(通常为最初水平) x_0 之差, 称为累积增长量, 即 $x_t - x_0(t=1,2,\cdots,n)$. 累积增长量说明报告期比某一固定时间增长的绝对数量, 即某一段较长时期内的总增长量.

逐期增长量和累积增长量的关系是: 累积增长量等于相应时期的逐期增长量之和; 相邻两期的累积增长量之差等于相应时期的逐期增长量, 对应的表达式分别为

$$x_t - x_0 = (x_1 - x_0) + (x_2 - x_1) + (x_3 - x_2) + \cdots + (x_t - x_{t-1})$$

$$(x_t - x_0) - (x_{t-1} - x_0) = x_t - x_{t-1}, \quad t = 1, 2, \cdots, n$$

例 13-1　表 13-2 是 2000~2015 年我国人均国内生产总值的数据, 以及相应的逐期增长量和累积增长量.

表 13-2　我国国内生产总值

年份	人均国内生产总值/元	逐期增长量	累积增长量
2000	7857.7	—	—
2001	8621.7	764	764
2002	9398.1	776.4	1540.4
2003	10652.0	1253.9	2794.3
2004	12335.6	1683.6	4477.9
2005	14185.4	1849.8	6327.7
2006	16499.7	2314.3	8642
2007	20169.5	3669.8	12311.8
2008	23707.7	3538.2	15850
2009	25607.5	1899.8	17749.8
2010	30015.0	4407.5	22157.3
2011	35197.8	5182.8	27340.1
2012	38459.5	3261.7	30601.8
2013	41907.6	3448.1	34049.9
2014	47203.0	5295.4	39345.3
2015	49992.0	2789	42134.3

2. 发展速度和增长速度

发展速度是反映社会经济发展程度的相对指标，它是现象的报告期水平与基期水平之商，表明现象发展变化的程度.

$$发展速度=\frac{报告期水平}{基期水平}=\frac{x_t}{x_0}$$

在一般情况下，报告期水平总是大于 0，因此发展速度指标值也总是一个正数. 当发展速度指标值大于 0 小于 1 时，表明报告期水平低于基期水平；当发展速度指标值等于 1 或大于 1 时，表明报告期水平达到或超过基期水平.

根据对比的基期不同，发展速度分为环比发展速度和定基发展速度. 环比发展速度，也称逐期发展速度，是报告期水平 x_t 与前一时期水平 x_{t-1} 之比，即 $x_t / x_{t-1} (t=1,2,\cdots,n)$，说明报告期水平相对于前一期水平的发展程度. 定基发展速度，是报告期水平 x_t 与某一固定基期水平(通常为最初水平或特定时期水平) x_0 之比，说明报告期水平相对于该基期水平的发展程度，表明现象在较长时期内总的发展速度，也称为总速度.

环比发展速度和定基发展速度的关系是：环比发展速度的连乘积等于相应时期的定基发展速度；相邻时期的定基发展速度之商等于相应时期的环比发展速度，即

$$\frac{x_1}{x_0}\times\frac{x_2}{x_1}\times\frac{x_3}{x_2}\times\cdots\times\frac{x_n}{x_{n-1}}=\frac{x_n}{x_0}$$

$$\frac{x_t}{x_0}\div\frac{x_{t-1}}{x_0}=\frac{x_t}{x_{t-1}},\quad t=1,2,\cdots,n$$

增长速度，也称为增长率，是反映增长程度的相对指标，它是增长量与基期水平之比.

与发展速度类似，由于采用的基期不同，增长速度也有环比增长速度和定基增长速度之分，其关系为

$$环比增长速度=环比发展速度-1$$

$$定基增长速度=定基发展速度-1$$

当报告期水平低于基期水平时，发展速度小于 1，增长速度为负值，表明现象降低的程度，亦称为降低率.

与发展速度有所不同的是，环比发展速度和定基发展速度之间可以相互推算，环比增长速度和定基增长速度之间则不能直接相互推算. 要进行环比增长速度和定基增长速度之间的推算，要先把它们还原成发展速度，计算公式如下

$$环比增长速度=环比发展速度-1=\frac{逐期增长量}{前期水平}$$

$$定基增长速度=定基发展速度-1=\frac{累积增长量}{最初水平}$$

例 13-2 表 13-3 是我国人均国内生产总值(人均 GDP)及发展速度、增长速度的有关数据.

表 13-3 我国人均国内生产总值及发展速度、增长速度

年份	人均国内生产总值/元	逐期增长量	环比发展速度/%	定基发展速度/%	环比增长速度/%	定基增长速度/%
2000	7857.7	—	—	—	—	—
2001	8621.7	764	109.72	109.72	9.72	9.72
2002	9398.1	776.4	109.00	119.60	9.01	19.60
2003	10652.0	1253.9	113.34	135.56	13.34	35.56
2004	12335.6	1683.6	115.81	156.99	15.81	56.99
2005	14185.4	1849.8	115.00	180.53	15.00	80.53
2006	16499.7	2314.3	116.31	209.98	16.31	109.98
2007	20169.5	3669.8	122.24	256.6845	22.24	156.68
2008	23707.7	3538.2	117.54	301.71	17.54	201.71
2009	25607.5	1899.8	108.01	325.89	8.01	225.89
2010	30015.0	4407.5	117.21	381.98	17.21	281.98
2011	35197.8	5182.8	117.27	447.94	17.27	347.94
2012	38459.5	3261.7	109.27	489.45	9.27	389.45
2013	41907.6	3448.1	108.97	533.33	8.97	433.33
2014	47203.0	5295.4	112.64	600.72	12.64	500.72
2015	49992.0	2789	105.91	636.22	5.91	536.22

3. 平均发展速度和平均增长速度

平均发展速度是各个时期环比发展速度的序时平均数, 表明社会经济现象在一个较长时期内速度变化的平均程度. 由于各时期环比发展速度是根据时间序列中前后项指标对比得来的相对数时间序列, 它不同于由两个总量指标时间序列所构成的相对数时间序列, 所以平均发展速度的计算通常采用几何平均法进行计算. 若以 x_t $(t=1,2,\cdots,n)$ 表示各期的环比发展速度, g 表示平均发展速度, 按照几何平均法计算平均发展速度的公式为

$$g=\sqrt[n]{x_1\cdot x_2\cdot\cdots\cdot x_n}=\sqrt[n]{\prod_{i=1}^{n}x_i}$$

平均增长速度是表示各个时期增长水平的平均数, 其计算公式为

$$\overline{g}=g-1=\sqrt[n]{x_1\cdot x_2\cdot\cdots\cdot x_n}-1=\sqrt[n]{\prod_{i=1}^{n}x_i}-1$$

平均发展速度与平均增长速度指标的数量关系是

平均增长速度=平均发展速度−1

例 13-3 由表 13-2 中 2000~2015 年我国人均国内生产总值的数据, 计算这一时期内我国人均国内生产总值的平均发展速度和平均增长速度.

平均发展速度:

$$g = \sqrt[n]{x_1 \cdot x_2 \cdot \cdots \cdot x_n}$$
$$= \sqrt[16]{109.72\% \times 109.00\% \times 113.34\% \times \cdots \times 105.91\%} = 113.13\%$$

平均增长速度=平均发展速度−1=113.13%−1=13.13%

需要指出的是, 在应用速度指标进行分析时, 应尽量注意把作为计算基础的水平指标结合起来, 才能作出正确的判断. 在具体计算和应用时, 要注意以下几个问题.

(1) 要结合具体研究目的选择适当的基期, 并注意其所依据的基本指标在整个研究时期的同质性. 如果资料中有几年的环比速度增长特别快, 另外的几年出现负增长, 以及所选择的最初水平和最末水平受特殊因素的影响过高或过低, 用这样的资料来计算平均发展速度, 就会降低甚至失去指标的代表意义.

(2) 要联系各个时期的环比发展速度来补充说明平均发展速度. 平均发展速度仅能表示一定时期的平均发展情况, 将中间各个时期的具体变动抽象掉了, 所以有必要补充各期的环比速度加以分析.

(3) 要结合基期水平进行分析. 因为发展速度是报告期水平除以基期水平而得, 从数量关系来看, 基期水平低, 速度就容易高; 基期水平高, 速度就一般较低, 所以, 速度高可能掩盖低水平, 速度低可能隐藏着高水平.

(4) 平均速度指标应结合其所依据的各个基本指标, 才能深入了解现象的全面发展、具体过程和特点, 从而对研究现象具有比较确切和完整的认识.

13.2 时间序列的构成因素

13.2.1 时间序列的构成因素

社会经济现象的发展变化是多种因素影响的综合结果. 在诸多影响因素中, 有的是长期起作用的, 对事物的变化发挥决定性作用; 有的只是短期起作用, 或者只是偶然发挥非决定性的作用. 这些因素的作用方向和影响强弱不同, 使具体的时间序列呈现出不同的变动形态. 统计分析的任务就是要正确地确定时间序列的性质, 对构成时间序列的各种因素加以分解和测定, 以便对未来的状况作出判断和预测. 影响时间序列的构成因素通常归纳为四种: 长期趋势 (T)、季节变动 (S)、循环变动 (C) 及不规则变动 (I).

1. 长期趋势

长期趋势也称趋势变动, 是指时间序列在一段相当长的时期中所表现出来的沿着某一方向的持续发展变化. 长期趋势变动是受某种根本性的支配因素影响, 可以在一个相当长的时间内表现为一种持续向上或持续向下或平稳的趋势. 在某种情况下, 它也可以表现为某种类似直线或其他曲线的形式. 经济现象的长期趋势一旦形成, 总能延续相当长的一段时期. 即使如股票市场这种变化较快的经济现象, 其形成的向上趋势(牛市)或向下趋势(熊市)也总能延续数月乃至数年. 由此可见, 分析经济现象的长期趋势对于正确预测经济现象的发展具有十分重要的意义.

2. 季节变动

季节变动因素是经济现象受季节变动影响所形成的一种长度和幅度固定的周期波动. 季节变动因素既包括受自然季节影响所形成的波动, 也包括受工作时间规律(如每周 5 天工作制)所形成的波动. 季节变动和周期变动的区别在于季节变动的波动长度固定, 如 12 个月、4 个季节、1 个月或者说 1 个星期等, 而一般周期变动的长度则是不固定的.

3. 循环变动

周期变动因素也称循环变动因素, 它是受各种经济因素影响形成的上下起伏不定的波动, 如国内生产总值、工业产值指数、股票价格、利率和大多数的经济指标均具有明显的周期变动特征.

4. 不规则变动

不规则变动又称随机变动, 指现象受偶然因素的影响而出现的不规则波动, 如股票市场受突然出现的利好或利空消息的影响使股票价格产生波动等.

13.2.2　时间序列构成因素的组合模型

时间序列分析的任务之一, 就是对时间序列中这几个构成因素进行测定和分析, 从而揭示现象变动的规律和特征, 为认识和预测事物的发展提供依据.

上述四种因素, 按照它们的影响方式的不同, 可以设定不同的组合模型, 其中最常见的有乘法模型和加法模型. 乘法模型假定四个因素对现象发展的影响是相互的, 加法模型则假定各因素的影响是相互独立的.

$$\text{加法模型:}\ Y_t = T_t + S_t + C_t + I_t$$

$$\text{乘法模型:}\ Y_t = T_t \times S_t \times C_t \times I_t$$

式中: Y_t 表示时间序列的指标数值; T_t 表示长期趋势, S_t 表示季节变动, C_t 表示循环变动, I_t 表示不规则变动.

时间序列组合模型中包含了四种因素, 这是时间序列的完备模式, 但并不意味着在每个时间序列中这四种因素都是同时存在的. 一般而言, 在时间序列中长期趋势是经常存在的, 季节变动因素和循环变动因素则不一定存在. 当季节变动因素或循环变动因素不存在时, 在乘法模型中 S 或 C 取值为 1, 在加法模型中 S 或 C 取值为 0.

13.2.3 长期趋势的测定

对长期趋势的测定，就是用一定的方法对时间序列进行修匀，使修匀后的数列排除季节变动、循环变动和不规则变动等因素的影响，显示出现象变动的基本趋势. 测定长期趋势的方法主要有时距扩大法、移动平均法和趋势模型法.

1. 时距扩大法

时距扩大法是把原来时间序列中较小时距单位的若干个数据加以合并，形成一个新的简化了的时间序列，以消除原数列中偶然因素的影响，显示出现象变动的长期趋势.

例 13-4 表 13-4 是 2014 年至 2016 年某旅游城市旅游人数资料.

表 13-4 某旅游城市旅游人数资料

年份	旅游人数/万人			
	第一季度	第二季度	第三季度	第四季度
2014	100	95	98	107
2015	110	105	107	115
2016	123	115	120	125

从表 13-4 三年 12 个季度资料来看，该城市旅游人数有升有降，且明显地以四个季节为周期的重复变动，而且也有着逐年持续增长的趋势. 为了显示长期趋势，必须将其他因素剔除. 本例的变动周期为四季，所以把以季为单位的数据合并为以年为单位的数据，这时有升有降的周期变化就不见了，显示出来的就是长期增长的趋势. 见表 13-5.

表 13-5 时距扩大法计算结果

年份	旅游人数
2014	400
2015	437
2016	483

从表 13-5 可以看到，时距扩大法很好地消除了季节变动和偶然因素的影响，显示序列的长期趋势. 时距扩大法的优点是简便直观，但它的缺点也很突出. 因为时距扩大之后形成的新数列信息大大减少，不便于做进一步的分析.

2. 移动平均法

移动平均法是对原数列按照一定的时间跨度逐项移动，计算一系列的序时平均数，形成一个新的时间序列，以消除短期的、偶然的因素引起的变动，对原序列的波动起到一定的修匀作用，从而显示出现象在较长时期的发展趋势. 这种移动平均值也是对现象发展趋势的预测值. 表 13-6 是根据表 13-4 数据计算的移动平均数列.

由表 13-6 数据可以看到，该城市旅游人数的变动趋势呈稳步上升态势.

表 13-6　移动平均计算表

年份	季度	顺序	Y_t	三项移动平均	四项移动平均	移动平均
2014	第一季度	1	100	—	—	—
	第二季度	2	95	97.67	100	—
	第三季度	3	98	100	102.5	101.25
	第四季度	4	107	105	105	103.75
2015	第一季度	5	110	107.33	107.25	106.125
	第二季度	6	105	107.33	109.25	108.25
	第三季度	7	107	109	112.5	110.875
	第四季度	8	115	115	115	113.75
2016	第一季度	9	123	117.67	118.25	116.625
	第二季度	10	115	119.33	120.75	119.5
	第三季度	11	120	120	—	—
	第四季度	12	125	—	—	—

应用移动平均法分析长期趋势时，有下列三点需要说明：

(1) 移动平均时距项数 K 为奇数时，只需要一次移动平均，其移动平均值作为移动平均项数的中间一期的数值.

设时间序列的指标值为 $y_1, y_2, y_3, \cdots, y_n$，若取三项移动平均，则移动平均形成的新数列为

$$\bar{y}_2 = \frac{y_1 + y_2 + y_3}{3}$$

$$\bar{y}_3 = \frac{y_2 + y_3 + y_4}{3}$$

$$\cdots$$

$$\bar{y}_{n-1} = \frac{y_{n-2} + y_{n-1} + y_n}{3}$$

$\bar{y}_2, \bar{y}_3, \cdots, \bar{y}_{n-1}$ 分别对应第二期、第三期、…、第 $n-1$ 期的移动平均数.

移动平均项数 K 为偶数时，移动平均值代表的是该偶数项的中间位置的水平，无法正对某一时期，需要再进行一次相邻两平均值的移动平均，这样才能使平均值正对某一时期，这称为移正平均. 以四项平均为例，所得的第一个移动平均数 $\bar{y}_{2-3} = \frac{y_1 + y_2 + y_3 + y_4}{4}$ 对应于原数列的第二项与第三项之间，第二个移动平均数 $\bar{y}_{3-4} = \frac{y_1 + y_2 + y_3 + y_4}{4}$ 对应于原数列的第三项与第四项之间，以此类推. 此后对得到的新数列再进行一次移正平均，将第一个移动平均数与第二个移动平均数再平均，求出一个新的平均数 $\bar{y}_3 = \frac{\bar{y}_{2-3} + \bar{y}_{3-4}}{2}$，对应于原数列的第三项. 此后各项数据依次类推.

(2) 取一段时间 (如三年、四年等) 逐项移动平均，一个关键的问题是取多长时间为宜.

假如序列包含季节变动，移动平均时距项数 K 应与季节变动长度一致(如 4 个季度或 12 个月)，才能消除其季节变动；若序列包含周期变动，就应以周期长度为移动平均的项数，才能更好地消除周期波动. 如上例，三项移动平均的结果表现出一定的周期性波动，而以一年四个季度为一周期，取四项移动平均就能消除季节波动的影响，才能准确地反映长期趋势.

(3) 移动平均后所得的修匀数列，比原数列的项数更少. 当 K 为奇数时，移动平均所形成的新数列，首尾各少 $\frac{K-1}{2}$ 项；K 为偶数时，移动平均所形成的新数列，首尾各少 $\frac{K}{2}$ 项. 如上例，三项移动平均，首尾各少一项，四项移动平均，首尾各少二项. 减少项数过多对长期趋势分析不利. 所以在进行移动平均时，如果原时间序列项数不是很多，时距就不宜太长. 但同时也应该指出，移动平均项数越多，时距越长，新数列所表现的长期趋势也越明显.

3. 趋势模型法

趋势模型法是对时间序列运用理论知识、实际经验进行分析判断，或对曲线进行修匀观察，在确定其性质和特点的基础上，构造一个趋势方程来描述长期趋势. 它的优点是不仅可以运用趋势方程严格地计算各期指标的理论值，比较贴近地拟合原时间序列，而且可以进行外推的预测.

长期趋势有线性趋势和非线性趋势之分. 若时间序列各个时期的变化量大体相同，即各时期的逐期增长量近似于一个常数时，则称时间序列具有线性趋势，这时可拟合一直线趋势方程. 若时间序列各个时期的变动随时间而异，各时期的变化率或趋势线的斜率有明显变动但又有一定的规律性时，现象的长期趋势将不再是线性的，而可能存在非线性趋势. 研究长期趋势变动的直线性是研究非线性趋势变动的基础和出发点. 下面首先介绍直线趋势的测定方法.

1) 线性趋势的模型法

线性趋势模型法是利用直线回归的方法对原始时间序列拟合线性方程，消除其他成分变动，从而揭示出数列长期直线趋势的方法. 线性趋势方程的一般形式为

$$\tilde{y}_t = a + bt$$

其中，$\tilde{y}_t$ 是时间序列的趋势值，t 是时间，a 和 b 是待估参数.

利用最小二乘法估计线性趋势的参数 a 和 b，得到

$$\begin{cases} \hat{b} = \dfrac{\sum_{i=1}^{n} t_i y_i - \dfrac{1}{n}\left(\sum_{i=1}^{n} t_i\right)\left(\sum_{i=1}^{n} y_i\right)}{\sum_{i=1}^{n} t_i^2 - \dfrac{1}{n}\left(\sum_{i=1}^{n} t_i\right)^2} \\ \hat{a} = \dfrac{\sum_{i=1}^{n} y_i}{n} - \dfrac{b\sum_{i=1}^{n} t_i}{n} = \bar{y} - \hat{b}\bar{t} \end{cases}$$

例 13-5　对表 13-4 中的旅游人数, 拟合其长期趋势方程.

解　第 1 步, 绘制散点图, 初步确定长期趋势模型(图 13-3).

由图 13-3 可知, 该城市旅游人数基本上符合线性模型的特征.

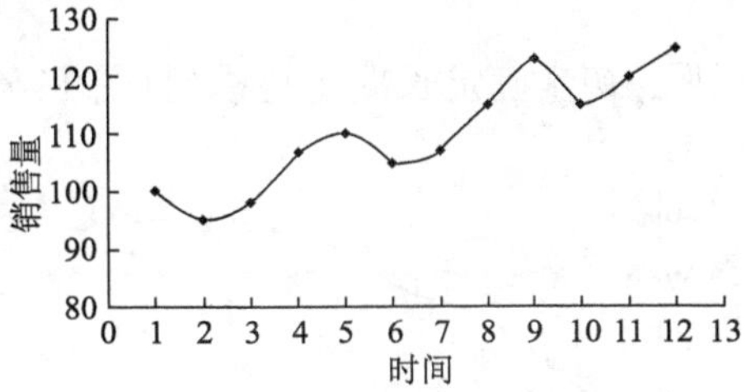

图 13-3　某旅游城市旅游人数散点图

第 2 步, 求解模型参数.

根据最小二乘法可求得 $\hat{a}$ 和 $\hat{b}$ 这两个参数.

$$\begin{cases} \hat{b} = \dfrac{\sum\limits_{i=1}^{n} t_i y_i - \dfrac{1}{n}\left(\sum\limits_{i=1}^{n} t_i\right)\left(\sum\limits_{i=1}^{n} y_i\right)}{\sum\limits_{i=1}^{n} t_i^2 - \dfrac{1}{n}\left(\sum\limits_{i=1}^{n} t_i\right)^2} = \dfrac{8938 - \dfrac{1}{12}\times 78\times 1320}{650 - \dfrac{1}{12}\times (78)^2} = 2.50 \\ \hat{a} = \dfrac{\sum\limits_{i=1}^{n} y_i}{n} - \dfrac{b\sum\limits_{i=1}^{n} t_i}{n} = \overline{y} - \hat{b}\overline{t} = 110 - 2.503497\times 6.5 = 93.73 \end{cases}$$

即该旅游城市旅游人数的趋势模型为

$$\hat{y}_t = 93.73 + 2.50t$$

这意味着该旅游城市, 旅游人数与时间呈正相关, 时间每增加一年, 旅游人数平均增加 2.5 万人.

2）非线性趋势的模型法

现象非线性趋势的变动形式多种多样, 例如, 有抛物线型、指数曲线型、修正指数曲线型、Logistic 曲线型等, 各种类型曲线的拟合方法各不相同. 我们这里介绍较常用的抛物线型和指数曲线型.

a）抛物线型

当现象的长期趋势近似于二次抛物线形态时, 可拟合如下二次曲线方程:

$$\tilde{y}_t = a + bt + ct^2$$

其中, $\tilde{y}_t$ 是时间序列的趋势值, t 是时间, a, b 和 c 是待估参数.

方程中有三个待估参数, 可按照多元线性回归的最小二乘法估计这些参数.

例 13-6　某种产品的销售量见表 13-7, 试拟合其长期趋势方程.

表 13-7　某产品的销售量

年份	2008	2009	2010	2011	2012	2013	2014	2015	2016
销售量/万件	10	18	25	28	35	38	40	39.5	38

解　第 1 步, 绘制散点图, 初步确定长期趋势模型(图 13-4).

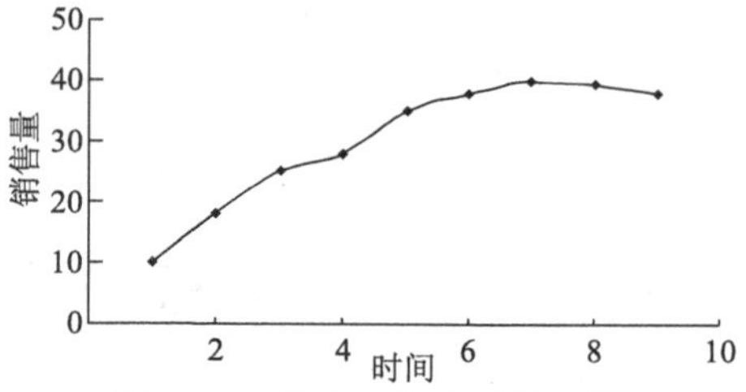

图 13-4　某商店销售量散点图

由图 13-4 可知, 该商店的销售量基本上符合抛物线型.

第 2 步, 求解模型参数.

为简化计算, 可将时间序号 t 设定为以中点为原点, 即将正中间的时间序列取为 0, 中点以前的时间序列取为–1, –2, ···, 中点以后的时间序列取为 1, 2,··· . 也可以直接以 t 和 t^2 为解释变量, 用 Excel 中多元回归分析的方法估计抛物线型的趋势方程参数.

产品销售量二项式模型的参数计算如表 13-8 所示.

表 13-8　产品销售量二项式模型的参数计算表

时间	时序 t	销售量 y_t	t^2
2008	–4	10	16
2009	–3	18	9
2010	–2	25	4
2011	–1	28	1
2012	0	35	0
2013	1	38	1
2014	2	40	4
2015	3	39.5	9
2016	4	38	16

在 Excel 中“数据”的“数据分析”中选择“回归”, 在对话框“Y 值输入区域”输入“D2: D12”, 在“X 值输入区域”输入“B2: C12”, 在“输出区域”中任意输入一个指定位置, 单击“确定”即可得到回归结果. 本例的输出结果见表 13-9.

从表 13-9 可知, 该产品销售量的二次曲线方程为

$$\hat{y}_t = 34.46 + 3.61t - 0.64t^2$$

从 P 值可以看出, 回归系数和回归方程都通过了显著性检验, 说明该产品销售量的抛物线型趋势是显著的.

表 13-9　抛物线型趋势估计方程的 Excel 报告

时间	序列t	序列t^2	销售量
2008	−4	16	10
2009	−3	9	18
2010	−2	4	25
2011	−1	1	28
2012	0	0	30
2013	1	1	35
2014	2	4	40
2015	3	9	39.5
2016	4	16	35

SUMMARY OUTPUT

回归统计	
Multiple	0.995245
R Square	0.992504
Adjusted R Square	0.990005
标准误差	1.06977
观测值	9

方差分析

	df	SS	MS	F	Significance F
回归分析	2	909.1335	454.5668	397.2068	4.21E−07
残差	6	6.86645	1.144408		
总计	8	916			

	Coefficients	标准误差	t Stat	P-value	Lower95%	Upper95%	下限95%	上限95%
Intercep	34.4632	0.540643	63.74485	1E−09	33.1403	35.78611	33.78611	35.78611
X Variab	3.608333	0.138107	26.12713	2.07E−07	3.270398	3.946268	3.270398	3.946268
X Variab	−0.64448	0.060956	−10.5729	4.21E−05	−0.79363	−0.49533	−0.79363	−0.49533

b）指数曲线型

当现象的长期趋势大体上按相同的增长速度递增或递减变化时，长期趋势模型可用如下的指数曲线方程拟合:

$$\tilde{y}_t = ab^t$$

其中，v^0/t^0 是时间序列 y_t 的趋势值，t 是时间，a 和 b 是待估参数.

为估计参数 a 和 b，可将上式两端取对数，得

$$\lg \tilde{y}_t = \ln a + t\ln b$$

令 $\widehat{y}_t = \ln \tilde{y}_t, A = \ln a, B = \ln b$，则有

$$\widehat{y}_t = A + Bt$$

运用最小二乘法可估计出 $\ln a$ 和 $\ln b$，再取反对数即可得到参数 a 和 b 的估计值.

例 13-7　某种产品的销售量见表 13-10，试拟合其长期趋势方程.

表 13-10　某种产品的销售量

年份	2008	2009	2010	2011	2012	2013	2014	2015	2016
销售量/万件	165	270	450	740	1620	2010	3120	5460	9000

解　第 1 步，绘制散点图，初步确定长期趋势模型(图 13-5).

由图 13-5 可知，该商店的销售量基本上符合指数型模型.

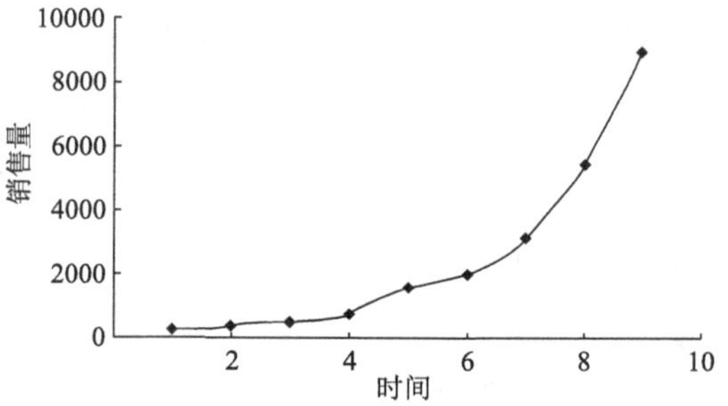

图 13-5　某产品销售量散点图

第 2 步，求解模型参数.

先将销售量 y_t 的数据进行线性变换，使其满足 $\lg \tilde{y}_t = \ln a + t\ln b \Leftrightarrow \widehat{y}_t = A + Bt$. 变换后的数据如表 13-11 所示.

表 13-11　某产品的销售量数据转换表

年份	2008	2009	2010	2011	2012	2013	2014	2015	2016
时序 t	1	2	3	4	5	6	7	8	9
$\widehat{y}_t = \ln y_t$	5.11	5.60	6.11	6.61	7.11	7.61	8.05	8.61	9.11

用最小二乘法运算，可得到回归系数的估计结果：$\hat{A}=4.61$，$\hat{B}=0.50$. 取反对数得 $\hat{a}=100.29, \hat{b}=1.65$，所得的趋势方程为

$$\hat{y}_t = 100.29\times 1.65^t$$

13.2.4　季节变动的测定

季节变动是指在一定时期内受自然界的季节变化或政治、经济社会因素的影响而形成有规则的周期性的重复变动. 季节变动在现实生活中很常见，如商业活动中的“销售旺季”和“销售淡季”. 它具有三个明显的特征：有规律的变动，按一定的周期重复进行，每个周期变化大体相同. 由于季节变动的最大周期为一年，所以以年份为单位的动态数列中不可能有季节变动.

常用的季节变动测定方法有同期平均法和趋势剔除法.

1. 同期平均法

这种方法是测定季节变动最简便的方法. 其基本步骤为：

(1) 计算各年同月份(或季度)的平均数 $\overline{y}_i$（i 表示月份或季节，$i=1,2,\cdots,12$ 或 $i=1,2,3,4$），其目的是消除各年同一月份(或季度)数据上的不规则变动.

(2) 计算各年所有月份(或季度)的总平均数 $\overline{y}$, 找出整个序列的水平趋势.

(3) 将各月份(或季度)的平均数分别除以总平均数，得到各月份(或季度)的季节指

数 S_i，$S_i=\dfrac{\overline{y}_i}{\overline{y}}$.

例 13-8　以表 13-4 的数据用同期平均法分析季节变动，结果如表 13-12 所示.

表 13-12　同期平均法季节指数计算表

年份	旅游人数/万人				
	第一季度	第二季度	第三季度	第四季度	合计
2014	100	95	98	107	400
2015	110	105	107	115	437
2016	123	115	120	125	483
合计	333	315	325	347	1320
同季平均	111	105	108.33	115.67	110
季节指数	1.00	0.95	0.98	1.05	

2. 趋势剔除法

趋势剔除法，即事先剔除趋势变动因素，而后计算季节比率的方法. 在具有明显的长期趋势变动的数列中，为了更准确地测定季节变动，必须先剔除趋势变动因素，然后再用平均的方法消除不规则变动，从而较为准确地分解出季节变动成分.

序列的长期趋势可用移动平均法或趋势方程法测定. 假定包含趋势变动的时间序列的各影响因素以乘法模型形式组合，以移动平均法测定趋势值为例，则确定季节变动的步骤如下：

(1) 对原时间序列求平均项数等于季节周期 L 的移动平均数，以消除季节变动 S 和不规则变动 I，所得的移动平均的结果若以 M 表示，则 M 只包含趋势变动 T 和循环变动 C.

(2) 剔除原数列中的趋势变动 T 和循环变动 C，即将原数列各项除以移动平均数的对应时间数据：$\dfrac{T\cdot C\cdot S\cdot I}{T\cdot C}=S\cdot I$.

(3) 以消除趋势变动和循环变动后的数列 $S\cdot I$ 数据进行平均，以消除不规则变动 I，再分别除以全部 $S\cdot I$ 数据的总平均数，即得到季节指数 S.

(4) 对季节指数的调整. 季节指数的总和 $\sum S_i$ 应当等于季节周期的长度 L. 如果计算的季节指数的总和不等于 L，则需要对其进行调整. 调整的方法以 $\dfrac{L}{\sum S_i}$ 作为调整系数，将其误差分摊到各期的季节指数中去. 经调整的季节指数为 S^*，则

$$S^*=S_i\times\frac{L}{\sum S_i},\quad i=1,2,\cdots,L$$

例 13-9　以表 13-4 的数据用移动平均趋势剔除法分析季节变动，计算过程和结果见表 13-13 和表 13-14.

表 13-13　季节指数计算表(一)

年份	季度	顺序	Y_t	四项移动平均 T	Y_t/T
2014	1	1	100	—	—
	2	2	95	—	—
	3	3	98	101.25	0.9679
	4	4	107	103.75	1.0313
2015	1	5	110	106.125	1.0365
	2	6	105	108.25	0.9700
	3	7	107	110.875	0.9651
	4	8	115	113.75	1.0110
2016	1	9	123	116.625	1.0547
	2	10	115	119.5	0.9623
	3	11	120	—	—
	4	12	125	—	—

表 13-14　季节指数计算表(二)

年份	旅游人数/万人				
	第一季度	第二季度	第三季度	第四季度	合计
2014			0.9679	1.0313	
2015	1.0365	0.9700	0.9651	1.0110	
2016	1.0547	0.9623			
同季平均	10.456	0.96615	0.9665	1.02115	0.9999
季节指数/%	104.58	96.63	96.66	102.13	

13.2.5　循环变动的测定

循环变动不同于长期趋势，它所表现的不是朝着某一个方向持续上升或下降，而是从低到高，又从高到低的周而复始的近乎规律性的变动. 循环变动也不同于季节变动，季节变动也是交替变动，但季节变动有比较固定的规律性，而且变动周期一般是一年. 循环变动没有固定的周期，一般都在数年以上，周期的长度、变动形态、波动的大小也不太固定.

从统计分析的角度来看，循环变动的测定方法有多种，如剩余法、直接法和循环平均法等. 不同的方法得出的分析结论有一定的差异，这就需要对不同测定方法的基本原理、前提条件有所了解. 下面介绍两种常用的方法.

1. 直接法

直接法适用于季度和月度时间序列. 如果研究时间序列的目的只在于测定数列的循

环波动特征，可用直接法进行分析. 直接法是将每年各季或各月的数值与上年同期进行对比，即求出年距发展速度：

$$C \cdot J = \frac{y_t}{y_{t-}}$$

直接法简便易行，可以大致消除趋势变动和季节变动的影响. 它的主要局限性是在消除时间序列长期趋势的同时，相对放大了年度发展水平的影响，当某期发展水平偏低或偏高时，必然会影响 $C \cdot J$ 的数值，使之偏高或偏低，使得循环波动的振幅被拉大.

2. 剩余法

剩余法也称分解法. 其基本思路是：利用分解分析的原理，从时间序列中逐次或一次消除季节变动与长期趋势，然后再消除不规则变动，从而揭示循环变动的特征. 即

$$\frac{Y}{T \cdot S} = \frac{T \cdot S \cdot C \cdot I}{T \cdot S} = C \cdot I$$

然后，将所得的循环变动和不规则变动的结果 $C \cdot I$ 进行移动平均，消除不规则变动 I，求得循环变动值 C.

例 13-10　表 13-15 是某旅行社经营收入资料，试用剩余法测定其循环变动.

表 13-15　剩余法循环指数计算表　　　　（单位：万元）

年份	月份	经营收入 Y	季节指数 S	消除季节变动的序列 $T \cdot C \cdot I$	长期趋势 T	循环和不规则变动 $C \cdot I$	循环变动 C
		(1)	(2)	$(3)=\frac{(1)}{(2)}$	(4)	$(5)=\frac{(3)}{(4)}$	(6)
2013	1	40	72.6	55.10	43.24	127.42	
	2	50	97.1	51.49	43.98	117.09	117.89
	3	41	84.0	48.81	44.72	109.15	111.21
	4	39	79.9	48.81	45.46	107.38	106.80
	5	45	93.8	47.97	46.19	103.85	103.49
	6	53	113.8	46.57	46.93	99.23	103.10
	7	68	134.3	50.63	47.67	106.21	102.54
	8	73	147.6	49.46	48.41	102.17	99.44
	9	50	113.1	44.21	49.15	89.95	95.00
	10	48	103.6	46.33	49.89	92.87	94.49
	11	43	84.4	50.95	50.63	100.64	96.45
	12	38	77.2	49.22	51.36	95.83	103.38
2014	1	43	72.6	59.23	52.10	113.68	103.62
	2	52	97.1	53.55	52.84	101.35	105.00
	3	45	84.0	53.57	53.58	99.99	98.60
	4	41	79.9	51.31	54.32	94.47	95.80
	5	48	93.8	51.17	55.06	92.95	96.60

续表

年份	月份	经营收入 Y	季节指数 S	消除季节变动的序列 $T\cdot C\cdot I$	长期趋势 T	循环和不规则变动 $C\cdot I$	循环变动 C
		(1)	(2)	$(3)=\frac{(1)}{(2)}$	(4)	$(5)=\frac{(3)}{(4)}$	(6)
2014	6	65	113.8	57.12	55.79	102.37	99.79
	7	79	134.3	58.52	56.53	104.05	102.72
	8	86	147.6	58.27	57.27	101.74	101.11
	9	64	113.1	56.59	58.01	97.55	99.29
	10	60	103.6	57.92	58.75	98.58	95.25
	11	45	84.4	53.32	59.49	89.63	92.13
	12	41	77.2	53.11	60.23	88.18	89.40
2015	1	40	72.6	55.10	60.96	90.38	95.13
	2	64	97.1	65.91	61.70	106.82	102.59
	3	58	84.0	69.05	62.44	110.58	109.45
	4	56	79.9	70.09	63.18	110.93	111.09
	5	67	93.8	71.43	63.92	111.75	107.75
	6	74	113.8	65.03	64.66	100.57	102.66
	7	84	134.3	62.55	65.40	95.64	97.85
	8	95	147.6	64.36	66.13	97.32	97.82
	9	76	113.1	67.20	66.87	100.49	98.30
	10	68	103.6	65.64	67.61	97.08	98.21
	11	56	84.4	66.35	68.35	97.08	97.22
	12	52	77.2	67.36	69.09	97.50	101.02
2016	1	55	72.6	75.76	69.83	108.49	103.69
	2	72	97.1	74.15	70.56	105.08	105.70
	3	62	84.0	73.81	71.30	103.52	104.28
	4	60	79.9	75.09	72.04	104.24	103.43
	5	70	93.8	74.63	72.78	102.54	103.19
	6	86	113.8	75.57	73.52	102.79	101.20
	7	98	134.3	72.97	74.26	98.27	99.54
	8	108	147.6	73.17	75.00	97.59	99.14
	9	87	113.1	76.92	75.73	101.57	99.20
	10	78	103.6	75.29	76.47	98.45	98.20
	11	63	84.4	74.64	77.21	96.18	98.90
	12	58	77.2	75.13	77.95	96.38	97.17

计算步骤为:

第 1 步, 用直接平均法求季节指数 S, 列在表中第(2)栏.

第 2 步，剔除季节变动，$T\cdot C\cdot I=\dfrac{Y}{S}$，列在表中第(3)栏.

第 3 步，用最小二乘法对经营收入 Y，拟合趋势方程 $Y=43.24+0.7385t$，并求出长期趋势值 T，列在表中第(4)栏中.

第 4 步，剔除长期趋势，$C\cdot I=\dfrac{T\cdot C\cdot I}{T}$，列在表中第(5)栏.

第 5 步，进行移动平均(取三项)消除不规则变动，列在表中第(6)栏.

根据表 13-14 计算的循环变动值绘制的循环变动曲线图如图 13-6 所示，可以看出，该旅行社的经营收入经历了四个长度不一的短周期循环.

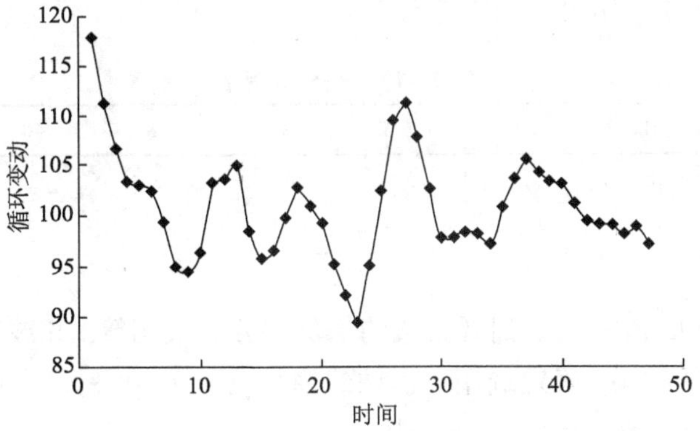

图 13-6　旅行社经营收入循环变动曲线

13.3　时间序列的预测

13.3.1　趋势外推法

趋势外推法，也称为长期趋势预测法. 该方法的要点是：以时间为自变量，序列指标为因变量，拟合函数方程，并据此进行外推预测. 趋势外推预测法的步骤如下：

第 1 步，选择趋势模型；

第 2 步，求解模型参数；

第 3 步，对模型进行检验；

第 4 步，利用模型进行预测.

例 13-11　某种产品的销售量如表 13-16 所示，试预测 2017 年的销售量.

表 13-16　商店某种产品的销售量　　（单位：万件）

年份	2008	2009	2010	2011	2012	2013	2014	2015	2016
销售量	10	18	25	30.5	35	38	40	39.5	38

解　第 1 步，绘制散点图，初步确定预测模型.

由图 13-7 可知，该产品的销售量基本上符合二次多项式模型.

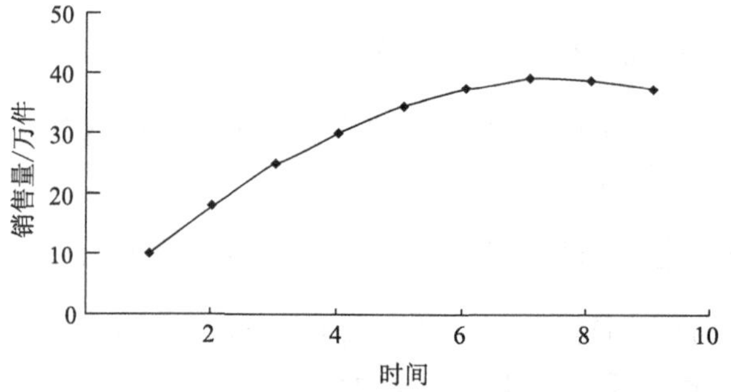

图 13-7　某产品销售量的散点图

第 2 步，计算差分，如表 13-17 所示.

表 13-17　差分计算表

销售量	10	18	25	30.5	35	38	40	39.5	38
一阶差分	—	8	7	5.5	4.5	3	2	−0.5	−1.5
二阶差分	—	—	−1	−1.5	−1	−1.5	−1	−2.5	−1

由表 13-17 可知，该时间序列观察值的二阶差分大致相等，其波动为−2.5~ −1. 综合散点图和差分分析的结果，确定选用二次曲线模型 $\hat{y}_t = a + bt + ct^2$ 来进行预测.

第 3 步，求解模型的参数.

用 Excel 中多元回归分析的方法估计抛物线型的趋势方程参数，结果如表 13-18 所示.

表 13-18　抛物线型趋势的估计结果

时间	序列 t	序列 t^2	销售量
2008	−4	16	10
2009	−3	9	18
2010	−2	4	25
2011	−1	1	30.5
2012	0	0	35
2013	1	1	38
2014	2	4	40
2015	3	9	39.5
2016	4	16	38

SUMMARY OUTPUT

回归统计	
Multiple	0.999663
R Square	0.999325
Adjusted	0.999101
标准误差	0.31997
观测值	9

方差分析

	df	SS	MS	F	Significance F
回归分析	2	910.1079	455.0544	4444.713	3.07E−10
残差	6	0.614286	0.102381		
总计	8	916			

	Coefficients	标准误差	t Stat	P-value	Lower95%	Upper95%	下限95%	上限95%
Intercep	35.04762	0.161707	216.7349	6.51E−13	34.65194	35.433	34.65194	35.4433
X Variab	3.566667	0.041308	86.34328	1.63E−10	3.46559	3.667744	3.46559	3.66774
X Variab	−0.69048	0.018232	−37.8717	2.26E−08	−0.73509	−0.64556	−0.73509	−0.64886

从而得到该产品销售量的二次曲线方程为

$$\hat{y}_t = 35.05 + 3.57t - 0.69t^2$$

第 4 步，进行模型的检验.

从 P 值可以看出，回归系数和回归方程都通过了显著性检验，说明该商店产品销售量的抛物线型趋势是显著的.

第 5 步，进行预测. 若要预测 2017 年的销售量，则取 $t=5$，则

$$\hat{y}_{2017} = 35.05 + 3.57 \times 5 - 0.69 \times 5^2 = 35.65(\text{万件})$$

即 2017 年销售量的点估计值为 35.65 万件.

13.3.2　指数平滑法

指数平滑法是统计预测中广泛使用的一种方法，它可以直接用于预测，也可以用于估计模型参数.

指数平滑法也称指数修匀预测法，按修匀次数的多少分一次指数平滑、二次指数平滑、三次乃至多次指数平滑. 下面介绍一次指数平滑法.

在时间序列中，以本期的实际数 y_t 和本期的预测数 $\hat{y}_t$ 为依据，然后赋以不同的权数，求得下一期预测数. 用公式表示如下

$$\hat{y}_{t+1} = \alpha y_t + (1-\alpha)\hat{y}_t$$

其中，$\hat{y}_{t+1}$ 表示下一期的预测数，y_t 和 $\hat{y}_t$ 分别表示 t 时期的实际数和预测数，α 表示平滑系数，$0<\alpha<1$.

由于 $\alpha + (1-\alpha) = 1$，所以该公式实际上是加权平均公式. 指数平滑法实质上是加权移动平均法的改良.

$$\begin{aligned}
\hat{y}_{t+1} &= \alpha y_t + (1-\alpha)\hat{y}_t \\
&= \alpha y_t + (1-\alpha)[\alpha y_{t-1} + (1-\alpha)\hat{y}_{t-2}] \\
&= \alpha y_t + \alpha(1-\alpha) y_{t-1} + (1-\alpha)^2 \hat{y}_{t-2} \\
&\quad \cdots\cdots \\
&= \alpha y_t + \alpha(1-\alpha) y_{t-1} + \alpha(1-\alpha)^2 y_{t-2} + \alpha(1-\alpha)^3 y_{t-3} + \cdots + \alpha(1-\alpha)^n y_{t-n} + \alpha^0 (1-\alpha)^{n+1} \hat{y}_{t-n-1}
\end{aligned}$$

由于 $0<\alpha<1$，当 n 很大时，$(1-\alpha)^n \hat{y}_{t-n}$ 接近于零. 于是，下期预测值便可视为时间序列各期数值的加权平均，且随着幂的增加 $(1-\alpha)^n$ 按指数形式递减，表明时间序列各项数值越往过去推移，对预测值的影响越小.

不难看出，应用指数平滑法，α 值的确定是一个关键问题. 因为权数的分配是按指数方式递减的，递减的速度取决于 α 值的大小. α 值越大权数的递减速度越快，反之就越慢. 所以 α 的取值对预测的效果有很密切的关系. 确定 α 值前，通常可以先取各种值进行试算，然后再作出决定. 从选择方法上看，应选取使误差最小的 α 值. 如

从数据的特征上看，变化呈阶梯式上升下降者取较大的 α 值；变化比较平稳的取较小的 α 值.

例 13-12 某公司近几年产品销售收入如表 13-19 所示，取 $\alpha=0.5$，预测 2017 年的销售收入.

表 13-19 商店某种产品的销售量 （单位：万元）

年份	2011	2012	2013	2014	2015	2016
销售收入	200	297	220	235	277	270

解

$$\begin{aligned}\hat{y}_{17}&=\alpha y_{16}+\alpha(1-\alpha)y_{15}+\alpha(1-\alpha)^2y_{14}+\alpha(1-\alpha)^3y_{13}+\alpha(1-\alpha)^4y_{12}+\alpha(1-\alpha)^5y_{11}+\alpha^0(1-\alpha)^6\hat{y}_{10}\\&=0.5\times270+0.5\times0.5\times277+0.5\times0.5^2\times235+0.5\times0.5^3\times220\\&\quad+0.5\times0.5^4\times297+0.5\times0.5^5\times200+0.5^6\times200\\&=262.906(\text{万元})\end{aligned}$$

本 章 小 结

1. 时间序列是反映不同时点上的某现象统计指标的数值，按照时间先后顺序加以排列后形成的数列. 任何一个时间序列都具有两个基本要素：一个是统计指标所属的时间，另一个是统计指标在特定时间的指标值.

2. 发展水平是时间序列中每一项具体的指标值. 增长水平是两个不同时期的发展水平之差，有逐期增长和累积增长之分. 报告期水平与前一期水平之差，称为逐期增长量；报告期水平与某一固定基期水平之差，称为累积增长量. 二者的关系是：累积增长量等于相应的时期的逐期增长量之和；相邻两期的累积增长量之差等于相应时期的逐期增长量.

3. 发展速度是两个不同时期发展水平相除的结果，有定基发展速度和环比发展速度之分. 定基发展速度的比较时期是某一个固定时期，环比发展速度的比较时期是前一时期. 环比发展速度的连乘积等于定基发展速度. 增长速度由增长量与基期水平比较而得，即发展速度减去 1，有环比增长速度和定基增长速度两种. 平均增长速度等于平均发展速度减去 1.

4. 时间序列的变化受到长期趋势、季节变动、循环变动和不规则变动这四个因素的影响. 时间序列分解的方法有很多，实际当中较常用的模型有加法模型和乘法模型. 长期趋势的测定方法主要有时距扩大法、移动平均法和趋势模型法；季节变动的主要测定方法有同期平均法和趋势剔除法；循环变动的主要测定方法有直接法和剩余法.

5. 时间序列的预测方法主要有趋势外推法和指数平滑法. 趋势外推法是以时间为自变量，序列指标为因变量，拟合函数方程，并据此进行外推预测. 趋势外推预测法的步骤如下：①选择趋势模型；②求解模型参数；③对模型进行检验；④利用模型进行预测. 指数平滑法也称指数修匀预测法，按修匀次数的多少分一次指数平滑、二次指数平滑、三次乃至多次指数平滑.

《应用统计学》学习材料(13)

思考与练习

13.1 什么叫时间序列？编制时间序列应注意哪些基本要求？

13.2 影响经济时间序列变化的四个因素是什么？试分别说明之.

13.3 时间序列有哪些速度分析指标？它们之间的关系是什么？

13.4 使用移动平均法求长期趋势时，如何选择移动平均的项数？

13.5 测定季节变动的“趋势剔除法”的基本步骤和原理是什么？

13.6 线性趋势与非线性趋势的区别是什么？

13.7 循环变动和季节变动的区别是什么？

13.8 某公司近 10 年股票的每股收益如下(单位：元)

0.64,　0.73,　0.94,　1.14,　1.33,　1.53,　1.67,　1.68,　2.10,　2.50

(1) 分别用移动平均法和趋势模型法预测该公司下一年的收益；

(2) 通过时间序列的数据和发展趋势分析该公司第 11 年的投资意向.

13.9 一个从 2010 年 6 月至 2017 年 7 月的月份时间序列的线性长期趋势方程为: y=135+0.5t，其中 t 代表时间序号，y 是以千万元为单位的总销售额. 试预测 2017 年 9 月的趋势值.

13.10 某地区 2013~2016 年各季度猪肉的销售量数据如下表所示.

年份	第一季度	第二季度	第三季度	第四季度
2013	13.1	13.9	7.9	8.6
2014	10.8	11.5	9.7	11.0
2015	14.6	17.5	16.0	18.2
2016	18.4	20.0	16.9	18.0

(1) 用移动平均法消除季节变动；

(2) 用指数平滑法预测长期趋势；

(3) 用拟合线性模型测定长期趋势；

(4) 预测 2017 年各季度猪肉的销售量.

13.11 某市集市贸易 2013~2016 年各月海鲜销售量如下表所示.

年份	1 月	2 月	3 月	4 月	5 月	6 月	7 月	8 月	9 月	10 月	11 月	12 月
2013	40	50	41	39	45	53	68	73	50	48	43	38
2014	43	52	45	41	48	65	79	86	64	60	45	41
2015	40	64	58	56	67	74	84	96	76	68	56	52
2016	55	72	62	60	70	86	98	108	87	78	63	58

试分别用同期平均法和趋势剔除法计算季节比例.

第14章 统计指数

蔬菜价格及销售量变动程度的综合度量

某蔬菜市场2013年和2016年三种蔬菜价格及销售量资料如下表所示.

三种蔬菜价格及销售量资料

商品名称	计量单位	价格/元		销售量	
		2013年	2016年	2013年	2016年
白菜	百千克	150.0	400.0	15600	18700
黄瓜	百千克	121.2	220.6	5900	6120
菠菜	百千克	260.8	810.8	6400	6650

观察上表数据可知,白菜、黄瓜、菠菜三种蔬菜的价格及销售量在2013年和2016年均变动,要从数量上来刻画这种变动程度,人们通常采用计算比值的方法.例如,白菜价格从2013年到2016年的变动程度为$400\div150=2.667$,销售量变动程度为$18720\div15600=1.200$.白菜价格从2013年到2010年上涨了166.7%,销售量上涨了20.0%.同样的方法,我们可以得出黄瓜和菠菜价格及销售量的变动程度,参见下表.

三种蔬菜价格及销售量的变动程度

商品名称	计量单位	价格/元			销售量		
		2013年	2016年	变动程度	2013年	2016年	变动程度
白菜	百千克	150.0	400.0	2.667	15600	18700	1.200
黄瓜	百千克	121.2	220.6	1.820	5900	6120	1.037
菠菜	百千克	260.8	810.8	3.109	6400	6650	1.039

多数情况下,我们不仅仅关心个别商品的价格或销售量的变动程度,更为关心的是整个市场上多种商品价格或销售量的平均变动程度.例如,我们想知道白菜、黄瓜和菠菜三种蔬菜价格在2013年和2016年的平均变动程度,以及销售量在2013年和2016年的平均变动程度.如何得出这种平均变动程度呢?

本章将要介绍的指数理论,就是在解决多种商品价格平均变动程度的算法问题上逐渐产生和发展起来的.

14.1　统计指数概述

14.1.1　统计指数的概念

统计指数也称经济指数，是一个与数学上的“指数函数”完全不同的概念. 统计指数是用来分析社会经济现象数量变动的对比性指标. 简单地说，统计指数就是对有关现象进行比较分析的一种相对比率. 从广义上讲，一切比较相对数均可称之为统计指数. 从狭义上讲，指数是用来表明不能直接相加和不能直接对比的现象在不同时期的相对变动程度. 例如，要综合说明全部工业产品的产量变动，由于各种工业产品的实物单位不同(如钢产量以吨为单位、机床以台为单位)，不能采用直接相加的方法求出各个时期的总产量，因而就无法将两个时期的总产量直接对比来说明全部工业品产量的综合变动. 又如，由于不同种类的商品价格不能简单地直接相加，因而要研究两个时期的各种商品价格就不能通过简单汇总然后对比的方法来说明价格的综合变动. 所以，狭义的指数是专指不能直接相加现象在不同时期间比较的综合相对数. 统计学中关于指数的理论与方法，主要是指这种狭义指数的编制理论与方法.

统计指数在经济分析的各个领域里已得到广泛的应用. 例如人们所熟知的股票指数，是综合反映股票市场变动情况的统计指标，受到广泛的关注，被称作一国经济状况的晴雨表. 再如人们通过商品价格指数，可掌握和了解市场价格的动态、货币流通量的状况以及对居民生活的影响等.

统计指数具有以下几个基本特点:

(1) 相对性，统计指数通常以相对数的形式来表示.

(2) 综合性，即反映复杂现象的统计指数具有综合的性质，它综合地反映了复杂现象总体的数量变化关系. 例如受多种因素的影响，各种商品价格变动的方向和幅度经常是不一致的，有些商品价格上涨，但上涨的幅度不一；有些商品价格下跌，但下跌的幅度也不一. 商品价格总指数则是综合了各种商品价格受各种因素的综合影响变动的结果.

(3) 平均性，反映复杂现象的统计指数具有平均的性质，它反映复杂现象总体中各个单位变动的平均水平. 就商品综合价格指数而言，它所表明的是各种商品价格变动的平均水平.

14.1.2　统计指数的种类

统计指数是对有关现象进行比较分析的一种相对比率，这是所有指数的共性，但不同的指数往往还有一些不同的特性. 通过对指数进行适当的分类，有助于我们更加深入地了解这些特性.

1. 个体指数与总指数

这是根据指数的考察范围和计算方法所做的区分. 个体指数是说明总体中个别现象或个别项目的数量对比关系的指数. 例如，一种商品的价格指数、一种产品的产量指数和成本指数等. 总指数是考察整个总体现象的数量对比关系的指数. 例如, 某一种产品综合的产量指数、全部商品的物价指数等.

2. 质量指标指数与数量指标指数

这是根据指数所反映的现象特征不同所做的区分. 数量指标指数反映所研究现象的数量规模变动, 如经济增长指数、产品产量指数、商品销售量指数等. 质量指标指数反映所研究现象的质量水平变动, 如商品价格指数、产品成本指数、劳动生产率指数等.

3. 动态指数与静态指数

这是根据指数所反映的时间状态不同所做的区分. 动态指数又称为时间指数, 它是将不同时间上的同类现象水平进行比较的结果, 反映现象在时间上的变化过程和程度. 常见的零售价格指数、消费价格指数、股票价格指数、工业生产指数等, 都属于动态指数. 动态指数按所对比的基期的不同, 分为定基指数与环比指数两种. 静态指数包括空间指数和计划完成情况指数两种. 空间指数指同类现象水平在同一时间内不同空间上对比的结果, 反映现象在不同区域的差异程度, 如地区间的价格比较指数、国际对比的购买力平价指数和人均国内生产总值指数等. 计划完成情况指数则是将某种现象的实际水平与计划水平对比的结果, 反映计划的完成程度, 如产品成本计划完成情况指数.

14.1.3　统计指数的作用

1. 分析复杂经济现象总体的变动方向和程度

例如, 股票价格的变动是一种复杂现象, 通过编制股票价格指数可以反映股票市场价格总变动的情况. 再比如, 商品销售额、商品销售量、商品价格水平的变动都是复杂的经济现象, 通过编制统计指数就能反映其总体的变动方向和程度.

2. 分析复杂经济现象总体中各因素的影响

复杂经济现象总体的变动是由各种因素综合影响的结果, 而各种因素自身变动的速度和变动方向常常是不一致的, 对总体变动的影响也不同. 例如商品销售额是销售量和销售价的乘积; 产品总成本是产品产量与单位成本的乘积; 产品产值是劳动量与劳动生产率的乘积或产品产量与产品价格的乘积等. 将不同时期的商品销售额、产品总成本、产品产值进行比较, 就能反映其总体的变动方向和变动程度. 如某地区 2016 年商品销售额对比 2015 年的比率为 110.9%, 说明 2016 年该地区商品销售额的增长幅度为 10.9%. 这个变动是销售量与价格两个因素共同作用的结果, 借助于统计指数法可以深入分析和测定这两个因素的变动及其对销售额变动所带来的影响.

3. 分析复杂经济现象平均水平变动中各个因素的影响

例如, 城镇就业人口平均工资水平的变动, 既受各行业职工工资水平变动的影响, 也受各行业职工构成变动的影响. 借助于统计指数法, 就能对全体就业人口的工资水平变动进行分析，同时分析各行业职工平均工资变动及其对全体就业人口平均工资变动的影响，分析各行业职工所占比重的变动及其对全体就业人口平均工资变动的影响.

4. 分析复杂经济现象总体的长期变化趋势

借助连续编制的动态指数形成的指数数列，可以反映现象在长时间的发展变化趋势. 同时，如果把两个相互联系的指数数列(如居民收入指数和价格指数)加以比较，还可以进一步认识复杂经济现象总体之间数量上的变动关系.

14.2 总指数的编制

总指数是反映多种现象或事物报告期相对于基期的综合变动相对指标. 总指数的编制方法主要分为综合指数法和平均数指数法.

14.2.1 综合指数法

1. 综合指数的编制原理

综合指数是总指数的基本形式之一，用来反映复杂现象的总变动.

编制综合指数的基本方法是"先综合，后对比". 例如，通过编制价格综合指数反映市场商品价格总变动，其步骤是首先把市场各种商品价格加以综合，然后再进行对比. 由于市场商品品种繁多，直接加总各种商品价格，其经济意义难以作出恰当解释，所以一般要引进一个媒介因素，通过这个媒介因素把各种商品的价格过渡为价值指标，再进行综合对比.

编制综合指数必须明确两个概念：一是"指数化指标"，二是"同度量因素". 所谓指数化指标就是编制综合指数所要测定的因素，如上面的商品价格综合指数所要测定的因素是价格，所以价格就是指数化指标. 所谓同度量因素是指媒介因素，借助媒介因素，把不能直接加总的因素过渡到可以同度量并可以加总，所以称其为同度量因素. 编制综合指数的目的是测定指数化指标的变动，同度量因素所起的作用是将不同度量的现象转化为同度量的现象，因此在对比的过程中应加以固定，才能达到反映指数化指标变动的目的. 综合指数的基本公式如下

$$I_p = \frac{\sum p_1 q}{\sum p_0 q} \tag{14-1}$$

$$I_q = \frac{\sum p q_1}{\sum p q_0} \tag{14-2}$$

公式(14-1)是质量指标综合指数形式，公式(14-2)是数量指标综合指数形式. 公式中 p 表示质量因素，q 表示数量因素，下标 1 表示所分析的时期，称为报告期，下标 0 表示比较时期，称为基期.

在编制综合指数时，首先根据指数化指标的性质确定同度量因素的性质，然后再确定同度量因素的所属时期. 一般而言，质量指标指数的指数化指标是 p，其同度量因素是数量指标 q，两者的乘积 pq 是一价值总量；数量指标指数的指数化指标则是 q，其同度量因素是 p，两者的乘积 qp 也是一价值总量，价值量指标加总后，经济意义是很明确的.

2. 综合指数编制的一般方法

综合指数编制的一般方法，也就是同度量因素所属时期确定的一般方法是：编制数量指标指数时，同度量因素所属时期固定在基期水平上；编制质量指标指数时，同度量因素所在时期固定在报告期水平上. 这样，综合指数的表现形式就是

$$I_q = \frac{\sum p_0 q_1}{\sum p_0 q_0} \tag{14-3}$$

$$I_p = \frac{\sum p_1 q_1}{\sum p_0 q_1} \tag{14-4}$$

公式中 p 表示质量因素，q 表示数量因素，下标 1 表示报告期，下标 0 表示基期.

例 14-1　某企业三种产品报告期和基期销售资料如表 14-1 所示.

表 14-1　产品销售资料表

产品类别	计量单位	销售量		销售价格/元		销售额/百元			
		q_0	q_1	p_0	p_1	p_0q_0	p_1q_1	p_0q_1	p_1q_0
1	万件	450	500	700	770	3150	3850	3500	3465
2	万件	500	520	350	350	1750	1820	1820	1750
3	台	900	1080	100	110	900	1188	1080	990
合计	—	—	—	—	—	5800	6858	6400	6205

(1) 产品销售量指数，用公式(14-3)计算:

$$I_q = \frac{\sum p_0 q_1}{\sum p_0 q_0} = \frac{6400}{5800} = 110.34\%$$

$$\sum p_0 q_1 - \sum p_0 q_0 = 6400 - 5800 = 600(\text{百元})=6(\text{万元})$$

(2) 产品销售价格指数，用公式(14-4)计算:

$$I_p = \frac{\sum p_1 q_1}{\sum p_0 q_1} = \frac{6858}{6400} = 107.16\%$$

$$\sum p_1 q_1 - \sum p_0 q_1 = 6858 - 6400 = 458(\text{百元})=4.58(\text{万元})$$

计算结果表明，该企业产品销售量指数为 110.34%，三种产品产量报告期比基期平均增长10.34%，使销售额增加了6万元；产品销售价格指数为107.16%，三种产品价格报告期比基期平均增长 7.16%，使销售额增加了 4.58 万元.

3. 拉氏指数和帕氏指数

1) 拉氏指数

拉氏指数(简记为 L)，是德国经济统计学家拉斯佩雷斯在 1864 年提出的，后人以他的名字命名该指数. 拉氏指数公式的特点是将同度量因素固定在基期水平上，因此也称基期综合指数，公式具体形式如下：

$$L_q=\frac{\sum p_0q_1}{\sum p_0q_0}$$

$$L_p=\frac{\sum p_1q_0}{\sum p_0q_0}$$

例 14-2 以表 14-1 的资料，计算拉氏价格指数和销售量指数.

$$L_q=\frac{\sum p_0q_1}{\sum p_0q_0}=\frac{6400}{5800}=110.34\%$$

$$\sum p_0q_1-\sum p_0q_0=6400-5800=600(\text{百元})=6\,(\text{万元})$$

$$L_p=\frac{\sum p_1q_0}{\sum p_0q_0}=\frac{6205}{5800}=106.98\%$$

$$\sum p_1q_0-\sum p_0q_0=6205-5800=405(\text{百元})=4.05\,(\text{万元})$$

计算结果表明，该企业产品销售量指数为 110.34%，三种产品产量报告期比基期平均增长 10.34%，使销售额增加了 6.00 万元；产品销售价格指数为 106.98%，三种产品价格报告期比基期平均增长 6.98%，使销售额增加了 4.05 万元.

2) 帕氏指数

帕氏指数(简记为 P)，是德国的另一位经济统计学家帕舍继拉斯佩雷斯之后在 1874 年提出的，后来的人也以他的名字命名该指数. 与拉氏指数不同之处是，帕氏指数将同度量因素固定在报告期水平上，因此也称报告期综合指数. 公式具体形式如下：

$$P_q=\frac{\sum p_1q_1}{\sum p_1q_0}$$

$$P_p=\frac{\sum p_1q_1}{\sum p_0q_1}$$

例 14-3 以表 14-1 的资料，计算帕氏价格指数和销售量指数.

$$P_q=\frac{\sum p_1q_1}{\sum p_1q_0}=\frac{6858}{6205}=110.52\%$$

$$\sum p_1q_1-\sum p_1q_0=6858-6205=653(\text{百元})=6.53(\text{万元})$$

$$P_p=\frac{\sum p_1q_1}{\sum p_0q_1}=\frac{6858}{6400}=107.16\%$$

$$\sum p_1q_1-\sum p_0q_1=6858-6400=458(\text{百元})=4.58(\text{万元})$$

计算结果表明，该企业产品销售量指数为 110.52%，三种产品产量报告期比基期平均增长 10.52%，使销售额增加了 6.53 万元；产品销售价格指数为 107.16%，三种产品价格报告期比基期平均增长 7.16%，使销售额增加了 4.58 万元.

拉氏指数和帕氏指数是两种基本的指数公式. 由于同度量因素的固定方式不同，拉氏指数与帕氏指数之间通常存在差异，这种差异有时十分显著，甚至可能给出完全相反的结果. 为了调和这种偏差，或者为了满足特殊分析的需要，经济学家和统计学家试图对已有的这些指数公式加以改造，由此形成了各种新的指数公式. 其中较为重要的有：理想指数、马希尔-埃奇沃思指数等，有关内容本书从略.

14.2.2 平均数指数法

1. 平均数指数的编制原理

平均数指数也是总指数的基本形式之一，用来反映复杂经济现象的总变动. 但平均数指数与综合指数的编制方法不同，编制综合指数的基本方法是“先综合，后对比”，平均数指数编制的基本方法则是“先对比，后平均”. 所谓“先对比”，是指先通过对比计算个体现象的个体指数；所谓“后平均”，则是指将个体指数赋予适当的权数，加以平均得到总指数.

平均数指数之所以称其为平均数指数，是因为它利用了平均数的计算形式. 在编制平均数指数时，主要的计算形式有算术平均和调和平均两种. 基本公式如下：

$$I=\frac{\sum kpq}{\sum pq} \tag{14-5}$$

$$I=\frac{\sum pq}{\sum \frac{1}{k}pq} \tag{14-6}$$

上式中，k 代表个体指数，pq 代表权数. 在公式中，“个体指数”k 的地位，相当于平均数计算公式中的“被平均的标志”x 的地位. “权数”pq 是与所要编制的指数密切关联的价值总量，但 p 和 q 的所属时期可以考虑不同的组合，如 p_1q_1，p_1q_0，p_0q_1，p_0q_0 四种. 由于 p_1q_0 和 p_0q_1 的资料不易取得，通常采用 p_1q_1 和 p_0q_0 为权数.

2. 平均数指数的编制方法

1) 算术平均数指数

公式(14-5)是加权算术平均数指数公式, 其权数选择基期总值 p_0q_0 最为常见. 这种指数形式实际上是拉氏指数的变形, 下面以销售量指数为例加以说明.

以基期物价为同度量因素的销售量综合指数的计算公式为

$$I_q=\frac{\sum p_0q_1}{\sum p_0q_0}$$

设 $k=\dfrac{q_1}{q_0}$ 为销售量个体指数, 则 $q_1=kq_0$. 将其代入上式, 即可得算术平均数指数的计算公式:

$$I_q=\frac{\sum p_0q_1}{\sum p_0q_0}=\frac{\sum kp_0q_0}{\sum p_0q_0}$$

例 14-4 以表 14-1 的资料, 分别计算价格指数和销售量平均指数.

$$I_p=\frac{\sum \frac{p_1}{p_0}p_0q_0}{\sum p_0q_0}=\frac{\frac{770}{700}\times3150+\frac{350}{350}\times1750+\frac{110}{100}\times900}{3150+1750+900}=\frac{6205}{5800}=106.98\%$$

$$I_q=\frac{\sum \frac{q_1}{q_0}p_0q_0}{\sum p_0q_0}=\frac{\frac{500}{450}\times3150+\frac{520}{500}\times1750+\frac{1080}{900}\times900}{3150+1750+900}=\frac{6400}{5800}=110.34\%$$

2) 调和平均数指数

公式(14-6)是调和平均指数公式, 其权数选择报告期总值 p_1q_1 最为常见. 这种指数实际上是帕氏指数的变形, 下面以价格指数为例加以说明.

以报告期销售量为同度量因素的价格综合指数的计算公式为

$$I_p=\frac{\sum p_1q_1}{\sum p_0q_1}$$

设 $k=\dfrac{p_1}{p_0}$ 为价格个体指数, 则 $p_0=\dfrac{p_1}{k}$. 将其代入上式, 即可得调和平均数指数的计算公式:

$$I_p=\frac{\sum p_1q_1}{\sum p_0q_1}=\frac{\sum p_1q_1}{\sum \frac{1}{k}p_1q_1}$$

例 14-5 以表 14-1 的资料，分别计算价格指数和销售量平均指数.

$$I_p=\frac{\sum p_1q_1}{\sum \frac{1}{p_1/p_0}p_1q_1}=\frac{3850+1820+1188}{\frac{1}{770/700}\times 3850+\frac{1}{350/350}\times 1820+\frac{1}{110/100}\times 1188}=\frac{6858}{6400}=107.16\%$$

$$I_q=\frac{\sum p_1q_1}{\sum \frac{1}{q_1/q_0}p_1q_1}=\frac{3850+1820+1188}{\frac{1}{500/450}\times 3850+\frac{1}{520/500}\times 1820+\frac{1}{1080/900}\times 1188}=\frac{6858}{6205}=110.52\%$$

14.3 指数体系与因素分析

14.3.1 指数体系

在经济分析中，一个指数通常只能说明某一方面的问题，而实践中往往需要将多个指数结合起来加以运用，这就需要建立相应的“指数体系”.

广义的指数体系类似指标体系的概念，泛指由若干个内容上相互关联的统计指数所结成的体系. 根据研究内容的需要，构成这种体系的指数可多可少. 例如，工业品批发价格指数、农产品收购价格指数、消费品零售价格指数等构成了“市场物价指数体系”；而国民经济运行的生产、流通和使用各环节以及国民经济各部门的多种经济指数则构成了“国民经济核算指数体系”，其中除了上面列举的有关价格指数之外，还包括诸如国内总产出价格指数和物量指数、国内生产总值价格指数和物量指数、投资价格指数和物量指数，以及资产负债存量价格指数等，其内容构成十分复杂.

狭义的指数体系仅指几个指数之间在一定的经济联系基础上所结成的较为严密的数量关系式. 其最为典型的表现形式就是：一个总值指数等于若干个因素指数的乘积. 下面专门讨论这种形式的指数体系. 例如：

总产值指数=产品产量指数×价格指数

总成本指数=产品产量指数×单位成本指数

销售额指数=销售量指数×价格指数

增加值指数=员工人数指数×劳动生产率指数×增加值率指数

显然，这些指数体系都是建立在有关对比指标之间的经济联系基础上的，因而它们具有非常实际的经济分析意义.

指数体系的分析作用主要有两个方面：一是进行“因素分析”，即分析现象的总变动中各有关因素的影响程度；二是进行“指数推算”，即根据已知的指数推算未知的指数.

14.3.2 总量变动的因素分析

对现象总量变动进行因素分析的方法多种多样，通过建立指数体系来进行因素分析具有直观、明显的经济意义，因而在实践中获得了较为广泛的应用.

根据总量变动分解得到的因素多少不同，可以采用两因素分析或多因素分析. 以两因素分析为例. 当要考察多种商品的销售额变动及其因素影响时，如果都用拉氏公式来编制销售量指数和价格指数，或者，都用帕氏指数来编制销售量指数和价格指数，那么它们与销售额指数之间就难以形成严密的指数体系，即

$$L_q \cdot L_p = \frac{\sum p_0 q_1}{\sum p_0 q_0} \cdot \frac{\sum p_1 q_0}{\sum p_0 q_0} \neq \frac{\sum p_1 q_1}{\sum p_0 q_0} = V$$

$$P_q \cdot P_p = \frac{\sum q_1 p_1}{\sum q_0 p_1} \cdot \frac{\sum q_1 p_1}{\sum q_1 p_0} \neq \frac{\sum q_1 p_1}{\sum q_0 p_0} = V$$

为了同时满足相对数分析和绝对数分析的需要，通常将综合指数与连锁交替法结合运用，建立相应的指数体系. 这里有两种可供选择的方案:

(1) 将总值指数分解为拉氏数量指标指数和帕氏质量指标指数之乘积，即

$$V = L_q \cdot P_p$$

其分析顺序是: 假定数量指标先变化，质量指标后变化，即

$$\sum p_0 q_0 \xrightarrow{q\text{变化}} \sum p_0 q_1 \xrightarrow{p\text{变化}} \sum p_1 q_1$$

(2) 将总值指数分解为帕氏数量指标指数和拉氏质量指标指数之乘积，即

$$V = P_q \cdot L_p$$

其分析顺序是: 假定质量指标先变化，数量指标后变化，即

$$\sum p_0 q_0 \xrightarrow{p\text{变化}} \sum p_1 q_0 \xrightarrow{q\text{变化}} \sum p_1 q_1$$

为了统一，通常采用第一种分析方案. 这种指数体系的完整分析框架为

$$\begin{cases} \dfrac{\sum p_1 q_1}{\sum p_0 q_0} = \dfrac{\sum p_0 q_1}{\sum p_0 q_0} \cdot \dfrac{\sum q_1 p_1}{\sum q_1 p_0} \\ \sum p_1 q_1 - \sum p_0 q_0 = \left(\sum p_0 q_1 - \sum p_0 q_0\right) + \left(\sum p_1 q_1 - \sum p_0 q_1\right) \end{cases} \tag{14-7}$$

例 14-6　以表 14-1 资料，进行销售额变动的因素分析.

利用公式(14-7)，我们容易建立以下的基本分析框架:

$$\underset{(V)}{\frac{6858}{6400}} = \underset{(L_q)}{\frac{6400}{5800}} \times \underset{(P_p)}{\frac{6858}{6400}}$$

进一步计算，就得到

$$\begin{cases} 118.24\% = 110.34\% \times 107.16\% \\ 10.58 = 6.00 + 4.58 \end{cases}$$

分析结果表明：从相对数方面看，该企业的销售额报告期比基期增长 18.24%，是由于销售量增长 10.34%和销售价格上涨 7.16% 这两个因素共同作用的结果；从绝对数方面看，该企业销售额报告期比基期增加 10.58 万元，是由于销售量上升使销售额增加 6 万元，销售价格上涨使销售额增加 4.58 万元.

14.4　几种常见的经济指数

作为一种重要的经济分析指标和方法，指数在实践中得到了广泛的应用. 但在不同场合，往往需要运用不同的指数形式. 一般而言，选择指数形式的主要标准应该是指数的经济分析意义. 除此之外，有时还需要考虑实际编制工作的可行性，以及对指数分析性质的某些特殊要求. 这里选择几个常见的经济指数，对指数的具体应用加以介绍.

14.4.1　消费者价格指数和零售价格指数

消费者价格指数(consumer price index, CPI)，是度量一组代表性消费品及服务项目价格水平随时间而变动的相对数，反映居民家庭所购买的生活消费品和服务价格水平变动的情况. 编制居民消费者价格指数，可以观察和分析价格水平变动对职工货币工资的影响，作为研究居民生活、宏观经济分析和决策、价格总水平监测和调控的依据. 其按年度计算的变动率通常被用来作为反映通货膨胀或通货紧缩程度的指标.

我国的消费者价格指数是采用固定加权算术平均指数方法编制的. 其基本编制程序是：首先，居民消费的商品分为八大类，包括食品、烟酒及用品、衣着、家庭设备用品及维修服务、医疗保健及个人用品、交通和通信、娱乐教育文化用品及服务、居住等，下设 251 个基本分类；其次，从以上各类中选定约 260 个代表性商品的基本分类和 600~700 种代表规格品入编指数，利用有关对比时期的价格资料分别计算个体价格指数；再次，依据有关时期内各种商品的销售额构成确定代表品的比重权数，该权数一年内保持不变；最后，按从低到高的顺序，以适当方式依次编制各类别的消费者价格指数和消费者价格总指数.

在编制各层次的消费者价格指数时，采用的计算公式有所不同：对于各个代表性商品的基本类别，是将所含的各种代表规格品的个体价格指数作简单几何平均，得到该基本类别的消费者价格指数；再对上述结果进行加权算术平均，即可分别得到各类别的消费者价格指数和消费者价格总指数.

由于食品和能源等消费品的价格容易受到季节因素和供需关系的影响，发生较为剧烈的季节性或周期性波动. 故人们有时还在剔除了食物和能源类别之后计算一种特殊的消费者价格指数，希望借此正确判断市场物价的基本走势.

我国的零售价格指数与消费者价格指数有所不同，它反映的是所有零售企业向居民、机关团体出售生活消费品和办公用品(以及农民向非农居民出售商品)的价格变动情况，但不涉及服务的价格. 故两者的分析作用略有不同：消费者价格指数综合反映城乡居民所购买的各种消费品(货物和服务)的价格变动程度，零售价格指数则反映城乡市场各种零售商品(不含服务)的价格变动. 零售价格指数的编制程序与消费者价格指数基本类似.

需要指出的是，消费者价格指数和零售价格指数都不包含房地产或固定资产等项目的价格变动信息，后者属于专门的房地产价格指数或固定资产价格指数所要反映的内容. 但消费者价格指数要反映有关住房服务价格(如房租、物业管理费等)的变动情况，这与购置房产的价格变动情况是有所不同的.

14.4.2　生产指数和生产者价格指数

生产指数概括反映一国或一地区各种产品产量的综合变动，它是衡量经济增长水平的指标. 世界各国都非常重视工业生产指数和国内生产总值物量指数的编制.

在我国，生产指数是通过计算各种产品的不变价产值来加以编制的. 其编制的基本原理是：先计算各类产品的不变价产值(缩减值)，并进行汇总；然后将不同时期的不变价产值(缩减值)加以对比，就得到相应时期的生产指数.

生产者价格指数(PPI)是从生产者方面考虑的物价指数，反映生产者在初级市场(非零售市场)上出售或购买的产品的价格变动情况. 广义的生产者价格指数应包括有关国民经济各产业的原材料、半成品和产成品等三个生产环节的价格指数，狭义的生产者价格指数则仅指工农业等产品价格指数. 例如，在我国生产者价格指数通常是指工业品出厂价格指数，也可包括农产品生产价格指数.

我国的工业品出厂价格指数是反映一定时期内全部工业品出厂价格总水平的变动趋势和程度的相对数，其统计范围包括工业企业出售给本企业以外所有单位的各种产品和直接出售给居民用于生活消费的产品. 农产品生产价格指数是反映一定时期内农业生产者出售农产品价格水平的变动趋势和程度的相对数. 通过这些指数可以观察有关产业的产品价格水平及其价格结构的变动，分析价格变动对有关产业的总产值和增加值的影响，满足工农业统计核算乃至整个国民经济核算和宏观经济分析的需要. 这些指数的计算方法与消费者价格指数、零售价格指数大致相似，区别主要在于涉及产品的范围、产品分类的方式以及产品计价的标准等有所不同. 由此决定了它们各自的分析意义有所不同，当然也存在一定的经济联系.

生产者价格指数的上涨将会直接或间接地引起国民经济各产业的生产成本增加；生产成本的增加又必然转嫁到消费者身上，导致消费者价格指数的上涨. 故生产者价格指数是衡量通货膨胀的先导性、潜在性指标. 一般认为，这种延迟的特性使得根据现在的生产者价格指数来粗略估计将来的消费者价格指数或通货膨胀率成为可能. 例如，若某个时期工业品价格涨势平缓，则可在一定程度上预示着未来消费者价格的增速也将保持平稳. 此外，由于农产品价格波动具有显著的季节性，且能源价格也存在周期性变动，这些对于生产者价格指数的影响也很大，故在使用有关指数时，还需适当考虑，或在剔除食品和能源价格后再作分析.

14.4.3　股票价格指数

在发育较为充分的市场经济条件下，股票价格的波动和走向是反映经济景气状况的重要方面，也是影响投资人的决策和行为的主要因素之一. 股票价格指数可以衡量整个股票市场价格变动的基本趋势，人们形象地称之为市场经济的“晴雨表”. 股票价格指数的编制方法多种多样，这里以我国上证指数(上海证券综合指数)为例，简要介绍股票价格指数的编制.

上证股价指数是由上海证券交易所编制并发布的指数系数，包括上证综合指数、上证 180 指数、A 股指数、B 股指数等. 其中编制最早也最具典型意义的是上证综合指数. 该指数以 1990 年 12 月 19 日为基日，基日为 100 点，以上证所挂牌上市的全部股票为计算范围，以报告期股票发行量为权数进行编制，计算公式为

$$\text{今日股票价格指数}=\frac{\text{今日市价总值}}{\text{基日市价总值}}\times 100$$

市价总值为收盘价乘以发行股数，遇发行新股或扩股时，需要进行修正.

上证综合指数在编制上有几个特点：

(1) 该指数包括挂牌上市的所有股票，其优点是能全面、准确地反映某个时点股票价格的全面变动情况，能广泛考虑到行业分布和不同公司的规模，具有广泛的代表性. 但同时也具有以下缺陷：一是敏感性差，不能及时反映主要上市公司股票价格对市场大势的影响；二是只要有新股上市就要计入指数中，使得指数内部结构变动频繁，影响了结构的稳定性和指数前后的可比性.

(2) 该指数以发行量为权数，这也是国际上通行的做法，好处是比较全面. 但我国股票发行中的法人股占相当比重，且不能上市流通，这样，该指数所反映的只能是流通市场的潜在能力，而不是现实市场股票价格的综合变动.

这表明，任何指数都有其局限，不可能依靠一个指数说明所有问题，还需要其他一些数据补充说明. 所以我国股票价格指数也是一个系列. 在上证指数中，除上证综合指数，还有上证 180 指数、A 股指数、B 股指数等股票指数作补充，以更全面地反映股票市场的变动状况.

本 章 小 结

1. 统计指数是用来分析社会经济现象数量变动的对比性指标. 指数在社会经济统计中不但用于测定诸如价格、产量等的综合变动，而且可用于总量变动的因素分析等. 根据指数的考察范围和计算方法，可分为个体指数和总指数；根据指数所反映的现象特征不同，可分为质量指标指数与数量指标指数；根据指数所反映的时间状态不同，可分为动态指数与静态指数.

2. 综合指数的编制特点是先综合后对比. 编制综合指数必须明确指数化指标和同度量因素. 指数化指标是被测定的因素，同度量因素也称权数，作为同度量因素的指标固定在哪个时期上，不是固定不变的. 拉氏指数将同度量因素固定在基期水平上，帕氏指数将同度量因素固定在报告期水平上. 通常情况下，数量指标指数按拉氏公式计算，质量指标指数按帕氏公式计算.

3. 平均数指数的编制特点是从个体指数出发，先对比后平均. 平均数指数有算术平均数指数和调和平均数指数两种形式. 算术平均数指数一般用基期总值来加权，调和平均数指数一般用报告期总值来加权.

4. 因素分析是分析现象的总变动中各个因素变动的影响程度，用连锁替代法从相对数和绝对数两个方面进行分析. 利用综合指数体系，可以分析现象总变动中数量因素和质量因素的影响. 利用平均指标指数体系，可以分析现象总体平均指标变动受各个因素变动影响的程度.

5.消费者价格指数和零售价格指数是我国政府统计部门所编制的两种重要指数. 它们可用来观察市场价格水平的涨跌程度, 分析物价变动所引起的经济后果, 研究居民实际收入的变化, 为有关部门制定物价政策、进行宏观调控和抑制通货膨胀等提供依据.

6. 生产指数概括反映一国或一地区各种产品产量的综合变动, 它是衡量经济增长水平的指标. 生产者价格指数是从生产者方面考虑的物价指数, 反映生产者在初级市场(非零售市场)上出售或购买的产品的价格变动情况.

7. 股票价格指数可以衡量整个股票市场价格变动的基本趋势, 是市场经济的“晴雨表”, 可用来观察股票价格的波动和走向, 进而反映经济景气状况, 是影响投资人进行决策分析的重要参考及依据.

《应用统计学》学习材料(14)

思考与练习

14.1 说明统计指数的概念、分类与作用.

14.2 举例说明数量指标指数和质量指标指数的区分.

14.3 综合指数的编制有什么特点?

14.4 平均数指数的编制有什么特点?

14.5 有人认为, 不同商品的销售量是不同度量的现象, 因为它们的计量单位可以不同; 而不同商品的价格则是同度量现象, 因为它们的计量单位相同, 都是货币单位. 这种看法是否正确? 为什么?

14.6 在一定条件下, 综合指数与平均数指数相互之间可能存在着“变形”关系. 为什么说它们两者仍然是相对独立的总指数编制方法?

14.7 下表给出了某市场上四种蔬菜的销售资料.

品种	销售量/千克		销售价格/(元/千克)	
	基期	计算期	基期	计算期
白菜	550	560	1.60	1.80
黄瓜	224	250	2.00	1.90
萝卜	308	320	1.00	0,.90
西蓝花	168	170	2.40	3.00

(1) 用拉氏公式编制四种蔬菜的销售量总指数和价格总指数;

(2) 用帕氏公式编制四种蔬菜的销售量总指数和价格总指数;

(3) 比较两种公式编制出来的销售量总指数和价格总指数的差异.

14.8 某企业生产三种产品, 有关资料如下表.

产品种类	基期价格	产量	
		基期	个体指数
甲	10	20	109.2
乙	9	16	121.5
丙	8	15	98.6

要求: 用综合指数和平均数指数两种方法, 计算该企业三种产品产量总指数, 并比较两种方法的计算结果.

14.9 某地区 2012 年农副产品收购总额为 400 亿元, 2013 年比 2012 年的收购总额增长 10%, 农副产品收购价格总指数为 102%. 试问 2013 年与 2012 年对比: (1) 农民因交售农副产品共增加多少收入? (2) 农副产品收购量增加了百分之几? 农民因此增加了多少收入? (3) 由于农副产品收购价格提高 2%, 农民又增加了多少收入? (4) 验证以上三方面的分析结论能否协调一致.

14.10 某工厂生产两种不同种类的产品, 有关资料如下.

产品种类	计量单位	产量		价格/元	
		基期	报告期	基期	报告期
甲	件	20000	24600	40	45
乙	台	108	120	500	450

要求: (1) 计算该厂工业总产值指数及总产值增长额; (2) 从相对数和绝对数两方面对总产值变动进行因素分析; (3) 用文字说明分析结果.

14.11 某商店有关商品销售资料如下表.

产品种类	单位	销售量		价格/元		利润率/%	
		基期	报告期	基期	报告期	基期	报告期
甲	件	500	600	3500	3200	10	15
乙	台	500	500	1800	1760	30	35

要求: 根据上述资料对该商店利润总额变动进行因素分析.

参 考 文 献

陈凯. 2016. 市场调研与分析. 北京: 中国人民大学出版社

陈珍珍, 罗乐勤, 黄良文. 2013. 统计学. 5 版. 厦门: 厦门大学出版社

戴维・S・安德森. 2000. 商务与经济统计. 北京: 机械工业出版社

戴维・S・穆尔. 2003. 统计学的世界. 北京: 中信出版社

贾俊平, 何晓群, 金勇进. 2015. 统计学. 6 版. 北京: 中国人民大学出版社

李金林, 赵中秋, 马宝龙. 2016. 管理统计学. 北京: 清华大学出版社

李心愉, 袁诚. 2015. 应用经济统计学. 3 版. 北京: 北京大学出版社

盛骤, 谢世千, 潘承毅. 2010. 概率论与数理统计. 北京: 高等教育出版社

魏宗舒, 等. 2008. 概率论与数理统计教程. 北京: 高等教育出版社

文平, 秦伶俐, 梁晓辉, 等. 2010. 概率论与数理统计. 北京: 科学出版社

谢邦昌, 张波, 田金方. 2010. 应用概率统计教程. 北京: 高等教育出版社

徐国祥. 2004. 统计学. 北京: 高等教育出版社

袁卫, 庞皓, 曾五一. 2014. 统计学. 4 版. 北京: 高等教育出版社

曾五一. 2012. 统计学简明教程. 北京: 中国人民大学出版社

曾五一, 肖叶红. 2016. 统计学导论. 2 版. 北京: 科学出版社

周纪芗, 茆诗松. 2007. 概率论与数理统计. 北京: 中国统计出版社

宗序平. 2016. 数理统计学及其应用. 北京: 机械工业出版社

Anderson D R, Sweeney D J, Williams T A. 2008. Statistics for Business and Economics. 9th ed. 北京: 机械工业出版社

Larson R, Farber B. 2004. Elementary Statistics. 北京: 清华大学出版社

Lind D A, Marchal W G, Wathen S A. 2009. Statistical Techniques in Business and Economics: With Global Data Sets. 13th ed. 北京: 机械工业出版社

附录 常用统计表

附表 1 标准正态分布表

$$P\{Z \leqslant z\} = \Phi(z) = \int_{-\infty}^{z} \frac{1}{\sqrt{2\pi}} \mathrm{e}^{-\frac{x^2}{2}} \mathrm{d}x$$

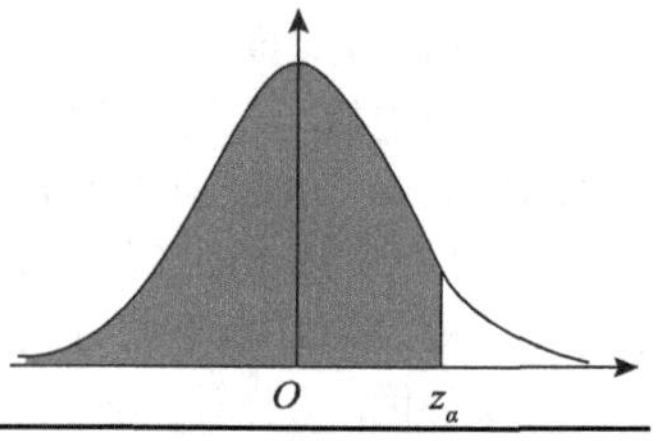

z	0.00000	0.01000	0.02000	0.03000	0.04000	0.05000	0.06000	0.07000	0.08000	0.09000
0.0	0.50000	0.50399	0.50798	0.51197	0.51595	0.51994	0.52392	0.52790	0.53188	0.53586
0.1	0.53983	0.54380	0.54776	0.55172	0.55567	0.55962	0.56356	0.56749	0.57142	0.57535
0.2	0.57926	0.58317	0.58706	0.59095	0.59483	0.59871	0.60257	0.60642	0.61026	0.61409
0.3	0.61791	0.62172	0.62552	0.62930	0.63307	0.63683	0.64058	0.64431	0.64803	0.65173
0.4	0.65542	0.65910	0.66276	0.66640	0.67003	0.67364	0.67724	0.68082	0.68439	0.68793
0.5	0.69146	0.69497	0.69847	0.70194	0.70540	0.70884	0.71226	0.71566	0.71904	0.72240
0.6	0.72575	0.72907	0.73237	0.73565	0.73891	0.74215	0.74537	0.74857	0.75175	0.75490
0.7	0.75804	0.76115	0.76424	0.76730	0.77035	0.77337	0.77637	0.77935	0.78230	0.78524
0.8	0.78814	0.79103	0.79389	0.79673	0.79955	0.80234	0.80511	0.80785	0.81057	0.81327
0.9	0.81594	0.81859	0.82121	0.82381	0.82639	0.82894	0.83147	0.83398	0.83646	0.83891
1.0	0.84134	0.84375	0.84614	0.84849	0.85083	0.85314	0.85543	0.85769	0.85993	0.86214
1.1	0.86433	0.86650	0.86864	0.87076	0.87286	0.87493	0.87698	0.87900	0.88100	0.88298
1.2	0.88493	0.88686	0.88877	0.89065	0.89251	0.89435	0.89617	0.89796	0.89973	0.90147
1.3	0.90320	0.90490	0.90658	0.90824	0.90988	0.91149	0.91308	0.91466	0.91621	0.91774
1.4	0.91924	0.92073	0.92220	0.92364	0.92507	0.92647	0.92785	0.92922	0.93056	0.93189
1.5	0.93319	0.93448	0.93574	0.93699	0.93822	0.93943	0.94062	0.94179	0.94295	0.94408
1.6	0.94520	0.94630	0.94738	0.94845	0.94950	0.95053	0.95154	0.95254	0.95352	0.95449
1.7	0.95543	0.95637	0.95728	0.95818	0.95907	0.95994	0.96080	0.96164	0.96246	0.96327
1.8	0.96407	0.96485	0.96562	0.96638	0.96712	0.96784	0.96856	0.96926	0.96995	0.97062
1.9	0.97128	0.97193	0.97257	0.97320	0.97381	0.97441	0.97500	0.97558	0.97615	0.97670
2.0	0.97725	0.97778	0.97831	0.97882	0.97932	0.97982	0.98030	0.98077	0.98124	0.98169
2.1	0.98214	0.98257	0.98300	0.98341	0.98382	0.98422	0.98461	0.98500	0.98537	0.98574

续表

z	0.00000	0.01000	0.02000	0.03000	0.04000	0.05000	0.06000	0.07000	0.08000	0.09000
2.2	0.98610	0.98645	0.98679	0.98713	0.98745	0.98778	0.98809	0.98840	0.98870	0.98899
2.3	0.98928	0.98956	0.98983	0.99010	0.99036	0.99061	0.99086	0.99111	0.99134	0.99158
2.4	0.99180	0.99202	0.99224	0.99245	0.99266	0.99286	0.99305	0.99324	0.99343	0.99361
2.5	0.99379	0.99396	0.99413	0.99430	0.99446	0.99461	0.99477	0.99492	0.99506	0.99520
2.6	0.99534	0.99547	0.99560	0.99573	0.99585	0.99598	0.99609	0.99621	0.99632	0.99643
2.7	0.99653	0.99664	0.99674	0.99683	0.99693	0.99702	0.99711	0.99720	0.99728	0.99736
2.8	0.99744	0.99752	0.99760	0.99767	0.99774	0.99781	0.99788	0.99795	0.99801	0.99807
2.9	0.99813	0.99819	0.99825	0.99831	0.99836	0.99841	0.99846	0.99851	0.99856	0.99861
3.0	0.99865	0.99869	0.99874	0.99878	0.99882	0.99886	0.99889	0.99893	0.99896	0.99900
3.1	0.99903	0.99906	0.99910	0.99913	0.99916	0.99918	0.99921	0.99924	0.99926	0.99929
3.2	0.99931	0.99934	0.99936	0.99938	0.99940	0.99942	0.99944	0.99946	0.99948	0.99950
3.3	0.99952	0.99953	0.99955	0.99957	0.99958	0.99960	0.99961	0.99962	0.99964	0.99965
3.4	0.99966	0.99968	0.99969	0.99970	0.99971	0.99972	0.99973	0.99974	0.99975	0.99976
3.5	0.99977	0.99978	0.99978	0.99979	0.99980	0.99981	0.99981	0.99982	0.99983	0.99983
3.6	0.99984	0.99985	0.99985	0.99986	0.99986	0.99987	0.99987	0.99988	0.99988	0.99989
3.7	0.99989	0.99990	0.99990	0.99990	0.99991	0.99991	0.99992	0.99992	0.99992	0.99992
3.8	0.99993	0.99993	0.99993	0.99994	0.99994	0.99994	0.99994	0.99995	0.99995	0.99995
3.9	0.99995	0.99995	0.99996	0.99996	0.99996	0.99996	0.99996	0.99996	0.99997	0.99997
4.0	0.99997	0.99997	0.99997	0.99997	0.99997	0.99997	0.99998	0.99998	0.99998	0.99998
4.1	0.99998	0.99998	0.99998	0.99998	0.99998	0.99998	0.99998	0.99998	0.99999	0.99999
4.2	0.99999	0.99999	0.99999	0.99999	0.99999	0.99999	0.99999	0.99999	0.99999	0.99999
4.3	0.99999	0.99999	0.99999	0.99999	0.99999	0.99999	0.99999	0.99999	0.99999	0.99999
4.4	0.99999	0.99999	1.00000	1.00000	1.00000	1.00000	1.00000	1.00000	1.00000	1.00000
4.5	1.00000	1.00000	1.00000	1.00000	1.00000	1.00000	1.00000	1.00000	1.00000	1.00000
4.6	1.00000	1.00000	1.00000	1.00000	1.00000	1.00000	1.00000	1.00000	1.00000	1.00000
4.7	1.00000	1.00000	1.00000	1.00000	1.00000	1.00000	1.00000	1.00000	1.00000	1.00000
4.8	1.00000	1.00000	1.00000	1.00000	1.00000	1.00000	1.00000	1.00000	1.00000	1.00000
4.9	1.00000	1.00000	1.00000	1.00000	1.00000	1.00000	1.00000	1.00000	1.00000	1.00000

附表 2　t 分布临界值表

$$P\{t(n) > t_\alpha(n)\} = \alpha$$

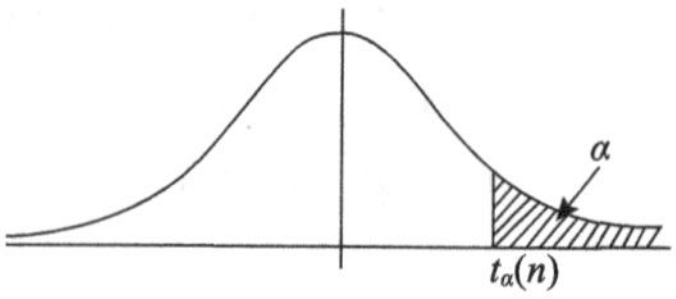

n	α					
	0.25	0.10	0.05	0.025	0.01	0.005
1	1.0000	3.0777	6.3138	12.7062	31.8205	63.6567
2	0.8165	1.8856	2.9200	4.3027	6.9646	9.9248
3	0.7649	1.6377	2.3534	3.1824	4.5407	5.8409
4	0.7407	1.5332	2.1318	2.7764	3.7469	4.6041
5	0.7267	1.4759	2.0150	2.5706	3.3649	4.0321
6	0.7176	1.4398	1.9432	2.4469	3.1427	3.7074
7	0.7111	1.4149	1.8946	2.3646	2.9980	3.4995
8	0.7064	1.3968	1.8595	2.3060	2.8965	3.3554
9	0.7027	1.3830	1.8331	2.2622	2.8214	3.2498
10	0.6998	1.3722	1.8125	2.2281	2.7638	3.1693
11	0.6974	1.3634	1.7959	2.2010	2.7181	3.1058
12	0.6955	1.3562	1.7823	2.1788	2.6810	3.0545
13	0.6938	1.3502	1.7709	2.1604	2.6503	3.0123
14	0.6924	1.3450	1.7613	2.1448	2.6245	2.9768
15	0.6912	1.3406	1.7531	2.1314	2.6025	2.9467
16	0.6901	1.3368	1.7459	2.1199	2.5835	2.9208
17	0.6892	1.3334	1.7396	2.1098	2.5669	2.8982
18	0.6884	1.3304	1.7341	2.1009	2.5524	2.8784
19	0.6876	1.3277	1.7291	2.0930	2.5395	2.8609
20	0.6870	1.3253	1.7247	2.0860	2.5280	2.8453
21	0.6864	1.3232	1.7207	2.0796	2.5176	2.8314
22	0.6858	1.3212	1.7171	2.0739	2.5083	2.8188
23	0.6853	1.3195	1.7139	2.0687	2.4999	2.8073
24	0.6848	1.3178	1.7109	2.0639	2.4922	2.7969
25	0.6844	1.3163	1.7081	2.0595	2.4851	2.7874
26	0.6840	1.3150	1.7056	2.0555	2.4786	2.7787
27	0.6837	1.3137	1.7033	2.0518	2.4727	2.7707
28	0.6834	1.3125	1.7011	2.0484	2.4671	2.7633
29	0.6830	1.3114	1.6991	2.0452	2.4620	2.7564
30	0.6828	1.3104	1.6973	2.0423	2.4573	2.7500
31	0.6825	1.3095	1.6955	2.0395	2.4528	2.7440

续表

n	α					
	0.25	0.10	0.05	0.025	0.01	0.005
32	0.6822	1.3086	1.6939	2.0369	2.4487	2.7385
33	0.6820	1.3077	1.6924	2.0345	2.4448	2.7333
34	0.6818	1.3070	1.6909	2.0322	2.4411	2.7284
35	0.6816	1.3062	1.6869	2.0301	2.4377	2.7238
36	0.6814	1.3055	1.6883	2.0281	2.4345	2.7195
37	0.6812	1.3049	1.6871	2.0262	2.4314	2.7154
38	0.6810	1.3042	1.6860	2.0244	2.4286	2.7116
39	0.6808	1.3036	1.6849	2.0227	2.4285	2.7079
40	0.6807	1.3031	1.6839	2.0211	2.4233	2.7045
∞	0.6745	1.2816	1.6449	1.9600	2.3260	2.5760

附表 3　χ^2分布临界值表

$$P\{\chi^2(n) > \chi^2_\alpha\} = \alpha$$

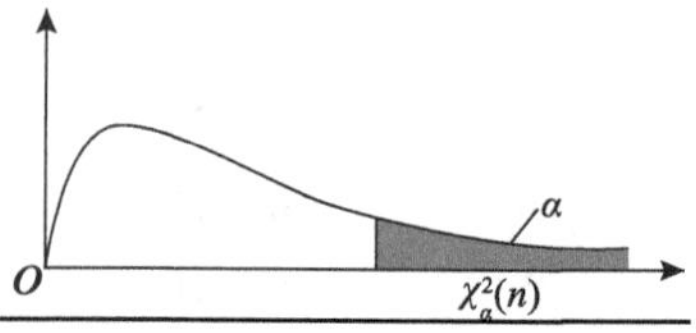

n	α							
	0.99	0.975	0.95	0.90	0.10	0.05	0.025	0.01
1	0.0002	0.001	0.004	0.016	2.706	3.841	5.024	6.635
2	0.0201	0.051	0.103	0.211	4.605	5.991	7.378	9.210
3	0.115	0.216	0.352	0.584	6.251	7.815	9.348	11.341
4	0.297	0.484	0.711	1.064	7.779	9.488	11.143	13.277
5	0.554	0.831	1.145	1.610	9.236	11.070	12.833	15.068
6	0.872	1.237	1.635	2.204	10.645	12.592	14.449	16.812
7	1.239	1.690	2.167	2.833	12.017	14.067	16.013	18.475
8	1.646	2.180	2.733	3.490	13.362	15.507	17.535	20.090
9	2.088	2.700	3.325	4.168	14.684	16.919	19.023	21.666
10	2.558	3.247	3.940	4.865	15.987	18.307	20.483	23.209
11	3.053	3.816	4.575	5.578	17.275	19.675	21.920	24.725
12	3.571	4.404	5.226	6.304	18.549	21.026	23.337	26.217
13	4.107	5.009	5.892	7.042	19.812	22.362	24.736	27.688
14	4.660	5.629	6.571	7.790	21.064	23.685	26.119	29.141
15	5.229	6.262	7.261	8.547	22.307	24.996	27.488	30.578
16	5.812	6.908	7.962	9.312	23.542	26.296	28.845	32.000
17	6.408	7.564	8.672	10.035	24.769	27.587	30.191	33.409
18	7.015	8.231	9.390	10.865	25.989	28.869	31.526	34.805
19	7.633	8.907	10.117	11.651	27.204	30.144	32.852	36.191
20	8.260	9.591	10.851	12.443	28.412	31.410	34.170	37.566
21	8.897	10.283	11.591	13.240	29.615	32.671	35.479	38.932
22	9.542	10.982	12.338	14.041	30.813	33.924	36.781	40.289
23	10.196	11.689	13.091	14.848	32.007	35.172	38.076	41.638
24	10.856	12.401	13.848	15.659	33.196	36.415	39.364	42.980
25	11.524	13.120	14.611	16.473	34.382	37.652	40.646	44.314
26	12.198	13.844	15.379	17.292	35.563	38.885	41.923	45.642
27	12.897	14.573	16.151	18.114	36.741	40.113	43.194	46.963
28	13.565	15.308	16.928	18.930	37.916	41.337	44.461	48.278
29	14.256	16.047	17.708	19.768	39.087	42.557	45.722	49.588
30	14.593	16.791	18.493	20.599	40.256	43.773	46.979	50.892

附表 4 F 分布临界值表

$$P\{F(n_1,n_2) > F_\alpha(n_1,n_2)\} = \alpha$$

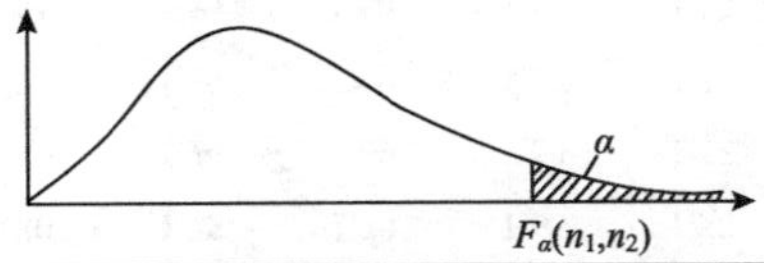

$\alpha = 0.05$

n_2	n_1																	
	1	2	3	4	5	6	7	8	9	10	12	15	20	24	30	40	60	120
1	161.45	199.50	215.71	224.58	230.16	233.99	236.77	238.88	240.54	241.88	243.91	245.95	248.01	249.05	250.10	251.14	252.20	253.25
2	18.51	19.00	19.16	19.25	19.30	19.33	19.35	19.37	19.38	19.40	19.41	19.43	19.45	19.45	19.46	19.47	19.48	19.49
3	10.13	9.55	9.28	9.12	9.01	8.94	8.89	8.85	8.81	8.79	8.74	8.70	8.66	8.64	8.62	8.59	8.57	8.55
4	7.71	6.94	6.59	6.39	6.26	6.16	6.09	6.04	6.00	5.96	5.91	5.86	5.80	5.77	5.75	5.72	5.69	5.66
5	6.61	5.79	5.41	5.19	5.05	4.95	4.88	4.82	4.77	4.74	4.68	4.62	4.56	4.53	4.50	4.46	4.43	4.40
6	5.99	5.14	4.76	4.53	4.39	4.28	4.21	4.15	4.10	4.06	4.00	3.94	3.87	3.84	3.81	3.77	3.74	3.70
7	5.59	4.74	4.35	4.12	3.97	3.87	3.79	3.73	3.68	3.64	3.57	3.51	3.44	3.41	3.38	3.34	3.30	3.27
8	5.32	4.46	4.07	3.84	3.69	3.58	3.50	3.44	3.39	3.35	3.28	3.22	3.15	3.12	3.08	3.04	3.01	2.97
9	5.12	4.26	3.86	3.63	3.48	3.37	3.29	3.23	3.18	3.14	3.07	3.01	2.94	2.90	2.86	2.83	2.79	2.75
10	4.96	4.10	3.71	3.48	3.33	3.22	3.14	3.07	3.02	2.98	2.91	2.85	2.77	2.74	2.70	2.66	2.62	2.58
11	4.84	3.98	3.59	3.36	3.20	3.09	3.01	2.95	2.90	2.85	2.79	2.72	2.65	2.61	2.57	2.53	2.49	2.45
12	4.75	3.89	3.49	3.26	3.11	3.00	2.91	2.85	2.80	2.75	2.69	2.62	2.54	2.51	2.47	2.43	2.38	2.34
13	4.67	3.81	3.41	3.18	3.03	2.92	2.83	2.77	2.71	2.67	2.60	2.53	2.46	2.42	2.38	2.34	2.30	2.25
14	4.60	3.74	3.34	3.11	2.96	2.85	2.76	2.70	2.65	2.60	2.53	2.46	2.39	2.35	2.31	2.27	2.22	2.18
15	4.54	3.68	3.29	3.06	2.90	2.79	2.71	2.64	2.59	2.54	2.48	2.40	2.33	2.29	2.25	2.20	2.16	2.11
16	4.49	3.63	3.24	3.01	2.85	2.74	2.66	2.59	2.54	2.49	2.42	2.35	2.28	2.24	2.19	2.15	2.11	2.06
17	4.45	3.59	3.20	2.96	2.81	2.70	2.61	2.55	2.49	2.45	2.38	2.31	2.23	2.19	2.15	2.10	2.06	2.01
18	4.41	3.55	3.16	2.93	2.77	2.66	2.58	2.51	2.46	2.41	2.34	2.27	2.19	2.15	2.11	2.06	2.02	1.97

续表

n_2	n_1=1	2	3	4	5	6	7	8	9	10	12	15	20	24	30	40	60	120
19	4.38	3.52	3.13	2.90	2.74	2.63	2.54	2.48	2.42	2.38	2.31	2.23	2.16	2.11	2.07	2.03	1.98	1.93
20	4.35	3.49	3.10	2.87	2.71	2.60	2.51	2.45	2.39	2.35	2.28	2.20	2.12	2.08	2.04	1.99	1.95	1.90
21	4.32	3.47	3.07	2.84	2.68	2.57	2.49	2.42	2.37	2.32	2.25	2.18	2.10	2.05	2.01	1.96	1.92	1.87
22	4.30	3.44	3.05	2.82	2.66	2.55	2.46	2.40	2.34	2.30	2.23	2.15	2.07	2.03	1.98	1.94	1.89	1.84
23	4.28	3.42	3.03	2.80	2.64	2.53	2.44	2.37	2.32	2.27	2.20	2.13	2.05	2.01	1.96	1.91	1.86	1.81
24	4.26	3.40	3.01	2.78	2.62	2.51	2.42	2.36	2.30	2.25	2.18	2.11	2.03	1.98	1.94	1.89	1.84	1.79
25	4.24	3.39	2.99	2.76	2.60	2.49	2.40	2.34	2.28	2.24	2.16	2.09	2.01	1.96	1.92	1.87	1.82	1.77
26	4.23	3.37	2.98	2.74	2.59	2.47	2.39	2.32	2.27	2.22	2.15	2.07	1.99	1.95	1.90	1.85	1.80	1.75
27	4.21	3.35	2.96	2.73	2.57	2.46	2.37	2.31	2.25	2.20	2.13	2.06	1.97	1.93	1.88	1.84	1.79	1.73
28	4.20	3.34	2.95	2.71	2.56	2.45	2.36	2.29	2.24	2.19	2.12	2.04	1.96	1.91	1.87	1.82	1.77	1.71
29	4.18	3.33	2.93	2.70	2.55	2.43	2.35	2.28	2.22	2.18	2.10	2.03	1.94	1.90	1.85	1.81	1.75	1.70
30	4.17	3.32	2.92	2.69	2.53	2.42	2.33	2.27	2.21	2.16	2.09	2.01	1.93	1.89	1.84	1.79	1.74	1.68
31	4.16	3.30	2.91	2.68	2.52	2.41	2.32	2.25	2.20	2.15	2.08	2.00	1.92	1.88	1.83	1.78	1.73	1.67
32	4.15	3.29	2.90	2.67	2.51	2.40	2.31	2.24	2.19	2.14	2.07	1.99	1.91	1.86	1.82	1.77	1.71	1.66
33	4.14	3.28	2.89	2.66	2.50	2.39	2.30	2.23	2.18	2.13	2.06	1.98	1.90	1.85	1.81	1.76	1.70	1.64
34	4.13	3.28	2.88	2.65	2.49	2.38	2.29	2.23	2.17	2.12	2.05	1.97	1.89	1.84	1.80	1.75	1.69	1.63
35	4.12	3.27	2.87	2.64	2.49	2.37	2.29	2.22	2.16	2.11	2.04	1.96	1.88	1.83	1.79	1.74	1.68	1.62
36	4.11	3.26	2.87	2.63	2.48	2.36	2.28	2.21	2.15	2.11	2.03	1.95	1.87	1.82	1.78	1.73	1.67	1.61
37	4.11	3.25	2.86	2.63	2.47	2.36	2.27	2.20	2.14	2.10	2.02	1.95	1.86	1.82	1.77	1.72	1.66	1.60
38	4.10	3.24	2.85	2.62	2.46	2.35	2.26	2.19	2.14	2.09	2.02	1.94	1.85	1.81	1.76	1.71	1.65	1.59
39	4.09	3.24	2.85	2.61	2.46	2.34	2.26	2.19	2.13	2.08	2.01	1.93	1.85	1.80	1.75	1.70	1.65	1.58
40	4.08	3.23	2.84	2.61	2.45	2.34	2.25	2.18	2.12	2.08	2.00	1.92	1.84	1.79	1.74	1.69	1.64	1.58
60	4.00	3.15	2.76	2.53	2.37	2.25	2.17	2.10	2.04	1.99	1.92	1.84	1.75	1.70	1.65	1.59	1.53	1.47
120	3.92	3.07	2.68	2.45	2.29	2.18	2.09	2.02	1.96	1.91	1.83	1.75	1.66	1.61	1.55	1.50	1.43	1.35

$\alpha = 0.025$

n_2	n_1 = 1	2	3	4	5	6	7	8	9	10	12	15	20	24	30	40	60	120
1	647.79	799.50	864.16	899.58	921.85	937.11	948.22	956.66	963.28	968.63	976.71	984.87	993.10	997.25	1001.41	1005.60	1009.80	1014.02
2	38.51	39.00	39.17	39.25	39.30	39.33	39.36	39.37	39.39	39.40	39.41	39.43	39.45	39.46	39.46	39.47	39.48	39.49
3	17.44	16.04	15.44	15.10	14.88	14.73	14.62	14.54	14.47	14.42	14.34	14.25	14.17	14.12	14.08	14.04	13.99	13.95
4	12.22	10.65	9.98	9.60	9.36	9.20	9.07	8.98	8.90	8.84	8.75	8.66	8.56	8.51	8.46	8.41	8.36	8.31
5	10.01	8.43	7.76	7.39	7.15	6.98	6.85	6.76	6.68	6.62	6.52	6.43	6.33	6.28	6.23	6.18	6.12	6.07
6	8.81	7.26	6.60	6.23	5.99	5.82	5.70	5.60	5.52	5.46	5.37	5.27	5.17	5.12	5.07	5.01	4.96	4.90
7	8.07	6.54	5.89	5.52	5.29	5.12	4.99	4.90	4.82	4.76	4.67	4.57	4.47	4.41	4.36	4.31	4.25	4.20
8	7.57	6.06	5.42	5.05	4.82	4.65	4.53	4.43	4.36	4.30	4.20	4.10	4.00	3.95	3.89	3.84	3.78	3.73
9	7.21	5.71	5.08	4.72	4.48	4.32	4.20	4.10	4.03	3.96	3.87	3.77	3.67	3.61	3.56	3.51	3.45	3.39
10	6.94	5.46	4.83	4.47	4.24	4.07	3.95	3.85	3.78	3.72	3.62	3.52	3.42	3.37	3.31	3.26	3.20	3.14
11	6.72	5.26	4.63	4.28	4.04	3.88	3.76	3.66	3.59	3.53	3.43	3.33	3.23	3.17	3.12	3.06	3.00	2.94
12	6.55	5.10	4.47	4.12	3.89	3.73	3.61	3.51	3.44	3.37	3.28	3.18	3.07	3.02	2.96	2.91	2.85	2.79
13	6.41	4.97	4.35	4.00	3.77	3.60	3.48	3.39	3.31	3.25	3.15	3.05	2.95	2.89	2.84	2.78	2.72	2.66
14	6.30	4.86	4.24	3.89	3.66	3.50	3.38	3.29	3.21	3.15	3.05	2.95	2.84	2.79	2.73	2.67	2.61	2.55
15	6.20	4.77	4.15	3.80	3.58	3.41	3.29	3.20	3.12	3.06	2.96	2.86	2.76	2.70	2.64	2.59	2.52	2.46
16	6.12	4.69	4.08	3.73	3.50	3.34	3.22	3.12	3.05	2.99	2.89	2.79	2.68	2.63	2.57	2.51	2.45	2.38
17	6.04	4.62	4.01	3.66	3.44	3.28	3.16	3.06	2.98	2.92	2.82	2.72	2.62	2.56	2.50	2.44	2.38	2.32
18	5.98	4.56	3.95	3.61	3.38	3.22	3.10	3.01	2.93	2.87	2.77	2.67	2.56	2.50	2.44	2.38	2.32	2.26
19	5.92	4.51	3.90	3.56	3.33	3.17	3.05	2.96	2.88	2.82	2.72	2.62	2.51	2.45	2.39	2.33	2.27	2.20
20	5.87	4.46	3.86	3.51	3.29	3.13	3.01	2.91	2.84	2.77	2.68	2.57	2.46	2.41	2.35	2.29	2.22	2.16
21	5.83	4.42	3.82	3.48	3.25	3.09	2.97	2.87	2.80	2.73	2.64	2.53	2.42	2.37	2.31	2.25	2.18	2.11
22	5.79	4.38	3.78	3.44	3.22	3.05	2.93	2.84	2.76	2.70	2.60	2.50	2.39	2.33	2.27	2.21	2.14	2.08
23	5.75	4.35	3.75	3.41	3.18	3.02	2.90	2.81	2.73	2.67	2.57	2.47	2.36	2.30	2.24	2.18	2.11	2.04

续表

n_2	n_1																	
	1	2	3	4	5	6	7	8	9	10	12	15	20	24	30	40	60	120
24	5.72	4.32	3.72	3.38	3.15	2.99	2.87	2.78	2.70	2.64	2.54	2.44	2.33	2.27	2.21	2.15	2.08	2.01
25	5.69	4.29	3.69	3.35	3.13	2.97	2.85	2.75	2.68	2.61	2.51	2.41	2.30	2.24	2.18	2.12	2.05	1.98
26	5.66	4.27	3.67	3.33	3.10	2.94	2.82	2.73	2.65	2.59	2.49	2.39	2.28	2.22	2.16	2.09	2.03	1.95
27	5.63	4.24	3.65	3.31	3.08	2.92	2.80	2.71	2.63	2.57	2.47	2.36	2.25	2.19	2.13	2.07	2.00	1.93
28	5.61	4.22	3.63	3.29	3.06	2.90	2.78	2.69	2.61	2.55	2.45	2.34	2.23	2.17	2.11	2.05	1.98	1.91
29	5.59	4.20	3.61	3.27	3.04	2.88	2.76	2.67	2.59	2.53	2.43	2.32	2.21	2.15	2.09	2.03	1.96	1.89
30	5.57	4.18	3.59	3.25	3.03	2.87	2.75	2.65	2.57	2.51	2.41	2.31	2.20	2.14	2.07	2.01	1.94	1.87
31	5.55	4.16	3.57	3.23	3.01	2.85	2.73	2.64	2.56	2.50	2.40	2.29	2.18	2.12	2.06	1.99	1.92	1.85
32	5.53	4.15	3.56	3.22	3.00	2.84	2.71	2.62	2.54	2.48	2.38	2.28	2.16	2.10	2.04	1.98	1.91	1.83
33	5.51	4.13	3.54	3.20	2.98	2.82	2.70	2.61	2.53	2.47	2.37	2.26	2.15	2.09	2.03	1.96	1.89	1.81
34	5.50	4.12	3.53	3.19	2.97	2.81	2.69	2.59	2.52	2.45	2.35	2.25	2.13	2.07	2.01	1.95	1.88	1.80
35	5.48	4.11	3.52	3.18	2.96	2.80	2.68	2.58	2.50	2.44	2.34	2.23	2.12	2.06	2.00	1.93	1.86	1.79
36	5.47	4.09	3.50	3.17	2.94	2.78	2.66	2.57	2.49	2.43	2.33	2.22	2.11	2.05	1.99	1.92	1.85	1.77
37	5.46	4.08	3.49	3.16	2.93	2.77	2.65	2.56	2.48	2.42	2.32	2.21	2.10	2.04	1.97	1.91	1.84	1.76
38	5.45	4.07	3.48	3.15	2.92	2.76	2.64	2.55	2.47	2.41	2.31	2.20	2.09	2.03	1.96	1.90	1.82	1.75
39	5.43	4.06	3.47	3.14	2.91	2.75	2.63	2.54	2.46	2.40	2.30	2.19	2.08	2.02	1.95	1.89	1.81	1.74
40	5.42	4.05	3.46	3.13	2.90	2.74	2.62	2.53	2.45	2.39	2.29	2.18	2.07	2.01	1.94	1.88	1.80	1.72
60	5.29	3.93	3.34	3.01	2.79	2.63	2.51	2.41	2.33	2.27	2.17	2.06	1.94	1.88	1.82	1.74	1.67	1.58
120	5.15	3.80	3.23	2.89	2.67	2.52	2.39	2.30	2.22	2.16	2.05	1.94	1.82	1.76	1.69	1.61	1.53	1.43

附表 5 泊松分布概率值表

$$P\{X=k\}=\frac{\lambda^k}{k!}e^{-\lambda}$$

k	λ							
	0.1	0.2	0.3	0.4	0.5	0.6	0.7	0.8
0	0.904837	0.818731	0.740818	0.670320	0.606531	0.548812	0.496585	0.449329
1	0.090484	0.163746	0.222245	0.268128	0.303265	0.329287	0.347610	0.359463
2	0.004524	0.016375	0.033337	0.053626	0.075816	0.098786	0.121663	0.143785
3	0.000151	0.001092	0.003334	0.007150	0.012636	0.019757	0.028388	0.038343
4	0.000004	0.000055	0.000250	0.000715	0.001580	0.002964	0.004968	0.007669
5		0.000002	0.000015	0.000057	0.000158	0.000356	0.000696	0.001227
6			0.000001	0.000004	0.000013	0.000036	0.000081	0.000164
7					0.000001	0.000003	0.000008	0.000019
8							0.000001	0.000002
9								

k	λ							
	0.9	1.0	1.5	2.0	2.5	3.0	3.5	4.0
0	0.406570	0.367879	0.223130	0.135335	0.082085	0.049787	0.030197	0.018316
1	0.365913	0.367879	0.334695	0.270671	0.205212	0.149361	0.105691	0.073263
2	0.164661	0.183940	0.251021	0.270671	0.256516	0.224042	0.184959	0.146525
3	0.049398	0.061313	0.125511	0.180447	0.213763	0.224042	0.215785	0.195367
4	0.011115	0.015328	0.047067	0.090224	0.133602	0.168031	0.188812	0.195367
5	0.002001	0.003066	0.014120	0.036089	0.066801	0.100819	0.132169	0.156293
6	0.000300	0.000511	0.003530	0.012030	0.027834	0.050409	0.077098	0.104196
7	0.000039	0.000073	0.000756	0.003437	0.009941	0.021604	0.038549	0.059540
8	0.000004	0.000009	0.000142	0.000859	0.003106	0.008102	0.016865	0.029770
9		0.000001	0.000024	0.000191	0.000863	0.002701	0.006559	0.013231
10			0.000004	0.000038	0.000216	0.000810	0.002296	0.005292
11				0.000007	0.000049	0.000221	0.000730	0.001925
12				0.000001	0.000010	0.000055	0.000213	0.000642
13					0.000002	0.000013	0.000057	0.000197
14						0.000003	0.000014	0.000056
15						0.000001	0.000003	0.000015
16							0.000001	0.000004
17								0.000001

续表

k	λ							
	4.5	5.0	5.5	6.0	6.5	7.0	7.5	8.0
0	0.011109	0.006738	0.004087	0.002479	0.001503	0.000912	0.000553	0.000335
1	0.049990	0.033690	0.022477	0.014873	0.009772	0.006383	0.004148	0.002684
2	0.112479	0.084224	0.061812	0.044618	0.031760	0.022341	0.015555	0.010735
3	0.168718	0.140374	0.113323	0.089235	0.068814	0.052129	0.038889	0.028626
4	0.189808	0.175467	0.155819	0.133853	0.111822	0.091226	0.072916	0.057252
5	0.170827	0.175467	0.171401	0.160623	0.145369	0.127717	0.109375	0.091604
6	0.128120	0.146223	0.157117	0.160623	0.157483	0.149003	0.136718	0.122138
7	0.082363	0.104445	0.123449	0.137677	0.146234	0.149003	0.146484	0.139587
8	0.046329	0.065278	0.084871	0.103258	0.118815	0.130377	0.137329	0.139587
9	0.023165	0.036266	0.051866	0.068838	0.085811	0.101405	0.114440	0.124077
10	0.010424	0.018133	0.028526	0.041303	0.055777	0.070983	0.085830	0.099262
11	0.004264	0.008242	0.014263	0.022529	0.032959	0.045171	0.058521	0.072190
12	0.001599	0.003434	0.006537	0.011264	0.017853	0.026350	0.036575	0.048127
13	0.000554	0.001321	0.002766	0.005199	0.008926	0.014188	0.021101	0.029616
14	0.000178	0.000472	0.001087	0.002228	0.004144	0.007094	0.011304	0.016924
15	0.000053	0.000157	0.000398	0.000891	0.001796	0.003311	0.005652	0.009026
16	0.000015	0.000049	0.000137	0.000334	0.000730	0.001448	0.002649	0.004513
17	0.000004	0.000014	0.000044	0.000118	0.000279	0.000596	0.001169	0.002124
18	0.000001	0.000004	0.000014	0.000039	0.000101	0.000232	0.000487	0.000944
19		0.000001	0.000004	0.000012	0.000034	0.000085	0.000192	0.000397
20			0.000001	0.000004	0.000011	0.000030	0.000072	0.000159
21				0.000001	0.000003	0.000010	0.000026	0.000061
22					0.000001	0.000003	0.000009	0.000022
23						0.000001	0.000003	0.000008
24							0.000001	0.000003
25								0.000001

k	λ							
	8.5	9.0	9.5	10	12	15	18	20
0	0.000203	0.000123	0.000075	0.000045	0.000006	0.000000	0.000000	0.000000
1	0.001729	0.001111	0.000711	0.000454	0.000074	0.000005	0.000000	0.000000
2	0.007350	0.004998	0.003378	0.002270	0.000442	0.000034	0.000002	0.000000
3	0.020826	0.014994	0.010696	0.007567	0.001770	0.000172	0.000015	0.000003
4	0.044255	0.033737	0.025403	0.018917	0.005309	0.000645	0.000067	0.000014
5	0.075233	0.060727	0.048266	0.037833	0.012741	0.001936	0.000240	0.000055
6	0.106581	0.091090	0.076421	0.063055	0.025481	0.004839	0.000719	0.000183
7	0.129419	0.117116	0.103714	0.090079	0.043682	0.010370	0.001850	0.000523

续表

k	λ							
	8.5	9.0	9.5	10	12	15	18	20
8	0.137508	0.131756	0.123160	0.112599	0.065523	0.019444	0.004163	0.001309
9	0.129869	0.131756	0.130003	0.125110	0.087364	0.032407	0.008325	0.002908
10	0.110388	0.118580	0.123502	0.125110	0.104837	0.048611	0.014985	0.005816
11	0.085300	0.097020	0.106661	0.113736	0.114368	0.066287	0.024521	0.010575
12	0.060421	0.072765	0.084440	0.094780	0.114368	0.082859	0.036782	0.017625
13	0.039506	0.050376	0.061706	0.072908	0.105570	0.095607	0.050929	0.027116
14	0.023986	0.032384	0.041872	0.052077	0.090489	0.102436	0.065480	0.038737
15	0.013592	0.019431	0.026519	0.034718	0.072391	0.102436	0.078576	0.051649
16	0.007221	0.010930	0.015746	0.021699	0.054293	0.096034	0.088397	0.064561
17	0.003610	0.005786	0.008799	0.012764	0.038325	0.084736	0.093597	0.075954
18	0.001705	0.002893	0.004644	0.007091	0.025550	0.070613	0.093597	0.084394
19	0.000763	0.001370	0.002322	0.003732	0.016137	0.055747	0.088671	0.088835
20	0.000324	0.000617	0.001103	0.001866	0.009682	0.041810	0.079804	0.088835
21	0.000131	0.000264	0.000499	0.000889	0.005533	0.029865	0.068403	0.084605
22	0.000051	0.000108	0.000215	0.000404	0.003018	0.020362	0.055966	0.076914
23	0.000019	0.000042	0.000089	0.000176	0.001574	0.013280	0.043800	0.066881
24	0.000007	0.000016	0.000035	0.000073	0.000787	0.008300	0.032850	0.055735
25	0.000002	0.000006	0.000013	0.000029	0.000378	0.004980	0.023652	0.044588
26	0.000001	0.000002	0.000005	0.000011	0.000174	0.002873	0.016374	0.034298
27		0.000001	0.000002	0.000004	0.000078	0.001596	0.010916	0.025406
28			0.000001	0.000001	0.000033	0.000855	0.007018	0.018147
29				0.000001	0.000014	0.000442	0.004356	0.012515
30					0.000005	0.000221	0.002613	0.008344
31					0.000002	0.000107	0.001517	0.005383
32					0.000001	0.000050	0.000854	0.003364
33						0.000023	0.000466	0.002039
34						0.000010	0.000246	0.001199
35						0.000004	0.000127	0.000685
36						0.000002	0.000063	0.000381
37						0.000001	0.000031	0.000206
38							0.000015	0.000108
39							0.000007	0.000056